Die Verbrennungskraftmaschine

Herausgegeben von Prof. Dr. Hans List, Graz

Band 5

Die Gasmaschine

Zweite, neubearbeitete und erweiterte Auflage

Von

Dr.-Ing. Max Leiker

Oberingenieur der Klöckner-Humboldt-Deutz A. G.
Köln-Deutz

Mit 358 Textabbildungen

Wien

Springer-Verlag

1953

Die Verbrennungskraftmaschine

Herausgegeben von

Prof. Dr. Hans List

Graz

Band 5

Die Gasmaschine

Wien
Springer-Verlag
1953

Die Gasmaschine

Zweite, neubearbeitete und erweiterte Auflage

Von

Dr.-Ing. Max Leiker

Oberingenieur der Klöckner-Humboldt-Deutz A. G.
Köln-Deutz

Mit 358 Textabbildungen

Springer-Verlag
Geschäftsbibliothek

Wien
Springer-Verlag
1953

ISBN-13: 978-3-211-80323-3   e-ISBN-13: 978-3-7091-8012-9

DOI: 10.1007/978-3-7091-8012-9

Vorwort zur zweiten Auflage.

Seit dem Erscheinen der von Herrn Dr. SCHNÜRLE verfaßten ersten Auflage dieses Buches haben neue Anforderungen an den Verbrennungsmotor auch die Entwicklung des Gasmotors wesentlich beeinflußt. Das Bestreben, die Umstellung von Diesel- auf Gasbetrieb unmittelbar ohne zusätzlichen Umbau durchführen zu können, führte zu interessanten und wertvollen technischen Lösungen für Vier- und Zweitaktmotoren. Ganz besonders erwähnenswert ist der sogenannte Zweistoffbetrieb, wobei der Motor mit flüssigem und gasförmigem Kraftstoff gleichzeitig betrieben wird.

Da ich bei der Klöckner-Humboldt-Deutz AG. seit 1936 die Entwicklungsarbeiten Dr. SCHNÜRLES auf dem Gebiete der Gasmotoren weiterführen durfte, habe ich auf Wunsch von Herrn Professor Dr. LIST die Neubearbeitung dieses Buches gerne übernommen. Es war ursprünglich meine Absicht, den von Dr. SCHNÜRLE verfaßten Teil vollkommen unverändert zu übernehmen und die neuere Entwicklung in einem zweiten Teil zusammenzufassen. Bei der Bearbeitung ergab sich jedoch die Notwendigkeit einer gewissen Angleichung, womit auch dem Wunsche von Herrn Professor Dr. LIST entsprochen wurde.

Durch die Neubearbeitung erweiterten sich Text- und Bildteil etwa auf das Doppelte. In erster Linie wurden die Deutzer Versuchsergebnisse ausgewertet, aber auch wichtige Veröffentlichungen der Fachliteratur übernommen. Ferner haben mir zahlreiche Firmen des In- und Auslandes dankenswerterweise Unterlagen zur Verfügung gestellt, die im Buch gleichfalls verarbeitet wurden.

Ich hoffe, daß die theoretischen Ausführungen, verbunden mit den praktischen Erfahrungen, nicht nur Studenten, sondern auch Konstrukteuren, Versuchs- und Betriebsingenieuren Anregungen geben.

Mein besonderer Dank gebührt Herrn Direktor Dr.-Ing. Dr.-Ing. e. h. Emil FLATZ, Vorstandsmitglied der Klöckner-Humboldt-Deutz AG., für seine ständige Förderung meiner Arbeit und die Erlaubnis, viele im Betrieb gewonnene Erfahrungen in diesem Buche verarbeiten zu dürfen.

Abschließend danke ich meinem Mitarbeiter, Herrn Dr.-Ing. Hans ERTL, für seine wertvolle Hilfe bei der Gliederung und Gestaltung des Textes sowie bei der Auswertung ausländischer Literatur.

März 1953.   M. Leiker.

Inhaltsverzeichnis.

Einleitung

Der motorische Betrieb mit flüssigen Kraftstoffen ist im allgemeinen einfacher als der mit gasförmigen. Es hatte deshalb im Laufe der Zeit manchmal den Anschein, als ob mit flüssigen Kraftstoffen betriebene Motoren den Gasmotor verdrängen würden. Wirtschaftliche Erwägungen, insbesondere Mangel an flüssigen Kraftstoffen, ließen jedoch die Entwicklung des Gasmotors nie ganz zum Stillstand kommen. So setzte in Deutschland schon einige Jahre vor Ausbruch des zweiten Weltkrieges eine Blütezeit für den Gasmotor ein. Im Laufe des Krieges lagen die Aufgaben im wesentlichen in der mehr oder weniger wirtschaftlichen Umstellung von mit flüssigen Kraftstoffen betriebenen Motoren auf heimische feste Kraftstoffe. Hier wurde in kurzer Zeit Beachtliches geleistet und die Entwicklung der Gasmotoren wesentlich gefördert. An heimischen Kraftstoffen kamen außer Generatorgas (aus Magerkohle, Anthrazit, Koks, Braunkohle, Torf und Holz) auch Flüssiggas, Leuchtgas, Erdgas, Methan und Klärgas in Betracht.

Es war auch schon früher versucht worden, für den Dieselmotor Einrichtungen zu schaffen, um ihn erforderlichenfalls zeitweilig oder dauernd auf den Betrieb mit gasförmigen Kraftstoffen umzustellen. Das sind die unter dem Namen „Wechselmotoren" bekannt gewordenen Maschinen, die sich von Diesel- auf Ottobetrieb und umgekehrt umstellen lassen. Der Ottomotor arbeitet normal mit niedrigerer Verdichtung als der Dieselmotor und benötigt eine Zündanlage für die Zündung des Gas-Luft-Gemisches. Daraus ergeben sich die notwendigen Umbauten.

Die Umstellung ist im allgemeinen mit einem größeren Bauaufwand verbunden. Außerdem ist bei der normalen Umstellung eines Dieselmotors auf Gasbetrieb eine Leistungseinbuße in Kauf zu nehmen, deren Höhe von dem erreichbaren Gemischheizwert der Ladung abhängt.

Die Forderung, Dieselmotoren mit dem kleinsten Aufwand, möglichst ohne Leistungseinbuße auf Gas umzubauen, führte auf die Gasmotoren mit Dieselverdichtung, bei denen die Zündung entweder durch Zündöleinspritzung oder auf elektrischem Wege bewirkt wird.

Während der Zweitakt*diesel*motor zu Beginn des Krieges sich bereits ein weites Anwendungsgebiet erobert hatte, konnte sich der Zweitakt-*Gas*motor, insbesondere für Generatorgas nicht recht einführen. Für Betrieb mit Reichgasen baut die MAN seit Jahren große, stationäre, doppeltwirkende Zweitakt-Maschinen mit Luftspülung und Gaseinblasung durch mechanisch gesteuerte Ventile. Eine nach dem Dieselverfahren mit Selbstzündung arbeitende Zweitakt-Gasmaschine stammt von der Nordberg Manufacturing Comp. in Milwaukee (näheres s. E. I. 2). Die kriegsbedingte Notwendigkeit, auch Zweitaktmotoren auf Gasbetrieb umzubauen, führte zu einer Anzahl beachtlicher Sonderlösungen, insbesondere für Generatorgas, die auch für die Weiterentwicklung wertvoll sind.

Außer den reinen Umbaulösungen wurde an Viertaktmotoren auch die Leistungssteigerung mit verschiedenen Auflademöglichkeiten untersucht [48 bis 51]. Diese Verfahren eignen sich teilweise auch dazu, den bei der Umstellung auf Gasbetrieb auftretenden Leistungsverlust möglichst auszugleichen. Für diesen Zweck werden sowohl mechanisch angetriebene als auch Abgasturbolader verwendet (s. A. IV. 4).

Abgesehen von den genannten Aufgaben bei der Umstellung und Leistungsverbesserung der Gasmaschinen wurde auch viel Kleinarbeit geleistet, z. B. an Verbesserungen, welche die Betriebssicherheit und die Lebensdauer erheblich steigerten. Man hat vor allem die Ursachen von Störungen im Verbrennungsablauf und verschiedene Korrosionserscheinungen, die sich in abnormalem Zylinderverschleiß und Anfressungen im Kurbelraum bemerkbar machten, erkannt und weitgehend beseitigt.

A. Theoretische und versuchsmäßige Grundlagen

I. Gasmotorenarten

1. Für den Motorbetrieb verwendete Gase

Der Leuchtgasmotor hatte für kleingewerbliche Betriebe als erste betriebsfähige Verbrennungskraftmaschine große Bedeutung. Er wurde jedoch später durch die Entwicklung des Ottomotors mit Vergaserbetrieb und des Dieselmotors aus seiner Vormachtstellung verdrängt. In neuerer Zeit wird der Leuchtgasmotor wegen der Verbilligung des Ferngases und des Ausbaues der Ferngasleitungen wieder mehr verwendet.

Erdgasmotoren sind vor allem in den USA. weit verbreitet wo das reichlich vorhandene Naturgas durch ein ausgedehntes Netz von Rohrleitungen über weite Gebiete verteilt wird. Bei dem relativ niedrigen Preis des Naturgases ergeben sie besonders in größeren Anlagen sehr günstige Wirtschaftlichkeit des Betriebes im Verhältnis zum Betrieb mit flüssigen Kraftstoffen oder auch gegenüber Dampfkraftanlagen.

Faulgas kann ebenfalls zum Betrieb von Verbrennungsmotoren verwendet werden. Besonders in den städtischen Kläranlagen wird das anfallende Gas unmittelbar zur Energiegewinnung ausgenützt. In neuester Zeit gewinnt in der Landwirtschaft Faulgas für den Betrieb von Schleppern an Bedeutung.

Der Sauggasmotor saugt das Kraftgas aus Gaserzeugern (Generatoren) an. Der Vorteil einer Sauggasanlage liegt darin, daß die meisten festen Kraftstoffe, wie Steinkohle, Braunkohle, Koks und Holz, verwendet werden können. Das aus festen Kraftstoffen gewonnene Kraftgas ist besonders billig. Bei einem Wirkungsgrad des Gaserzeugers von 80% und einem Nutzwirkungsgrad des Motors von 30% ergibt die Anlage einen Gesamtwirkungsgrad von 24%. Der Kraftstoffverbrauch beträgt bei Verwendung von Steinkohle ungefähr 0,38 kg für die Pferdekraftstunde.

Die Wirtschaftlichkeit der Sauggasanlagen kann dadurch erhöht werden, daß das Generatorgas außer zur Krafterzeugung auch zu Heizzwecken verwendet wird. In Porzellan- und Glasfabriken, Ziegeleien, Härtereien, Emaillierwerken und Trocknungsanlagen ist eine große Anzahl solcher Anlagen in Betrieb.

Als schnellaufende Maschine wird der Sauggasmotor in Verbindung mit einem Gaserzeuger in Lastkraftwagen und Lokomotiven eingebaut. Dies geschah in großem Umfang während des zweiten Weltkrieges, wo Sauggasanlagen auch zum Antrieb von Fluß- und Seeschiffen benützt wurden.

Sauggasmotoren werden häufig so ausgeführt, daß sie wahlweise auch mit Leuchtgas betrieben werden können.

Speichergasmotoren erhalten ihren Kraftstoff aus Stahlflaschen, in denen das Gas unter Druck gespeichert ist. Sie werden in den meisten Fällen zum Antrieb von Straßenfahrzeugen verwendet. Als Speichergase kommen hauptsächlich Leuchtgas, Methan Propan und Butan in Frage. Leuchtgas und Methan stehen in den Flaschen unter einem Druck von 200 bis 250 atü, Propan und Butan werden unter einem Druck von 8 atü in flüssigen Zustand mitgeführt.

Die Gicht- und Koksofengase der Hüttenwerke werden mit hohem Wirkungsgrad in Großgasmaschinen für die Krafterzeugung ausgenützt. Als solche bezeichnet man Motoren mit mehr als 500 PS Zylinderleistung. Die Drehzahlen dieser Maschinen liegen zwischen 90 und 250 U/min. Für große Leistungen bis zu 10 000 PS werden sie als liegende Tandem-Zwillingsmaschinen ausgeführt. Die Leistung wird durch Verwendung von Gebläsen zum Spülen und Nachladen der Zylinder gesteigert. Großgasmaschinen dienen hauptsächlich zum Antrieb von elektrischen Stromerzeugern oder von Kolbengebläsen für die Winderzeugung für Hochöfen.

2. Art des Arbeitsverfahrens

Neben dem im Gasmotorenbau seit OTTO üblichen Verfahren, ein Gas-Luft-Gemisch anzusaugen und nach entsprechender Verdichtung durch einen elektrischen Funken zu zünden, sind in neuerer Zeit eine Reihe anderer Betriebsarten entwickelt worden.

Die Forderung, Dieselmotoren mit dem kleinsten Aufwand, möglichst ohne Leistungseinbuße auf Gas umzubauen, führte auf ein Verfahren, das im Jahre 1926 bei der Klöckner-Humboldt-Deutz AG. eingehend erprobt worden war. Der Motor saugt hierbei wie der normale Ottomotor ein Gas-Luft-Gemisch an, das am Ende der Verdichtung durch die Einspritzung einer kleinen Menge flüssigen Kraftstoffes (Zündöl) zur Entflammung gebracht wird. Auch RUDOLF DIESEL hatte bereits in der Zeit seiner Augsburger Versuche in gleicher Weise Gasmotoren zu betreiben versucht [1, 3]. Das Verdichtungsverhältnis bleibt hierbei im wesentlichen unverändert, und es besteht die Möglichkeit, den Motor wahlweise mit flüssigen oder gasförmigen Kraftstoffen oder beiden in einem beliebigen Verhältnis zu betreiben. Dieses Verfahren wurde zu Beginn des zweiten Weltkrieges von verschiedenen Firmen fast gleichzeitig wieder aufgegriffen. Derartige Motoren wurden als Otto-Dieselmotoren, *Zündstrahlgasmotoren*, Diesel-Gasmotoren oder auch Zweistoffmotoren bezeichnet [1 bis 7].

Im Verlauf der Entwicklung des Zündstrahlverfahrens wurden umfangreiche Erfahrungen bei Betrieb mit hoher Verdichtung gemacht. Da nun für manche Verwendungszwecke der Betrieb mit zwei verschiedenen Kraftstoffen unangenehm ist und bei Verknappung von Dieselöl auch die Beschaffung der notwendigen Zündölmengen Schwierigkeiten machen kann, wurde die elektrische Zündung auch bei Diesel-Verdichtung versucht. Mit diesen sogenannten *Hochdruck-Ottomotoren* sind je nach Gasart beachtliche Erfolge erzielt worden.

Man kann Gas aber auch unter hohem Druck gegen Ende der Verdichtung einblasen und sich in der hocherhitzten Luft von selbst entzünden lassen. Dieses Verfahren ist ebenfalls schon von DIESEL angegeben worden und entspricht völlig dem Diesel-Prozeß mit flüssigem Kraftstoff. Dabei kann man auch weniger klopffeste Gase verwenden, muß aber bei der Einblasung meist kleine Mengen von Gasöl vorlagern oder gleichzeitig einspritzen, weil sich sonst harte Zündschläge ergeben.

Für Betrieb mit Reichgasen werden seit langem insbesondere große stationäre Zweitaktmaschinen gebaut, die mit reiner Luft gespült werden, während das Gas nach Abschluß der Auslaßschlitze zu Beginn der Verdichtung durch Nachladeventile in den Zylinder geblasen wird. Die Zündung erfolgt elektrisch. Dieses Verfahren ist in der Literatur in der neueren Zeit auch als Erren-Verfahren bekannt geworden [8 bis 11].

Im Verlaufe der Entwicklung sind für die einzelnen genannten Arbeitsverfahren die verschiedensten Bezeichnungen gewählt worden. Hier soll im wesentlichen an den zwei Grundbegriffen Otto- und Diesel-Motor festgehalten werden. Dementsprechend werden hier alle *gemischverdichtenden* Motoren mit Fremdzündung nach OTTO und alle *reine Luft verdichtenden* Motoren mit Selbstzündung nach DIESEL[1] benannt. Der Einfachheit halber wird für gemischverdichtende Gasmotoren mit *elektrischer Zündung* die Bezeichnung „Gasmotor" wie in der ersten Auflage beibehalten, während gemischverdichtende Maschinen mit *Ölzündung* kurz „Zündstrahl-Gasmotoren" genannt werden. Die einfache Bezeichnung „Dieselmotor" kennzeichnet wie bisher den luftverdichtenden Motor für flüssigen Kraftstoff. Motoren, bei denen der Hauptkraftstoff Gas am Ende der Verdichtung, gegebenenfalls zugleich mit einem Zündkraftstoff, eingeführt wird, werden hier Gas-Dieselmotoren genannt. Als „Gasmotoren mit Diesel-Verdichtung" werden alle Gasmaschinen bezeichnet, die so hoch verdichten, daß sie ohne Änderung des Verdichtungsverhältnisses auch im Dieselbetrieb mit Gasöl gefahren werden können.

Wechselmotoren werden wahlweise mit flüssigen oder gasförmigen Kraftstoffen betrieben. Motoren, die *gleichzeitig* mit beiden Kraftstoffarten arbeiten, werden im besonderen Zweistoffmotoren genannt, wenn der Verbrauch an flüssigem Kraftstoff wesentlich größer ist als die zur Zündung des Gemisches von Verbrennungsluft und gasförmigem Kraftstoff erforderliche Menge. Dies ist z. B. der Fall, wenn im oberen

---

[1] Vergleiche auch Vorschlag LEIKER in Zeitschrift VDI 1949, Nr. 8, S. 166, sowie DIN 1940.

Belastungsbereich zum Zwecke der Leistungsverbesserung des Motors oder bei ungenügender Gaszufuhr der flüssige Kraftstoffanteil vergrößert wird. Diese Bezeichnung entspricht dem in der englischen und amerikanischen Literatur üblichen Namen „Dual Fuel Engine" für derartige Motoren. Bei Zündstrahl-Gasmotoren wird im allgemeinen nur das Gas geregelt, während die Zündölmenge im ganzen Belastungsbereich unverändert bleibt. Beim Zweistoffbetrieb müssen beide Kraftstoffe geregelt werden.

II. Gasmotorenkraftstoffe

Gasförmige Brennstoffe sind als Kraftstoffe deshalb sehr gut geeignet, weil sie sich mit der Verbrennungsluft leicht mischen, ohne Bildung von Rückständen rasch verbrennen und keine Verdünnung des Schmieröles bewirken.

Als gasförmige Kraftstoffe für Verbrennungskraftmaschinen werden Leuchtgas, Sauggas (Generatorgas), Koksofengas und Gichtgas, außerdem auch Methan, Propan und Butan verwendet. Die brennbaren Bestandteile in den Gasen sind: Kohlenoxyd, Wasserstoff und Kohlenwasserstoffe. Der Heizwert der Kohlenwasserstoffe ist wesentlich höher als der von Kohlenoxyd und Wasserstoff. Aus den Heizwerten der einzelnen Anteile läßt sich der Heizwert der Gasmischung berechnen. Die nicht brennbaren (inerten) Bestandteile, wie Stickstoff und Kohlensäure, die beim Saug- und Gichtgas einen großen Anteil ausmachen, setzen den Gesamtheizwert herab. Nach dem Heizwert unterscheidet man Stark- und Schwachgase. In Zahlentafel 1 sind einige Daten für die wichtigsten Kraftgase und ein Gasöl mittlerer Zusammensetzung angegeben. Nachstehend werden diese besprochen.

Zahlentafel 1.

Zusammensetzung, Heizwerte, Gemischheizwerte und theor. Verbrennungsprodukte ($\lambda = 1$) von technischen Gasen und von Gasöl

Gasart	Zusammensetzung in Raumteilen							Spez. Gewicht $\frac{kg}{Nm^3}$	unterer Heizwert $\frac{kcal}{Nm^3}$	Theoret. Luftbedarf $\frac{m^3}{m^3}$	Gemisch-Heizwert $\frac{kcal}{Nm^3}$	Gaskonstante $\frac{kgm}{gradkg}$	Abgasbestandteile in Nm^3/Nm^3			Abgasmenge feucht $\frac{Nm^3}{Nm^3}$	Abgasmenge trocken $\frac{Nm^3}{Nm^3}$	Zusammensetzung des feuchten Abgases in Raumteilen		
	CO	H_2	CH_4	C_2H_4	O_2	CO_2	N_2						CO_2	H_2O	N_2			CO_2	H_2O	N_2
Leuchtgas	14,1	50.2	23,0	—	0,4	3,1	9.2	0,57	3700	3,70	786	66,77	0,402	0,962	3,014	4,378	3,416	9,18	21,98	68,84
Koksofengas	7,0	55,0	32,0	1,5	1,8	1,2	1,5	0,46	4600	4,65	815	83,61	0,432	1,220	3690	5,342	4,122	8,08	22,82	69,10
Sauggas I	19,8	18,7	1,3	—	1,2	9 6	49,4	1,11	1200	0,98	606	34,50	0,307	0,213	1,273	1,793	1,580	17.12	11,88	71,00
Sauggas II	28,8	17,9	0,2	—	—	4,6	48,5	1,07	1347	1,13	633	35 25	0,336	0,183	1,377	1,896	1,713	17,72	9,65	72,63
Gichtgas	24,0	6,3	—	—	—	7,8	61,9	1,25	885	0,72	514	30,71	0,318	0,063	1,191	1,572	1,509	20.21	4,01	75,78
Klärgas	—	3,0	60.0	—	—	32,0	5,0	1,11	5250	5,80	772	33,70	0,920	1,236	4,630	6,786	5,550	13,54	18,22	68,23
Trock.Erdgas	0,4	1,45	98,15	—	—	—	—	0,71	8500	9,40	816	53,53	0,986	1,978	7,420	10,384	8,406	9 50	19,05	71,45
Methan CH_4	—	—	100,00	—	—	—	—	0,72	8620	9,50	820	53.00	1,000	2,000	7,520	10,52	8,520	9,50	19,00	71,50
Propan C_3H_8								2,02	21600	23,80	871	19,20	3,000	4,000	18,80	25,80	21,80	11,63	15,50	72,87
Butan C_4H_{10}								2,70	28400	31,00	886	14,50	4,000	5,000	24,46	33,46	28,46	11,95	14,95	73,10
	Zusammensetzung in Gewichtsteilen							$\frac{kg}{dm^3}$	$\frac{kcal}{kg}$	$\frac{Nm^3}{kg}$	$\frac{kcal}{Nm^3}$		Abgasbestandteile in Nm^3/kg			$\frac{Nm^3}{kg}$	$\frac{Nm^3}{kg}$			
	c	h	o_2	s	n								CO_2	H_2O	N_2			CO_2	H_2O	N_2
Gasöl	85	13	2	—	—			0,88	10,000	10,95	913,5	—	1,588	1,457	8.65	11,695	10,238	13,6	12,48	73,92

1. Leuchtgas und Koksofengas

Das Leuchtgas und das Koksofengas haben ähnliche Zusammensetzung. Sie bestehen hauptsächlich aus Wasserstoff, Kohlenoxyd und Methan. Stickstoff und Kohlensäure sind nur in geringen Mengen darin enthalten. Je nach der verwendeten Steinkohle und der Art der Verkokung sind der Heizwert und die Zusammensetzung der Gase verschieden.

Beide Gase werden bei hoher Temperatur und unter Luftabschluß durch Trocken-destillation in Gaswerken oder Kokereien gewonnen. Das Leuchtgas steht in den Gas-speichern der städtischen Gaswerke unter einem Druck von 100 bis 200 mm WS und im Stadtnetz ungefähr unter einem Druck von 50 bis 100 mm WS. Die bei der Ver-kokung in das Gas gelangenden Verunreinigungen, wie Staub, Teerdämpfe und Schwefelwasserstoff, werden in Reinigungsanlagen ausgeschieden.

Das Koksofengas erhielt besondere Bedeutung durch den Ausbau der Ferngaslei-tungen, die auch entfernten Verbrauchern seine Verwendung ermöglichen.

2. Generatorgas

Das Generatorgas entsteht in Gaserzeugern beim Hindurchsaugen von Luft und Wasserdampf durch eine glühende Kraftstoffschicht. Man nennt es auch Sauggas. Wird die Vergasungsluft vorverdichtet und der Generator unter Überdruck betrieben, dann spricht man von Druckgas. Die in der Brennzone entstehende Kohlensäure wird in der Reduktionsschicht zu Kohlenoxyd reduziert. Die Zusammensetzung des Gases hängt von der Art des Kraftstoffes, dem Gaserzeuger, seinem Wärmezustand und der Menge des eingeführten Wasserdampfes ab. Die wichtigsten in Gaserzeugern verwen-deten Kraftstoffe sind Steinkohle, Braunkohle, Holz, Hochtemperaturkoks und neuer-dings auch Braunkohlenschwelkoks. Das in Zeile 3 der Zahlentafel 1 angeführte Saug-gas I wird aus Steinkohle gewonnen, Sauggas II, Zeile 4 aus Anthrazit.

Bei Verwendung von Generatorgas als Kraftstoff für Motoren ist, um einen starken Verschleiß der Zylinderlaufbahn zu verhindern, eine Reinigungsanlage nötig, in der das Gas von Staub, Teer und Schwefel befreit wird. In diesen Reinigern wird das Gas gleich-zeitig gekühlt. Näheres über Gaserzeuger und Reiniger enthält Band 1.

3. Gichtgas

Das Gichtgas entsteht bei der Roheisenerzeugung in Hochöfen. Sein Heizwert ist sehr niedr g. Auf Grund des geringen Luftbedarfs bei der Verbrennung ist jedoch der Gemischheizwert nicht so sehr von dem der anderen Gase verschieden, so daß sich die Verwendung als Kraftstoff im Motor lohnt.

Das Gichtgas führt wie das Generatorgas beim Verlassen des Ofens große Staub-mengen mit sich, die ebenfalls durch eine Reinigungsanlage ausgeschieden werden müssen.

4. Erdgas, Klärgas und Methan

Erdgas tritt vor allem bei Erdölbohrungen zu Tage. Es besteht hauptsächlich aus Methan, enthält aber oft außerdem noch Äthan, Propan und Butan. Seine an sich sehr hohe Klopffestigkeit wird durch die höheren Kohlenwasserstoffe stark gemindert. Etwa mitgeführte flüssige Kohlenwasserstoffe müssen dem Erdgas vor seiner Verwendung als Motorkraftstoff unbedingt entzogen werden, da anderenfalls stark klopfender Betrieb die Folge ist. In Deutschland ist der Anfall von Erdgas gering.

Methan fällt bei der Weiterverarbeitung von Erdöl und Braunkohlenteeröl an. Es entsteht auch bei Tieftemperaturzerlegung des Koksofengases zur Gewinnung von Wasserstoff und Stickstoff sowie bei der FISCHER-TROPSCH-Synthese. Hier ist es ein unerwünschtes Beiprodukt. Nach dem Verfahren von LURGI kann jedoch der Prozeß unter Verzicht auf die Gewinnung von flüssigen Kohlenwasserstoffen hinsichtlich der Energieausbeute aber wesentlich wirtschaftlicher so geführt werden, daß ein sehr heiz-wertreiches Gas (H_u = 6000 bis 7000 kcal/Nm³) entsteht, das hauptsächlich Methan enthält. Das Gas eignet sich wegen des hohen Heizwertes besonders für die Verteilung durch Fernleitungen.

Methan entsteht auch bei Verwesungsvorgängen und wird aus den Abwässern der Großstädte als sogenanntes Klärgas oder Faulschlammgas gewonnen. Auch in der Land-wirtschaft haben Versuche an verschiedenen Stellen gezeigt, daß es möglich ist, Stall-mist, Jauche, Kartoffelkraut und alle organischen Abfälle biologisch zu vergären. Man erhält neben einem gut düngfähigen Faulschlamm ein Faulgas mit 60 bis 64% CH_4, der Rest enthält außer Spuren von H_2, O_2, N_2 und CO in der Hauptsache CO_2.

Die Anlagen sind den städtischen Kläranlagen nachgebildet und zweckentsprechend abgeändert, da das landwirtschaftliche „Füllgut" eine andere Konsistenz hat. Es werden je Großvieheinheit je nach Einstreuung 1,5 bis 4,0 Nm³/Tag Faulgas („BIHU-GAS") von einem $H_u = 5100$ bis 5400 kcal/Nm³ erzeugt[1].

5. Propan und Butan

Propan und Butan werden bei der synthetischen Herstellung von Benzin, bei der Verarbeitung von Rohöl und aus den Gasen der Erdölquellen gewonnen. Beide Stoffe sind bei normaler Temperatur und unter Atmosphärendruck gasförmig, bei einem Druck von 8 at und bei 15° C verflüssigen sie sich.

III. Verbrennung

1. Allgemeines

Die Endprodukte der vollkommenen Verbrennung von Kohlenmonoxyd, Wasserstoff und Kohlenwasserstoffen sind Kohlensäure und Wasser. Die wichtigsten Beziehungen zwischen Kraftgaszusammensetzung und Endprodukten der vollkommenen und der unvollkommenen Verbrennung enthält Band 2.

Zum besseren Verständnis der Zünd- und Verbrennungsvorgänge soll kurz auf die Grundlagen eingegangen werden. (Näheres s. unter anderem [17], [18].) Verläuft allgemein eine Reaktion nach der chemischen Gleichung

$$\nu_a A + \nu_b B + \ldots \xrightarrow{\longleftarrow} \nu_x X + \nu_y Y + \ldots \tag{1}$$

A, B sind die Ausgangsprodukte,
X, Y sind die Endprodukte des chemischen Umsatzes,
ν_a, ν_b, bzw. ν_x, ν_y sind die Molzahlen der einzelnen Produkte,
so ist die Reaktionsgeschwindigkeit (Geschwindigkeit der Umsetzung) definiert als:

$$w = -\frac{d[A]}{dt} = -\frac{\nu_b}{\nu_a}\frac{d[B]}{dt} \ldots = +\frac{\nu_x}{\nu_a}\frac{d[X]}{dt} = +\frac{\nu_y}{\nu_a}\frac{d[Y]}{dt} \ldots = k\,[A]^{\nu_a}\,[B]^{\nu_b}, \tag{2}$$

wenn:
$[A]$, $[B]$ die Konzentrationen der Komponenten A, B,
$[X]$, $[Y]$ diejenigen von X und Y,
k der Geschwindigkeitskoeffizient (Funktion der Temperatur)
ist.

Die Reaktionsgeschwindigkeit w kann man sich also durch die Abnahme der Konzentration der Ausgangsprodukte oder die Zunahme der Konzentration eines der Endprodukte gemessen denken. Verläuft die Reaktion in umgekehrter Richtung (Dissoziation), dann ist die Reaktionsgeschwindigkeit sinngemäß:

$$w' = +\frac{d[A]}{dt} = +\frac{\nu_b}{\nu_a}\frac{d[B]}{dt} \ldots = -\frac{\nu_x}{\nu_a}\frac{d[X]}{dt} = -\frac{\nu_y}{\nu_a}\frac{d[Y]}{dt} \ldots = k'\,[X]^{\nu_x}\,[Y]^{\nu_y}. \tag{3}$$

Für das chemische Gleichgewicht mit

$$w = w'$$

ergibt sich

$$\frac{[A]^{\nu_a}\,[B]^{\nu_b}\ldots}{[X]^{\nu_x}\,[Y]^{\nu_y}\ldots} = \frac{k'}{k} = K. \tag{4}$$

K ist die Gleichgewichtskonstante des Massenwirkungsgesetzes und ist eine Funktion der Temperatur. Eine nähere Ableitung wird hier nicht gegeben, es sei nur darauf hingewiesen, daß die Abhängigkeit von der Temperatur mit Hilfe des zweiten Hauptsatzes der Wärmelehre bewiesen werden kann.

---

[1] Eine Versuchsanlage (System Schmidt/Eggersglüß) hat bei der „Deutschen Futter-Konservierungs-Gesellschaft" in Verden/Aller die Wirtschaftlichkeit des Verfahrens bewiesen.

Die Kinetik der Verbrennungsvorgänge ist sehr komplizierter Natur. Die Praxis hat gezeigt, daß in den meisten Fällen die Reaktionsgeschwindigkeit der Verbrennung in dem in Frage kommenden Temperaturbereich durch einen Ausdruck von der Form

$$\frac{d[B]}{d} = \frac{p^n d}{e^{\frac{b}{T}}}$$ (5)

wiedergegeben werden kann, wobei b, n und d vom Kraftstoff abhängige, empirisch zu bestimmende Konstanten sind [17].

t ist die Zeit,
$e = 2{,}718$ Basis der natürlichen Logarithmen,
p Druck
T absolute Temperatur $\left.\right\}$ der reagierenden Stoffe,
$[B]$ die Kraftstoffkonzentration.

Gl. 5 läßt erkennen, daß die Reaktionsgeschwindigkeit mit Temperatur und Druck zunimmt.

Ein Kraftstoffluftgemisch entzündet sich, sobald es eine gewisse Temperatur, die Zündtemperatur, erreicht. Man spricht von Selbstzündung, wenn das Gemisch als Ganzes diese Temperatur erreicht und sich von selbst entzündet. Bei Fremdzündung wird die Entzündung durch eine starke örtliche Erhitzung, z. B. mittels elektrischer Funken eingeleitet. Bei der Selbstzündung ist zu beachten, daß die Entzündung erst nach einer bestimmten Zeit erfolgt, nachdem das Gemisch auf die hohe Temperatur gebracht wird, wobei allgemein als Entzündung die erste Flammenerscheinung oder der Beginn einer merkbaren Drucksteigerung angesehen wird. Diese Zeit wird der Zündverzug genannt. Eine verhältnismäßig einfache Möglichkeit zur Messung des Zündverzuges ergibt sich bei rascher, annähernd adiabatischer Verdichtung des zu untersuchenden Kraftstoff-Luftgemisches. Man bezeichnet dann als Zündverzug die Zeit vom Ende der Verdichtung bis zum Beginn der Zündung. F. A. F. SCHMIDT gibt auch eine Formel für den Zündverzug an, welche aus Gl. 5 hervorgeht. Nach dieser ist der Zündverzug in Sekunden

$$t = \frac{e^{\frac{b}{T}}}{p^n}\, a\, \beta,$$

a ist wieder eine vom Kraftstoff abhängige Konstante,

β ist ein Korrekturfaktor für die Temperaturerhöhung während der Zündverzugsperiode.

Bei Fremdzündung, z. B. durch elektrische Funken, nennt man Zündverzug die Zeit vom Überspringen des Funkens bis zur Entzündung des Gemisches, bei Dieselmotoren, Zündstrahlgasmotoren und Zweistoffbetrieb rechnet man die Zeit vom Einspritzbeginn des Kraftstoffes (bzw. Zündkraftstoffes).

Die Verbrennung eines Kraftstoffluftgemisches ist im allgemeinen nur möglich zwischen einem kleinsten und einem größten Luftverhältnis (λ_{min} — λ_{max}). Die beiden werden als Zündgrenzen bezeichnet. Häufig werden auch die Raumteile in Prozent Kraftgas im Gemisch zur Kennzeichnung der Zündgrenzen angegeben ($v_{g\,min}$ und $v_{g\,max}$). Der Zusammenhang ist der folgende:

$$v_g = \frac{1}{1 + \lambda L_0} \cdot 100, \quad \text{bzw.} \quad \lambda = \left(\frac{100}{v_g} - 1\right)\frac{1}{L_0}.$$

L_0 ist der theoretische Luftbedarf für das betrachtete Gas.

Bei der experimentellen Bestimmung der Selbstzündungstemperatur und der Zündgrenzen haben die Versuchsanordnung, die Wärmeabstrahlung, der Werkstoff des Versuchsgefäßes und andere Faktoren erheblichen Einfluß auf die Meßergebnisse. Wesentlich ist auch die Zeitdauer, die man zwischen der Einleitung der Reaktion (z. B. durch Verdichtung, Funkenüberschlag oder Öleinspritzung) und deren Beginn abwartet, das heißt, welchen Zündverzug man noch als zulässig ansieht. Deshalb sind die Selbstzündungstemperatur und die Zündgrenzen keine physikalisch eindeutigen Werte, worauf auch F. A. F. SCHMIDT aufmerksam macht.

Diese Erkenntnis ist im folgenden Kapitel, welches aus der ersten Auflage unverändert übernommen wurde, zu beachten. Bei den früheren Versuchen auf diesem Gebiet sind nämlich vielfach die Versuchsbedingungen, deren großer Einfluß auf die Meßergebnisse noch nicht richtig erkannt war, nicht ausreichend genau festgehalten worden.

2. Zündung

Erhitzt man ein brennbares Gemisch, so wird die Umsetzungsgeschwindigkeit mit zunehmender Temperatur immer mehr gesteigert und erreicht schließlich eine Größe, bei welcher die durch die Umsetzung entstehende Wärme, die Wärmeverluste durch Leitung und Strahlung an die Umgebung übersteigt, und die Reaktion sich selbst beschleunigend weiterläuft. Man nennt diesen Vorgang, durch den die Reaktion eingeleitet wird, die Zündung. Die Temperatur, auf welche das Gemisch gebracht werden muß, um die Reaktion von selbst weiterlaufen zu lassen, heißt die Zündtemperatur.

Die vorstehende Erklärung ist nicht vollständig, da sie nur die thermischen Verhältnisse umfaßt. Sie gibt jedoch ein anschauliches Bild und genügt für die nachfolgenden Anwendungen. Die genaueren Zusammenhänge lehrt die Reaktionskinetik. Aus dem Gesagten ergibt sich, daß die Zündtemperatur keine Stoffkonstante sein kann, sondern von den besonderen Verhältnissen der Zündung abhängig sein muß. Stark beeinflußt wird die Zündtemperatur vom Mischungsverhältnis Kraftgas-Luft und vom Druck.

In Zahlentafel 2 sind die Zündtemperaturen der wichtigsten technischen Gase zusammengestellt. Sie wurden so bestimmt, daß Gas und Sauerstoff oder Luft getrennt bis dicht an die Zündtemperatur erhitzt und dann unter weiterer Erwärmung gemischt wurden. Die Wirkung von Wänden wurde dadurch ausgeschaltet. Der Zündpunkt ist abhängig vom Anteil der brennbaren Gase am Gemisch. Abb. 1 zeigt das für Gemische von Kohlenoxyd und Wasserstoff mit Luft, Abb. 2 für Gemische von Kohlenoxyd und Methan mit Luft. Im letzteren Fall hat den niedersten Zündpunkt ein Kohlenoxyd-Methan-Gemisch mit 95% Kohlenoxyd und 5% Methan im Kraftgasanteil von 32%.

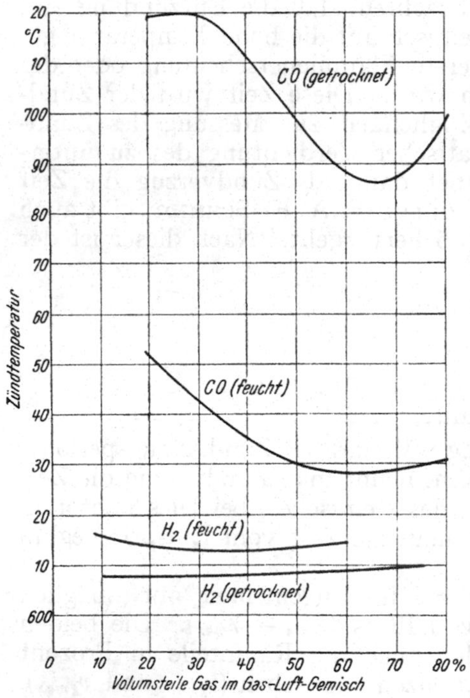

Abb. 1. Zündtemperaturen von Kohlenoxyd und Wasserstoff in Mischung mit Luft

Zahlentafel 2. Zündtemperaturen verschiedener Gase (H. BRÜCKNER [90]).

Gasart	Zündtemperatur	
	in Luft °C	in Sauerstoff °C
Kohlenoxyd.................	610	590
Wasserstoff	530	450
Methan	645	645
Propan	510	490
Butan	490	(460)
Leuchtgas	560	(450)

Im Ottogasmotor erfolgt die Zündung im allgemeinen dadurch, daß ein kleiner Teil des Gemisches durch den Durchschlag eines elektrischen Funkens zur Reaktion gebracht wird. Nach Jost [18] kann dabei angenommen werden, daß nur zum Teil Wärmewirkung, zum größten Teil aber Molekülanregung, vielleicht auch Dissoziation, für die Zündung maßgebend ist. Beschränkt man sich wieder auf die anschauliche thermische Erklärung, so kann angenommen werden, daß die durch die Verbrennung der unmittelbar von Funken getroffenen Teile entstehende Wärme auf die benachbarten Schichten übergeht und sie zur Reaktion bringt, sofern im Verhältnis zur Wärmeableitung genügend Wärme durch die erste Reaktion erzeugt wird. Wird zu wenig Wärme erzeugt, so führt die Reaktion zu keiner Zündung der nicht direkt vom Funken durchschlagenen Gemischteile, sondern erlischt. Entfernt man sich von der theoretischen Gemischzusammensetzung ($\lambda = 1$) nach beiden Seiten, so sinkt die Reaktionswärme, da der im Überschuß vorhandene Reaktionsteil an der Reaktion nicht mehr teilnimmt oder nicht vollkommen reagiert. An den Zündgrenzen erreicht die Reaktionswärme einen Wert, bei dem eine weitere Fortpflanzung der Entzündung im Gemisch nicht mehr stattfindet. Man unterscheidet eine obere Zündgrenze mit Kraftgasüberschuß und eine untere Zündgrenze mit Luftüberschuß. Für die wichtigsten technischen Gase zeigt Zahlentafel 3 die Zündgrenzen. Diese und der zeitliche Ablauf der Zündung hängen auch von der Intensität der elektrischen Entladung ab, vor allem von dem Gemischvolumen, das zuerst durch den Funken erfaßt wird. Je größer dieses Volumen ist, um so leichter und rascher erfolgt die Zündung.

Zahlentafel 3. Zündgrenzen verschiedener Gase
im Gemisch mit Luft

(Volumsteile Gas im Gemisch)

Gasart	Untere	Obere
	Zündgrenze	
Wasserstoff	4,1%	80 %
Methan	5,3%	15,4%
Kohlenoxyd	12,5%	80 %
Leuchtgas	8 %	45 %
Sauggas	19 %	71 %
Propan..................	2,1%	9,5%
Butan	1,5%	8,5%

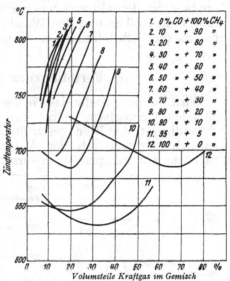

Abb. 2. Zündpunkte von Kohlenoxyd-Methan-Luftgemischen

Reaktionen, die im Inneren des Gases vor sich gehen, bei denen also nur gasförmige Stoffe beteiligt sind, bezeichnet man als homogene Reaktionen. Im Motor sind das z. B. die bei der Funkenzündung und der Fortpflanzung der Verbrennung im Gemisch und die bei einer Selbstzündung auftretenden Reaktionen. Vielfach entstehen aber auch Wechselwirkungen zwischen den Wänden des Reaktionsgefäßes und dem brennbaren Gasgemisch. Man bezeichnet solche Reaktionen als heterogene Reaktionen und spricht von einer katalytischen Wirkung der Wand. Heterogene Reaktionen im Motor treten z. B. bei der Entzündung des Gemisches an glühenden Wandteilen auf. Nach den neueren Forschungen auf dem Gebiete der Chemie der Oberflächen ist anzunehmen, daß die Gase von der Oberfläche der Wand adsorbiert werden und dabei die Moleküle eine Aktivierung erfahren können. Die Vereinigung mit dem Sauerstoff beginnt dann in der adsorbierten Gasschicht. Bei der Entzündung sind auch Diffusionsvorgänge wesentlich beteiligt. Aus der thermischen Betrachtung der Verhältnisse folgt, daß die Wärmefortleitung aus den zuerst brennenden Teilen als Oberflächenwirkung verhältnismäßig um so größer ist, je kleiner die von der Verbrennung erfaßten Teile sind. Daher wird die Entzündung des Gemisches um so schwerer erfolgen, je kleiner die heiße Oberfläche ist, oder, anders ausgedrückt, es wird eine Oberfläche zur Entzündung eines Gemisches um so heißer sein müssen, je kleiner sie ist. Im allgemeinen ist die für die Zündung erforderliche Temperatur der Oberfläche — abgesehen von katalytischen Einflüssen — wesentlich höher als die Selbstentzündungstemperatur des Gemisches. Daraus erklärt sich die Tatsache, daß z. B. bei Otto-Motoren sich das Gemisch an hellrot glühenden Auslaßventilen nicht entzündet. Eine für den Motorenbau wichtige Untersuchung des katalytischen Einflusses verschiedener Stoffe wurde von WOHLSCHLÄGER in der Klöckner-Humboldt-Deutz AG. durchgeführt. Dabei wurden die Stoffe in einem Rohr von außen erhitzt und durch ein Thermoelement die Temperatur gemessen, bei der sich ein Gemisch aus Luft und Generatorgas an dem Stoff entzündet. Es wurden die folgenden Temperaturen festgestellt.

Stoff	Temperatur °C
Blankes Rohr	720
Rostiges Rohr	670
Metallspäne	650
Ölkohle	370
Petrolkoks	360
Gereinigtes Eisenhydroxyd	520
Mit Schwefel gesättigtes Eisenhydroxyd	290

Die zur Zündung erforderliche Temperatur der Ölkohle ist auffallend niedrig. Dieser Umstand ist deshalb von besonderer Bedeutung, weil sich im Verbrennungsraum eines Motors am Kolben und den Wandungen des Zylinders aus dem Schmieröl leicht Ölkohle absetzt, die Selbstzündungen verursachen kann.

3. Fortpflanzungsgeschwindigkeit der Verbrennung

Wird an einer Stelle des Gemisches eine Verbrennung eingeleitet, so schreitet sie im ruhenden Gemisch mit einer von den Eigenschaften des Gemisches abhängigen Geschwindigkeit, der Brenngeschwindigkeit, fort. Bei diesem Vorgang wird jedes folgende Gemischteilchen durch den Wärmeübergang von den bereits brennenden Gemischteilen auf Zündtemperatur erwärmt. Dabei wirkt auch die Diffusion, und zwar die von Frischgasmolekülen in die Brennzone und die von aktiven Teilchen aus der Brennzone in das Frischgas mit. Die Zeitdauer der Erwärmung von der Anfangstemperatur bis zum Zündpunkt hängt wesentlich von dem Temperaturunterschied der nebeneinanderliegenden verbrannten und unverbrannten Gemischteilchen ab. Die Brenngeschwindigkeit wird daher mit der Anfangstemperatur des Gemisches anwachsen.

In Abb. 3 sind die Brenngeschwindigkeiten von Kohlenoxyd, Methan und Wasserstoff mit Sauerstoff und in Abb. 4 mit Luft dargestellt. Sie wurden mit Hilfe eines Bunsenbrenners bei feststehendem Flammkegel gemessen. In diesem Falle ist die Brenngeschwindigkeit des Gasgemisches aus der Ausströmgeschwindigkeit, z. B. nach JOST [18], berechenbar. Bei Mischung mit Sauerstoff ist die Brenngeschwindigkeit des Wasserstoffes und des Kohlenoxyds etwa dreimal so hoch, die des Methans sogar etwa neunmal so hoch wie bei Mischung mit Luft. Die höchsten Brenngeschwindigkeiten haben Wasserstoff und Kohlenoxyd bei Gasüberschuß und Methan beim theoretischen Mischungsverhältnis.

Die Brenngeschwindigkeit eines Gemisches, das aus verschiedenen Gasen besteht, wie z. B. Generatorgas, läßt sich nicht aus der Brenngeschwindigkeit der Einzelgase bestimmen.

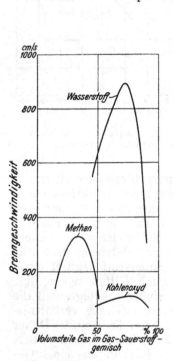

Abb. 3. Brenngeschwindigkeit von Gas-Sauerstoffgemischen

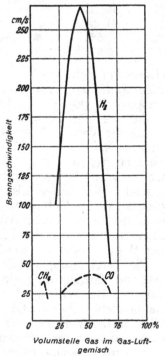

Abb. 4. Brenngeschwindigkeit von Gas-Luftgemischen

Abb. 5 zeigt die Brenngeschwindigkeit von technischen Brenngasen mit Luft. Die höchste Brenngeschwindigkeit hat Wassergas. Die geringeren Brenngeschwindigkeiten von Steinkohlengas und Leuchtgas erklären sich aus dem hohen Methangehalt und der geringen Brenngeschwindigkeit von Methan. Sauggas hat auf Grund seines hohen Stickstoff- und seines geringen Wasserstoffgehaltes eine sehr niedere Brenngeschwindigkeit. Der Einfluß des Wasserdampfes auf die Brenngeschwindigkeit von Kohlenoxyd, vermischt mit Luft oder Sauerstoff, ist aus Abb. 6 ersichtlich. Schon ein geringer Zusatz von Wasserdampf zum Brenngas bewirkt eine große Erhöhung der Brenngeschwindigkeit.

Die Brenngeschwindigkeit im ruhenden Gemisch liegt nach den vorstehenden Angaben so niedrig, daß sie zur genügend raschen Durchzündung des Zylinderinhaltes im Motor auch bei niedrigen Drehzahlen nicht ausreichen würde. Im Motor ist das Gemisch bei der Entzündung jedoch nicht in Ruhe, sondern von der vorangegangenen Einströmung her in lebhafter, turbulenter Bewegung. Diese Wirbelung kann durch Überschieben des Gemisches während der Verdichtung in einen abgeschnürten Verbrennungsraum gegebenenfalls noch erhöht werden.

Den Einfluß der Wirbelung auf die Brenngeschwindigkeit eines Äthan-Luft-Gemisches zeigt Abb. 7. HOPKINSON untersuchte den Einfluß der Wirbelung auf die Dauer der Verbrennung eines Leuchtgas-Luft-Gemisches in einem zylindrischen Verbrennungsraum. Das Gemisch wurde durch einen Ventilator in Bewegung versetzt. Bei ruhendem Gemisch betrug die Verbrennungsdauer 0,13 sek, bei einer Drehzahl des Ventilators von 2000 U/min 0,03 sek und bei 4500 U/min 0,02 sek.

Bei der Verbrennung in Verbrennungskraftmaschinen sind weitere Einflüsse auf Zündtemperatur und Brenngeschwindigkeit vorhanden. Zum Vergleich mit den in Bomben oder offenen Röhren gemachten Untersuchungen

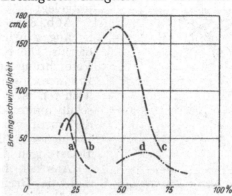

Volumsteile Gas im Gas-Luftgemisch

| Gasart | Gehalt an | | | | | | |
	CO_2 %	schweren Kohlenwasserstoffen %	O_2 %	CO %	H_2 %	CH_4 %	N_2 %
a Steinkohlengas	1,6	3,6	1,0	5,5	54,2	27,2	6,9
b Leuchtgas . .	4,5	2,4	0,2	20,8	51,8	14,9	5,4
c Wassergas . .	0,2	—	0,4	47,0	50,5	—	1,9
d Sauggas . . .	4,4	—	—	29,1	10,2	—	56,3

Abb. 5. Brenngeschwindigkeit von Gas-Luftgemischen (BRÜCKNER [90])

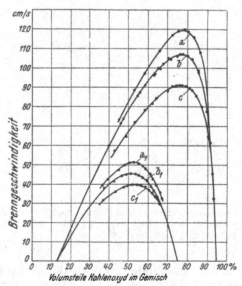

Volumsteile Kohlenoxyd im Gemisch

CO im Gemisch mit $(1,5\% N_2 + 98,5\% O_2)$ { Kurve a, das CO enth. 1,5% H_2 + 2,3% H_2O
    „ b, „ CO „   1,5% H_2 + 1,35% H_2O
    „ c, „ CO „   1,5% H_2 + Spuren H_2O

CO im Gemisch mit $(79\% N_2 + 21\% O_2)$ { Kurve a_1, das CO enth. 1,5% H_2 + 2,3% H_2O
    „ b_1, „ CO „   1,5% H_2 + 1,35% H_2O
    „ c_1, „ CO „   1,5% H_2 + Spuren H_2O

N_2 und O_2 wurden getrocknet zugemischt.

Abb. 6. Brenngeschwindigkeit des Kohlenoxydes

von Kraftgasen wurden von F. MÜLLER die Brenngeschwindigkeiten in einer langsam laufenden Leuchtgasmaschine gemessen. Die Brenngeschwindigkeit wurde bestimmt aus der Zeit, in der die Verbrennung von der Zündkerze des Motors zu den auf dem Kolbenboden angebrachten Elektroden gelangte. Das Auftreffen der Flamme wurde durch

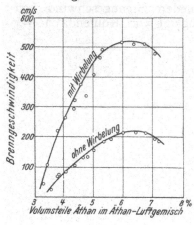

die elektrische Stromübertragung zwischen den Elektroden, die durch die ionisierende Wirkung der Flamme eintrat, festgelegt.

Abb. 8 zeigt die an einem 12-PS-Motor gemessenen Brenngeschwindigkeiten in Abhängigkeit vom Luftverhältnis. Die Kurven für $^1/_3$-, $^1/_2$- und $^2/_3$-Belastung beim Verdichtungsverhältnis $\varepsilon = 6{,}2$ zeigen deutlich, daß die Brenngeschwindigkeit bei dem Luftverhältnis $\lambda = 1$ am höchsten ist. Mit zunehmendem Luft- oder Gasüberschuß nimmt die Brenngeschwindigkeit ab, da der Anteil, der nicht an der Verbrennung beteiligten Luft- oder Gasmenge größer wird. Auffallend ist, daß bei niedrigen Belastungen die Brenngeschwindigkeit größer ist.

Abb. 7. Brenngeschwindigkeit von Äthan-Luftgemischen

Aus den beiden Kurven für Vollast ist ersichtlich, daß die Brenngeschwindigkeit mit dem Verdichtungsverhältnis zunimmt. Das ist aus der höheren Gemischtemperatur am Ende des Verdichtungshubes leicht erklärlich. Dagegen werden die Zündgrenzen und damit der Zündbereich durch Steigerung des Verdichtungsverhältnisses nicht wesentlich geändert (s. auch B. III. 5). Der Einfluß der Motordrehzahl auf die Brenngeschwindigkeit bei verschiedenem Luftüberschuß ist aus Abb. 9 ersichtlich. Durch die höhere Ansauggeschwindigkeit bei steigender Drehzahl nimmt die Brenngeschwindigkeit des Gemisches im Zylinder wegen der stärkeren Wirbelung zu.

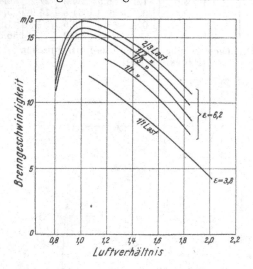

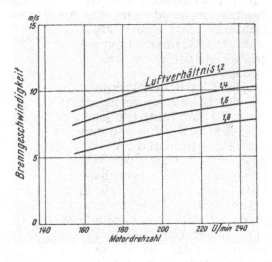

Abb. 8. Brenngeschwindigkeit in einem Leuchtgasmotor (MÜLLER [80]) $N_e = 12$ PS, $n = 240$ U/min, Zündung 28⁰ v. o. T.

Abb. 9. Brenngeschwindigkeit in einem Leuchtgasmotor bei gleichbleibendem Drehmoment (MÜLLER [80]). Zündung 28⁰ v. o. T.

Außer dem geschilderten normalen Ablauf der Verbrennung, bei dem sich diese durch Wärmeleitung, Diffusion und Wirbelung stetig über den ganzen Verbrennungsraum ausbreitet, gibt es noch einen anderen typischen, im Motor unerwünschten Verlauf. Bei diesem wird die Verbrennung von einem klopfenden Geräusch begleitet, das sich je nach der Gestalt des Motors, den Betriebsbedingungen und dem Kraftstoff durch Klingeln Stoßen oder Stampfen bemerkbar macht. Die stoßartige Verbrennung, welche die Ursache dieser Erscheinung ist, geht mit wesentlich höherer Brenngeschwindigkeit vor sich als die normale und führt zu hohen Beanspruchungen des Triebwerks. Gleichzeitig ver ursacht sie eine stark gesteigerte Wirbelung des Gasinhaltes und damit einen erhöhten Wärmeübergang auf die Wände des Brennraumes. Dadurch steigen die Verluste und bei länger andauerndem klopfenden Betrieb wird sich der Verbrennungsraum örtlich unzulässig erhitzen.

Der motorische Betrieb mit gasförmigen Kraftstoffen ergibt im Otto- wie im Zündstrahlbetrieb Besonderheiten gegenüber demjenigen mit flüssigen Kraftstoffen. Besonders verwickelt sind die Verhältnisse beim Zündstrahlbetrieb mit der aufeinanderfolgenden Zündung, aber wohl teilweise gleichzeitigen Verbrennung von Zündöl und Gas. Diese Verhältnisse ergeben weitgehende Folgerungen hinsichtlich der Regelung, des Betriebes und der Wartung, so daß eine Zusammenfassung gerechtfertigt ist, um so mehr als auf diesem Gebiet eine Reihe neuerer Ergebnisse vorliegt.

4. Klopferscheinungen und deren Ursachen

Klopferscheinungen können bei gemischverdichtenden (Otto- und Zündstrahl-) und bei Dieselmotoren auftreten. Trotz der starken äußeren Ähnlichkeit sind die Ursachen dieser Erscheinungen bei den beiden Motorarten sehr verschieden. Die klopfende Verbrennung ist in der Literatur von verschiedenen Verfassern sehr ausführlich behandelt worden [15 bis 20]. Zusammenfassungen findet man in den bekannten Lehrbüchern. Da jedoch die Klopferscheinungen wesentlichen Einfluß auf Leistung, Wirkungsgrad und Kühlung und damit die gesamte Motorkonstruktion haben, wird hier kurz das zur Erklärung der Klopferscheinungen Notwendigste wiedergegeben.

a) Klopfen im Ottomotor

α) *Vorgänge bei der klopfenden Verbrennung*

Die zahlreichen Untersuchungen, welche sich mit den Ursachen der Klopferscheinungen in Ottomotoren befaßten, haben zu der Erkenntnis geführt, daß das Klopfen bei fortschreitender Verbrennung durch eine plötzliche Entflammung des noch unverbrannten Gemischrestes verursacht wird. Zum besseren Verständnis der Vorgänge ist es notwendig, sich zunächst den prinzipiellen Druck- und Temperaturverlauf in der Ladung bei normaler und bei klopfender Verbrennung durch einfache Überlegungen vor Augen zu führen. Abb. 10 zeigt für den normalen Verbrennungsablauf den Druck und die Temperatur der Ladung als Funktionen des Abstandes r von der Zündstelle bei einem in der Mitte gezündeten, kugelförmigen Brennraum nach der Theorie von MACHE [21]. Vor der Entzündung, im Zeitpunkt $t = 0$, hat das Gasluftgemisch die Temperatur T_0 und den Druck p_0. Nach der Entzündung breitet sich die Verbrennung kugelförmig aus. Die Brennzone hat im Zeitpunkt $t = t_1$ den Kugelradius $r = r_1$ erreicht. Die von der Verbrennung einer unendlich dünnen Zone der Kugelschale ausgehende Verdrängungswirkung breitet sich nach allen Seiten aus. Dadurch werden sowohl das vor der Brennzone liegende unverbrannte Gemisch, als auch die hinter der Brennzone liegenden, bereits verbrannten Gase fortlaufend verdichtet. Da die Fortpflanzungsgeschwindigkeit der normal verlaufenden Verbrennung klein ist gegen die Schallgeschwindigkeit, wird während des Fortschreitens der Verbrennung dauernd Druckausgleich zwischen Verbranntem und Unverbranntem bestehen. Diese Annahme liegt der Berechnung der Kurven in Abb. 10 zugrunde, während der Temperaturausgleich vernachlässigt ist, da er verhältnismäßig sehr viel langsamer vor sich geht. Danach herrscht zur Zeit t_1 im ganzen Brennraum der Druck p_1, während der Temperatur-

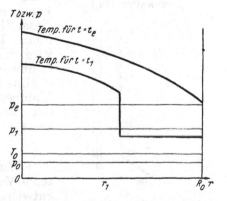

Abb. 10. Druck- und Temperaturverlauf bei normaler Verbrennung in einer im Mittelpunkt gezündeten Kugel vom Radius $r = R_0$

r = radiale Entfernung vom Kugelmittelpunkt
p = örtlicher Druck
T = örtliche Temperatur
t = Zeit
Indizes:
0 = Zeitpunkt der Zündung in Kugelmitte
1 = Flammenfront ist kugelförmig bis $r = r_1$ fortgeschritten
e = Flammenfront hat die Wand $r = R_0$ erreicht, Ende der Gesamtumsetzung.
(DREYHAUPT [25])

verlauf an der Brennzone einen Sprung aufweist. Im unverbrannten Gemisch, das durch die Expansion der verbrannten Gase adiabatisch verdichtet wurde, ist die Temperatur gleichmäßig und niedriger als die niedrigste Temperatur in dem verbrannten Gas. Dort ist jede Elementarschicht bei einer anderen Temperatur und einem anderen Druck verbrannt. Das der Zündstelle am nächsten gelegene Volumenelement

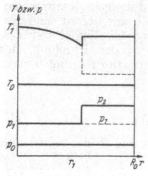

hatte zunächst bei seiner Entzündung die niedrigste Temperatur, ist aber jetzt durch die nachträgliche Verdichtung am höchsten erwärmt worden. Im Zeitpunkt $t = t_e$ hat die Brennzone den Kugelradius $r = R_0$ erreicht. Die Verbrennung ist beendet und überall herrscht der Verbrennungshöchstdruck p_e, während die Temperatur der verbrannten Gase vom Höchstwert in der Mitte nach außen hin stetig abnimmt. Das Verfahren zur Berechnung der Temperatur- und Druckverhältnisse in der Ladung während des Verbrennungsablaufs ist von JOST [18] eingehend dargestellt worden.

Abb. 11. Druck- und Temperaturverlauf bei klopfender Verbrennung im Zeitpunkt 1 von Abb. 22. (DREYHAUPT [25])

Den Temperatur- und Druckverlauf im Verbrennungsraum bei klopfender Verbrennung zeigt Abb. 11. Hier ist angenommen, daß sich der gesamte Ladungsrest im Zeitpunkt t_1, wo die Brennzone den Kugelradius r_1 erreicht hat, in unendlich kurzer Zeit entzündet. Bei dieser schlagartigen Verbrennung, die als Gleichraumverbrennung angenommen werden kann, entsteht ein Drucksprung $p_2 - p_1$, der sich in der Gesamtladung in Form von Druckschwingungen ausgleichen muß. Das typische Geräusch der klopfenden Verbrennung wird durch die Druckschwingungen, die auch auf die Brennraumwände aufschlagen, hervorgerufen.

Das Zustandekommen der plötzlichen Verbrennung des Ladungsrestes wird von einzelnen Forschern mit der Detonationstheorie und von anderen mit der Verdichtungs-Zündtheorie, auch Selbstzündungstheorie genannt, erklärt.

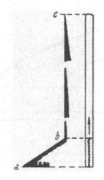

Abb. 12. Detonation im Rohr. Flammenaufnahme von MALLARD und LE CHATELIER. Die beiden weißen Querstreifen in der Detonationsflamme sind durch die Apparatur bedingt. In Wirklichkeit ist die Flamme von b bis c geschlossen.

Ordinate = Rohrlängsrichtung-Flammenweg
Abszisse = Zeitachse

$a - b$ normale Flamme
$b - c$ Detonation
Negativbild
Flamme = schwarz
(DREYHAUPT [25])

β) Detonationstheorie

Während des Verbrennungsablaufes kann sich die fortschreitende Verdichtung der unverbrannten Ladung zu einer Stoßwelle entwickeln, deren Front mit der Brennzone gekoppelt ist. Man nennt eine solche mit Überschallgeschwindigkeit ablaufende Form der Verbrennung Detonation. Schon 1881 haben französische Forscher [22, 23] bei der Entzündung von brennbaren Gemischen in Rohren Erscheinungen beobachtet, welche die Charakteristik der Detonation zeigen. Zur Bestimmung der Verbrennungsgeschwindigkeit haben die genannten Forscher in einseitig offenen Glasrohren verschiedene brennbare Gemische am offenen Ende zur Entzündung gebracht, den Weg der Flamme auf einer bewegten Platte fotografiert und aus dem Bild die Brenngeschwindigkeit berechnet. Bei diesen Versuchen wurden mit schnell brennenden Gemischen Aufnahmen nach der Art von Abb. 12 erhalten. Man erkennt deutlich, wie der normale Verbrennungsablauf a bis b bei b plötzlich in die Detonation b bis c übergeht. Die Detonationsgeschwindigkeiten liegen in der Größenordnung von 1000 bis 4000 m/sec.

γ) Verdichtungs-Zündtheorie

Die Verdichtungszündtheorie nimmt an, daß durch die von der Brennzone ausgehende fortlaufende Verdichtung das unverbrannte Gemisch in den Selbstzündungszustand gebracht wird. Ist der Zustand der Ladung homogen, so kann die Selbstzündung den Charakter einer Simultanverbrennung annehmen, das heißt es wird das gesamte Endgas zu gleicher Zeit verbrennen. Da im Motor die Temperatur der Ladung nicht überall gleich und wahrscheinlich auch die Gemischzusammensetzung inhomogen ist, wird es zu dieser Gleichzeitigkeit der Zündung im allgemeinen nicht kommen. Die Selbstzündung wird also von einer oder mehreren Stellen den sogenannten Zündherden oder Zündkernen ausgehen, was auch die meisten bei klopfender Verbrennung gemachten fotografischen Aufnahmen bestätigen. Die nach verschiedenen Methoden bestimmten Geschwindigkeiten der Sekundärflammenfronten sind zwar größer als jene der Primärflammenfronten, liegen aber durchwegs weit unter der Schallgeschwindigkeit. Die Tatsache, daß die Geschwindigkeit der Sekundärflammenfronten im klopfenden Ladungsrest so oft ein Vielfaches der gleichzeitigen Geschwindigkeiten der Primärflammenfronten beträgt, läßt Vorreaktionen im Ladungsrest vermuten. Man nimmt an, daß durch diese Vorreaktionen, die ohne Leuchterscheinung verlaufen, der Ladungsrest in einen Zustand gebracht wird, in dem wesentlich höhere Brenngeschwindigkeiten möglich sind als in dem durch Vorreaktionen nicht präparierten Ladungsgemisch. Unterstellt man, daß die Vorreaktionen ähnlich der eigentlichen Zündung auch an eine Temperaturgrenze gebunden sind, so kann damit der schnellere Ablauf der klopfenden Sekundärverbrennung erklärt werden. Es tritt dann nämlich, sobald die Vorzündgrenze überschritten wird, im Gemisch eine Teilumsetzung ein, die aber ohne Leuchterscheinung bleibt. Erst das folgende Überschreiten der eigentlichen Zündtemperatur führt dann zur vollständigen Umsetzung mit Flammenerscheinung. Auch die Feststellung von F. A. F. Schmidt [17], daß die Temperatur, die der klopfende Ladungsrest unmittelbar vor seiner Entzündung erreicht, höher ist als die, welche der adiabatischen Verdichtung durch die primäre Flammenfront entsprechen würde, führt zur Annahme von Vorreaktionen, deren Reaktionswärme die Temperatursteigerung des Ladungsrestes verursacht. Eingehende Untersuchungen über diese Vorreaktionen im Ottomotor hat Mühlner [29] durchgeführt.

Im Zusammenhang mit den Vorreaktionen findet Dreyhaupt [25] für die größere Geschwindigkeit der sekundären Flammenfortpflanzung folgende Erklärungsmöglichkeit: Eine letzte vor der Sekundärzündung von der Primärflamme ausgehende ziemlich starke Stoßwelle, die sich durch Überlagerung erst ein Stück vor der Primärfront aufbaut, erwärmt den Ladungsrest so hoch, daß Vorreaktionen ausgelöst werden. Dadurch wird der Ladungsrest für die hohen Geschwindigkeiten der Sekundärflamme präpariert, und damit ist die Ursache der größeren sekundären Flammengeschwindigkeit gegeben. Dafür daß wirklich Vorreaktionen im unverbrannten Gemisch dem Klopfvorgang vorangehen, sprechen augenscheinlich fast alle Experimente und theoretischen Überlegungen.

Sehr ausführlich berichtet Köchling [24] über die dynamischen Vorgänge bei klopfender Verbrennung. Der Verfasser hat sich mit den theoretisch äußerst schwierigen Zusammenhängen bei klopfender Verbrennung nicht eingehender befaßt. Für die Erklärung seiner Beobachtungen beim Betrieb mit Gasmaschinen ist er der, auch schon von Broeze und Mitarbeitern geäußerten, Ansicht [27, 28, 30], daß mit der Endgasselbstzündungstheorie praktisch alle Klopferscheinungen zu erfassen sind.

b) Messung des Klopfverhaltens

Ein geübter Beobachter kann schon durch Abhören den Gang eines Motors beurteilen. Natürlich ist diese einfache Art mit der Unsicherheit verbunden, die jede subjektive Beobachtung mit sich bringt. Ricardo [15] hat als Maß für die Beurteilung der Ganghärte eines Motors die Drucksteigerung im Zylinder je Grad Kurbelwinkel angegeben und dafür als zulässige Grenzwerte 2 bis 2,5 kg/cm^2 je Grad Kurbelwinkel genannt. Man muß jedoch bei der Aufnahme, bzw. Beurteilung von Indikatordiagrammen sehr vorsichtig sein. Der Kanal zwischen Brennraum und Indikatorraum soll so kurz wie möglich sein. Lange Indizierkanäle können täuschende Eigenschwingungen verursachen und außerdem besteht bei Ottomotoren die Möglichkeit, daß Zündungen im Indizierkanal auftreten, die infolge des Massen- und Reibungswiderstandes der auszutreibenden Verbrennungsgase hohe Drücke gegen den Druckgeber verursachen, die im Brennraum nicht vorhanden sind [32]. Außerdem ist die Untersuchung mit Hilfe von Indikatordiagrammen umständlich und wird deswegen nur selten angewandt.

Für die Beurteilung des Klopfverhaltens der Kraftstoffe hat Ricardo [15] daher als erster einen Versuchsmotor mit veränderlichem Verdichtungsverhältnis benutzt. Beim Versuchsmotor wurden alle Betriebsbedingungen, wie Drehzahl, Kühlwassertemperatur, Gemischvorwärmung, Zündung und Vergasereinstellung konstant gehalten und das Verdichtungsverhältnis des Motors solange erhöht, bis der Bestwert des Nutzdrucks erreicht war (Abb. 13). Das entsprechende Verdichtungsverhältnis wurde als „höchstes nutzbares Verdichtungsverhältnis" (HUCR = Highest Useful Compression Ratio) bezeichnet und gilt als Maßstab für die Klopffestigkeit. Diese Art der Kraftstoffprüfung ergab jedoch bei Messungen mit verschiedenen Motoren gleicher Bauart oft starke Abweichungen, da es schwierig ist, deren Betriebszustand absolut gleich zu halten. Aus diesem Grunde hat RICARDO das sogenannte Vergleichsverfahren eingeführt. Bei diesem wird die Klopffestigkeit eines Kraftstoffes mit einem Gemisch aus zwei Standard-Kraftstoffen verglichen, das unter gleichen Bedingungen im gleichen Motor gleich starkes Klopfen ergibt. Die Messungen bezieht man jetzt fast ausschließlich auf Mischungen aus dem klopffesten Iso-Oktan und klopffreudigen Normal-Heptan. Als Maß für die Klopffestigkeit gilt die Oktanzahl. Ein Kraftstoff erreicht beispielsweise die Oktanzahl 80, wenn er in seiner Klopffestigkeit einem Gemisch aus 80 v. H. Iso-Oktan und 20 v. H. Normal-Heptan entspricht.

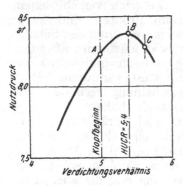

Abb. 13. Maximalpunkt der Leistung beim Klopfen
A = leichtes gelegentliches Klopfen
B = HUCR-Wert (highest useful compression ratio) = wirtschaftlich höchstes Verdichtungsverhältnis nach RICARDO
C = starkes, dauerndes Klopfen
(DREYHAUPT [25])

Die bekanntesten Prüfmotoren für die Messung der Klopffestigkeit sind der im Ausland fast ausschließlich verwendete CFR-Motor des amerikanischen Cooperativ Fuel Research Committee und in Deutschland der IG-Prüfmotor [18, 19]. Beim CFR-Motor unterscheidet man das Research- und das Motorverfahren, auch ASTM-Motorverfahren (American Society for Testing Materials) genannt, die sich durch die vorgeschriebenen Betriebsbedingungen unterscheiden. Beim Research-Verfahren findet keine Gemischvorwärmung statt, die Kühlwassertemperatur beträgt 100° C und die Motordrehzahl 600 U/min. Das Motor-Verfahren arbeitet mit einer Gemischvorwärmung auf 149° C, der gleichen Kühlwassertemperatur wie beim Research-Verfahren und mit 900 U/min. Als Anzeigegerät für das Klopfen dient der Sprungstabindikator (bouncing pin). Er wird durch eine Membran betätigt, die unmittelbar den Explosionsstößen des klopfenden Kraftstoffes ausgesetzt ist. Durch die beim Klopfen auftretenden Schwingungen der Membran wird der Sprungstab gegen einen elektrischen Kontakt gedrückt, wodurch je nach der Stärke des Klopfens ein elektrischer Stromkreis kürzer oder länger geschlossen wird. Durch die Stromstöße wird ein Hitzdraht erwärmt, dessen Temperaturerhöhung mittels eines Thermoelementes an einem empfindlichen Voltmeter dem Klopfmesser abgelesen werden kann [18, 19, 20].

c) Klopffestigkeit einiger Gase

Daß die gasförmigen Kraftstoffe im allgemeinen höhere Verdichtungsverhältnisse vertragen als die flüssigen, ist schon lange bekannt. Sehr ausführlich hat

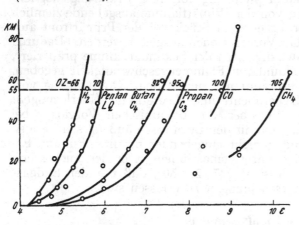

Abb. 14. Das Klopfverhalten der wichtigsten Gase. Die am Knockmeter (KM) abgelesenen Werte sind in Abhängigkeit von der Verdichtung eingetragen (FERRETTI [33])

Zusammensetzung der Gase

Propan C$_3$	Äthan — Äthylen	13%
	Propan — Propylen	86%
	Butan	1%
Butan C$_4$	Äthan — Äthylen	1,7%
	Propan — Propylen	17%
	Isobutan	31,5%
	Normalbutan	41,8%
	gasförmiges Pentan	5,6%
	schweres Pentan	2,4%

Pentan L Q: gasförmiger Anteil bis 20° C ... 1%, zwischen 20° und 45° C destillierender Anteil 69%, zwischen 45° und 70° C ... 18,5%, zwischen 70° und 100° C ... 5,5%, zwischen 100 und 150° C ... 1%, schwarzer Rückstand 1%

FERRETTI [33] über das Klopfverhalten einiger Gase berichtet. Seine Untersuchungen liegen den folgenden Ausführungen zugrunde. Das Klopfverhalten der wichtigsten Bestandteile der für den Motorbetrieb in Frage kommenden Gase zeigt Abb. 14. Die am Knockmeter abgelesenen Werte wurden in Abhängigkeit vom Verdichtungsverhältnis eingetragen. Die Messungen wurden im CFR-Motor nach dem ASTM-Verfahren durchgeführt. Für die Wasserstoffkurve mußte jedoch wegen der größeren Neigung zur vorzeitigen Entzündung von der Erwärmung des Gemisches auf 149° C abgesehen werden. Die Kurve würde also bei der nach Vorschrift durchgeführten Meßmethode etwas weiter links liegen. Abb. 15 gibt die Werte der Oktanzahl in Abhängigkeit vom Verdichtungsverhältnis beim Wert 55 des Knockmeters. Mit Hilfe von Abb. 15 ergeben sich aus Abb. 14 für die geprüften Gase die Oktanzahlen wie folgt: Methan 105, Butan 92, Propan 95, Kohlenoxyd 100, Wasserstoff 66. Für Wasserstoff sind wegen der erwähnten Ver-

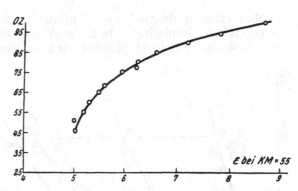

Abb. 15. Wert der Oktanzahl in Abhängigkeit von der Verdichtung entsprechend dem Wert 55 des Knockmeters (KM). (FERRETTI [33])

schiebung die Oktanzahlen nur Näherungswerte. Nach unvollständigen Feststellungen von RICARDO kann angenommen werden, daß die Oktanzahl vom Wasserstoff niedriger als 60 ist. Dabei ist zu beachten, daß der bei Gasen mit hohem H_2-Gehalt beobachtete harte Gang nicht mit dem Klopfvorgang bei der Benzinverbrennung identisch ist. So

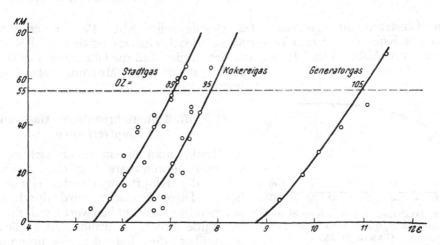

Abb. 16. Kurven des Klopfverhaltens von Stadtgas, Kokereigas und Generatorgas. (FERRETTI [33])

schreibt auch ZINNER [13], daß wahrscheinlich die bei Wasserstoff festgestellte niedrige Oktanzahl auf die hohe Brenngeschwindigkeit zurückzuführen ist. Methan und Kohlenoxyd sind infolge ihrer hohen Oktanzahlen, für gemischverdichtende Motoren besonders geeignete Kraftstoffe. Abb. 16 zeigt das Klopfverhalten von drei Mischgasen folgender Zusammensetzung:

Gasart	H_2	CO	CO_2	CH_4	C_nH_n	O_2	N_2
Generatorgas (Holzkohle)	0,08	0,28	0,03	—	—	—	0,61
Kokereigas	0,56	0,055	0,02	0,265	0,02	0,01	0,07
Stadtgas	0,54	0,16	0,04	0,18	0,02	—	0,06

Mit Abb. 15 ergeben sich für die Oktanzahlen folgende Werte:

Generatorgas (Holzkohle)	105
Kokereigas	95
Stadtgas	89

Man erkennt deutlich den Einfluß der Zusammensetzung des Gases auf die Klopffestigkeit des Gemisches. Je mehr Wasserstoff, je klopfempfindlicher, je mehr Methan bzw. Kohlenoxyd, je klopffester wird ein gasförmiger Kraftstoff. Abb. 17 zeigt Klopfwerte verschiedener Gemische mit Methan und Wasserstoff in Abhängigkeit vom Verdichtungsverhältnis. Aus Abb. 18 ist die Oktanzahl in Abhängigkeit vom Mischungsverhältnis

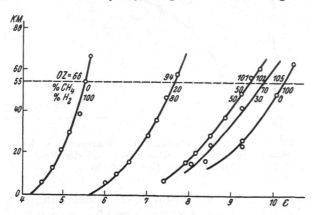

Abb. 17. Klopfverhalten von Gemischen aus Methan und Wasserstoff. (FERRETTI [33])

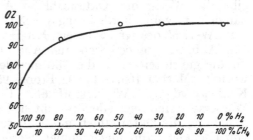

Abb. 18. Die Oktanzahl von Wasserstoff und Methan in Abhängigkeit vom Mischungsverhältnis. (FERRETTI [33])

der beiden Gasarten zu ersehen. Das gleiche zeigt Abb. 19 für entsprechende Mischungen aus Kohlenoxyd und Wasserstoff. Beachtenswert ist der parabolische Verlauf der Kurven in Abb. 18 und 19, woraus sich ergibt, daß die Oktanzahl des Gemisches nicht nach der Mischungsregel bestimmt werden kann.

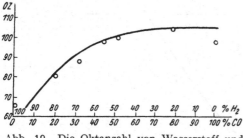

Abb. 19. Die Oktanzahl von Wasserstoff und Kohlenoxyd in Abhängigkeit vom Mischungsverhältnis. (FERRETTI [33])

d) Einfluß nicht brennbarer Gase auf das Klopfverhalten

Mischt man einem theoretischen Gasluftgemisch unbrennbare Gase bei, so wird dadurch die Klopffestigkeit des Gemisches erhöht. Diese Tatsache wird durch den abnehmenden Gemischheizwert und die kleiner werdende Brenngeschwindigkeit erklärt. Denn je größer die bei der Verbrennung der Volumseinheit freiwerdende Wärme ist, desto höher werden Temperatur und Druck der verbrannten Gase und damit auch die Vorverdichtung des noch unverbrannten Gemischrestes. Außerdem werden die durch Leitung und Strahlung vom Verbrannten an das Unverbrannte übertragenen Wärmemengen größer. Die doppelte Wirkung des höheren Heizwertes des Gemisches hat zur Folge, daß dessen noch unverbrannte Teile umso schneller die Zündtemperatur erreichen und heftiger zünden. Das erklärt im wesentlichen schon die Verringerung der Klopfneigung durch Zusatz von indifferenten Gasen. Abb. 20 zeigt die Beeinflussung des Klopfverhaltens von Wasserstoff durch Zumischen von Stickstoff. In Abb. 21 ist die Oktanzahl in Abhängigkeit vom Stickstoffgehalt und in Abb. 22 in Abhängigkeit vom Gemischheizwert dargestellt. Die beiden letzten Abbildungen lassen deutlich die Zunahme der Oktanzahl mit der Abnahme des Gemischheizwertes erkennen.

Die Wirkung der unbrennbaren Gase auf das Klopfverhalten hängt auch von ihren thermischen Eigenschaften ab. Es ist leicht einzusehen, daß Gase mit höherer spezifischer Wärme nicht nur die adiabatische Verdichtungstemperatur, sondern auch die Verbrennungstemperatur herabsetzen und damit die Klopfgefahr vermindern. Ersetzt man den Stickstoff durch Kohlensäure, dann ergibt sich demgemäß eine weitere Steigerung der Oktanzahl, wie die sinngemäß ermittelten Kurven der Abb. 23 und 24 zeigen. Dieses letzte Ergebnis ist von großem praktischen Interesse. Man kann nämlich auch durch Zumischen gekühlter, kohlensäurereicher Verbrennungsgase die Oktanzahl wesentlich verbessern. Über diesbezügliche eigene Versuche des Verfassers wird noch an anderer Stelle berichtet werden.

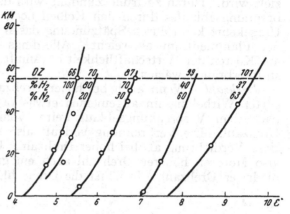

Abb. 20. Klopfverhalten von Gemischen aus Wasserstoff und Stickstoff. (FERRETTI [33])

e) Folgerungen für die Gestaltung des Brennraumes und die Betriebsbedingungen

Die bisherigen Betrachtungen über die Ursachen des Klopfvorganges bei Ottomotoren lassen deutlich den Einfluß des Verdichtungsverhältnisses, der Brennraumform, der Lage der Zündkerze (Zündstelle) und der Betriebsverhältnisse erkennen.

Verdichtungsverhältnis. Aus den Klopfmeßverfahren ergibt sich schon, daß ein Motor umso stärker klopft, je höher das Verdichtungsverhältnis ist.

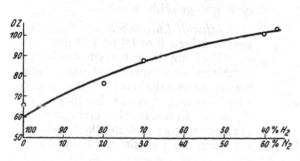

Abb. 21. Oktanzahl von Wasserstoff und Stickstoff in Abhängigkeit vom Mischungsverhältnis (FERRETTI [33])

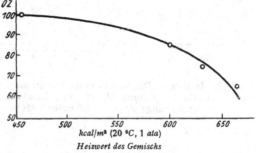

Abb. 22. Oktanzahl in Abhängigkeit vom Gemischheizwert (FERRETTI [33])

Brennraumform und Lage der Zündstelle. Das in einem Motor für einen bestimmten Kraftstoff zulässige Verdichtungsverhältnis wird von der Brennraumform und Lage der Zündstelle ganz wesentlich beeinflußt. Die günstigste Brennraumform ist die Kugel

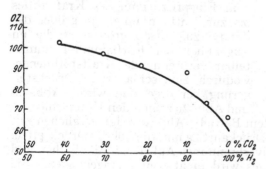

Abb. 23. Oktanzahl von Wasserstoff und Kohlensäure in Abhängigkeit vom Mischungsverhältnis. (FERRETTI [33])

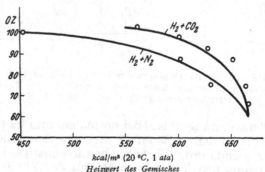

Abb. 24. Oktanzahl in Abhängigkeit vom Gemischheizwert. (FERRETTI [33])

mit zentraler Zündstelle. Große, langgestreckte und zerklüftete Brennräume begünstigen das Klopfen. Eine Verkürzung des Flammenweges durch geeignete Zündkerzenanordnung oder durch Verkleinerung der Motorzylinder verringert die Klopfneigung.

Ferner hängt das Klopfverhalten eines Motors zu einem großen Teil auch von den Betriebsbedingungen ab. Von Einfluß sind im wesentlichen.

Zündzeitpunkt. Die Zündung muß so eingestellt werden, daß die beste Leistung erzielt wird. Durch zu frühe Zündung wird das Klopfen begünstigt, da während des Verbrennungsablaufes durch den Kolben noch eine zusätzliche Verdichtung bewirkt wird. Umgekehrt kann durch Spätzündung das Klopfen unterdrückt werden, weil der Kolben der Flammenfront ausweicht. Allerdings wird durch diese Maßnahme das Klopfen auf Kosten der Wirtschaftlichkeit bekämpft, da durch die Spätzündung auch der Kraftstoffverbrauch wächst.

Drehzahl. Wenn auch bei hoher Drehzahl das Kraftstoffluftgemisch infolge gesteigerter Wirbelung im allgemeinen etwas rascher verbrennt, so wird doch der Kolben nach dem Verbrennungsablauf weiter vom Totpunkt entfernt sein als bei niedriger Drehzahl. Die Verbrennung verläuft also bei niedriger Drehzahl unter höherer effektiver Verdichtung als bei hoher Drehzahl. Unter sonst gleichen Bedingungen vertragen also Motoren höherer Drehzahl auch ein größeres Verdichtungsverhältnis als Motoren niedriger Drehzahl. Je höher die Drehzahl, desto geringer ist die Klopfneigung.

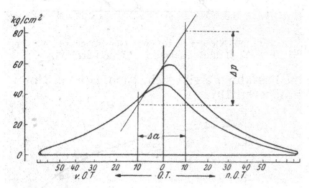

Abb. 25. Indikator-Diagramm eines Dieselmotors bei Betrieb mit Gasöl (Cetanzahl 45) im Leerlauf, Drucksteigerung: $dp/d_a = 2{,}5$ kg/cm² °KW

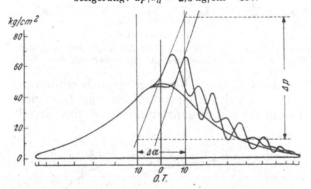

Abb. 26. Indikatordiagramm eines Dieselmotors bei Betrieb mit Steinkohlenteeröl (Cetanzahl 0) im Leerlauf. Drucksteigerung: $dp/d_a = 4{,}1$ kg/cm² °KW

Wärmezustand des Motors. Je wärmer der Motor ist, desto mehr neigt er zum Klopfen. Schlecht gekühlte Brennräume können infolge der Klopfgefahr die Belastbarkeit eines Motors ganz wesentlich herabsetzen. Hochbelastete gemischverdichtende Motoren müssen auch gut gekühlt werden.

Kraftstoff-Luftverhältnis. Im allgemeinen zeigen Kraftstoff-Luftgemische ungefähr beim theoretischen Mischungsverhältnis — entsprechend der größten Brenngeschwindigkeit — die größte Klopfneigung. Sowohl Luftüberschuß als auch Luftmangel verringern die Verbrennungsgeschwindigkeit und damit auch die Gefahr des Klopfens.

f) Klopfen im Dieselmotor

Beim Dieselmotor wird der harte Gang durch den Zündverzug verursacht. Man versteht darunter die Zeit vom Einspritzbeginn des Kraftstoffes bis zur Entflammung. Je größer der Zündverzug, desto größer ist die im Augenblick der Entflammung unmittelbar verbrennende Kraftstoffmenge, wodurch eine schlagartige Drucksteigerung hervorgerufen wird. Abb. 25 und Abb. 26 zeigen den Unterschied im Verbrennungsablauf bei normalem und klopfendem Betrieb. Abb. 26 zeigt verglichen mit Abb. 25 den größeren Zündverzug, den steileren Druckanstieg und die höhere Druckspitze. Das sind die drei Kennzeichen ungünstiger Dieselverbrennung. Auf die physikalischen und chemischen Vorgänge während des Zündverzuges wird nicht weiter eingegangen. Sie sind in der Literatur sehr ausführlich behandelt [17][1]. Ein Gleichdruck-Verbrennungsablauf im Dieselmotor würde voraussetzen, daß nicht nur der Zündverzug vernachlässigbar klein ist, sondern auch die nachfolgende Verbrennung in dem Maße erfolgt, wie der Kraftstoff eingeführt wird. Je höher die Temperatur und der Druck der Ver-

---

[1] Dort weitere Literatur.

brennungsluft im Augenblick der Kraftstoffzufuhr sind, desto kleiner wird der Zünd-verzug. Beim Dieselmotor wird also durch die Steigerung des Verdichtungsverhältnisses der Verbrennungsablauf günstig beeinflußt. Die Brauchbarkeit eines Kraftstoffes für den Dieselmotor wird durch seine Zündwilligkeit gekennzeichnet. Je zündwilliger ein Kraftstoff, desto kleiner ist unter sonst gleichen Verhältnissen der Zündverzug. Für die Prüfung der Zündwilligkeit von Dieselkraftstoffen verwendet man ähnliche Verfahren wie zur Feststellung der Klopffestigkeit von Ottokraftstoffen. Als Prüfmotoren werden in Deutschland der IG-Prüf-Diesel und der Prüfmotor des Heereswaffenamtes (HWA-Motor) verwendet. Der IG-Motor wurde von der IG-Farben-Industrie in Ludwigshafen entwickelt und von den Motorenwerken Mannheim hergestellt. Der vom Heereswaffen-amt entwickelte Motor wurde von der Klöckner-Humboldt-Deutz AG. in Köln-Deutz gebaut. Im Ausland wird der CFR-Diesel-Prüfmotor mit Wirbelkammer verwendet, der von der „Waukesha-Motor-Comp.", Waukesha, Wisconsin (USA.) hergestellt wird. Ausführliche Beschreibung der genannten Prüfmotoren s. u. a. [19, 20]. Als Ver-gleichskraftstoff für die Beurteilung der Zündwilligkeit von Dieselkraftstoffen werden jetzt allgemein Mischungen aus Cetan ($C_{16}H_{34}$) und α-Methyl-Naphthalin verwendet. Ursprünglich wurde Ceten ($C_{16}H_{32}$) als zündwilliger Vergleichskraftstoff verwendet, während jetzt reines Cetan als Wert 100 gesetzt und dem zündträgen α-Methyl-Naphthalin der Wert 0 zugeteilt ist. Die Zündwilligkeit eines Dieselkraftstoffcs wird durch die Cetanzahl ausgedrückt. Diese gibt die Raumprozente an Cetan in derjenigen Mischung an, welche das gleiche Zündverhalten zeigt wie der zu untersuchende Kraftstoff. Im IG- und CFR-Prüfdiesel erfolgt die Messung der Zündwilligkeit nach dem Zündverzugs-verfahren. Beim IG-Prüfmotor wird die Verdichtung solange verändert, bis sich ein be-stimmter Zündverzug einstellt. Aus einer vorliegenden Eich-Kurve kann dann zu dem Verdichtungsverhältnis die Cetanzahl abgelesen werden. Beim HWA-Motor erfolgt die Kraftstoffprüfung nach dem Anlaßverfahren, welches einen Anhalt für die Zündwillig-keit der Dieselkraftstoffe beim Start ermöglichen soll. Es wird beim betriebswarmen Motor durch eine Drossel der Unterdruck der Ansaugeluft solange verändert, bis eine gewisse Anzahl von Ein-spritzungen noch ohne Aussetzer zündet (Näheres s. [19, 20]).

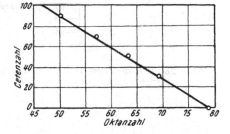

Abb. 27. Zusammenhang zwischen Ceten-zahl und Oktanzahl nach DUMANOIS. (JOST [18])

g) Oktanzahl und Cetanzahl

Da allgemein der Dieselbetrieb Kraftstoffe mit kleinem Zündverzug und umgekehrt der Ottobetrieb solche mit großem Zündverzug verlangt, so waren von vornherein Beziehungen zwischen der Cetanzahl und der Oktanzahl eines Kraftstoffes zu erwarten. Die Zusammenhänge wurden unter anderem von DUMANOIS [35] sowie BOERLAGE und BROEZE [30] gefunden. Siehe auch Abb. 27, welche die Abhängigkeit der Cetanzahl von der Oktanzahl zeigt [18, 31]. Nach neueren Versuchen des technischen Prüfstandes der IG können die Zusammenhänge zwischen Oktanzahl und Cetanzahl durch folgende Gleichung ausgedrückt werden [19].

$$OZ = 120 - 2 \cdot CaZ.$$

Da sich für Ottomotoren sämtliche Kraftstoffe mit hoher Oktanzahl (oder mit niedriger Cetanzahl) und für Dieselmotoren diejenigen mit niedriger Oktanzahl (oder mit hoher Cetanzahl) sehr gut eignen, wurde vorgeschlagen (FERRETTI) eine Verein-fachung der Ausdrücke vorzunehmen und die Kraftstoffe entweder nur durch die Oktan-zahl oder nur durch die Cetanzahl zu kennzeichnen. Aus der von JANTSCH (Abb. 28) aufgestellten Leiter kann für verschiedene Kraftstoffe gleichzeitig die Oktanzahl und die Cetanzahl entnommen werden.

h) Klopfen beim Zweistoffbetrieb

Die Ursachen von Klopferscheinungen sind beim Zweistoffbetrieb entweder un-günstige Zündbedingungen für den gegen Ende der Verdichtung eingeführten flüssigen Kraftstoff oder eine simultane Verbrennung des Gasluftgemisches. Jene entspricht dem

Klopfen beim Dieselmotor. Dies ist der Fall, wenn bei größeren Mengen eingespritzten flüssigen Kraftstoffes infolge zu geringer Sauerstoffkonzentration der Zündverzug zu groß wird. Häufiger treten jedoch Klopferscheinungen bei kleineren Zündölmengen auf, welche auf die schlagartige Verbrennung des Gasluftgemisches zurückzuführen sind.

Bei gemischverdichtenden Motoren treten bekanntlich schon während der Kompression Vorreaktionen in der Ladung auf, welche besonders bei der hohen Verdichtung im Zweistoffbetrieb einen beachtlichen Einfluß auf den Verbrennungsablauf haben.

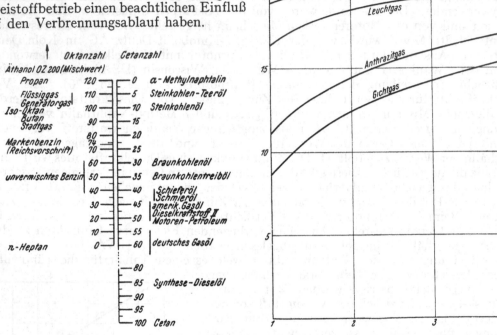

Abb. 28. Oktanzahlen und Cetanzahlen von Kraftstoffen. (JANTSCH [19])

Abb. 29. Sauerstoffanteil der Ladung für verschiedene Gase in Abhängigkeit vom Luftverhältnis

	Butan	Methan	Leuchtgas	Anthrazitgas	Gichtgas
L_0 (m³/m³)	31	9,5	3,7	(Sauggas II) 1,13	0,72

5. Zündbedingungen für Gas- und Zündöl beim Zündstrahlbetrieb

a) Zündbedingungen für das Öl

Damit Kraftstofftropfen in sauerstoffhaltiger Atmosphäre von selbst zünden, müssen sie auf eine bestimmte Mindesttemperatur, den Zündpunkt, erhitzt werden. Die Selbstzündungstemperatur wird umso niedriger sein, je höher der Druck und der Sauerstoffgehalt der Atmosphäre sind. Aber auch nach Erreichen der Zündtemperatur zündet der Kraftstoff nicht sofort, sondern braucht eine gewisse Zeit, bis eine merkbare Energieumsetzung eintritt. Diese Zeit nennt man — wie schon früher erwähnt — den Zündverzug. Über die Vorgänge während des Zündverzuges waren die Ansichten der Fachleute lange Zeit geteilt. Die Peroxyd-Theorie von TAUSZ [36] nimmt zur Klärung der Selbstzündung an, daß der Kraftstoff vor der Entzündung Sauerstoff anlagert, wodurch sich übersättigte Sauerstoffverbindungen, Superoxyde (Peroxyde) bilden, die nur in einem engeren rasch durchlaufenen Druck- und Temperaturintervall beständig sind, oberhalb des Intervalls aber plötzlich zerfallen. Die Zündung besteht in dem plötzlichen Zerfall des durch die Sauerstoffanlagerung gebildeten labilen Peroxyds unter starker Wärmeabgabe. Weitere wertvolle Arbeiten auf diesem Gebiet stammen von BOERLAGE und BROEZE [30] und von W. WENTZEL [37]. Diese haben eine gewisse Klarheit über den Verbrennungsablauf im Dieselmotor gebracht. Die Kennzeichnung der Zündwilligkeit verschiedener Kraftstoffe durch die Cetan-Zahl wurde in A. III. 4 f erklärt. Wird der Luft Gas zugemischt, so nimmt der prozentuale Sauerstoffgehalt der Ladung ab, und zwar umso mehr, je kleiner bei gleichem Luftverhältnis der theoretische Bedarf an Verbrennungsluft für das betreffende Gas ist. Aus Abb. 29 ist der Sauerstoffgehalt der Ladung für verschiedene Gase in Abhängigkeit vom Luftverhältnis während der Verdichtung zu entnehmen. Je gasreicher im allgemeinen die Ladung ist, umso größer wird der Zündverzug für den flüssigen Zündkraftstoff sein. Die Vergrößerung des Zündverzuges durch Zumischen von Gas zur Ansaugeluft zeigen bereits die ersten bei DEUTZ durchgeführten Versuche mit dem Zündstrahlverfahren (s. Abb. 149) Es ist allerdings nicht immer gesagt, daß der prozentuale Gasanteil allein für den Zündverzug maßgeblich ist. Es hat sich nämlich gezeigt, daß bei gewissen Gasen schon geringe Raumanteile in der Ladung den Zündverzug unter Umständen ganz wesentlich beeinflussen können [2]. Die von MEHLER bei Betrieb mit Gasöl, Treibgas und Propan in Abhängigkeit von der Belastung gemessenen Zündverzüge zeigt Abb. 30. Bei gleichem Einspritzzeitpunkt tritt der kleinste Zündverzug, wie zu erwarten, bei Dieselbetrieb mit Gasöl auf. Das Zunehmen des Zündverzuges mit abnehmender Belastung erklärt der veränderte Wärmezustand. Die Maschine wird bei kleiner werdender Belastung kälter und damit die Zündbedingungen für das Gasöl schlechter. Man erkennt weiter, daß die Zündverzugszeiten bei Betrieb mit Treibgas und Propan sich wesentlich von denen bei Dieselbetrieb unterscheiden. Der große Zündverzug beim Gasbetrieb kann in diesem Falle nicht mit der kleineren Sauerstoffkonzentration allein erklärt werden, da beim theoretischen Gasluftgemisch der Gasanteil nur etwa 3,5 Vol.% ausmacht. Bei der von MEHLER untersuchten Maschine war der Gasanteil sogar noch unter 2%, da auch bei Vollast mit großem Luftüberschuß gefahren wurde. Man nimmt in diesem Falle an, daß bei der Verdichtung des Gases infolge der hohen Verdichtungstemperatur bereits Vorreaktionen zwischen dem Gas und dem Luftsauerstoff stattfinden, die als erste Glieder einer Kettenreaktion anzusehen sind, die ihrerseits bei ihrem völligen Abschluß zur Selbstentzündung des Gasluftgemisches auch ohne Gasöleinspritzung führen würde. Solche Selbstzündungen hat auch der Verfasser sowohl bei Betrieb mit Flüssiggas als auch mit Anthrazit- und Leuchtgas beobachtet [32]. Insbesondere in solchen Fällen, wo das Zündöl abgeschaltet wurde, konnte oft reichlich spät die Selbstzündung festgestellt werden. Bei Flüssiggas kam es in solchen Fällen zu nicht ungefährlichen plötzlichen Drucksteigerungen, auch wenn die Selbstzündung erst beim Beginn des Dehnungshubes einsetzte. Da

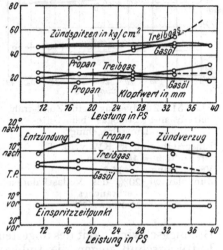

Abb. 30. Zündverzug beim Dieselbetrieb und beim Zündstrahlbetrieb mit Treibgas und Propan
Einspritzbeginn 12° KW v. o. T.
Drehzahl n = 440 U/Min.
Verdichtung ε = 14,2
Zündölanteil 20% des Vollastkalorienverbrauches
Güteregelung
(MEHLER [2])

also der Luftsauerstoff in dem Augenblick der Zündöleinspritzung bereits teilweise mit dem Gas in Vorreaktion eingetreten ist, herrscht in diesem Augenblick eine kleinere Sauerstoffkonzentration, die den großen Zündverzug erklärt. Die Zündverzugskurven für die beiden Gase zeigen ein Maximum. Die Erklärung gibt der bei abnehmender Belastung kleiner werdende Gasanteil. Da der Zündölanteil etwas kleiner als der Leerlaufverbrauch des Motors war, müssen unterhalb der Leerlaufleistung die Kurven wieder zusammenlaufen, denn der Gasanteil ist dann gleich Null.

b) Zündbedingungen für das Gas

Während die Zündbedingungen für das Zündöl bei luftreichen Ladungen günstiger werden, nimmt umgekehrt die Brenngeschwindigkeit des Gasluftgemisches mit wachsendem Luftüberschuß ab. Je größer der Luftüberschuß, je kleiner wird die Brenngeschwindigkeit. Bei reiner Gemischregelung kann es also vorkommen, daß bei kleiner Last das Gemisch infolge zu großen Luftüberschusses schleppend verbrennt, wodurch

der Wärmeverbrauch ungünstig beeinflußt wird. Sehr arme Gasluftgemische können
im Zweistoffbetrieb noch verhältnismäßig wirtschaftlich verbrannt werden, wenn die
flüssige Kraftstoffmenge entsprechend groß ist. (Näheres im folgenden Abschnitt)
Wird im Teillastgebiet gedrosselt, dann steigt zwar die Brenngeschwindigkeit des
Gasluftgemisches, andererseits werden aber gleichzeitig die Zündbedingungen für das

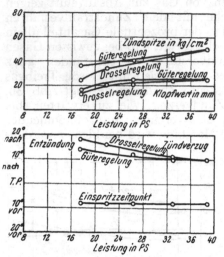

Öl — wie schon erwähnt — infolge des kleineren
Sauerstoffgehaltes und des kleineren Druckes der
Ladung ungünstiger. Abb. 31 zeigt vergleichsweise
den Zündverzug bei Drossel- und Gemischregelung,
wie er von MEHLER bei Treibgas gemessen wurde.
Bei den vom Verfasser aufgenommenen Indikatordiagrammen in Abb. 32 ist gleichfalls sehr deutlich
der Einfluß des Gases und des Verdichtungsend-
druckes auf den Zündverzug zu erkennen. Der verwendete Zündkraftstoff war Gasöl mit einer Cetan-
Zahl von $CaZ = 45$. Um im Leerlauf bei der eingestellten Zündölmenge (7 g/PSeh auf Vollast, $p_e =$
$= 5,45$ kg/cm² bezogen) ein einwandfreies Zünden zu
gewährleisten, durfte der durch Drosseln verminderte
Verdichtungsenddruck 24 at nicht unterschreiten (Indikator-Diagramm b). Bei gleichem Verdichtungsenddruck jedoch ohne Gas, also im Dieselbetrieb,
ergab sich bei gleicher Einspritzzeit das Diagramm a.
Man erkennt deutlich die Vergrößerung des Zündverzuges durch das Gas. Das Mischungsverhältnis von
Gas und Luft (vor der Zündung) im Leerlauf war
bei dieser Einstellung $m_0 = 4,0$. Im Diagramm c is
der Verdichtungsenddruck größer als bei b. Dadurch
werden die Zündbedingungen für das Zündöl verbessert und der Zündverzug verkleinert. Dem Leer-
laufdiagramm c entsprechen auch die in der Zahlentafel 4 enthaltenen Meßwerte. Das Wachsen der

Abb. 31. Zündverzug beim Zündstrahlbetrieb mit Treibgas bei Güte- und
Drosselregelung

Einspritzbeginn 8° KW v. o. T.
Drehzahl $n = 440$ U/Min.
Verdichtung $\varepsilon = 14,2$
Zündölanteil 20% des Vollastkalorien-
verbrauches
(MEHLER [2])

Brenngeschwindigkeit des ungesteuert verbrennenden Gasluftgemisches mit abnehmendem
Luftüberschuß zeigen die Indikatordiagramme d bis h. Bei Betrieb mit Generatorgas
wurde für die vom Verfasser untersuchte Maschine im Dauerbetrieb nur ein Nutzdruck
von $p_e = 5$ kg/cm² zugelassen ($m_0 \approx 1,66$), um auch bei stark schwankendem Wasserstoffgehalt einen klopffreien Betrieb zu gewährleisten. Diagramm h entspricht also
einer 20%-igen Überlast. Alle Diagramme zeigen mehr oder weniger deutliche Schwingungen, die vom Indikator herrühren. Die Zündölmenge beträgt, auf die Dauerlast
($p_e = 5$ kg/cm²) bezogen, 7,6 g/PSeh, bezogen auf den Gesamt-Wärmeverbrauch ist
das eine im Zündöl zugeführte Wärmemenge von 3,86%.

Zahlentafel 4. Versuchsergebnisse von einem Deutzer Zündstrahlgasmotor V6M 536z.
Maschinendaten: D = 270 mm; s = 360 mm; n = 500 U/min; Zylinderzahl 6
Kraftstoff: Anthrazitgas; $H_u = 1230$ kcal/Nm³; $L_{og} = 1,025$ m³/m³
Zündöl; $H_u = 10\,000$ kcal/kg; $L_{oö} = 10,82$ Nm³/kg

p_e kg/cm²	N_e PS	Gas Bg Nm³/h	Öl $Bö$ kg/h	Luft G Nm³/h	$Bg + G$	$\frac{G}{Bg} = m_0$	λ_l	$\frac{Bö}{Bg} = x$	$\frac{m_0}{L_{og}} = \lambda_0$	λ_g	λ	$q_{eg} \frac{kcal}{PSh}$	$q_{eö} \frac{kcal}{PSh}$	$q_e \frac{kcal}{PSh}$
6,00	413	615	2,625	765	1380	1,245	0,800	0,00427	1,214	1,169	1,16	1830	63	189?
5,45	375	565	2,625	855	1420	1,51	0,820	0,00465	1,475	1,425	1,405	1850	70	192?
4,96	342	525	2,625	895	1420	1,70	0,820	0,00500	1,660	1,607	1,575	1888	76	196?
3,75	258	433	2,625	940	1373	2,17	0,795	0,00606	2,120	2,056	1,99	2070	102	217?
2,45	169	353	2,625	930	1283	2,64	0,745	0,00743	2,58	2,501	2,39	2570	155	272?
1,26	86,5	306	2,625	905	1211	2,96	0,703	0,00860	2,89	2,799	2,65	4350	304	465?
0	0	250	2,625	830	1080	3,32	0,626	0,0105	3,24	3,129	2,92	∞	∞	∞

Bez. der Formeln und Zeichen siehe Seite 31, λ_l Liefergrad bezogen auf Umgebungsbedingungen (760 mm QS, 20° C)

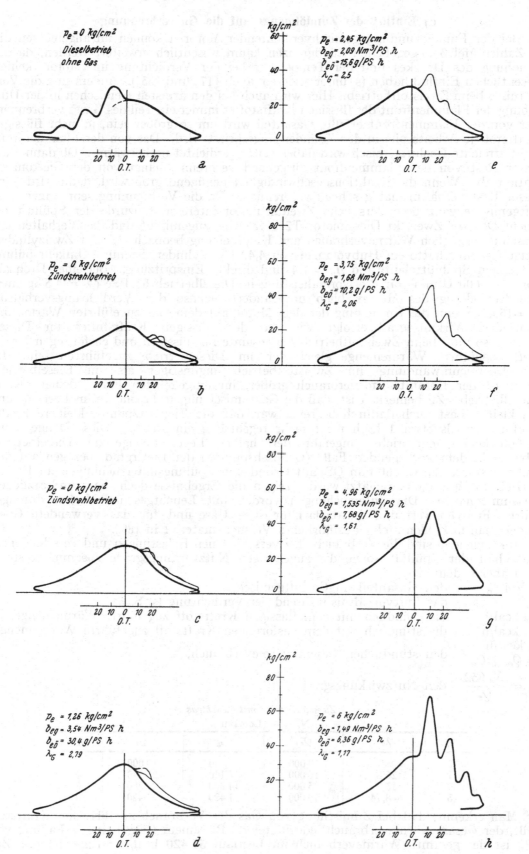

Abb. 32. Indikatordiagramme bei verschiedenen Belastungen, aufgenommen an einem Deutzer Zündstrahl-Gasmotor V6M 536z

($D = 270$ mm, $s = 360$ mm, $n = 500$ U/min, $z = 6$ Zyl., $\varepsilon = 14$)

Gasart: Anthrazitgas $H_{ug} = 1230$ kcal/Nm³, $L_{og} = 1{,}025$ m³/m³ — Zündöl: Gasöl $H_{u\ddot{o}} = 10\,000$ kcal/kg, $L_{o\ddot{o}} = 10{,}82$ Nm³/kg, p_e (kg/cm²) Nutzdruck, b_{eg} (Nm³/PSh) spez. Gasverbrauch, $b_{e\ddot{o}}$ (g/PSh) spez. Öl-

c) Einfluß der Zündölmenge auf die Gasverbrennung

Bei der Funkenzündung gemischverdichtender Motoren können im allgemeinen die in Zahlentafel 3 angegebenen Zündgrenzen kaum wesentlich erweitert werden, da die Erhöhung des Druckes und der Temperatur bei der Verdichtung im Motor keinen wesentlichen Einfluß haben (s. unter anderem auch [17] und [63]). Anders sind die Verhältnisse beim Zweistoffbetrieb. Hier wird auch bei den ärmsten Gemischen in der Umgebung der Flammenfront des flüssigen Kraftstoffes immer ein Teil des Gases verbrennen. Der von der Flammenfront erfaßte Gasanteil wird um so größer sein, je mehr flüssiger Kraftstoff je Arbeitsspiel in den Zylinder eingespritzt wird. Das von der Flammenfront nicht erreichte Gasluftgemisch wird dabei weiter verdichtet und erwärmt. Ob dann auch dieser Rest von der Flammenfront ausgehend verbrennt, hängt von der Gaskonzentration ab. Wenn die Reaktionsgeschwindigkeit genügend groß wird, dann wird auch dieser Rest verhältnismäßig schnell verbrennen. Da die Verbrennung sehr armer Gasluftgemische ganz besonders beim Zweitaktmotor interessiert, wurde der Spülluft bei einem Deutzer Zweitakt-Dieselmotor T2M 425 Gas zugemischt und das Verhalten der Maschine bezüglich Wärmeverbrauch und Klopfneigung beobachtet. Der Zweizylinder-Versuchsmotor hatte ein Hubvolumen von 4,42 l je Zylinder, Schnürle-Umkehrspülung mit einem Spülmittelaufwand $\Lambda_0 = 1,4$ und direkte Einspritzung. Bei einer Drehzahl von $n = 600$ U/min war die Normalleistung im Dieselbetrieb 53 PSe ($p_e = 4,5$ kg/cm^2). Die Einstellung des Motors blieb unverändert, ebenso das Verdichtungsverhältnis $\varepsilon = 15,4$. Wenn die Umsetzung der dem Motor mit dem Gas zugeführten Wärme mit demselben Wirkungsgrad erfolgt wie die des flüssigen Kraftstoffes im Dieselbetrieb, so muß beim Zweistoffbetrieb die gesamte im flüssigen und gasförmigen Kraftstoff zugeführte Wärmemenge gleich der im Dieselbetrieb zugeführten sein. Ist die Energieumwandlung im Zweistoffbetrieb ungünstiger als im Dieselbetrieb, dann ist der Gesamtwärmeverbrauch größer, im umgekehrten Falle kleiner als im Dieselbetrieb. Zu bemerken ist, daß die Gaszumischung, insbesondere im Leerlauf und bei kleiner Last auch dadurch begrenzt war, daß die Einspritzpumpe kleinere Kraftstoffmengen als etwa 1 kg/h nicht mehr regelmäßig einspritzte. Diese Menge, etwa 10 000 kcal/h, entspricht ungefähr der halben Leerlaufmenge im Dieselbetrieb. Obwohl in dem vorliegenden Falle (Gemischspülung) der Liefergrad, bezogen auf den Außenzustand (20° C, 760 mm QS) auf Grund von Spülungsuntersuchungen im Dieselbetrieb mit $\lambda_l = 0,65$ geschätzt wurde, zeigen die Ergebnisse doch die grundsätzlichen Zusammenhänge. Die Untersuchungen wurden mit Leuchtgas und Methan durchgeführt. Für Heizwert und Luftbedarf für diese Gase und für das verwendete Gasöl findet man in Zahlentafel 1 ausführliches Versuchsmaterial in [89].

Im folgenden sind die Verbräuche bei verschiedenen Belastungen und verschiedenem Gasgehalt der Spülluft sowie die zugehörigen Nutzwirkungsgrade zusammengestellt. Dabei bedeuten:

v_g Vol % den Gasanteil im Gasluftgemisch,
λ_o das Luftverhältnis während der Verdichtung (s. S. 31),
$Q_{e\ddot{o}}$ kcal/h die stündlich mit dem flüssigen Kraftstoff zugeführte Wärmemenge,
Q_{eg} kcal/h die stündlich mit dem gasförmigen Kraftstoff zugeführte Wärmemenge,
Q_e kcal/h = $= Q_{e\ddot{o}} + Q_{eg}$ den stündlichen Gesamtwärmeverbrauch,
$\eta_e = \dfrac{N_e\,632}{Q_e}$ den Nutzwirkungsgrad.

Zweistoffbetrieb mit Leuchtgas
$N_e = 0$ (Leerlauf)

v_g	λ_o	$Q_{e\ddot{o}}$	Q_{eg}	Q_e	η_e
0	∞	19 000	0	19 000	0
1	26,8	16 000	7 140	23 140	0
2	13,2	13 000	14 280	27 280	0
3	8,74	10 000	21 420	31 420	0

Man erkennt, daß bei Zumischung von Gas der Verbrauch an flüssigem Kraftstoff fällt, der Gesamtwärmeverbrauch jedoch steigt. Bei einem Gasgehalt der Ladung von 3% ist der gesamte Wärmeverbrauch im Leerlauf 31 420 kcal/h. Eine höhere Zumischung war nicht möglich, da die Pumpe bei weiterer Verringerung der flüssigen Kraftstoffmenge nicht mehr regelmäßig abspritzte. Bei dieser Einstellung war der Gesamtwärmeverbrauch um etwa 65% größer als im Dieselbetrieb.

$$N_e = 54,2 \text{ PS} \ (p_e = 4,6 \text{ kg/cm}^2; \text{ etwa Dieselvollast})$$

v_g	λ_0	$Q_{e\ddot{o}}$	Q_{eg}	Q_e	η_e
0	∞	95 400	0	95 400	0,358
1	26,8	90 600	7 140	97 740	0,350
2	13,2	84 800	14 280	99 080	0,345
4	6,51	70 300	28 560	98 860	0,346
6	4,32	53 400	42 840	96 240	0,355
7,7	3,24	38 000	55 000	93 000	0,367

Diese Zusammenstellung zeigt wieder die Abnahme des Verbrauches an flüssigem Kraftstoff bei der Gaszumischung. Der Gesamtverbrauch steigt zunächst etwas an, fällt dann und ist bei etwa 7,7% Gas in der Mischung besser als im Dieselbetrieb. Bei dieser Zumischung begann der Motor bereits zu klopfen. Der Verbrauch an flüssigem Kraftstoff betrug bei dieser Einstellung ungefähr das zweifache des Diesel-Leerlaufverbrauches.

$$N_e = 60 \text{ PS} \ (p_e = 5,1 \text{ kg/cm}^2; \text{ etwa 10\% Überlast})$$

v_g	λ_0	$Q_{e\ddot{o}}$	Q_{eg}	Q_e	η_e
0	∞	108 000	0	108 000	0,351
1	26,8	104 500	7 140	111 640	0,341
2	13,2	97 500	14 280	111 780	0,340
4	6,51	80 400	28 560	108 960	0,348
6	4,32	61 200	42 840	104 040	0,364
7,4	3,38	47 000	52 900	99 900	0,380

Die Zusammenstellung zeigt einen ähnlichen Verlauf wie bei $p_e = 4,6 \text{ kg/cm}^2$, nur wird bei dieser Last schon bei einer Gaszumischung von 7,4% und einem Verbrauch an flüssigem Kraftstoff gleich der 2,47-fachen Diesel-Leerlaufmenge die Klopfgrenze erreicht. Der Gesamtwärmeverbrauch beträgt bei dieser Einstellung nur 99 900 kcal/h, während er im Dieselbetrieb 108 000 kcal/h war. Ein Zeichen dafür, daß bei dieser Belastung und den vorliegenden Verhältnissen bereits eine bessere Wärmeumsetzung stattfindet als im Dieselbetrieb.

Zweistoffbetrieb mit Methan

Bei Betrieb mit Methan sind die Verhältnisse ähnlich. Das zeigen die folgenden Zusammenstellungen.

$$N_e = 0 \text{ PS (Leerlauf)}$$

v_g	λ_0	$Q_{e\ddot{o}}$	Q_{eg}	Q_e	η_e
0	∞	19 000	0	19 000	0
1	10,4	13 700	16 600	30 300	0
1,65	6,27	10 000	27 400	37 400	0

Bei einer Gaszumischung von 1,65% war der Gesamtverbrauch 37 400 kcal/h, also um 97% größer als der Diesel-Leerlauf-Verbrauch. Hier erkennt man wieder deutlich die trägere Verbrennung gegenüber dem Zweistoffbetrieb mit Leuchtgas, wo der Mehrverbrauch bei der gleichen Zündölmenge nur etwa 65% betrug.

$$N_e = 54,2 \text{ PS} \ (p_e = 4,6 \text{ kg/cm}^2; \text{ etwa Dieselvollast})$$

v_g	λ_0	$Q_{e\ddot{o}}$	Q_{eg}	Q_e	η_e
0	∞	95 400	0	95 400	0,358
1	10,4	81 700	16 600	98 300	0,348
2	5,15	67 400	33 200	100 600	0,340
4	2,52	36 900	66 400	103 300	0,331
5,65	1,76	10 000	94 000	104 000	0,329

Infolge der trägeren Verbrennung des Methans gegenüber Leuchtgas steigt der Gesamtwärmeverbrauch bei Zumischung von Gas innerhalb der untersuchten Grenzen. Bei 5,65% Gas in der Mischung betrug er 104 000 kcal/h gegenüber 95 400 kcal/h im Dieselbetrieb.

$$N_e = 60 \text{ PS} \quad (p_e = 5,1 \text{ kg/cm}^2; \text{ etwa } 10\% \text{ Überlast})$$

v_g	λ_0	$Q_{eö}$	Q_{eg}	Q_e	η_e
0	∞	108 000	0	108 000	0,351
1	10,4	94 200	16 600	110 800	0,342
2	5,15	79 600	33 200	112 800	0,336
4	2,52	49 100	66 400	115 500	0,328
6	1,65	17 200	99 600	116 800	0,325
6,45	1,53	10 000	107 000	117 000	0,324

Auch hier war die obere Grenze der Zumischung durch die kleinste Menge an flüssigem Kraftstoff gegeben, welche die Brennstoffpumpe noch regelmäßig abspritzte. Dies war bei einer Gaszumischung von 6,45% der Fall. Hierbei betrug der Gesamtwärmeverbrauch 117 000 kcal/h gegenüber 108 000 kcal/h im Dieselbetrieb. Der Nutzwirkungsgrad ist im Dieselbetrieb 35,1% und im Zweistoffbetrieb mit der kleinsten Zündölmenge 32,4%. Es muß nochmals betont werden, daß Methan infolge seiner hohen Klopffestigkeit für den Zweistoffbetrieb der zur Zeit geeignetste gasförmige Kraftstoff ist. Auch bei $p_e = 5,1$ kg/cm² konnte ohne Klopferscheinungen im Zweistoffbetrieb mit einer Zündölmenge von etwa der halben Diesel-Leerlaufmenge störungsfrei gefahren werden.

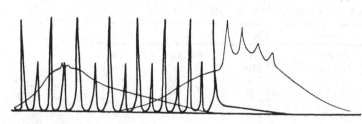

Abb. 33. Von Hand gezogene Indikatordiagramme. Aufgenommen an einer Dieselmaschine, bei regelmäßig aufeinanderfolgenden Schwankungen der Einspritzmenge

Ähnliche Versuche mit Methan und Propan wurden von LYN und MOORE mit einem Viertaktmotor durchgeführt [86].

Für den zur sicheren Zündung erforderlichen kleinsten Zündölanteil findet man in der Literatur die verschiedensten Angaben. Jedenfalls ist der Einfluß des Zündöl-Einspritzsystems auf den Verbrennungsablauf von allergrößter Bedeutung [2, 38]. Der Verfasser selbst hat beim Betrieb mit Dieselmotoren bei kleiner Drehzahl und kleiner Belastung Zündschläge beobachtet, die der Motor für die Dauer nicht vertragen konnte ohne Schaden zu nehmen. Aufgenommene Diagramme zeigten in diesem Falle eine regelmäßig abwechselnde Folge von hohen und niedrigen Zünddrücken (s. auch Abb. 33). Die ausführliche Erklärung dieser Erscheinung ist in Band 7, S. 97 bis 99 zu finden [47]. Kurz zusammengefaßt, sind die Ursachen etwa folgende: Im unteren Drehzahlbereich der Maschine kann von der Düse mehr Kraftstoff abgespritzt werden als der Plunger nachfördert. In solchen Fällen kommt es während der Einspritzung zum wiederholten Schließen des Kraftstoffventils. Das Ventil bleibt dann so lange geschlossen, bis von der Pumpe wieder so viel Kraftstoff nachgefördert ist, daß der Abspritzdruck erreicht wird. Fallen dann Ventilschluß und Förderende zufällig zusammen, so hat man in der Kraftstoffleitung den Schließdruck, wenn keine besonderen Entlastungseinrichtungen vorhanden sind. Anders ist es, wenn beim Schluß des Kraftstoffventils von der Pumpe noch gefördert, aber der Abspritzdruck nicht mehr oder gerade erreicht wird. Beim folgenden Förderhub der Pumpe ist dann die Einspritzmenge nicht nur größer, sondern die Einspritzung erfolgt auch früher, da ja dann das elastische Volumen zwischen Pumpe und Einspritzventil schon ganz oder zum Teil aufgefüllt ist. Diese frühere Einspritzung verursacht den bekannten Zündschlag, der — wie bereits erwähnt — schon beim Dieselbetrieb eine sehr unliebsame Erscheinung ist.

Zur genauen Feststellung der für den Gasbetrieb erforderlichen kleinsten Zündölmenge ist das einwandfreie Arbeiten der Zündölpumpe Grundbedingung, da sonst leicht falsche Schlüsse gezogen werden können. Die kleinstmögliche Zündölmenge beim Betrieb mit Leuchtgas hat PFLAUM in einer seiner letzten Arbeiten [38] eingehend untersucht. Diese betrug für die untersuchte Maschine rund 5% des Vollastverbrauches. Abb. 34 zeigt den Einfluß auf den Zündverzug, wie er von MEHLER [2] bei Betrieb mit Propan und Treibgas festgestellt wurde. Mit der normalen Dieseleinspritzeinrichtung konnte mit Sicherheit nur eine kleinste Zündölmenge von etwa 20% des Vollast-Dieselverbrauches eingespritzt werden. Durch Auswechseln der Kraftstoffdüse (8 — Loch × × 0,25 $\oslash$) gegen eine mit 2 Löchern von 0,25 $\oslash$ war es möglich, eine Zündölmenge einwandfrei und gleichmäßig einzuspritzen, die etwa 10% des Vollast-Kalorienverbrauches entsprach. Es gelang jedoch mit dieser kleinsten Zündölmenge bei dem vorhandenen Verdichtungsverhältnis von $\varepsilon = 14,2$ nicht, den *Vollast*betrieb einwandfrei durchzuführen. Es zeigte sich bei der Betrachtung des Oszillogrammes während des Laufens der Maschine, daß auf einen Arbeitshub mit richtigem Zündzeitpunkt (etwa 10° n. o. T.) jeweils ein solcher folgte, bei dem die Entzündung bereits v. o. T. einsetzte, wobei entsprechend hohe Druckspitzen auftraten. Eine ähnliche Erscheinung war schon bei früheren Versuchen mit der 8-Loch-Düse beobachtet worden. Wenn die Pumpe an der unteren Grenze arbeitet, wo das Abspritzen des Zündöles nicht mehr regelmäßig vor sich geht und eine Einspritzung zu wenig Zündöl förderte (was durch Betrachtung des Einspritzdruckes gut beobachtet werden konnte), folgte bei dem nächsten Arbeitstakt eine Entzündung bereits vor Totpunkt aus der Kompression heraus mit entsprechend hoher Druckspitze und großem Klopfwert.

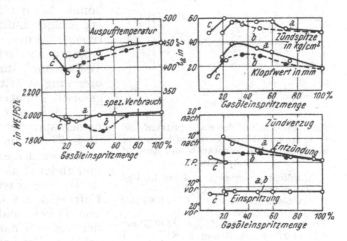

Abb. 34. Einfluß der Veränderung der Gasöleinspritzmenge
(100% = Dieselbetrieb)
Vollast $N_e = 38,8$ PS; $n = 440$ U/Min
12°, bzw. 13° Voreinspritzung
a Propan; $\varepsilon = 14,2$. b Treibgas; $\varepsilon = 14,2$. c Propan; $\varepsilon = 16$
Definition des Klopfwertes sh. S. 117 und Abb. 36
(MEHLER [2])

Es wurde festgestellt, daß die vorausgehende zeitlich richtig einsetzende Verbrennung keine scharfe Druckspitze und keine Verbrennungsschwingungen aufwies und einwandfrei als schleichende Verbrennung angesehen werden konnte. Man darf annehmen, daß die zu geringe Gasöl-Einspritzmenge eine schleichende Verbrennung verursachte, die sich bis in den Auspuffhub fortsetzte, so daß beim Öffnen des Saugventils Zündkeime mit in die frische Ladung gelangen konnten. Unter Zündkeimen sind brennende, bzw. schwelende Gasteilchen zu verstehen, deren Wärmeenergie bei dem Druck und der Temperatur des angesaugten Gasgemisches jedoch nicht ausreicht, eine Verbrennung des frischen Gemisches herbeizuführen. Erst wenn durch die nachfolgende Verdichtung des frischen Gasluftgemisches Druck und Temperatur genügend gestiegen sind, erfolgt die Entzündung des Gemisches, und zwar bereits vor dem Totpunkt.

Bei kleineren Lasten konnte jedoch mit dieser kleinen Zündölmenge der Betrieb noch ohne Frühzündung durch Zündkeime aufrecht erhalten werden. Abb. 35 zeigt zwei Kurven, von denen Kurve 1 mit 8-Loch-Düse und 23,5% Gasöl-Einspritzmenge, Kurve 2 dagegen mit 2-Loch-Düse und nur 12% Gasöl-Einspritzmenge aufgenommen ist. Die Kurven sind über der angesaugten Luftmenge aufgetragen. 150 Nm³/h entspricht dem Luftverbrauch der ungedrosselten Maschine. Die Leistung blieb in beiden Fällen konstant $N_e = 26,4$ PS. Man erkennt, daß schon bei der ungedrosselten Maschine im Falle 2 die Auspufftemperatur fast 100° höher liegt als bei der größeren Gasöl-Einspritzmenge im Falle 1, was auf die schleichende Verbrennung bei zu geringer Zündenergie zurückgeführt werden muß. Aus dem gleichen Grunde liegt auch im Falle 2 der spezifische Wärmeverbrauch höher als im Falle 1.

Es wurde weiterhin untersucht, ob die Geschwindigkeit der Verbrennung auch bei sehr kleinen Gasöl-Einspritzmengen durch Verringerung des Luftüberschusses beeinflußt werden kann. Die Abhängigkeit des Wärmeverbrauchs von der angesaugten Luftmenge ist gleichfalls in Abb. 35 dargestellt. Man erkennt deutlich, daß die Verringerung des Luftüberschusses eine Beschleunigung der Verbrennung bewirken muß. Dies kommt bei der kleineren Zündenergie in stärkerem Maße zum Ausdruck als bei größerer. Andererseits zeigte sich aber auch, daß eine Verringerung unter ein bestimmtes Luftverhältnis nicht möglich war, ohne daß wieder Zündungen aus der Kompressionslinie heraus auftraten. So konnte bei der kleinen Zündölmenge (Kurve 2) die angesaugte Luftmenge nicht unter 128 Nm³/h verringert werden, ohne daß Entzündung während der Kompression erfolgte. Das bedeutet, daß auch bei Teillast und stärkerer Drosselung schleichende Verbrennung auftritt und Zündkeime mit in das Frischgemisch gelangen, wenn die Zündenergie zu klein wird, daß aber bei größerem Luftüberschuß und dementsprechend mageren Gemischen die Energie dieser Zündkeime zur Entzündung nicht ausreicht. Natürlich werden auch der Wärmezustand der Maschine und andere Faktoren diese Verhältnisse beeinflussen.

Da die Brenngeschwindigkeit nicht nur vom Luftverhältnis und der Zündenergie, sondern auch von Druck und Temperatur beeinflußt wird, lag der Versuch nahe, die Brenngeschwindigkeit durch erhöhte Verdichtung soweit heraufzusetzen, daß auch ein Betrieb mit kleinen Zündenergien, das heißt mit kleinen Zündölmengen, möglich wird. Die Ergebnisse zeigt Abb. 34. Mit Propan war bei Verwendung der 2-Loch-Düse mit einer Zündölmenge von 9,2% des Vollastverbrauchs und einem Verdichtungsverhältnis von $\varepsilon = 16$ noch ein einwandfreier Betrieb möglich. Man erkennt weiter, daß bei sehr kleiner Zündenergie infolge der langsamen Brenngeschwindigkeiten Zündspitze und Klopfwert abnehmen, dagegen Zündverzug, Verbrauch und Auspufftemperatur ansteigen. Das Indikatordiagramm für die zwei Zündölmengen und gleiche Leistung zeigt Abb. 36. Es läßt deutlich die Verlangsamung der Brenngeschwindigkeit bei geringer Zündenergie erkennen. Bei gewissen Gasen ergibt sich also die Möglichkeit, die Brenngeschwindigkeit lediglich durch Verringerung der Zündenergie soweit herabzusetzen, daß Zündspitzen und Klopfwerte in den zulässigen Grenzen bleiben, wodurch das Späterlegen des Einspritzzeitpunktes, allerdings auf Kosten des Wärmeverbrauchs, vermieden werden kann.

Mehler gibt an, daß bei Leuchtgas ähnliche Verhältnisse gelten, dieses Verfahren jedoch bei Treibgas nicht anzuwenden ist. Bei Treibgas treten schon bei $\varepsilon = 14,2$ und kleineren Zündölmengen als 20% infolge

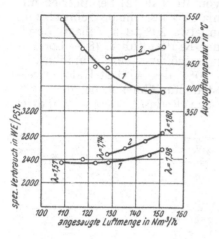

Abb. 35. Einfluß der eingespritzten Gasölmenge und der angesaugten Luftmenge auf spezifischen Verbrauch und Auspufftemperatur

1 Gasöleinspritzmenge 1,4 bis 1,6 kg/h
    (etwa 23,5% bei 26,4 PSe)
2 Gasöleinspritzmenge 0,8 bis 0,85 kg/h
    (etwa 12% bei 26,4 PSe)
Treibgas: $Ne = 26,4$ PS; $n = 440$ U/min, $\varepsilon = 14,2$; Einspritzung 8^0 KW v. o. T.
(Mehler [2])

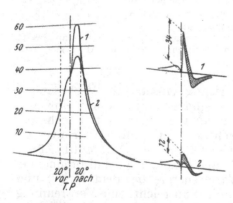

Abb. 36. Indikatordiagramme, Zündstrahlbetrieb mit Propan $\varepsilon = 16$; $Ne = 38,8$ PS; $n = 440$ U/Min.
1 Gasöleinspritzmenge 21,6%
    $q_e = 1950$ kcal/PSh
    $t_a = 390^0$ C
    Klopfwert 34 mm
2 Gasöleinspritzung 9,2%
    $q_e = 2050$ kcal/PSh
    $t_a = 430^0$ C
    Klopfwert 12 mm
(Mehler [2])

schleichender Verbrennung Zündkeime in das Frischgemisch, wo sie die geschilderten Selbstzündungen bei der Kompression hervorrufen. Wird das Verdichtungsverhältnis erhöht, so hat dies nach dem Freiwerden einer bestimmten Wärmeenergie eine plötzliche scharfe Verbrennung zur Folge, die einen harten Gang der Maschine verursacht.

6. Luftverhältniszahlen beim Zündstrahlbetrieb

Das Luftverhältnis gibt an, wieviel mal größer die für die Verbrennung einer gewissen Kraftstoffmenge zur Verfügung stehende Luftmenge ist als die theoretisch erforderliche. Die zur vollständigen Verbrennung der Kraftstoffmengeneinheit theoretisch notwendige Luftmenge wird gewöhnlich in Nm³ angegeben und mit L_0 bezeichnet. Als Mengeneinheit gilt im allgemeinen für flüssige Kraftstoffe 1 kg und für gasförmige 1 Nm³. Im folgenden werden für den Zündstrahlbetrieb vier Luftverhältnisse unterschieden. Das auf die gesamte Verbrennung von flüssigem und gasförmigem Kraftstoff bezogene Luftverhältnis wird Gesamtluftverhältnis genannt und mit λ bezeichnet. Es wird damit, wie allgemein üblich, die Ausnützung der Verbrennungsluft gekennzeichnet. Bezieht man die gesamte Verbrennungsluft nur auf den gasförmigen Kraftstoff, so erhält man das Luftverhältnis λ_0 während der Verdichtung. λ_0 ist größer als λ, der Unterschied wächst bei gleichem Gas mit der Zündölmenge. Je größer das Luftverhältnis λ_0, desto klopffester wird im allgemeinen die Ladung. Für die Berechnung der Abgasmengen sowie für die Bestimmung der Ladungsbestandteile wird angenommen, Zündöl und Gas verbrennen nacheinander. Die nach der Zündölverbrennung übrigbleibende Verbrennungsluft, bezogen auf den gasförmigen Kraftstoff, wird durch das Luftverhältnis λ_g ausgedrückt. Diese Annahme der getrennten Verbrennung von Gas und Öl ergibt für die Zündölverbrennung ein Luftverhältnis $\lambda_\ddot{o}$. Sowohl λ_0 wie auch λ_g und $\lambda_\ddot{o}$ lassen sich durch das Gesamtluftverhältnis λ ausdrücken.

Bedeuten:

$B_\ddot{o}$ (kg/h)   den stündlich im Motor verbrannten flüssigen Kraftstoff,

B_g (Nm³/h)   den stündlich im Motor verbrannten gasförmigen Kraftstoff,

G (Nm³/h)   den stündlichen Verbrauch an Verbrennungsluft,

$m_0 = G/B_g$ das Mischungsverhältnis von Luft zu Gas,

$L_{0\ddot{o}}$ (Nm³/kg)   den theoretischen Luftbedarf des flüssigen Kraftstoffs,

L_{0g} (m³/m³)   den theoretischen Luftbedarf des gasförmigen Kraftstoffs,

$H_{u\ddot{o}}$ (kcal/kg)   den unteren Heizwert des flüssigen Kraftstoffs,

H_{ug} (kcal/Nm³) den unteren Heizwert des gasförmigen Kraftstoffs,

$q_e = q_{e\ddot{o}} + q_{eg}$ (kcal/PSh) den spezifischen Gesamtwärmeverbrauch, bezogen auf die Nutzleistung,

$q_{e\ddot{o}} = r\, q_e$ die im flüssigen Kraftstoff zugeführten kcal/PSh,

$q_{eg} = (1 - r)\, q_e$ die im gasförmigen Kraftstoff zugeführten kcal/PSh,

$x = \dfrac{B_\ddot{o}}{B_g} = \dfrac{r}{1-r} \cdot \dfrac{H_{ug}}{H_{u\ddot{o}}} \left(\dfrac{\text{kg}}{\text{Nm}^3}\right)$ die auf 1 Nm³ Gas entfallende Menge an flüssigem Kraftstoff in kg,

so ist das gesamte Luftverhältnis:

$$\lambda = \frac{m_0}{L_{0g} + x\, L_{0\ddot{o}}}.$$

Aus Abb. 37 kann x in Abhängigkeit vom unteren Gasheizwert für verschiedene Zündölanteile r entnommen werden, wenn als unterer Heizwert des Zündöles 10 000 kcal/kg angenommen wird.

Die Gleichung für λ gibt das für ein bestimmtes Luftverhältnis erforderliche Mischungsverhältnis

$$m_0 = \lambda\, (L_{0g} + x\, L_{0\ddot{o}}).$$

Das Luftverhältnis während der Verdichtung:

$$\lambda_0 = \frac{m_0}{L_{0g}} = \lambda \left(1 + x\, \frac{L_{0\ddot{o}}}{L_{0g}}\right).$$

Das Luftverhältnis für die Zündölverbrennung ergibt die Bedingung, daß

$$\lambda\, (L_{0g} + x\, L_{0\ddot{o}}) = \lambda_\ddot{o}\, x\, L_{0\ddot{o}}$$

sein muß, daraus:

$$\lambda_\ddot{o} = \left(\frac{1}{x}\, \frac{L_{0g}}{L_{0\ddot{o}}} + 1\right) \cdot \lambda.$$

Das Luftverhältnis für die Ölverbrennung ist nur bei Zweistoffbetrieb, also bei hohem Anteil an flüssigem Kraftstoff, von Bedeutung. Die Zündbedingungen für den flüssigen Kraftstoff hängen viel wesentlicher vom Sauerstoffgehalt der frischen Ladung ab. Hierauf wird später noch näher eingegangen.

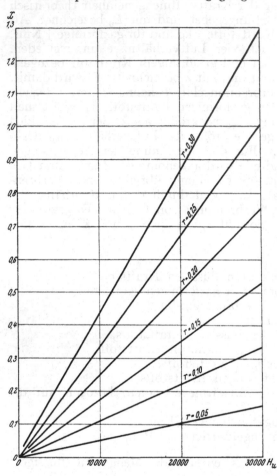

Abb. 37. Die je Nm^3 Gas erforderliche Zündölmenge x (kg) in Abhängigkeit vom unteren Heizwert des Gases für verschiedene Zündölanteile (Heizwert des Zündöles $H_{u\ddot{o}} = 10\,000$ kcal/kg)

Für die folgende Gasverbrennung muß

$$\lambda\,(L_{og} + x\,L_{o\ddot{o}}) - x\,L_{o\ddot{o}} = \lambda_g\,L_{og}$$

sein, wonach

$$\lambda_g = \lambda\left(1 + x\,\frac{L_{o\ddot{o}}}{L_{og}}\right) - x\,\frac{L_{o\ddot{o}}}{L_{og}}$$

ist.

Dieses Luftverhältnis wird für die Berechnung der Abgasmengen und der Ladungsbestandteile im Zündstrahlbetrieb verwendet.

7. Abgasmengen und Ladungsanteile

In Band 1 wird die Bestimmung der Abgasmengen und der Ladungsanteile getrennt für flüssige und gasförmige Kraftstoffe gezeigt. Die beim Zündstrahl-Gasbetrieb je Nm^3 Gas entstehende Abgasmenge läßt sich einfach berechnen, wenn die theoretische Abgasmenge ($\lambda = 1$) der Kraftstoffmengeneinheit sowohl für das Gas als auch für den Zündkraftstoff bekannt ist.

Bezeichnen

$$V_{ow\ddot{o}}\,[Nm^3/kg] = V_{\ddot{o}}\,(CO_2) + V_{\ddot{o}}\,(H_2O) + V_{\ddot{o}}\,(N_2)$$

die theoretischen feuchten Verbrennungsprodukte von 1 kg flüssigem Kraftstoff und

$$V_{o\ddot{o}}\,[Nm^3/kg] = V_{ow\ddot{o}} - V_{\ddot{o}}\,(H_2O)$$

die trockenen,

$$V_{owg}\,[m^3/m^3] = V_g\,(CO_2) + V_g\,(H_2O) + V_g\,(N_2)$$

die theoretischen feuchten Verbrennungsprodukte von 1 Nm^3 Gas und

$$V_{og} = V_{owg} - V_g\,(H_2O)$$

die trockenen,

dann ist die beim Zündstrahlbetrieb je Nm^3 Gas entstehende feuchte Abgasmenge

$$V_w = x\,V_{ow\ddot{o}} + V_{owg} + (\lambda_g - 1)\,L_{og}\,[Nm^3]$$

und die trockene

$$V = V_w - x\,V_{\ddot{o}}\,(H_2O) - V_g\,(H_2O)\,[Nm^3].$$

Die Abgasmengen sind vor allem für die Abwärmeverwertung von Interesse. Die allgemeine Bedeutung, welche die Kenntnis der Ladungszusammensetzung vor und nach der Verbrennung hat, ist in Band 2 ausführlich behandelt. Hier werden die Zusammenhänge nur soweit besprochen, als sie für das Verständnis des Einflusses der Raumanteile einzelner Ladungsbestandteile auf den Ablauf von Zündung und Verbrennung wichtig sind (s. auch S. 22 bis 25). So hat der Sauerstoffgehalt der frischen Ladung bestimmenden Einfluß auf das Zündverhalten des Zündkraftstoffes. Die Zündbedingungen für den Zündkraftstoff werden unter sonst gleichen Umständen umso günstiger sein, je größer der Sauerstoffgehalt der frischen Ladung, das heißt bei gleichem Luftverhältnis λ_0, je größer der theoretische Luftbedarf des betreffenden Gases ist. Beim Betrieb mit Generatorgas aus Anthrazit hat der Verfasser Störungserscheinungen im Verbrennungsablauf beobachtet, die gleichfalls durch den Sauerstoffgehalt der frischen Ladung beeinflußt wurden. Die erwähnten Störungen, die im folgenden Abschnitt ausführlicher besprochen werden, konnten unter anderem durch Zumischen von Abgasen zur Verbrennungsluft beseitigt werden.

Die nachstehend angegebenen Formeln zeigen für den Zündstrahlbetrieb den Raumanteil von CO_2 und O_2 in der verbrannten Ladung in Abhängigkeit vom Luftverhältnis λ_g, von der Zündölmenge x und vom theoretischen Luftbedarf L_{og} bei Verbrennung mit reiner Luft und bei Abgaszumischung für den Fall, daß das Luftverhältnis $\lambda = 1$ ist. Bei Verbrennung mit reiner Luft ist

$$v\,(CO_2) = \frac{x \cdot V_{\ddot{o}}\,(CO_2) + V_g\,(CO_2)}{x\,V_{o\ddot{o}} + V_{og} + (\lambda_g - 1) \cdot L_{og}}\,.$$

der Raumanteil an CO_2 und

$$v\,(O_2) = \frac{(\lambda_g - 1)\,0,21\,L_{og}}{x\,V_{o\ddot{o}} + V_{og} + (\lambda_g - 1)\,L_{og}}$$

der Raumanteil an Sauerstoff im trockenen Abgas (mit v werden jeweils Raumteile im Abgas bezeichnet). Bezogen auf das feuchte Abgas gelten dieselben Beziehungen, nur sind in die obige Formel an Stelle der trockenen Abgasmengen $V_{o\ddot{o}}$ und V_{og} die feuchten $V_{ow\ddot{o}}$ und V_{owg} einzusetzen.

Bezogen auf die frische Ladung ist

$$v_g\,(O_2) = \frac{0,21\,(x\,L_{o\ddot{o}} + \lambda_g\,L_{og})}{1 + x\,L_{o\ddot{o}} + \lambda_g\,L_{og}}$$

der Raumanteil an O_2 und

$$v_g\,(CO_2) = \frac{V_b\,(CO_2)}{1 + x\,L_{o\ddot{o}} + \lambda_g\,L_{og}}$$

der Raumanteil an CO_2 (v_g Raumanteil im Gemisch, v_b Raumanteil im Gas). Werden an Stelle der überschüssigen Luft Auspuffgase theoretischer Zusammensetzung $[V\,(O_2) = 0]$ zugemischt, dann ist der Sauerstoffgehalt der frischen Ladung

$$v_g^{abg}\,(O_2) = \frac{0,21\,(x\,L_{o\ddot{o}} + L_{og})}{1 + \lambda_g\,L_{og} + x\,L_{o\ddot{o}}}\,.$$

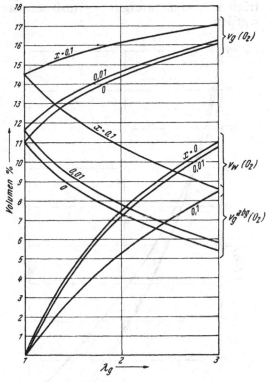

Abb. 38. Sauerstoffgehalt der Ladung in Abhängigkeit vom Luftverhältnis λ_g für verschiedene Zündölmengen x
$v_g\,(O_2)$ Sauerstoffgehalt der frischen Ladung
$v_g^{abg}(O_2)$ Sauerstoffgehalt der frischen Ladung bei Zumischung von Abgasen theoretischer Zusammensetzung
$v_w\,(O_2)$ Sauerstoffgehalt der feuchten Abgase
Gasart: Generatorgas aus Anthrazit
$v_b\,(CO_2) = 0,0720$; $v_b\,(O_2) = 0,0100$; $v_b\,(H_2) = 0,1710$;
$v_b\,(CH_4) = 0,0143$; $v_b\,(CO) = 0,2210$; $v_b\,(N_2) = 0,5117$
$H_{ug} = 1230$ kcal/Nm³; $L_{og} = 1,025$ m³/m³
$V_{og} = 1,829$ m³/m³
Zündöl: Gasöl
$\qquad$ 0,86c; 0,12h; 0,02 ($s + o + n$)
$H_{u\ddot{o}} \sim 10\,000$ kcal/kg; $L_{o\ddot{o}} = 10,82$ Nm³/kg
$V_{o\ddot{o}} = 10,156$ Nm³/kg

Für Generatorgas aus Anthrazit zeigt Abb. 38 die Abhängigkeit des Sauerstoffgehaltes der feuchten Abgase von λ_g für verschiedene Zündölmengen x, sowie den Sauerstoffgehalt der frischen Ladung mit und ohne Zumischung von theoretischen Abgasen. Aus Abb. 39 kann der (CO_2)-Gehalt und aus Abb. 40 der (O_2)-Gehalt der trockenen Abgase in Abhängigkeit von λ_g für verschiedene Zündölmengen entnommen werden.

8. Störungen im Verbrennungsablauf und ihre Ursachen

Beim Betrieb von Gasmaschinen können sich unter Umständen charakteristische Störungen im Verbrennungsablauf einstellen, über deren Ursache der Konstrukteur und der Betriebsingenieur Bescheid wissen müssen. In diesem Abschnitt sollen daher an Hand von Diagrammen, die vom Verfasser im praktischen Betrieb aufgenommen worden sind, verschiedene dieser Störungsursachen und die Mittel zu ihrer Beseitigung besprochen werden. Diese Diagramme sind oft fern vom Versuchsstand mit einfachen Einrichtungen aufgenommen worden.

Es handelt sich in der Hauptsache um Selbstzündungen und die damit verbundenen Klopferscheinungen und Frühzündungen, wie sie vor allem bei unsachgemäßem Betrieb mit Generatorgas — insbesondere bei Vergasung von Anthrazit — beobachtet wurden.

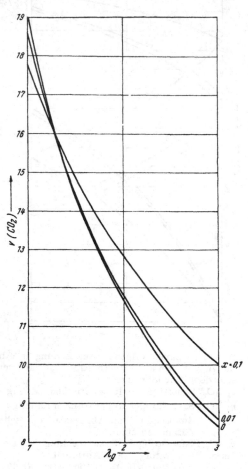

Abb. 39. Der Kohlensäuregehalt der trockenen Abgase in Abhängigkeit von λ_g für verschiedene Zündölmengen (Gasart und Zündöl wie in Abb. 38) V_g (CO_2) = 0,3073 m³/m³ V_δ (CO_2) = 1,606 Nm³/kg

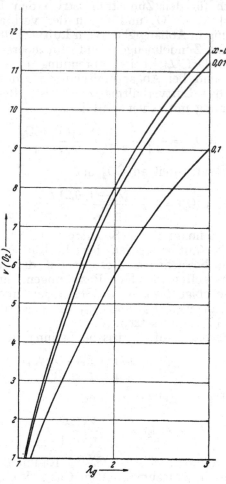

Abb. 40. Der Sauerstoffgehalt der trockenen Abgase in Abhängigkeit von λ_g für verschiedene Zündölmengen x (Gasart und Zündöl wie in Abb. 38)

a) Selbstzündungen

In Abb. 41 und 42 sind die Indikatordiagramme von hochverdichteten Motoren zusammengestellt, die deutlich Selbstzündungserscheinungen erkennen lassen. Diese Selbstzündungen, die sich im allgemeinen erst im Dehnungshub zeigen, wurden nach Abschalten der Fremdzündung beobachtet. Diagramm *a*, Abb. 41, wurde an einer normal für den Dauerbetrieb eingestellten hochverdichteten Ottomaschine aufgenommen. Bei Diagramm *b* war bei gleicher Gemischzusammensetzung die Vorzündung vergrößert worden. Der Motor klopfte. *c* zeigt ein seltenes Diagramm, wie es nach kurzem Betrieb mit Einstellung *b* bei abgeschalteter Zündung aufgenommen wurde. Während des Indizierens gab es außer einer klopfenden Zündung auch einen Knall. Die klopfende Verbrennung scheint im Indizierkanal ausgelöst worden zu sein (über Zündungen in Indizierkanälen siehe später), während der Ansaugknall durch glühende Verbrennungsrückstände oder schwelende Zündkeime verursacht worden sein dürfte. Abb. 42 zeigt Indikatordiagramme von einer Vier- (a) und einer Zweitaktmaschine (b bis d), die beide im Zündstrahlbetrieb arbeiten. In a ist eine Selbstzündung zu erkennen, die sich durch klopfenden Schlag bemerkbar macht. Das Zündöl war nicht abgestellt worden. Diagramm b zeigt

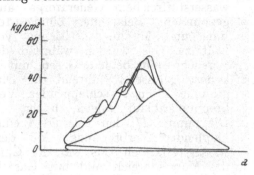

eine klopfende Selbstzündung, die nach Abstellen des Zündöles auftrat. In beiden Diagrammen gehen die klopfenden Zündungen offenbar vom Indizierkanal aus. Die Selbstzündungen im Diagramm c zeigen einen verhältnismäßig sanften Verlauf. Bei der Aufnahme von d war der Zylinder schon heißer, deshalb wurde auch die Ladung wärmer und die Selbstzündungen (bei Abschaltung des Zündöls) regelmäßiger als im Falle c.

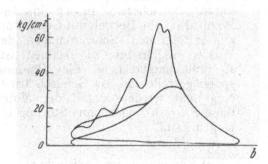
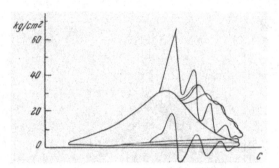

Abb. 41. Indikatordiagramme. Aufgenommen an einer Deutzer Gasmaschine V6M 536 mit Dieselverdichtung
($D = 270$ mm, $s = 360$ mm, $n = 500$ U/min, $\varepsilon = 14$, $p_e = 5$ kg/cm², $\lambda = 1,6$)
a normaler Betrieb Vorzündung 10° KW *b* Vorzündung 15° KW *c* Selbstzündung (elektrische Zündung abgeschaltet)

b) Klopfen und Frühzündungen

Der Klopfvorgang selbst ist in A. III. 4 eingehender behandelt. Der Nachweis des Klopfens an Hand von Druckdiagrammen ist schwierig, wie schon an früherer Stelle erwähnt wurde. Wegen der Möglichkeit einer Verwechslung mit Selbstzündungen im Indizierkanal, muß man bei der Beurteilung solcher Diagramme sehr vorsichtig sein. Im praktischen Betrieb wird die Ganghärte des Motors gewöhnlich nach dem hörbaren Geräusch beurteilt. Ricardo hat zulässige Grenzwerte für den Druckanstieg je Grad KW angegeben (S. 15).

Abb. 43 zeigt in *a* bis *d* die Veränderung des Indikatordiagrammes einer Gasmaschine, die bei gleichbleibender Belastung durch rasche Verkleinerung des Luftverhältnisses zum Klopfen und Knallen gebracht wurde. Der Motor war direkt gekuppelt mit einem Rotationskompressor. Der Nutzdruck betrug im Durchschnitt 3,5 kg/cm², das Luftverhältnis war etwa 1,8 und die Auspufftemperatur 460° C. Zu dieser normalen Einstellung gehört Diagramm *a*. Der Motor lief im Tag- und Nachtbetrieb fast mit konstanter Belastung. Störungen traten nicht auf. Mit der Absicht, den Motor zum Klopfen zu bringen, wurde das Luftverhältnis innerhalb von fünf Minuten bis auf 1,3 verkleinert, wobei der Motor nach vorhergehendem Klopfen zu knallen anfing. Die im Diagramm *d* bereits erkennbaren Frühzündungen dürften von glühenden Rückständen herrühren, denn Motoren mit sauberen Brennräumen sind bei dem hier vorliegenden Verdichtungsverhältnis ($\varepsilon = 7$) und der kleinen Belastung gegenüber Gemischveränderungen wesentlich unempfindlicher. Von der auf Abb. 43 angegebenen Gasanalyse interessiert vor allem der Wasserstoffgehalt, der die Klopfempfindlichkeit des Motors stark beeinflußt.

Die reaktionsbeschleunigende Wirkung des Wasserstoffes als Bestandteil des Generatorgases ist bekannt. Der Einfluß des Wasserstoffgehaltes auf den Verbrennungs-

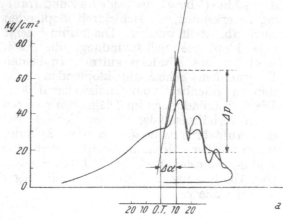

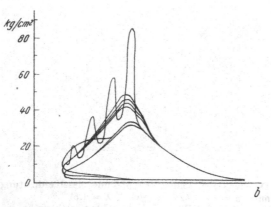

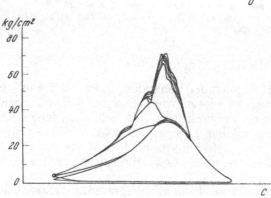

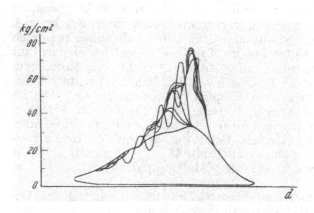

ablauf ist aus Abb. 44 besonders gut zu ersehen. Die gezeigten Diagramme sind an einer Dreizylinder-Gasmaschine bei Betrieb mit wasserstoffarmem und wasserstoffreichem Generatorgas aufgenommen. Belastung, Zündeinstellung und Mischungsverhältnis von Luft zu Gas wurden während der Versuche mit beiden Gasen unverändert gelassen. Während die Diagramme *I* einen schleppenden Verbrennungsablauf zeigen, haben die Diagramme *II* den Charakter einer klopfenden Verbrennung. Mit dem wasserstoffarmen Gas war der Gang des Motors weich und mit Gas *II* hart. Der Motor klopfte und fing nach kurzer Betriebszeit an zu knallen. Wenn also beim Betrieb mit Generatorgas mit großen Schwankungen des Wasserstoffgehaltes zu rechnen ist, so muß entsprechend die Zündung später gestellt und das Gemisch ärmer eingestellt werden, damit der Motor diese Schwankungen ohne Störung ertragen kann.

c) Zündungen im Indizierkanal

Bei Gasmotoren können in den Indizierkanälen oder im Indikatorraum Zündungen auftreten. Diese verursachen infolge des Massen- und Reibungswiderstandes der austretenden Verbrennungsgase hohe Drücke gegen den Druckgeber, die im Brennraum nicht vorhanden sind. In Abb. 45 sind Diagramme zusammengestellt, bei denen

Abb. 42. Indikatordiagramme, aufgenommen an Zündstrahlgasmaschinen

a $p_e = 5 \text{ kg/cm}^2$
     $\lambda_g = 1,4$
     $x = 5 \text{ g/Nm}^3$
     $D = 270 \text{ mm}; s = 360 \text{ mm}$
     $n = 500 \text{ U/min}; \varepsilon = 14$
b $p_e = 4 \text{ kg/cm}^2$
     $\lambda_g = 1,6$
     $x = 10 \text{ g/Nm}^3$
     $D = 280 \text{ mm}; s = 450 \text{ mm}$
     $n = 375 \text{ U/min}; \varepsilon = 14$
c $p_e = 4,5 \text{ kg/cm}^2$
     $\lambda_g = 1,4$
     $x = 8 \text{ g/Nm}^3$
     $D = 280 \text{ mm}; s = 450 \text{ mm}$
     $n = 375 \text{ U/min}; \varepsilon = 14$
d $p_e = 4,5 \text{ kg/cm}^2$
     $\lambda_g = 1,4$
     $x = 8 \text{ g/Nm}^3$
     $D = 280 \text{ mm}; s = 450 \text{ mm}$
     $n = 375 \text{ U/min}; \varepsilon = 14$

die genannten Zündungen deutlich erkennbar sind Die Maschine wurde mit Leuchtgas betrieben, bei einem Nutzdruck von 4 kg/cm² und einem Luftverhältnis von etwa 1,8. Die den einzelnen Diagrammen überlagerten Indikator-Schwingungen sind durch die Zündungen im Indizierkanal ausgelöst. Diese Zündungen traten erst nach längerem Indizieren auf, wenn die Kanäle sehr heiß geworden waren. Durch Aufnahmen von Diagrammen mit verschiedenen Federn bei zwei verschiedenen Zündeinstellungen kann man feststellen, daß es sich um Schwingungen des Indikators handelt, die durch die schlagartige Verbrennung im Indizierkanal angeregt sind. Wie aus den Diagrammen weiter zu ersehen ist, erfolgte die Selbstzündung erst, nachdem die Verbrennung im Zylinder bereits beendet war. Diese örtlichen Drucksteigerungen kommen aber nicht zur Wirkung auf den Motorkolben. In besonders ungünstigen Fällen kann es aber vorkommen, daß diese Störungen schon während der Verdichtung auftreten und zu Frühzündungen mit den bekannten Folgeerscheinungen wie Klopfen, Knallen usw. führen.

Ein solches Indikatordiagramm, das an einer liegenden Gasmaschine bei Betrieb mit Leuchtgas aufgenommen ist, zeigt Abb. 46. Den Verbrennungsraum, die Lage der Zündkerze und die Indizierbohrung zeigt *a*. Bei Brennraumformen nach *c*, wie sie bei stehenden Maschinen üblich sind, wurde die Erscheinung nicht beobachtet. Wie bereits erwähnt, können Zündungen im Indizierkanal die Beurteilung von Indikatordiagrammen sehr erschweren. Es ist bei Gasmaschinen ratsam, die Indizierkanäle nach erfolgter Abnahme zu verschließen.

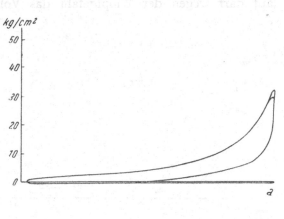

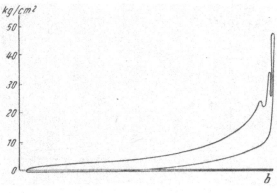

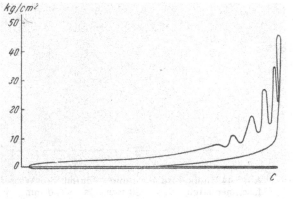

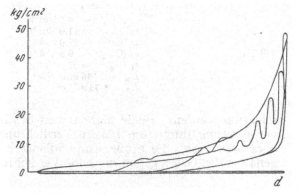

Abb. 43. Indikatordiagramme: Einfluß der Drosselung der Ansaugluft auf den Verbrennungsablauf

Maschinendaten: $D = 420\ \text{mm}$; $s = 580\ \text{mm}$
$$n = 250\ \text{U/min}; \quad \varepsilon = 7$$
Kraftstoff: Anthrazitgas, Zusammensetzung

$v_b\,(CO_2) = 7{,}5\%$;	$v_b\,(O_2) = 1\%$
$v_b\,(H_2) = 17\%$;	$v_b\,(CH_4) = 1{,}2\%$
$v_b\,(CO) = 21{,}5\%$;	$v_b\,(N_2) = 51{,}8\%$

a $p_e = 3{,}5\ \text{kg/cm}^2$ *b* $p_e = 3{,}5\ \text{kg/cm}^2$
    $t_a = 460^0\,\text{C}$ $t_a = 490^0\,\text{C}$
    $\lambda = L/L_0 = 1{,}8$ $\lambda = L/L_0$ kleiner als in *a*

c $p_e = 3{,}5\ \text{kg/cm}^2$ *d* $p_e = 3{,}5\ \text{kg/cm}^2$
    $t_a = 510^0\,\text{C}$ $t_a = 530^0\,\text{C}$
    $\lambda = L/L_0$ $\lambda \approx 1{,}3$
kleiner als in *b*   Maschine knallte kurz nach
                dieser Einstellung
                $t_a = $ die Auspufftemperatur

d) Hohe Verdichtung

Hochverdichtete Gasmaschinen erfordern zur Vermeidung der Klopfgefahr höhere Luftverhältnisse und spätere Zündeinstellung als normal verdichtete. Auch im Leerlauf darf wegen der Klopfgefahr das Vollast-Luftverhältnis nicht wesentlich unter-

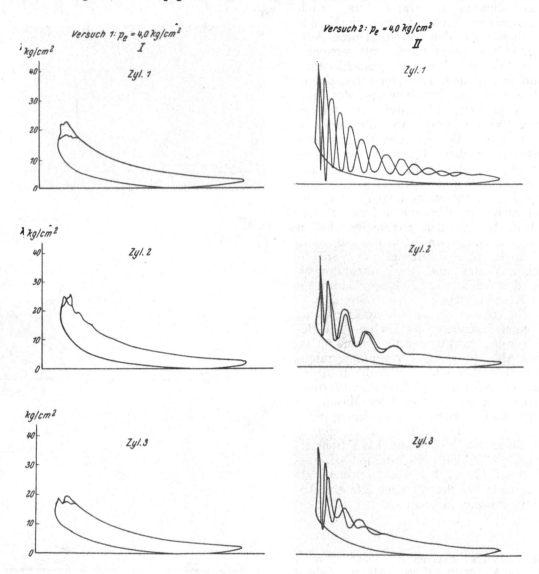

Abb. 44. Indikatordiagramme: Einfluß des Wasserstoffgehaltes des Gases auf den Verbrennungsablauf
Maschinendaten: $D = 280$ mm; $s = 450$ mm; $n = 375$ U/min; $\varepsilon = 7$; Zündung 30^0 KW vor o. T.

Gas I	Gas II
$v_b\,(CO_2) = 4,5$ Vol %	$v_b\,(CO_2) = 11,5$ Vol %
$v_b\,(H_2) = 11,0$ Vol %	$v_b\,(H_2) = 22,5$ Vol %
$v_b\,(CO) = 27,0$ Vol %	$v_b\,(CO) = 20,0$ Vol %
$v_b\,(CH_4) = 0,5$ Vol %	$v_b\,(CH_4) = 0,0$ Vol %
$v_b\,(N_2) = 57,0$ Vol %	$v_b\,(N_2) = 46,0$ Vol %
$H_u = 1145$ kcal/Nm³	$H_u = 1185$ kcal/Nm³
$L_o = 0,95$ m³/m³	$L_o = 1,01$ m³/m³

schritten werden. Beide Maßnahmen beschränken die Leistungs-, bzw. Wirkungsgrad-verbesserung durch die höhere Verdichtung. Außerdem spricht bei Betrieb mit Generatorgas auch die große Empfindlichkeit gegenüber Schwankungen des Wasserstoffgehaltes des Gases gegen die hohe Verdichtung. Abb. 47 zeigt im Diagramm a bis c den

Einfluß der Zündeinstellung und des Luftverhältnisses auf die Ganghärte bei einem Nutzdruck von 5 kg/cm² im Otto-Betrieb. Im Diagramm *a* war für das eingestellte Luftverhältnis die Zündung zu früh und der Motor klopfte. Bei gleichem Luftverhältnis

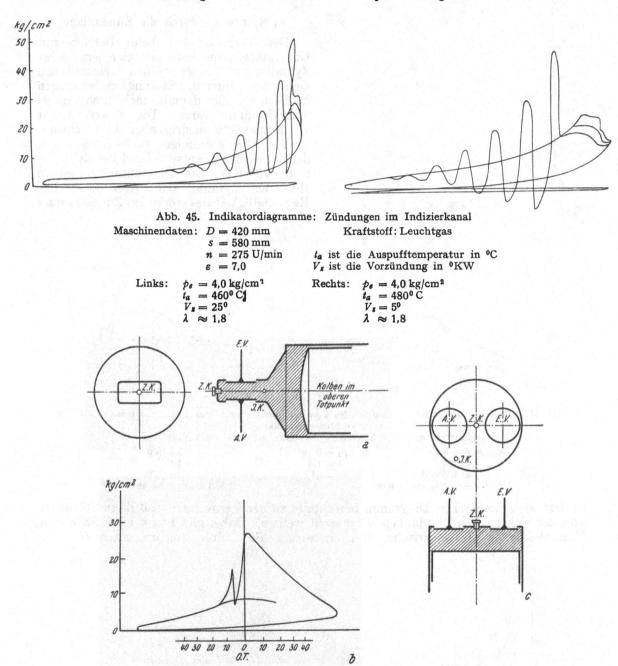

Abb. 45. Indikatordiagramme: Zündungen im Indizierkanal

Maschinendaten: $D = 420$ mm   Kraftstoff: Leuchtgas
$\qquad\qquad\quad s = 580$ mm
$\qquad\qquad\quad n = 275$ U/min t_a ist die Auspufftemperatur in °C
$\qquad\qquad\quad \varepsilon = 7{,}0$ V_z ist die Vorzündung in °KW

Links: $p_e = 4{,}0$ kg/cm²   Rechts: $p_e = 4{,}0$ kg/cm²
$\qquad\ t_a = 460°$ C $\qquad\quad t_a = 480°$ C
$\qquad\ V_z = 25°$ $\qquad\quad V_z = 5°$
$\qquad\ \lambda \approx 1{,}8$ $\qquad\quad \lambda \approx 1{,}8$

Abb. 46. Frühzündung, hervorgerufen durch den Indizierkanal
a Brennraum einer liegenden Gasmaschine, Maschinendaten: $D = 254$ mm, $s = 370$ mm, $n = 240$ U/min, $\varepsilon = 6{,}275$, $V_z = 25°$ KW, $p_e = 5{,}0$ kg/cm², $\lambda = 1{,}4$ (ungünstige Brennraumform)
b Indikatordiagramm *c* Brennraum einer stehenden Gasmaschine (günstige Brennraumform)
E.V. Einlaßventil,   *A.V.* Auslaßventil,   *Z.K.* Zündkerze,   *J.K.* Indizierkanal

mußte die Zündung um 10° KW später gestellt werden, um einen ruhigen Gang zu erhalten (Diagramm *b*). Durch diese Maßnahme stieg allerdings der Gasverbrauch. Die günstigste Einstellung in bezug auf Ganghärte und Gasverbrauch entspricht Diagramm *c*.

Die jeweils bei ausgeschalteter Zündung aufgenommenen Verdichtungslinien liegen etwas höher als bei Betrieb mit Zündung, da der Regler wegen des Leistungsverlustes durch Abstellen der Zündung an dem untersuchten Zylinder größere Füllung einstellt.

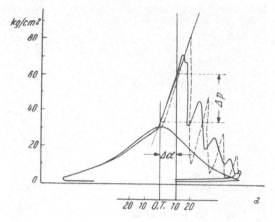

e) Störungen durch die Zündanlage

Der Verfasser hat beim Betrieb mit Generatorgas aus Anthrazit an einem Sechs-Zylindermotor, der einen elektrischen Generator antrieb, Störungserscheinungen beobachtet, die damals noch nicht allgemein bekannt waren. Die Belastung war verhältnismäßig niedrig, aber stark schwankend. Die Zündfolge 1—2—3—6—5—4, der Zündabstand entsprechend der Zylinderzahl 120° KW. Ein Diagramm von einem störenden Zylinder zeigt Abb. 48 a. Die Regelmäßigkeit des störenden Zündeinsatzes

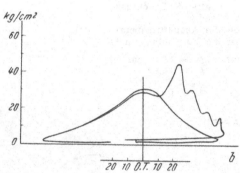
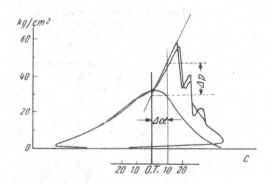

Abb. 47. Indikatordiagramme: Einfluß des Zündzeitpunktes und des Luftverhältnisses auf den Verbrennungsablauf

Maschinendaten: $D = 270$ mm; $s = 360$ mm; $n = 500$ U/min; $\varepsilon = 14$

a	$p_e = 5$ kg/cm²	b	$p_e = 5$ kg/cm²	c	$p_e = 5$ kg/cm²
	$\lambda = 1,4$		$\lambda = 1,4$		$\lambda = 1,6$
	$V_z = 10°$ KW		$V_z = 0°$ KW		$V_z = 10°$ KW
$\Delta p/\Delta \alpha = 2,7$ kg/cm² ° KW				$\Delta p/\Delta \alpha = 1,8$ kg/cm² ° KW	

in dem aufgenommenen Diagramm berechtigte zu der Vermutung, daß diese Störungen von der elektrischen Zündanlage verursacht werden. Dabei gibt es zwei Möglichkeiten. Einmal können die elektrischen Funken, welche die Ladung zur unrechten Zeit ent-

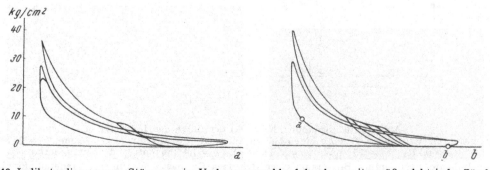

Abb. 48. Indikatordiagramme: Störungen im Verbrennungsablauf durch unzeitgemäße elektrische Zündungen

zünden, durch Induktionswirkung erzeugt wurden. Diese Möglichkeit schied jedoch aus, da die Zündkabel einzeln und in größeren Abständen voneinander verlegt waren. Die zweite Möglichkeit der elektrischen Störungsursachen zeigt Diagramm b, das am Zylinder 2 aufgenommen ist, während bei Zylinder 1 das Zündkabel von der Kerze entfernt war. Es kann also auch vorkommen, daß bei zu großem Widerstand an der Zündkerze der elektrische Zündfunke den bequemeren Weg zu einem Zylinder mit niedrigerem Druck nimmt (wenn nicht irgendwelche Sicherheitsvorkehrungen getroffen werden). In dem vorliegenden Falle rotierte im Verteiler des Magnetzünders eine Kohlebürste. Der nicht zu vermeidende Kohleabrieb verringerte den Widerstand zu einem anderen Zylinder. Da mit wechselnder Belastung im allgemeinen auch der Liefergrad und damit der Verdichtungsenddruck geändert wird, läßt sich auch die Abhängigkeit dieser Störung von der Belastung erklären; denn der Widerstand an der Zündkerze wächst nicht nur mit dem Elektrodenabstand, sondern auch mit dem Verdichtungsenddruck.

f) Störungen durch Verunreinigungen im Verbrennungsraum

An zwei parallel arbeitenden Sieben-Zylinder-Gasmaschinen in einer elektrischen Zentrale traten Frühzündungen unter ganz gleichen Erscheinungen wie in Abschn. e beschrieben ganz besonders häufig auf und hatten bereits wiederholt zu Kolbenfressern und damit zu längeren Betriebsunterbrechungen geführt. Der Nutzdruck lag während des größten Teiles der Betriebszeit zwischen 3 und 4 kg/cm² und das Luftverhältnis zwischen 1,8 und 2, entsprechend dem günstigsten Gasverbrauch. Bei dieser Belastung kam es häufig vor, daß ein Motor plötzlich in der Drehzahl abfiel und zu knallen anfing. Diese Störungen traten am häufigsten auf, wenn der Motor nach längerem Betrieb bei kleiner Last plötzlich mehr belastet wurde. Die Aufnahme von Indikatordiagrammen zeigte, daß es sich um Frühzündungen handelte. In Abb. 49 sind einige Diagramme eines störenden Zylinders zusammengestellt. *a* zeigt das Diagramm vor der Störung. Es ist normal und gibt keinen Anlaß zu irgendwelchen Befürchtungen. Die Auspufftemperatur, die zwischen 400 und 420⁰ C lag, fing bei Einsetzen der Störung plötzlich an zu steigen; während dieser Zeit wurde *b* aufgenommen. Die erkennbare Frühzündung verschwand aber noch während des Indizierens. Bei *c* und *d* hielten die Frühzündungen länger an und führten zum Knallen. Der Motor mußte kurzzeitig entlastet werden. *e* und *f* zeigen versetzt aufgenommene Diagramme im normalen Betrieb und beim Auftreten von Frühzündungen. Störungen von seiten der Zündanlage waren hier ausgeschlossen. Die Maschinisten mußten die Motoren ständig beobachten, um die einzelnen Störungen so rasch wie möglich zu beseitigen. Am besten konnte man die einsetzenden Frühzündungen an der Bewegung der Kilowattzeiger erkennen, mit denen die Generatoren ausgestattet waren. Der Kilowattanzeiger des gestörten Motors fiel gegenüber dem ungestörten ab. Es hatte den Anschein, als ob er sich schleppen ließe. Gewöhnlich erkannten die Maschinisten die einsetzenden Störungen aus einer charakteristischen Veränderung des Motorengeräusches. Zur Auffindung des störenden Zylinders wurden die Auspufftemperaturen beobachtet oder die Verbrennung mit Hilfe der Indizierstutzen. Schlug beim geöffneten Indizierhahn eine gelblich-rote, gut sichtbare Flamme heraus, so war das meistens der störende Zylinder. Diesem wurde dann für einen Augenblick das Gas oder die Luft abgesperrt, wodurch der Zündherd zum Erlöschen kam und der Zylinder wieder ruhig arbeitete. Das Störungsgeräusch, „Rumoren" genannt, unterschied sich sehr stark von dem leicht wahrzunehmenden Klopfen.

Die Herabsetzung der Belastung der Motoren brachte keine Abhilfe, die Störungen traten vielmehr vorwiegend bei mittlerer Belastung ($p_e = 3 - 4$ kg/cm²) auf, am häufigsten jedoch beim plötzlichen Aufnehmen der Vollast nach längerem Fahren bei kleiner Last.

Bei längerem Betrieb mit Generatorgas aus Anthrazit und luftreicher Ladung zeigen sich nämlich, insbesondere bei kleiner Belastung, teerartige Rückstände im Verbrennungsraum. Es sind dies schwere Kohlenwasserstoffe, die sich bei den niedrigen Temperaturen im Verbrennungsraum niederschlagen, dort langsam verkoken und so die Störungen herbeiführen können. Weiter können auch die Verbrennungsrückstände des Schmieröles Glühherde bilden. Die im Gas enthaltenen Schwefel- und Siliziumverbindungen dürften ebenfalls eine Rolle spielen. Die Siliziumverbindungen zeigen sich im Verbrennungsraum als weißer Niederschlag.

Bedenkt man, daß das Entstehen von Glühherden das Vorhandensein von Sauerstoff und die notwendige Temperatur zur Voraussetzung hat, so wird der Einfluß des

Luftverhältnisses klar, denn mit wachsendem Luftverhältnis steigt der Sauerstoffgehalt der Ladung (s. S. 33, insbesondere Abb. 38), die Verbrennungstemperatur aber sinkt. Bei abnehmendem Luftverhältnis ist es genau umgekehrt; es muß daher ein Luftver-

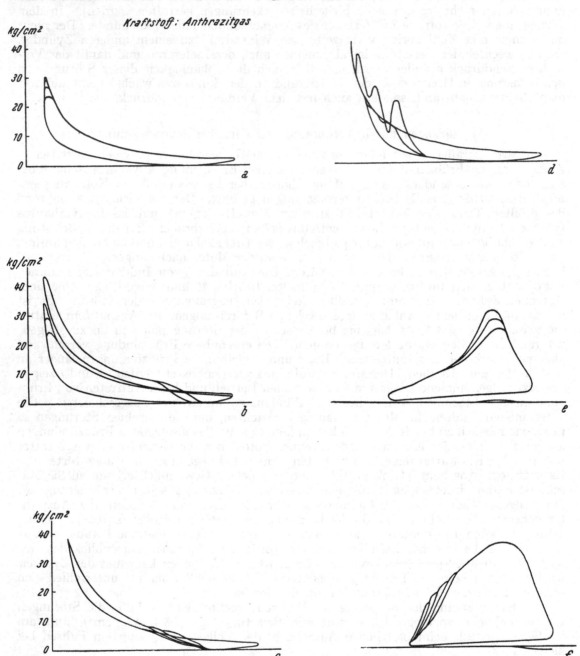

Abb. 49. Indikatordiagramme: Störungen im Verbrennungsablauf durch schwelende Verbrennungsrückstände bei einer normal-verdichteten Gasmaschine mit elektrischer Zündung

Maschinendaten: $D = 280$ mm; $s = 450$ mm $n = 375$ U/min, $\varepsilon = 7$

Vorzündung 30^0 KW v. o. T.   Luftverhältnis $\lambda = L/L_0 = 1{,}8$ bis 2   Nutzdruck $p_e = 3{,}0$ bis $4{,}0$ kg/cm²

hältnis geben, das für die Entstehung, bzw. Erhaltung von Glühherden am günstigsten ist. Die Lage der Glühherde, die offenbar bei der Verdichtung immer neu angefacht werden, bestimmt den jeweiligen Zündeinsatz. Je nach der Größe der glühenden Partikel kann die Störung bald beendet sein oder auch länger andauern und so zu übermäßiger Erhitzung des Zylinders und damit zum Knallen, Kolbenfressen und dergleichen führen. Naturgemäß hängt die Empfindlichkeit der Ladung gegenüber schwelenden Verbrennungsrückständen auch stark von der Gaszusammensetzung ab. Je höher der Wasserstoffgehalt des Gases, desto leichter treten derartige Störungen auf.

Bei der beschriebenen Anlage wurde im mittleren Belastungsbereich ein Luftverhältnis in den Grenzen zwischen 1,8 und 2 gemessen. Ausgehend von der Erkenntnis, daß nur die erwähnten glühenden Verunreinigungen im Verbrennungsraum die Ursachen der genannten Betriebsstörungen sein könnten, wurde der Motor neu eingestellt, so daß sein Wärmezustand über den gesamten Belastungsbereich möglichst gleich blieb. Als günstigstes Luftverhältnis ergab sich im Belastungsbereich von $p_e = 3$ bis 4,5 kg/cm² etwa 1,4 bis 1,5, gegen Leerlauf hin bis auf 1 abnehmend. Nach dieser Einstellung des Luftverhältnisses waren die Störungen durch Frühzündungen der genannten Art praktisch abgestellt.

Diese Frühzündungen traten fast nur beim Betrieb mit Generatorgas aus Anthrazit auf. Koksgas verursacht auch ohne besondere Maßnahmen äußerst selten Frühzündungen der beschriebenen Art. Ganz unbekannt sind sie beim Betrieb mit Leucht-, Erd- und Faulgas. Leuchtgas verträgt sehr viel Luft, während bei Erd- und Faulgas infolge der engen Zündgrenzen das Luftverhältnis klein gewählt werden muß.

g) Zündstrahlbetrieb

Der Einfluß der Zündölmenge und des Einspritzbeginns auf die Ganghärte im Zündstrahlbetrieb ist in Kap. A. III. 5 bereits eingehend behandelt. In Abb. 50 sind vom Verfasser aufgenommene Diagramme zusammengestellt, welche die Abhängigkeit der Ganghärte vom Luftverhältnis und der Belastung besonders einprägsam zeigen. Bei der Einstellung, wie sie Diagramm *a* zugrunde liegt, war ein störungsfreier Dauerbetrieb möglich. Die Zunahme der Ganghärte bei gleicher Belastung und Drosseln der Luft zeigt *b*. Der Nutzdruck von 6 kg/cm² konnte nur kurzfristig gefahren werden, da der Motor stark klopfte (Diagramm *c*).

Auch im Zündstrahlbetrieb mit Generatorgas aus Anthrazit wurden Störungen durch Frühzündungen beobachtet, ohne daß der Motor vorher klopfte. Dies war nach den vorliegenden Erfahrungen im Otto-Betrieb auch zu erwarten, da der Zündstrahlmotor, wie

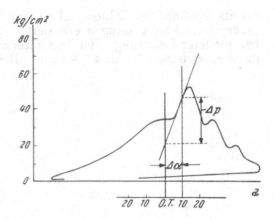

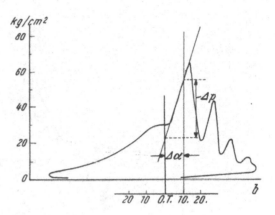

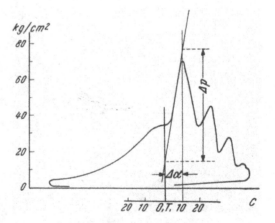

Abb. 50. Indikatordiagramme: Zündstrahlbetrieb mit Generatorgas aus Anthrazit bei verschiedenen Luftverhältnissen

Maschinendaten: $D = 270$ mm; $s = 360$ mm; $n = 500$ U/min; $\varepsilon = 14$

a $\quad p_e = 5,0$ kg/cm² $\qquad b$ $\quad p_e = 5,0$ kg/cm²
$\quad \lambda_g = 1,60$ $\qquad\qquad \lambda_g = 1,3$
$\quad x = 5,0$ g/Nm³ $\qquad\quad x = 5,0$ g/Nm³

$\dfrac{\Delta p}{\Delta a} = 2,5$ kg/cm² ⁰ KW $\quad \dfrac{\Delta p}{\Delta a} = 3,3$ kg/cm² ⁰KW

c $\quad p_e = 6$ kg/cm²
$\quad \lambda_g = 1,1$
$\quad x = 4,2$ g/Nm³

$\dfrac{\Delta p}{\Delta a} = 6,3$ kg/cm² ⁰ KW

bereits erwähnt (s. Zahlentafel 4), im Leerlauf und bei kleineren Lasten verhältnismäßig luftreiche Ladungen erfordert. Auch hier zeigten sich Frühzündungen fast nur
bei mittlerer Belastung. Bei dem untersuchten Motor waren sie am häufigsten bei Nutz-
drücken zwischen 3 und 4,5 kg/cm². Bei Vollast ($p_e = 5$ kg/cm²) traten sie selten auf.

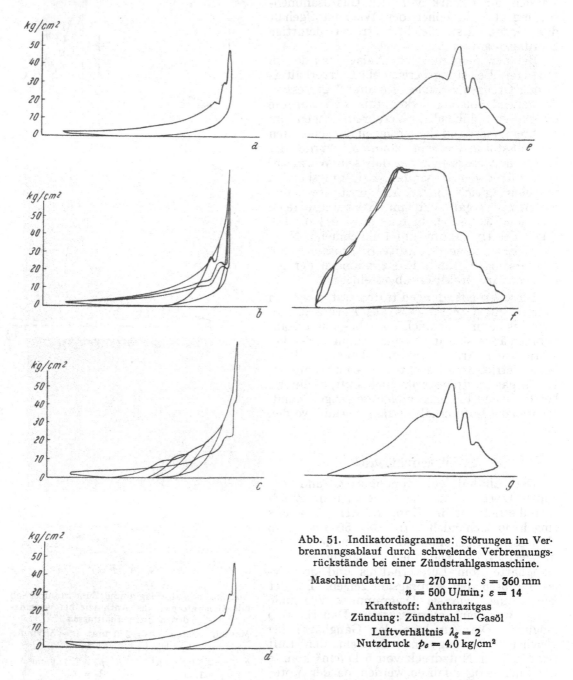

Abb. 51. Indikatordiagramme: Störungen im Verbrennungsablauf durch schwelende Verbrennungsrückstände bei einer Zündstrahlgasmaschine.

Maschinendaten: $D = 270$ mm; $s = 360$ mm
$n = 500$ U/min; $\varepsilon = 14$

Kraftstoff: Anthrazitgas
Zündung: Zündstrahl — Gasöl

Luftverhältnis $\lambda_g = 2$
Nutzdruck $p_e = 4,0$ kg/cm²

Bei einem $p_e = 4,5$ kg/cm² und einem $\lambda = 2$ beobachtete Störungen sind aus Abb. 51
zu ersehen. Die Diagramme a bis d wurden unmittelbar nacheinander aufgenommen.
Diagramm a und Diagramm d sind normal, b und c zeigen Frühzündungen. Diese
Störungen verloren sich, ohne daß eine Gemischänderung vorgenommen wurde, noch
während des Indizierens. Das gleiche gilt für die versetzt aufgenommenen Diagramme e
bis g.

9. Zumischung von Auspuffgasen

a) Zumischung zur Verbrennungsluft

Durch diese Maßnahme kann auch bei hochverdichteten Motoren ein absolut störungs-freier Betrieb erreicht werden. Die Kohlensäure verlangsamt den Verbrennungsablauf und macht die Ladung selbst gegenüber Glühherden unempfindlicher.

Bei einem auf Ottobetrieb umgestellten Sieben-Zylinder-Viertakt-Dieselmotor wurden bei einem Nutzdruck von 5 kg/cm² ohne Abgasbeimischung die auf Abb. 52 angegebenen Werte für Wärmeverbrauch, Luftverhältnis usw. gemessen.

Im Dauerbetrieb waren bei dieser Belastung von Zeit zu Zeit auftretende Früh-zündungen und Knaller nicht zu vermeiden. Da der Motor bereits auf maximale Füllung eingestellt war, konnte das Luftverhältnis nicht mehr vergrößert werden. Eine Ver-kleinerung von λ war wegen der auftretenden Klopferscheinung nicht möglich, auch an der Zündung konnte nichts mehr verändert werden, denn beim Späterstellen ließ der Motor in der Leistung nach, beim Früherstellen klopfte er.

Der reinen Ladung wurden nun solange gekühlte Auspuffgase zugemischt, bis bei dem theoretischen Verhältnis von Luft zu Gas ($\lambda = 1$) der Motor bei gleicher Zünd-einstellung und gleicher Belastung ruhig lief und nicht mehr knallte. Nach dieser Ein-stellung wurde ein spezifischer Wärmeverbrauch $q_e = 1950$ kcal/PSh gemessen.

Die Zusammensetzung der beigemischten Abgase war: $v\,(CO_2) = 18\%$, $v\,(O_2) = 0,6\%$, $v\,(N_2) = 81,4\%$. Die je m³ Frischluft zugemischte Abgasmenge gleichen Zustandes war $y = 0,183$. Damit ergibt sich bei einem theoretischen Luftbedarf des Gases von $L_0 = 1,02$ (m³/m³)

$$m_{0\,abg} = \frac{G\,(1+y)}{B_g} = L_0\,(1+y) = 1,21$$

als Mischungsverhältnis von reiner Luft plus Abgas zum Gas. Da man für das stünd-lich angesaugte Gesamtladungsvolumen für Viertakt schreiben kann:

$$V = 30 \cdot \lambda_l \frac{b_a}{760} \frac{273}{T_a} \cdot V_H^{m^3} \cdot z \cdot n = N_e\,(1 + m_0)\,\frac{q_e}{H_{ug}},$$

erhält man für den Liefergrad der frischen Ladung bei Zumischung von Abgasen

$$\lambda_{l\,abg} = \lambda_l \frac{1 + m_{0\,abg}}{1 + m_0} \cdot \frac{q_{e\,abg}}{q_e} = 0,697.$$

Durch die Zumischung von Auspuffgasen ist der spezifische Wärmeverbrauch ge-stiegen, aber der Liefergrad ist jetzt kleiner, das heißt, die Maschine lief bei derselben Leistung gedrosselt. Im praktischen Betrieb kann also noch eine Leistungssteigerung erwartet werden. In Abb. 52 findet man Indikatordiagramme, die bei gleicher Last ($p_e = 5$ kg/cm²) mit und ohne Abgaszusatz aufgenommen sind. Man erkennt deutlich den dem kleineren Liefergrad entsprechenden niedrigeren Verdichtungsenddruck und die schleppende Verbrennung bei Abgaszusatz, die auch den größeren Wärmeverbrauch verursacht. Die Änderung des Sauerstoffgehaltes der frischen Ladung durch Abgas-zusatz ist aus dem auf S. 33 näher erläuterten Diagramm, Abb. 38, zu entnehmen.

Wurde bei der Aufnahme von Diagramm a (Abb. 52) die Zündung abgestellt, so zeigten sich immer Selbstzündungen während des Dehnungshubes, die bei Zumischung von Abgasen nie auftraten (s. Diagramm b). Dies ist auch ein Beweis dafür, daß durch die letztere Maßnahme die Selbstzündungsgefahr wesentlich vermindert wird.

b) Zumischung zur Vergasungsluft

Da bei Generatorgas vor allem der Wasserstoffgehalt das Klopfverhalten maßgeblich beeinflußt, kann man auch durch Vermindern des Wasserstoffanteiles ein für hoch-verdichtete Motoren geeignetes Gas erhalten.

Bei der Erzeugung von Generatorgas wird der Wasserstoffgehalt des Gases haupt-sächlich durch den Wasserdampfzusatz zur Vergasungsluft bestimmt. Die zur Ver-gasung benötigte Dampfmenge ergibt sich aus der Art des zu vergasenden Brennstoffes und darf ein bestimmtes Maß nicht unterschreiten, da sonst eine Verschlackung des

Gaserzeugers auftritt. Es ergibt sich z. B. bei der Vergasung von Anthrazit im normalen Betrieb ein Wasserstoffgehalt von 16 bis 18%. Dieser Prozentsatz kann bei plötzlichen Belastungsspitzen sogar auf über 20% ansteigen. Mit einem solchen Gas und insbesondere bei wechselnder Belastung treten bei hochverdichteten Motoren starke Klopferscheinungen auf, welche die Betriebssicherheit einer solchen Anlage in Frage stellen können. Durch Beimischung von Auspuffgasen zur Vergasungsluft gelang es, den Dampfgehalt der Vergasungsluft soweit herabzusetzen, daß der Wasserstoffgehalt des Gases in den Grenzen von 10 bis 12% liegt.

Eine Verschlackung des Generators trat nicht auf, da die Kühlung der Feuerzone jetzt nicht nur durch die Zersetzung des Wasserdampfes, sondern auch durch die Reduktion des im Auspuffgas enthaltenen CO_2 zu CO erreicht wird. Der Wasserdampfzusatz zur Vergasungsluft konnte infolgedessen gesenkt werden, so daß im fertigen Gas ein Wasserstoffgehalt von 10 bis 12% bei schlackenfreiem Betrieb erhalten wurde. Obwohl im letzteren Falle der Gasheizwert kleiner ist als bei der Gaserzeugung ohne Zusatz von Auspuffgasen zur Verbrennungsluft, so war die erzielbare Leistung größer als bei Betrieb mit wasserstoffreichem Gas. Der Grund liegt darin, daß bei höherem Wasserstoffgehalt ein störungsfreier Betrieb nur mit verhältnismäßig hohem Luftüberschuß, also kleinerem Gemischheizwert, zu erreichen war, während mit dem wasserstoffarmen Gas auch bei Dieselverdichtung mit einem verhältnismäßig kleinen Luftüberschuß noch ein einwandfreier Betrieb möglich war, so daß trotz des geringeren Heizwertes die Leistung der Motoren verbessert wurde.

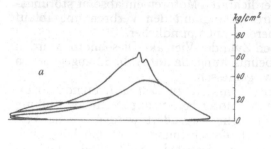

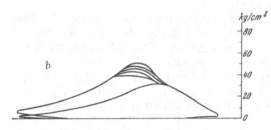

Abb. 52. Indikatordiagramme einer Gasmaschine mit Dieselverdichtung und elektrischer Zündung

Generatorgas aus Anthrazit:

$H_{ug} \sim 1200$ kcal/Nm³; $L_{og} \sim 1,02$ m³/m³
$p_e = 5,0$ kg/cm²; $\varepsilon = 14$
Vorzündung 15° KW v. T.

a Ansaugen von reinem Gasluftgemisch
$\lambda_l = 0,80$, $\lambda = 1,8$, $m_0 = 1,84$, $q_e = 1740$ kcal/PSh

b Zumischung von fast sauerstofffreien Abgasen zur Verbrennungsluft

$\lambda_{l\,abg} = 0,697$, $\lambda \sim 1$, $m_{0\,abg} = 1,21$
$q_e = 1950$ kcal/PSh

IV. Leistung und Wärmeverbrauch bei Betrieb mit flüssigen und gasförmigen Kraftstoffen nach verschiedenen Arbeitsverfahren

1. Leistungen und Wirkungsgrade

Die an den Arbeitskolben eines Motors je Sekunde abgegebene Arbeit N_i in Pferdestärken wird als seine Innenleistung oder auch indizierte Leistung bezeichnet. Wird von der Innenleistung die Reibungsleistung N_r und die für den Spül- und Ladevorgang aufzuwendende Leistung N_{La} abgezogen, so erhält man die Nutzleistung

$$N_e = N_i - N_r - N_{La}.$$

Das Verhältnis

$$\frac{N_e}{N_i} = \eta_m \quad \text{ist der mechanische Wirkungsgrad.}$$

Der spezifische Wärmeverbrauch der Innenleistung

$$q_i = \frac{632}{\eta_i} \text{ (kcal/PSh)}.$$

η_i der Innenwirkungsgrad.

Der auf die Einheit der Nutzleistung bezogene Wärmeverbrauch

$$q_e = \frac{632}{\eta_e} \text{ (kcal/PSh)}.$$

η_e ist der Nutzwirkungsgrad.

Mißt man den Hubraum V_h eines Zylinders in Litern, so ist bei der Drehzahl von n [U/min] die Innenleistung von z Zylindern

$$N_i = \frac{z \cdot a \cdot V_h \cdot n \cdot p_i}{900} \text{ (PS)}.$$

$a = 2$ für Zweitaktmotoren.
$a = 1$ für Viertaktmotoren.
p_i kg/cm² ist der Innendruck.

Setzt man an seine Stelle den Nutzdruck p_e, so ergibt die Formel die Nutzleistung N_e. Für den Nutzdruck findet man auch die Bezeichnungen: mittlerer Nutzdruck, mittlerer Arbeitsdruck der Nutzleistung, mittlerer effektiver Arbeitsdruck u. ä., statt Innendruck auch mittlerer Innendruck oder mittlerer indizierter Druck.

2. Einflußgrößen für Leistung und Wärmeverbrauch

a) Innendruck p_i

Der Innendruck ohne Ladungswechselarbeit

$$p_{i-l} = 0{,}0427 \cdot \eta_{i-l} \cdot h_u \cdot \lambda_l \cdot \frac{b_a}{760} \cdot \frac{273}{T_a} \text{ [kg/cm}^2\text{]}.$$

Der Innendruck einschließlich der Ladungswechselarbeit: $p_i = p_{i-l} + p_l$. Diese Formeln zeigen die Einflußgrößen, welche im wesentlichen den Innendruck bestimmen (siehe auch [45], [62] und [67]).
Es bezeichnen

$\eta_{i-l} = \eta_{g-l}\,\eta_v$ den Innenwirkungsgrad der Maschine ohne Ladungswechselarbeit.

η_v den thermischen Wirkungsgrad des theoretischen Prozesses der vollkommenen Maschine.

η_{g-l} den Gütegrad der Energieumsetzung.

λ_l den Liefergrad. Er bezeichnet das Verhältnis des im Zylinder befindlichen Frischladungsvolumens im Bezugszustand (Außenzustand b_a, T_a) zum Hubvolumen.

p_l [kg/cm²]   den mittleren Arbeitsdruck für den Ladungswechsel.

Der theoretische thermische Wirkungsgrad der vollkommenen Maschine hängt außer vom Arbeitsverfahren (Gleichdruck- oder Gleichraumverfahren oder eine Vereinigung beider) und vom Verdichtungsverhältnis auch vom Luftverhältnis und vom verwendeten Kraftstoff ab [44, 45]. Da eine genauere Berechnung umständlich ist, werden oft der Einfachheit halber Vergleichsprozesse mit konstanten spezifischen Wärmen herangezogen. So wird z. B. der Wirkungsgrad bei Gleichraumverbrennung nach der bekannten Gleichung

$$\eta_v = 1 - \varepsilon^{1-\varkappa}$$

gerechnet. In solchen Fällen muß beachtet werden, daß dann der Gütegrad η_{g-l} nicht nur die Unvollkommenheit der Verbrennung und die Wärmeverluste während dieser berücksichtigt, sondern auch die Abweichung der Eigenschaften des Arbeitsmittels von jenen des vollkommenen Gases mit konstanter spezifischer Wärme ausgleichen muß.

b) Gemischheizwert

h_u (kcal/N$_m$³) ist der Gemischheizwert der reinen Ladung.
Mit den Bezeichnungen von A III 6 erhält man für den Zündstrahlbetrieb

$$h_u = \frac{H_{ug} + x H_{uö}}{1 + \lambda\,[L_{og} + x\,L_{oö}]}.$$

Die Werte für x können in Abhängigkeit von dem bevorzugt angegebenen Zündöl anteil r und dem Gasheizwert dem dort angeführten Diagramm entnommen werden

Den Gemischheizwert für Gas-Ottobetrieb erhält man mit $r = 0$, d. h. $x = 0$ zu

$$h_{ug} = \frac{H_{ug}}{1 + \lambda\,L_{og}}.$$

Für Dieselbetrieb ist $r = 1$ zu setzen damit wächst x gegen ∞. Durch Grenzübergang erhält man:

$$h_{uö} = \frac{H_{uö}}{\lambda\,L_{oö}}.$$

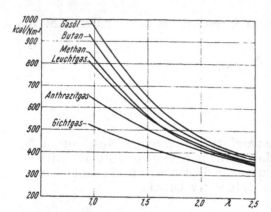

Abb. 53. Gemischheizwert verschiedener Kraftstoffe in Abhängigkeit vom Luftverhältnis

Zwischen diesen beiden Grenzwerten lieg bei gleichem Luftverhältnis λ der Gemisch heizwert beim Zündstrahlbetrieb. Er wird umso größer sein, je größer bei demselben Gas die Zündölmenge gewählt wird. Abb. 53 zeigt die Gemischheizwerte verschiedene Kraftstoffe in Abhängigkeit vom Luftver hältnis. Da die Leistung eines Motors umso größer sein wird, je größer der Gemischheizwert des Kraftstoffluftgemisches ist, so mul im allgemeinen bei der Umstellung von flüssigen auf gasförmige Kraftstoffe eine Lei stungseinbuße erwartet werden. Es können jedoch auch Fälle vorkommen, wo die Leistung des Motors im Gasbetrieb sogar besser ist als im Dieselbetrieb. Das wird besonders dann der Fall sein, wenn bei Gasbetrieb mit einem niedrigeren Luft verhältnis gefahren werden kann als beim Dieselbetrieb. Nach den bisherigen Er fahrungen arbeiten Dieselmotoren mit direkter Einspritzung mit Luftverhältnisse zwischen 1,6 und 2,0. Diese hohen Luftverhältniszahlen sind für eine rauchfreie Ver brennung erforderlich. Nun entspricht nach Abb. 53 bei Betrieb mit Gasöl einem Luft verhältnis von $\lambda = 1,8$ ein Gemischheizwert $h_u = 540$ kcal/Nm³. Dem gleichen Ge mischheizwert würde bei Betrieb mit Generatorgas aus Anthrazit ein λ von 1,36 und be Betrieb mit Methan ein λ von 1,58 entsprechen. Es besteht also die Möglichkeit, be einem entsprechend klopffesten Gas im Gasbetrieb die gleichen und gegebenenfalls noch höhere Leistungen zu fahren als im Dieselbetrieb, wenn die Luft besser ausgenutz werden kann. Ist man jedoch infolge Klopfgefahr beim Gasbetrieb auch an höher Luftverhältnisse gebunden, so wird man eine entsprechende Leistungseinbuße gegen über dem Dieselbetrieb in Kauf nehmen müssen.

Bei kleineren Dieselmotoren mit abgeschnürten Brennräumen wird erfahrungs gemäß die Luft besser ausgenützt. Das Luftverhältnis an der Rauchgrenze liegt be etwa 1,2. Die Möglichkeit einer besseren Luftausnützung im Gasbetrieb ist hier als geringer.

c) Liefergrad und Gesamtladung

α) Viertaktmotoren ohne Aufladung

Für den Liefergrad einer Viertaktmaschine kann man mit guter Annäherung schreiben [46].

$$\lambda_l = \left(\frac{\varepsilon}{\varepsilon - 1} \cdot \frac{P_1}{P_a} \cdot \frac{T_a}{T_1} - \frac{V_{Restg.}}{V_h} \right).$$

P_a, T_a kennzeichnen den Zustand der Ladung vor den Einlaßorganen. Bei unaufgeladenen Maschinen ist dieser gleich dem Außenzustand.

P_1, T_1 beziehen sich auf den Zustand zu Beginn der Verdichtung.

$V_{Restg.}$ ist das Volumen des im Zylinder enthaltenen Restgases vom Zustand P_a, T_a.

V_h das geometrische Hubvolumen.

Der Liefergrad wird also umso größer, je kleiner die Drosselverluste ($P_a - P_1$) und die Temperaturerhöhung ($T_1 - T_a$) bei der Einströmung sind und je kleiner das im Zylinder verbleibende Restgasvolumen ist.

Die angeführte einfache Gleichung erfaßt nur die während des Saughubes auftretenden Einflüsse. Nicht berücksichtigt werden die Verluste, die durch das Offenbleiben der Einlaßorgane nach dem unteren Totpunkt auftreten können.

Da Druck und Temperatur der Abgasreste ungewiß sind, ist es zweckmäßiger, den volumetrisch bestimmten Abgasgehalt der Ladung a einzuführen [62] und auf ein reduziertes Zylindervolumen von 1 m³ zu beziehen.

Man erhält dann:

$$\lambda_l = \frac{\varepsilon}{\varepsilon - 1} \frac{P_1}{P_a} \frac{T_a}{T_1} (1 - a).$$

Für Überschlagsrechnungen kann man annehmen, daß, auf den Zustand zu Beginn der Verdichtung bezogen, der Verdichtungsraum mit Restgasen ausgefüllt ist. Dann ist der Abgasgehalt:

$$a = \frac{1}{\varepsilon}$$

und:

$$\lambda_l = \frac{P_1}{P_a} \frac{T_a}{T_1}.$$

Wird der Liefergrad gemessen, und der Druck P_1 aus dem Indikatordiagramm bestimmt, so gibt diese einfache Formel die ungefähre Temperatur der Ladung zu Beginn der Verdichtung. Bei unaufgeladenen ungespülten Viertakt-Maschinen (Gas- und Diesel) mittlerer Größe ist der Liefergrad im Mittel

$$\lambda_l = 0{,}80.$$

Mit diesem Wert und $P_1 \sim P_a$ ergibt obige Formel für eine Außentemperatur von 20° C

$$t_1 = 94° \text{C}.$$

Man kann annehmen, daß die Temperatur der Ladung zu Beginn der Verdichtung im Mittel zwischen 80 und 100° C liegen wird.

Der angegebene Liefergrad gilt für Vollast. Bei Gasmaschinen wird je nach Regulierungsart der Liefergrad im Teillastgebiet wesentlich verringert. Einen Anhalt bieten die Kurven für den Liefergrad, die in den Abb. 113 und 114 eingetragen sind. Für aufgeladene Maschinen s. A. IV. 4. Eingehendere theoretische Darlegungen findet man in [91].

β) Zweitaktmotoren

Die im Arbeitszylinder befindliche frische Ladungsmenge ist wieder durch den Liefergrad λ_l bestimmt. Zur Kennzeichnung der Reinheit der Gesamtladung benützt man bei Zweitaktmotoren statt des Abgasgehalts der Ladung den Spülgrad (Näheres s. [62] und [67]):

$$\lambda_s = (1 - a).$$

Bedeuten:

V_n [m³] die nutzbar im Zylinder verbleibende frische Ladungsmenge,

V_r [m³] die im Zylinder verbleibende feuchte Abgasmenge,

V_s [m³] die gesamte zugeführte Spülmittelmenge.

Alle auf den gleichen Zustand (P_a, T_a) bezogen, dann ist der Spülgrad:

$$\lambda_s = \frac{V_n}{V_n + V_r}.$$

Führt man noch den Begriff der Gesamtladung λ_g ein als das Verhältnis der gesamt Ladung (frische Ladung und Abgasrest) zum Hubvolumen:

$$\lambda_g = \frac{V_n + V_r}{V_h} = (1 - \sigma_a) \frac{\varepsilon}{\varepsilon - 1} \frac{T_a}{T_1} \frac{P_1}{P_a},$$

mit σ_a als der auf den Hub bezogenen Höhe der Auslaßschlitze, dann kann man schreibe

$$\lambda_l = \lambda_g \cdot \lambda_s.$$

Gesamtladung und Liefergrad beziehen sich auch bei Zweitaktmaschinen auf d geometrische Hubvolumen V_h, die Verkleinerung des wirksamen Hubvolumens dur die Schlitze bleibt unberücksichtigt [40]. Das Verhältnis der gesamten Spülmitt menge zum Hubvolumen:

$$\frac{V_s}{V_h} = \Lambda_0$$

wird Spülmittelaufwand oder auch Luftaufwand genannt, das Verhältnis der nutzba Ladungsmenge zur gesamten Spülmittelmenge:

$$\frac{V_n}{V_s} = \lambda_z$$

als Ladungsgrad [67] bezeichnet. Er kennzeichnet den Spülmittelverlust und besonders von Wichtigkeit bei gemischgespülten Gasmaschinen, da er ein Maß da gibt, wieviel Brennstoff ungenützt in den Auspuff gelangt. Ferner ist:

$$\Lambda_0 \lambda_z = \lambda_l.$$

Je höher der Spülmittelaufwand ist, desto gründlicher wird die Ausspülung (Zylinderraumes und desto besser die Verbrennung. Desto höher wird aber auch (Mitteldruck der Spülpumpenarbeit p_{La}, so daß eine Steigerung von Λ_0 keine Erhöhu der Leistung mehr bringt. Der Erfolg der Spülung hängt aber auch wesentlich v Spülsystem ab. Ausführliche Untersuchungen findet man in [67]. Danach kann m im Mittel annehmen für Maschinen mit:
Umkehrspülung (SCHNÜRLE-Spülung) $\lambda_s = 0,8$ bei einem günstigsten

$$\Lambda_0 = 1,4,$$

Gleichstromspülung $\lambda_s = 0,9$ bereits bei einem günstigsten

$$\Lambda_0 = 1,2,$$

Kurbelkastenpumpe und Umkehrspülung $\lambda_s = 0,6$ bei einem Mittelwert von

$$\Lambda_0 = 0,8.$$

Für den Liefergrad kann man im Mittel annehmen bei Motoren mit:

Umkehrspülung	$\lambda_l = 0,65 - 0,70,$
Gleichstromspülung	$\lambda_l = 0,80 - 0,85.$

Die höheren Werte gelten für Gasmaschinen, bei welchen der Kompressionsraum allgemeinen größer ist als bei Dieselmaschinen. Näheres über die Beeinflussung Ladungswechsels durch die Steuerungsausführung, den Druckverlauf im Auspu system usw. s. [67] und [85].

d) Nutzdruck p_e

Der Nutzdruck läßt sich für Vier- und Zweitaktmotoren allgemein durch folgen gleichfalls auf das gesamte Hubvolumen des Zylinders bezogenen Mitteldrücke a drücken.

$$p_e = p_{i-l} + p_l - p_r - p_{La} \quad [\text{kg/cm}^2].$$

p_r [kg/cm²]   ist der Mitteldruck der mechanischen Reibungsarbeit,
p_{La} [kg/cm²]   ist der Mitteldruck für die Laderarbeit.
Für Viertaktmotoren ohne Aufladung ist $p_e = p_i - p_r$ [kg/cm²], für Zweita motoren ist $p_e = p_i - p_r - p_{La}.$

In dieser Gleichung ist $p_{La} = p_{La}^l + p_{La}^g$, wenn Gas und Luft getrennt verdichtet werden, wobei

p_{La}^l [kg/cm²] der Mitteldruck für die Luftverdichtung,

p_{La}^g [kg/cm²] der Mitteldruck für die Gasverdichtung ist.

Wenn Gas und Luft gemeinsam verdichtet werden, ist:

p_{La} [kg/cm²] der Mitteldruck für die Gemischverdichtung.

Bei Kenntnis des Nutzwirkungsgrades η_e kann der Nutzdruck auch auf dieselbe Weise berechnet werden wie der Innendruck:

$$p_e = 0,0427\ \eta_e \cdot h_u \cdot \lambda_l \cdot \frac{b_a}{760} \cdot \frac{273}{T_a}\ [\text{kg/cm}^2]$$

(gültig für Vier- und Zweitakt)

Nimmt man nun als Mittelwerte für Viertakt Otto-Gasmaschinen $\eta_e = 0,29$, $\lambda_l = 0,8$, ferner $b_a = 760$ mm QS und $T_a = 288^0$ K, dann erhält man für $p_{e\,max}$ ($\lambda = 1$) die in Abb. 54 dargestellten Werte. Dabei ist der theoretische Gemischheizwert mit eingetragen. Für Betrieb mit Luftüberschuß sind die Werte für den Nutzdruck und den Gemischheizwert mit dem Faktor

$\dfrac{1 + L_{og}}{1 + \lambda L_{og}}$ zu multiplizieren, solange η_e

unverändert angenommen werden kann.

Es ist zu beachten, daß beim Betrieb mit gasförmigen Kraftstoffen die zusätzliche Arbeit für die Gasverdichtung, insbesondere bei Zweitaktmotoren und armen Gasen beachtlich werden kann und so die Nutzleistung und den Nutzwirkungsgrad

$$\eta_e = \eta_m \cdot \eta_i$$

gegenüber dem Betrieb mit flüssigen Kraftstoffen ungünstig beeinflußt. Der Nutzwirkungsgrad kann bei Kenntnis der Mitteldrücke für die Verlustarbeit, für die Mittelwerte im folgenden noch angegeben werden, aus p_{i-l} und η_{i-l} errechnet werden:

$$\eta_e = \eta_{i-l}\ \frac{p_{i-l} + p_l - p_r - p_{La}}{p_{i-l}}.$$

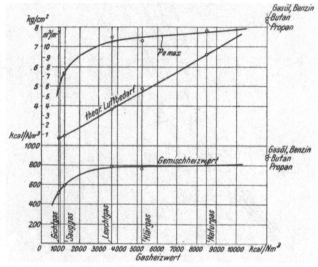

Abb. 54. Gemischheizwert, Luftbedarf und Nutzdruck in Abhängigkeit vom Heizwert des Gases

e) Mitteldruck der Ladungswechselarbeit p_l

Bei Viertaktmotoren ist die Ladungswechselarbeit durch die zwischen Ausschub- und Ansauglinie (Schwachfeder-Indikatordiagramm) liegende Fläche gegeben. Sie ist bei unaufgeladenen Maschinen negativ, bei aufgeladenen positiv. Bei Zweitaktmaschinen kann die Ladungswechselarbeit im allgemeinen vernachlässigt werden [62].

Für unaufgeladene Viertaktmaschinen kann man im Mittel setzen:

$$p_l = -\,0,2\ [\text{kg/cm}^2].$$

f) Mitteldruck der mechanischen Reibungsarbeit p_r

Der auf die Kolbenfläche bezogene mittlere Reibungsdruck stellt die Verluste dar, die durch die Reibung der Wellen, Kolben, Kolbenringe usw., ferner den Ventilantrieb und den Leistungsbedarf aller Hilfsantriebe verursacht werden, die für den Motorbetrieb unerläßlich sind; das sind Kühlwasserpumpe, Schmierölpumpe, ggf. Kühlgebläseantrieb usw., nicht aber Hilfsantriebe für die Gesamtanlage z. B. bei Schiffsmaschinen: Lenzpumpe, Anlaßluftkompressor, Bordlichtmaschine und andere.

Ausführliche Untersuchungen über die mechanischen Verluste von Mittel- und Groß-dieselmotoren wurden in neuerer Zeit von PETERSEN und STOLL veröffentlicht [70] und [71]. Der Reibungsdruck ist bei gleichbleibender Drehzahl nur in geringem Maße von der Belastung ab-hängig. Er nimmt mit zunehmen-der Motorgröße ab. Dagegen steigt er mit zunehmender mittlerer Kolbengeschwindigkeit mehr als linear an. Bei der Anwendung der von PETERSEN und STOLL angegebenen Werte ist zu beachten, daß dort die Ladungswechselarbeit einge-schlossen ist.

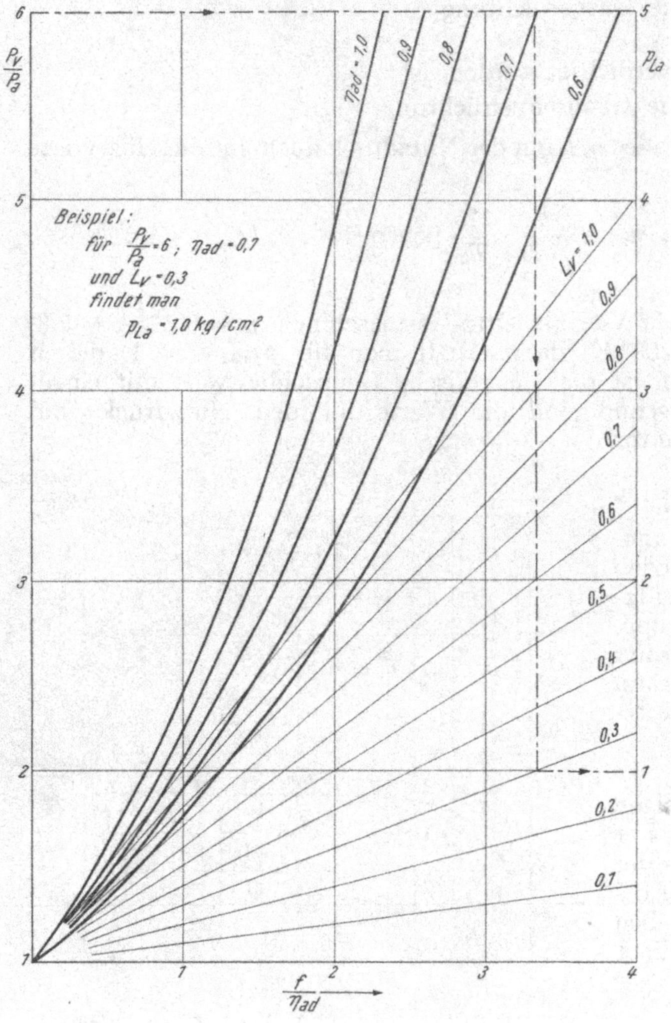

Im allgemeinen kann für Vier-taktmotoren ohne Aufladung (nach Abzug der Ladungswech-selarbeit) mit Werten von 1 bis 1,5 kg/cm² und für Zweitakt-motoren von 0,7 bis 1 kg/cm² gerechnet werden. Ebenfalls an Dieselmaschinen hat ULLMANN [73] Untersuchungen über den mittleren Reibungsdruck durch-geführt. Bei Gasmaschinen mit niedriger Verdichtung kann man im allgemeinen mit den unteren Werten rechnen.

g) Mitteldruck der Laderarbeit p_{La}

Der für die Verdichtung auf-zuwendende Mitteldruck (sh. [81]) ist nach A. IV. 4 c

$$p_{La} = \frac{P_a}{\eta_{ad}} L_v \frac{\varkappa}{\varkappa - 1} \left[\left(\frac{P_v}{P_a} \right)^{\frac{\varkappa - 1}{\varkappa}} - 1 \right] 10^{-4} \quad [\text{kg/cm}^2],$$

wenn

Abb. 55. Bestimmung des für die Gasverdichtung erforder-lichen Nutzdruckes $\left(f = \frac{\varkappa}{\varkappa - 1} \left[\left(\frac{P_v}{P_a} \right)^{\frac{\varkappa - 1}{\varkappa}} - 1 \right] \right)$

P_a [kg/m²]   der Gasdruck vor dem Verdichter,
P_v [kg/m²]   der Gasdruck nach dem Verdichter,
η_{ad} der adiabatische Gesamtwirkungsgrad der Verdichtung,
L_v [m³/m³]   die je m³ Hubvolumen zu verdichtende Menge vom Ansaugezustand ist.

Aus Abb. 55 kann für $\varkappa = 1,4$ und $P_a = 10\,000$ kg/m², $p_{La}{}^g$ einfach graphisch be-stimmt werden, wenn P_v/P_a; η_{ad} und L_v gegeben sind.

Für die Beurteilung der für die Gasverdichtung erforderlichen zusätzlichen Arbeit wird die Gaseinbringung bei offenem Auslaß und bei geschlossenem Auslaß etwas näher betrachtet.

α) Gaseinblasung bei offenem Auslaß.

Ist der spezifische Wärmeverbrauch, bezogen auf die Nutzleistung der ohne Gas-verlust arbeitenden Maschine q_{eo}, dann ist der spezifische Wärmeverbrauch, der bei Gemischspülung und gleichem Wirkungsgrad zu erwarten ist für den Zündstrahlbetrieb

$$q_e = q_{eo}(1-r)\frac{\Lambda_0}{\lambda_l} + r \cdot q_{eo}.$$

Für den Ottobetrieb ist $r = 0$ und $q_e = q_{eo} \cdot \Lambda_0/\lambda_l$. Mit $\Lambda_0 = 1,4$ und $\lambda_l = 0,70$ wäre der wirkliche spezifische Wärmeverbrauch $q_e = 2\,q_{eo}$, also doppelt so groß als derjenige einer Zweitaktmaschine ohne Spülverluste.

Im allgemeinen wird bei gemischgespülten Maschinen der Gesamtwärmeverbrauch umso kleiner sein, je besser der Ladungsgrad λ_z ist. Wenn die Möglichkeit besteht, durch eine geschichtete Spülung oder getrennte Einführung (Ventile, Schieber) von Gas und Luft den Gasverlust während der Spülung zu vermeiden, so ist die Einbringung des Gases bei offenem Auslaß am wirtschaftlichsten, da sie nur Einblasedrücke in der Größenordnung des Spüldruckes erfordert und daher den geringsten Mitteldruck der Verdichtungsarbeit ergibt.

Die je m³ Hubvolumen und Arbeitsspiel einzublasende Gasmenge in m³ ist für die verlustlose Gaseinblasung bei offenem Auslaß

$$L_{vg} = \frac{\lambda_l}{1 + \lambda_0 L_0}\ [\text{m}^3/\text{m}^3].$$

Dabei ist λ_0 das Luftverhältnis während der Verdichtung entsprechend den Festlegungen in A. III. 6.

β) Gaseinblasung bei geschlossenem Auslaß

Die bei geschlossenem Auslaß je m³ Hubvolumen und Arbeitsspiel einzuführende Gasmenge in m³ vom Außenzustand ist

$$L_{vg} = \frac{\lambda_l}{\lambda_0 L_0},$$

das heißt gegenüber der Einblasung bei offenem Auslaß wird die Ladungsmenge ungefähr im Verhältnis

$$\frac{1 + \lambda_0 L_0}{\lambda_0 L_0}$$

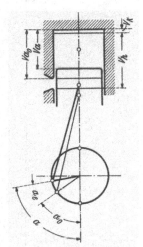

Abb. 56. Schema des Kurbelbetriebs

vergrößert (s. auch S. 67). Etwa im gleichen Verhältnis wächst auch die Innenleistung, da in beiden Fällen mit ungefähr gleichem inneren Wirkungsgrad gerechnet werden kann. Die Verbesserung der Nutzleistung hängt jedoch im wesentlichen von der für die Gasverdichtung aufzuwendenden Leistung ab. Um ein ungefähres Bild zu erhalten, mit welchem Arbeitsbedarf für die Gasverdichtung im Einzelfall mindestens zu rechnen ist, wird angenommen, daß der minimale Gaseinblasedruck gleich dem Ladungsdruck im Arbeitszylinder nach der Gaseinblasung ist. Im praktischen Betrieb muß der Einblasedruck größer sein. Der Unterschied wird im wesentlichen durch die Größe der Einlaßorgane, die Drehzahl und die erforderliche Mischung von Gas und Luft bestimmt. Zum Zwecke der angenäherten Bestimmung des Zylinderdruckes am Ende der Gaseinblasung werden zwei Ladeverfahren verglichen. In beiden Fällen wird angenommen, daß die Gaseinblasung beim Abschluß der Auslaßöffnungen (Zylindervolumen V_{a_0}; Kurbelwinkel α_0) beginnt und nach Zurücklegen des Kurbelwinkels α_e (Einblasewinkel) beendet ist (Zylindervolumen V_a; Kurbelwinkel α). Im Arbeitszylinder befindet sich vor der Gaseinblasung reine Luft.

1. Verfahren. Es wird angenommen, daß durch den Einblasevorgang der Verlauf der adiabatischen Verdichtungstemperatur im Zylinder nicht beeinflußt wird. Beim Einblaseende sei die Temperatur des Gasluftgemisches dieselbe als wenn nur die reine Luft allein vom Volumen V_{a_0} auf V_a verdichtet worden wäre. Diesen Annahmen entspricht bei einem Luftverhältnis λ_0 am Ende der Einblasung ein Ladungsdruck

$$P_a = P_{a_0}\frac{1 + \lambda_0 L_0}{\lambda_0 L_0}\left(\frac{V_{a_0}}{V_a}\right)^{\varkappa}.$$

2. *Verfahren.* Bei gleichem Anfangszustand von Gas und Luft (P_a, T_a) wird das Gas während des Kurbelwinkels a_e von einem außenliegenden Kolben in den Zylinder geschoben. Man erhält in diesem Falle für den Zylinderdruck am Ende der Einblasung

$$P_a = P_{a_0} \left(\frac{1 + \lambda_0 L_0}{\lambda_0 L_0} \right)^{\varkappa} \left(\frac{V_{a_0}}{V_a} \right)^{\varkappa}.$$

Dieser Wert ist natürlich höher als der erste.

Da es schwierig ist, den Zustand der Zylinderladung am Ende des Einblasevorganges einwandfrei vorauszuberechnen, dürften für die Abschätzung der Verhältnisse die ge-

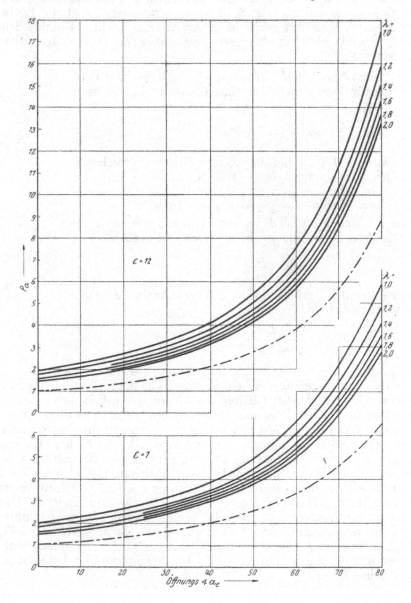

Abb. 57. Druck der Zylinderladung nach der Einblasung von Generatorgas aus Anthrazit ($L_0 = 1,025$ m³/m³) in Abhängigkeit vom Einblasewinkel a_e für verschiedene Luftverhältnisse λ mit $\varepsilon = 7$ und $\varepsilon = 12$, gerechnet nach

$$P_a = P_{ao} \frac{1 + \lambda L_{og}}{\lambda L_{og}} \left\{ \frac{1}{\dfrac{\varepsilon - 1}{2\varepsilon(1 - \sigma_a)} \left[1 + \cos(a_0 + a_e) + \dfrac{r}{2l} \sin^2(a_0 + a_e) \right] + \dfrac{1}{\varepsilon}} \right\}^{\varkappa}$$

$$P_{a_0} = 1 \text{ ata}, \qquad \varkappa = 1,4, \qquad a_0 = 66^0, \qquad (1 - \sigma_a) = \frac{1}{2}\left(1 + \cos a_0 + \frac{r}{2l}\sin^2 a_0\right) = 0,75, \qquad \frac{r}{l} = \frac{1}{4,5}$$

machten Annahmen genügen. Zwischen diesen beiden Werten dürfte der Zylinderdruck am Ende der Gaseinblasung liegen. Den folgenden Betrachtungen wird der kleinere Wert zugrunde gelegt.

Das Verhältnis der Zylindervolumina vor und nach der Gaseinblasung kann mit Hilfe der für den Kurbeltrieb geltenden Gesetze bestimmt werden (s. Abb. 56). Es ist

$$\frac{V_{a_e}}{V_a} = \cfrac{1}{\frac{1}{\varepsilon} + \frac{\varepsilon-1}{(1-\sigma_a)} \cdot \frac{1}{2\varepsilon}\left[1 + \cos\left(a_0 + a_e\right) + \frac{r}{2\,l}\sin^2\left(a_0 + a_e\right)\right]}$$

r (m) Kurbelradius,

l (m) Länge der Treibstange,

$\sigma_a = h_a/2\,r$ bezogene Höhe der Auspuffschlitze, wenn

h_a (m) Höhe der Auspuffschlitze.

Eine ausführlichere Darstellung befindet sich in [53].

Unter der Annahme, daß die Auslaßschlitze bei einem Kurbelwinkel $a_0 = 66^0$ geschlossen werden, wurde für zwei Verdichtungsverhältnisse und für verschiedene Gase und Luftverhältnisse der Verdichtungsdruck in Abhängigkeit vom Einblasewinkel a_e nach Verfahren 1 gerechnet. Den Verlauf über den Einblasewinkel zeigen die Abb. 57 und 58. Man sieht, daß insbesondere bei armen Gasen bei der Gasnachladung mit verhältnismäßig großen Einblasedrücken gerechnet werden muß.

Nach Abb. 57 beträgt bei Betrieb mit Anthrazitgas, wenn $\varepsilon = 7$, $\lambda = 1,0$ und $a_e = 50^0$ der Zylinderdruck am Ende der Einblasung etwa 5 ata.

Bei einem angenommenen Liefergrad

$$\lambda_l = 0,70$$

ist die je m³ Hubvolumen und Arbeitsspiel einzublasende Gasmenge vom Außenzustand

$$L_{vg} \approx 0,70.$$

Aus Abb. 55 erhält man für

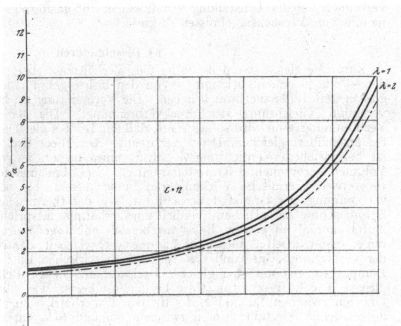

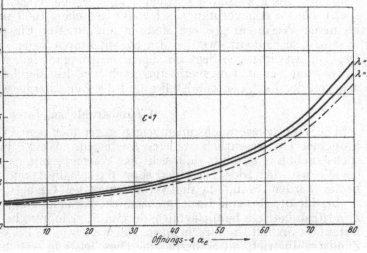

Abb. 58. Druck der Zylinderladung nach der Einblasung von Methan ($L_0 = 9{,}55$ m³/m³) in Abhängigkeit vom Einblasewinkel a_e für verschiedene Luftverhältnisse mit $\varepsilon = 7$ und $\varepsilon = 12$, gerechnet mit den gleichen Annahmen wie Abb._57

$$\frac{P_v}{P_a} = 5; \qquad \eta_{ad} = 0,80 \qquad \text{und} \qquad L_v = 0,70$$

den Mitteldruck für die Gasverdichtung $p_{La} = 1{,}80$ [kg/cm²].

Die Gasnachladung wird sich im allgemeinen nur für reichere Gase, wie Leuchtgas und Methan und insbesondere dann bewähren, wenn das Gas nicht erst verdichtet werden muß, sondern als Druckgas zur Verfügung steht. Muß das Gas erst verdichtet werden, so kann unter Umständen die hohe Verdichterleistung die Wirtschaftlichkeit dieses Verfahrens in Frage stellen.

3. Betriebswerte für Leistung und Wärmeverbrauch bei Betrieb mit flüssigen und gasförmigen Kraftstoffen

Im folgenden werden die Ursachen der Änderung in der Leistung und im Wärmeverbrauch bei der Umstellung von flüssigen auf gasförmige Kraftstoffe unter Zuhilfenahme von Versuchsergebnissen diskutiert.

a) Dieselmotoren

Zum Vergleich werden auch die Verhältnisse bei Dieselmotoren besprochen, die — wie allgemein bekannt — von den bisher gebräuchlichen Arbeitsverfahren den günstigsten Teillastverbrauch haben. Die Verbrennung im Dieselmotor ist normal eine vereinigte Gleichraum-Gleichdruckverbrennung. Die Kraftstoffeinspritzung in den Verbrennungsraum wird so gesteuert, daß ein Teil bei gleichem Volumen und der andere bei angenähert gleichem Druck verbrennt. Der theoretisch thermische Wirkungsgrad ist bei gleichem Verdichtungsverhältnis umso besser, je größer der bei konstantem Volumen verbrennende Kraftstoffanteil ist. Bei abnehmender Belastung wird also der theoretisch thermische Wirkungsgrad immer besser, bis bei der reinen Gleichraumverbrennung der Grenzfall erreicht ist, wo der thermische Wirkungsgrad dem einer Ottomaschine bei gleichem Verdichtungsverhältnis entspricht. Da weiter der Dieselmotor normal im ganzen Belastungsbereich mit angenähert gleicher Luftfüllung, also ungedrosselt arbeitet, bleibt die Ladungswechselarbeit, das ist die für das Ausschieben der verbrannten Gase und das Ansaugen der frischen Luft erforderliche Arbeit (auch Pumparbeit genannt) bei gleicher Drehzahl im ganzen Belastungsbereich angenähert gleich. Die Luftverhältniszahlen bei Vollast liegen, wie schon früher erwähnt, in den Grenzen zwischen 1,2 und 2, der für den Dauerbetrieb zugelassene Nutzdruck bei unaufgeladenen Viertaktmotoren zwischen 5,5 und 6 kg/cm², bei Zweitaktmotoren mit Umkehrspülung zwischen 4,5 und 5 kg/cm², bei Gleichstromspülung auch mehr. Der spezifische Wärmeverbrauch schwankt zwischen 1600 und 2000 kcal/PSeh, wobei die kleineren Werte für größere Motoren mit direkter Einspritzung gelten.

Nicht so eindeutig wie bei den Dieselmotoren liegen die Verhältnisse bei Gasbetrieb. Der Teillastverbrauch liegt im allgemeinen ungünstiger als bei Dieselmotoren. Er wird außer vom Verdichtungsverhältnis noch von der Regulierungs- und von der Zündungsart, von der Lage der Zündstellen und der Zündenergie wesentlich beeinflußt.

b) Zündstrahlgasmotoren

Die Wärmeverbrauchslinien zeigen gegenüber dem Dieselbetrieb mit Gasöl im Teillastgebiet ein wesentlich steileres Ansteigen. Weiter haben die verschiedensten Versuchsergebnisse gezeigt, daß sich der Wärmeverbrauch von Zündstrahl-Gasmaschinen bei Vollast dem des Dieselbetriebes stark nähert und im oberen Lastbereich sogar besser werden kann, da die Verbrennung bei Gasbetrieb auch bei starker Belastung sauber bleibt, also eine Rauchgrenze nicht vorhanden ist. Die Belastungshöhe wird beim Zündstrahlbetrieb hauptsächlich durch die Klopferscheinungen begrenzt. Bei klopffesten Gasen mit entsprechendem Heizwert wie z. B. Methan und Erdgas kann beim Zündstrahlbetrieb mit Sicherheit die Dieselleistung erreicht, unter Umständen sogar noch überschritten werden. Bei Betrieb mit Generatorgas ist im allgemeinen mit einer etwa 10%igen Leistungseinbuße gegenüber Dieselbetrieb zu rechnen. Immerhin kann die Leistung des ortsfesten Gas-Ottomotors normaler Verdichtung durch das Zündstrahlverfahren um rund 25% von $p_e = 4$ bis 4,5 kg/cm² auf $p_e = 5$ bis 6 kg/cm² gesteigert werden. Der spezifische Wärmeverbrauch bei Vollast beträgt etwa 1700 bis 1900 kcal/PSeh bei stationären Motoren, während bei Fahrzeugmotoren die Bestwerte etwa bei 2000 kcal/PSeh liegen. Nach den bisherigen Erfahrungen beträgt die im Zündöl zugeführte Energie im Mittel 50 bis 150 kcal/PSeh (auf Vollast bezogen).

Das starke Ansteigen der Wärmeverbrauchslinien im Teillastgebiet gegenüber dem Dieselbetrieb wird in der Hauptsache durch die schleppende Verbrennung und die wachsenden Pumpverluste verursacht. Wie schon früher erwähnt, führt die Gemischregelung im Teillastgebiet zu großem Luftüberschuß, wodurch der Gütegrad der Verbrennung verschlechtert wird Bei der Drosselregelung verschlechtern die mit abnehmender Belastung zunehmenden Pumpverluste den mechanischen und damit auch den wirtschaftlichen Wirkungsgrad (Nutzwirkungsgrad).

c) Gas-Ottomotoren

Wird bei gemischverdichtenden Gasmotoren mit Funkenzündung die Dieselverdichtung beibehalten, so ergeben sich Wärmeverbräuche ähnlich jenen beim Zündstrahlbetrieb. Der Teillastverbrauch verläuft ähnlich wie beim Zündstrahlverfahren, nähert sich demjenigen des normal verdichteten Otto-Motors und kann diesen sogar überschreiten. Die Gründe liegen zum Teil in dem schlechter werdenden mechanischen Wirkungsgrad und in der für störungsfreien Betrieb notwendigen späteren Zündpunkteinstellung, die bei Entlastung und luftreicheren Ladungsgemischen eine schleppende Verbrennung zur Folge hat. Zu dem Vorstehenden siehe auch die nachfolgenden Verbrauchskurven Abb. 60 und 61.

d) Verbrauchskurven

Abb. 59 zeigt den Wärmeverbrauch eines auf das Zündstrahlverfahren mit Leuchtgas umgebauten Dieselmotors der Wumag für Diesel- und Zündstrahlbetrieb mit Gemischregelung [38]. Im Dieselbetrieb lag die Vollast bei $p_e = 5{,}44$ kg/cm², dabei war der spezifische Kraftstoffverbrauch $b_e = 168$ g/PSh. Diesem Wert entspricht bei einem $H_u = 10\,350$ kcal/kg des Gasöls ein Nutzwirkungsgrad von $\eta_e = 36{,}5\%$. Der günstigste Verbrauch liegt bei etwa 90% der Vollast und beträgt etwa 166 g/PSeh.

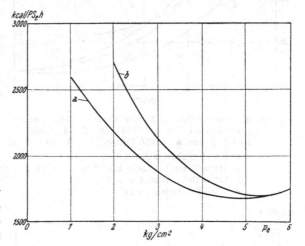

Abb. 59. Spezifischer Wärmeverbrauch eines Wumag-Motors, Bauart D/G — 6V 55. ($D = 365$ mm, $s = 550$ mm, $n = 250$ U/min, $z = 6$ Zyl., Dieselb. $N_e = 525$ PS)

a Dieselbetrieb mit $\varepsilon = 13{,}2$
b Zündstrahl-Gasbetrieb mit $\varepsilon = 12$

Im Zündstrahlbetrieb konnte die gleiche Leistung erreicht werden, wie im Dieselbetrieb, wie dies im allgemeinen immer der Fall ist, wenn es sich um Motoren mit großem Luftüberschuß im Dieselbetrieb handelt. Für den vorliegenden Motor wurde der Luftüberschuß unter Annahme eines Liefergrades von 80% für Diesel- und Zündstrahlbetrieb errechnet, da Luftverbrauchsmessungen nicht durchgeführt werden konnten. Es ergab sich:

	Dieselbetrieb	Zündstrahlbetrieb
Bei Vollast	$\lambda = 1{,}99$	$\lambda = 1{,}83$ ($\lambda_0 = 2{,}01$)
Bei Leerlauf	$\lambda = 10{,}6$	$\lambda = 5{,}56$ ($\lambda_0 = 7{,}5$)

Der Luftüberschuß ist also auch noch bei Vollast groß, so daß auch tatsächlich nach sorgfältiger Abstimmung im Zündstrahlbetrieb 7% Überlast dauernd und 20% kurzzeitig erreicht werden konnten.

Der Wärmeverbrauch im Zündstrahlverfahren fällt mit dem des Dieselbetriebes in Vollastnähe praktisch zusammen, obwohl das Verdichtungsverhältnis im Zündstrahlbetrieb von 13,2 auf 12 vermindert ist. Die Verbrennungshöchstdrücke waren in beiden Fällen gleich und betrugen etwa 45 kg/cm². Nach PFLAUM beträgt der theoretisch thermische Wirkungsgrad der vollkommenen Maschine für diese Werte $\eta_v = 52\%$ für

die Dieselmaschine, $\eta_v = 50,3\%$ für die Zündstrahlmaschine. Der spezifische Wärme
verbrauch betrug bei Vollast im Zündstrahlbetrieb $q_e = 1750$ kcal/PSh. Dieser Ve:

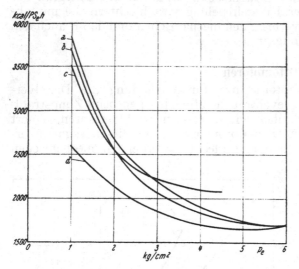

brauch ergibt einen wirtschaftliche
Wirkungsgrad von $\eta_e = 36,8\%$, de
praktisch dem des Dieselbetriebes en
spricht. Da der mechanische Wirkungsgra
wegen der gleich groß gewählten Drück
(Nutzdruck und Verbrennungsdruck) i
beiden Fällen als gleich angenomme
werden kann, muß der Gütegrad de
Verbrennung beim Zündstrahlgasbetrie
besser sein als beim Dieselbetrieb.

Der größere Wärmeverbrauch im Tei
lastgebiet ist eine bereits öfter erwähni
Erscheinung des Zündstrahlbetriebes un
hängt in diesem Falle mit dem imm
ungünstiger werdenden Verbrennungsal
lauf bei der angewendeten reinen G
mischregelung zusammen.

Abb. 60. Spezifischer Wärmeverbrauch eines Deutzer
Viertaktmotors, Bauart VM 366 ($D = 420$ mm,
$s = 660$ mm, $n = 250$ U/min, $z = 7$ Zyl.)
   a Zündstrahl-Gasbetrieb $\varepsilon = 14$
   b Otto-Betrieb (hochverdichtet) $\varepsilon = 14$
   c Otto-Betrieb mit $\varepsilon = 7$
   d Dieselbetrieb $\varepsilon = 14$

Die an einem großen Deutze
Viertaktmotor durchgeführten Messunge
im Diesel- und Gasbetrieb mit Genera
torgas aus Anthrazit, sind in Abb. 6
dargestellt. Der Motor hat direkte Ei
spritzung und für den Gasbetrieb d
Stelzenregelung (ähnlich Abb. 237) m
getrennter Zuführung von Gas und Lu
bis zu jedem Zylinder. Diese Reguli
rungsart, bei der Gemisch und Meng
gleichzeitig verändert werden, ergibt i
allgemeinen den günstigsten Teillastve
brauch. Im Dieselbetrieb beträgt b
Vollast $N_e = 980$ PS und $p_e = 5$
kg/cm², der Wärmeverbrauch 1660 kca
PSeh, das Luftverhältnis $\lambda = 2,0$. B
einem Heizwert des Gases von 12:
kcal/Nm³ konnte im Zündstrahlbetrie
($q_{e\delta} = 210$ und $q_{eg} = 1510$ kcal/PSh) b
einem Gesamtluftverhältnis $\lambda = 1,$
auch die Dieselleistung gefahren werde
Wegen der Klopfgefahr wurde jedoc
für den Dauerbetrieb nur ein Nutzdruc
von 5 kg/cm² zugelassen. Bei dies
Belastung war der spezifische Wärm
verbrauch 1750 kcal/PSeh. Die im Zünd
zugeführte Wärmeenergie, bezogen ai
die gleiche Leistung, betrug 230 kcal/PSe
das sind etwa 13% des Gesamtve
brauches. Bei einem Nutzdruck vc
6 kg/cm² ist der Gesamtverbrauch i
Diesel- und Zündstrahlbetrieb gleich.

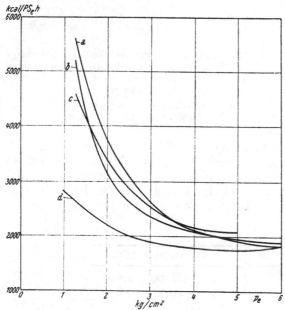

Abb. 61. Spezifischer Wärmeverbrauch eines Deutzer-
Viertaktmotors, Bauart VM 536 ($D = 270$ mm,
$s = 360$ mm, $n = 500$ U/min, $z = 6$ Zyl.)
   a Otto-Betrieb (hochverdichtet) $\varepsilon = 14$
   b Zündstrahl-Gasbetrieb $\varepsilon = 14$
   c Otto-Betrieb mit $\varepsilon = 7$
   d Dieselbetrieb $\varepsilon = 14$

Die Abb. 61 zeigt den spezifische
Wärmeverbrauch eines Deutzer-Viertak

Wechselmotors mit direkter Einspritzung und Stelzenregelung im Diesel- und Ga
betrieb. Abb. 62 zeigt zum Vergleich die spezifischen Wärmeverbräuche im Zündstrah
betrieb bei um 8° KW verschiedener Zündöleinspritzung. Die frühere Zündung bei de

Verbrauchslinie *a* gegenüber *b* hat im oberen Belastungsbereich einen um etwa 10% geringeren Wärmeverbrauch zur Folge. Die spätere Einstellung wurde deshalb vorgenommen, um den Motor bei Betrieb mit Generatorgas gegen Schwankungen im Wasserstoffgehalt unempfindlicher zu machen. Bis zu einem Wasserstoffgehalt des Gases von etwa 16% konnte die für den Wärmeverbrauch günstigere Einstellung beibehalten werden, ohne daß Klopferscheinungen auftraten. Die der vereinigten Gemisch-Mengenregelung entsprechenden Luftverhältniszahlen zeigt für Abb. 61 unter anderem Zahlentabelle 4. Der im Dieselbetrieb zugelassene Nutzdruck von 5,5 kg/cm² wurde für Gasbetrieb auch bei diesem Motor wegen der Klopfgefahr auf 5 kg/cm² herabgesetzt. Die mit dem Zündöl zugeführte Wärmemenge betrug bei Vollast 40 bis 60 kcal/PSeh.

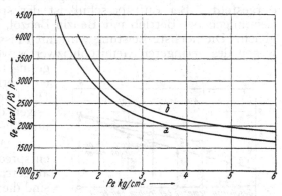

Abb. 62. Vergleich der spezifischen Wärmeverbräuche bei um 8° KW verschiedener Zündöleinspritzung, gemessen an dem Motor VM 536 bei Betrieb mit Generatorgas aus Anthrazit
a Zündöleinspritzung 25° KW v. T.
b Zündöleinspritzung 17° KW v. T.

Abb. 63 zeigt den höchsten erreichbaren Nutzdruck desselben Motors in Abhängigkeit von der Drehzahl im Zündstrahlbetrieb. Die Zündöleinspritzmenge und die Einspritzzeit entsprechen Abb. 62, Kurve *a*.

Abb. 64 zeigt den Wärmeverbrauch, wie er von MEHLER an einer auf Zündstrahlbetrieb umgebauten Drei-Zylinder-Viertaktmaschine von Krupp, Type H 1, gemessen wurde, bei der zur Vereinfachung der Versuche zwei Kolben samt Triebwerk und Steuerung ausgebaut waren [2]. Wegen der durch diese Maßnahme erhöhten Reibungsverluste sind die Verbrauchswerte sinngemäß umgerechnet (Näheres s. B. I. 7). Bei Vollast ($p_e = 6,06$ kg/cm²) war das Gesamtluftverhältnis $\lambda = 1,76$. Dieser Wert durfte durch Drosseln der Luft wegen der auftretenden Klopferscheinungen bei Vollast nicht wesentlich unterschritten werden. Man erkennt, daß bei diesem Motor durch Drosselregelung der Teillastverbrauch gegenüber der Gemischregelung wesentlich verbessert werden kann. Den Mehrverbrauch im Teillastgebiet gegenüber dem Dieselbetrieb zeigt der obere Teil des Kurvenblattes. Bei Halblast ist der Mehrverbrauch gegenüber Dieselbetrieb bei Gemischregelung 47% und

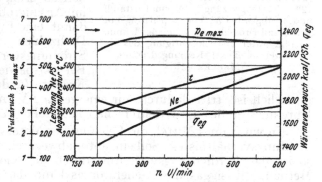

Abb. 63. Höchster erreichbarer Nutzdruck, spez. Verbräuche und Auspufftemperaturen des Motors VM 536 bei Zündstrahlbetrieb in Abhängigkeit von der Drehzahl

bei Drosselregelung 26%. Weiter läßt die Abbildung die Abhängigkeit der Ersparnis an Gasöl vom Belastungsgrad erkennen. Im vorliegenden Falle war die mögliche Ersparnis an Gasöl bei Vollast 81%, bei 80% Belastung 75,5%, bei 60% Belastung 69% und bei 40% Belastung 59%. Diese Erkenntnis ist vor allem wichtig bei Motoren, die vorwiegend bei Teillast betrieben werden.

RIXMANN [74, 75] veröffentlicht Ergebnisse von Versuchen an einem Fahrzeugmotor, die im Ottobetrieb mit Kraftgasen durchgeführt wurden. Als Versuchsmaschine wurde ein Sechszylinder-Lastwagenmotor mit zylindrischem Verbrennungsraum, hängenden Ventilen und seitlicher Zündkerze verwendet. Bei einer Bohrung von 120 mm und einem Hub von 160 mm, also einem Gesamtvolumen von 10,85 Liter, betrug die Normaldrehzahl 1250 U/min und die Höchstdrehzahl 1500 U/min. Das Verdichtungsverhältnis war veränderlich und lag zwischen $\varepsilon = 5$ und $\varepsilon = 9$. Um die Drosselung des angesaugten Gemisches durch die Düse des Benzinvergasers auszuschalten, wurde der Vergaser abgebaut und durch einen Mischer für Gas und Luft ersetzt.

Es wurde die Abhängigkeit der Leistung und des Wärmeverbrauches vom Luftverhältnis bei verschiedenen Kraftgasen untersucht. Die gefundenen Werte sind in Abb. 65 dargestellt. Bei Luftüberschuß ist der spezifische Gasverbrauch am kleinsten. Die Leistungen bei Betrieb mit Benzin-Benzol, Flüssiggas und Motorenmethan sind nahezu gleich. Die höchste Leistung wird mit Flüssiggas erzielt. Bei Leuchtgas ist die Leistung wegen des geringeren Gemischheizwertes wesentlich kleiner. Wenn der Motor auf den geringsten Gasverbrauch eingestellt werden soll, muß eine verringerte Leistung in Kauf genommen werden. Die Punkte C auf den Linien des Wärmeverbrauches zeigen den Luftüberschuß an, bei dem der Motor unruhig zu laufen beginnt.

In Abb. 66 sind die den Punkten A der Abb. 65 entsprechenden Höchstleistungen über der Drehzahl aufgetragen. Bei größerem Verdichtungsverhältnis sind die Leistungen bei allen Drehzahlen höher. Bei Drehzahlen über 1100 U/min ist bei gleichem Verdichtungsverhältnis die Leistung bei Betrieb mit Flüssiggas, ab 1300 U/min auch bei Betrieb mit Motorenmethan höher als bei Benzin. Leucht- und Holzkohlengasbetrieb gibt dagegen niedrigere Leistungen als Benzinbetrieb.

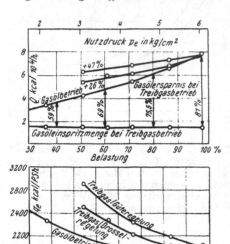

Abb. 64. Gesamtwärmeverbrauch Q und spezifischer Verbrauch q_e von Gasöl bei 12⁰ Voreinspritzung (Normalzustand) und Treibgas bei 8⁰ Voreinspritzung mit Güte- und Drosselregelung $n = 440$ U/min, $\varepsilon = 14{,}2$ unter Berücksichtigung des erhöhten (s. Text) Reibungsdruckes (MEHLER [2])

Für die Motorleistung sind, wie schon erwähnt, der Liefergrad, der Gemischheizwert und der Nutzwirkungsgrad maßgebend. Der Liefergrad wird durch Temperatur und Unterdruck des Gemisches beim Eintritt in den Zylinder bestimmt. Im Benzinbetrieb erfolgt durch das Verdampfen des Benzins im Ansaugrohr eine Abkühlung des Gemisches und damit eine Erhöhung des Liefergrades. Bei höheren Drehzahlen verringert sich jedoch durch den Strömungsverlust im Vergaser wieder der Liefergrad. Bei Gasbetrieb, bei dem eine Zerstäubung des Kraftstoffes durch hohe Luftgeschwindigkeit nicht erforderlich ist, tritt dadurch nur eine geringe Verminderung des Liefergrades ein, da der Durchmesser des Lufttrichters im Gasmischer sehr weit gehalten werden kann.

Ein wirksames Mittel, die Leistung des Motors zu steigern, ist die Erhöhung des Verdichtungsverhältnisses. Soll ein Motor abwechselnd mit Benzin und Gas betrieben werden, so ist das Verdichtungsverhältnis durch die Klopfgrenze des Benzins festgelegt. Bei Methan, Flüssiggas und Generatorgas kann das Verdichtungsverhältnis höher gewählt werden, wenn auf Wechselbetrieb mit Benzin verzichtet wird. Die Leistungszunahme durch Erhöhung des Verdichtungsverhältnisses ist aus Abb. 66 ebenfalls zu ersehen.

Die Abb. 67 und 68 zeigen Ergebnisse von Versuchen, die ebenfalls RIXMANN [4] durchgeführt hat, und zwar mit einem Henschel-I-Motor. Die Ergebnisse wurden im Dieselbetrieb (Originalzustand) im Zündstrahl- und Ottobetrieb mit Holzgas und Flüssiggas sowie im Dieselnotbetrieb erzielt. Man erkennt, daß im Dieselbetrieb (Kurve a in Abb. 67) mit einem Luftverhältnis von 1,3 bis 1,2 die Luftladung schon weitgehend ausgenutzt ist. Der Gemischheizwert und damit der Nutzdruck sind daher im Dieselbetrieb verhältnismäßig hoch (p_e erreicht mit abnehmender Drehzahl ansteigend einen Höchstwert von 7,4 at). Die im Zündstrahlbetrieb mit Holzgas erreichten Werte zeigen die Kurven b. Der Unterschied im Gemischheizwert gegenüber dem Dieselbetrieb erklärt den Leistungsabfall von etwa 20%. Der noch verbleibende Nutzdruck von fast 6 kg/cm² ist trotzdem noch recht gut. Beim Holzgas-Otto-Betrieb (Kurven c) wurde die beste Leistung bei $\lambda = 1{,}05$ bis 1,1 erreicht. Der Leistungsabfall gegenüber Dieselbetrieb beträgt fast 30%. Man erkennt hier den Vorteil des Zündstrahlverfahrens schon bezüglich der Leistung.

Beim Zündstrahlbetrieb mit Flüssiggas (Kurve *d*) fällt besonders auf, daß der Nutz-druck im unteren Drehzahlbereich sehr stark abfällt und im oberen Drehzahlbereich sich den Werten des Dieselbetriebes bis auf einige Hundertteile nähert. Diese An-näherung ist durch die hier fast gleichen Luftverhältniszahlen für beide Betriebsarten

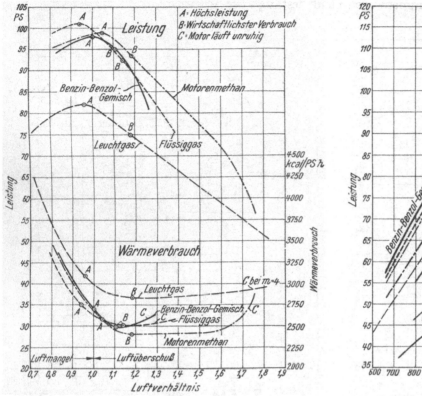

Abb. 65. Leistung und Wärmeverbrauch für ver-schiedene Kraftstoffe in Abhängigkeit vom Luftver-hältnis

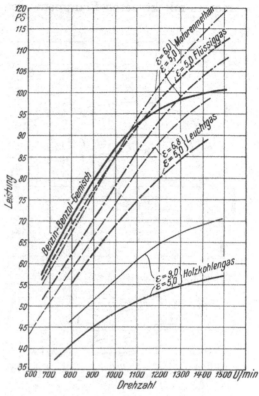

Abb. 66. Leistung für verschiedene Kraftstoffe und Verdichtungsverhältnisse in Abhängig-keit von der Drehzahl (Benzin-Benzolgemisch $\varepsilon = 5$)

leicht zu erklären. Dagegen muß zur Erklärung des starken Abfalles im unteren Dreh-zahlbereich der wirtschaftliche Wirkungsgrad, bzw. der spezifische Wärmeverbrauch herangezogen werden. Kurve *d* in Abb. 68 zeigt an dieser Stelle deutlich starkes An-steigen nach oben; der Motor neigte hier zum Klopfen, der Verbrennungsablauf war also gestört.

Im Flüssiggas-Ottobetrieb konnten ganz beträchtliche Mehrleistungen (bis zu 30%) gegenüber dem Dieselbetrieb festgestellt werden (Kurve *e*, Abb. 67). Da hier im Gegen-satz zum Zündstrahl-Flüssiggasbetrieb ohne weiteres mit dem Luftverhältnis $\lambda = 1$ gefahren werden konnte, ist diese Mehrleistung schon allein aus dem großen Unterschied der Gemischheizwerte zu erklären.

Der Dieselnotbetrieb mit den für das Zündstrahlverfahren veränderten Köpfen er-gibt einen Leistungsabfall von rund 23% (Kurven *f*, Abb. 67). Im übrigen zeigt Abb. 68, wie die Werte des spezifischen Wärmeverbrauches bei den untersuchten Betriebsarten relativ zueinander liegen. Im Otto- und Zündstrahl-Holzgasbetrieb (Kurven *a* und *b*) ist er etwa 10 bis 15% ungünstiger als im Dieselbetrieb, während der Zündstrahl-Flüssig-gasbetrieb sich bis auf die erwähnte Ausnahme mit diesem deckt.

Weiter sind in Abb. 68 der Zündölanteil *i* (Zündölanteil bedeutet hier das Verhältnis des Gewichtes des flüssigen Kraftstoffes im Zündstrahlbetrieb zu dem des Diesel-betriebes bei gleicher Drehzahl) für die beiden Zündstrahlverfahren und die Liefer-grade, bezogen auf 20° C und 1 ata, angegeben.

Abb. 69 zeigt den Wärmeverbrauch und die Luftverhältniszahlen in Abhängigkeit vom **Nutzdruck** für Diesel- und Zündstrahl-Flüssiggasbetrieb bei Gemisch- und

Füllungsregelung für den von RIXMANN untersuchten Henschel-Motor. In diesem Falle gibt im Gegensatz zu den Ergebnissen von MEHLER die Gemischregelung im Teillastgebiet die günstigeren Wärmeverbräuche. Die von MEHLER angegebenen besseren Erfahrungen mit der Füllungsregelung an einem ortsfesten Dieselmotor mit 230 mm Bohrung, haben sich demnach, wie schon angedeutet, für die kleinen Zylinder des Kraftfahrzeugmotors mit kürzeren Flammenwegen nicht bestätigt.

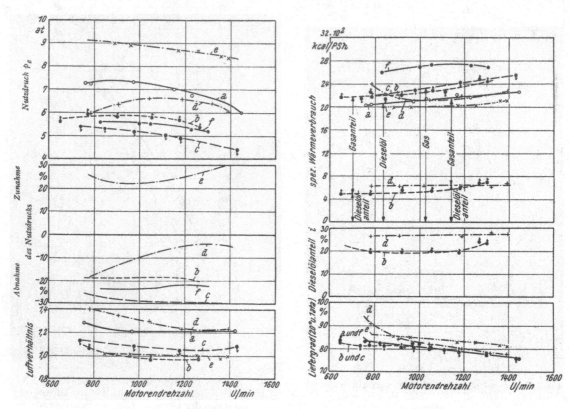

Abb. 67. Nutzdruck p_e, mittlerer Druckunterschied gegenüber Dieselbetrieb und Luftverhältniszahl in Abhängigkeit von der Drehzahl

Abb. 68. Spezifischer Wärmeverbrauch Dieselölanteil i gegenüber Dieselbetrieb und Liefergrad bezogen auf 20^0 und 1 at in Abhängigkeit von der Drehzahl

Abb. 67 und 68. Versuchsergebnisse an einem Henschel-I-Motor mit Luftspeicher bei Vollast
($D = 125$ mm, $s = 160$ mm, $z = 6$ Zylinder, $n_{max} = 1400$ U/min, $\varepsilon = 13,5$)

a Dieselbetrieb im Originalzustand
b Zündstrahlbetrieb mit Holzgas bei abgeschaltetem Hauptluftspeicher $\varepsilon = 13,5$
c Otto-Holzgasbetrieb mit Otto-Zylinderköpfen und größeren Ventilen $\varepsilon = 8,4$

d Zündstrahlbetrieb mit Flüssiggas bei abgeschaltetem Hauptluftspeicher $\varepsilon = 13,5$
e Otto-Flüssiggas-Betrieb mit Otto-Zylinderköpfen und größeren Ventilen $\varepsilon = 8,4$
f Dieselnotbetrieb (Motor für Zündstrahlgasbetrieb umgebaut) (RIXMANN [4])

Sehr anschaulich zeigen die Untersuchungen an einem MAN-Motor mit Kugelbrennraum [4] den oben erwähnten scheinbaren Widerspruch in dem Verhalten verschiedener Motoren bezüglich des Leistungsunterschiedes bei der Umstellung auf das Zündstrahl-Gasverfahren. Bei diesem Motor konnte zum Teil eine merkliche Mehrleistung im Zündstrahl-Holzgasbetrieb gegenüber dem Dieselbetrieb erzielt werden. (Abb. 70.) Der Leistungsüberschuß steigt je nach dem verwendeten Holz bei niedrigen Drehzahlen bis auf 12% (Kurven b und c). Die Betrachtung der Luftverhältniszahlen, Abb. 71, gibt sofort ein klares Bild über die Ursachen. Während im oberen Drehzahlbereich im Dieselbetrieb (Kurven a) mit $\lambda = 1,7$ entsprechend einem Nutzdruck von 6,8 kg/cm² gefahren wird, steigt dieser im unteren Drehzahlbereich bis 2,05, entsprechend einem Nutzdruck von 5,9 kg/cm², und zwar infolge der Kennlinien der Einspritzpumpe. Es ist also möglich, im Zündstrahlbetrieb mit Generatorgas mit $\lambda = 1$ den Gemischheizwert ganz beträchtlich höher zu halten als im Dieselbetrieb.

Bei Verwendung von trockenem Holzgas (H_{ug} = 1350 kcal/Nm³) (Kurve *b*) wurde p_e bei n = 700 U/min von 5,9 auf 6,6 kg/cm², bei n = 1400 U/min von 6,8 auf 6,9kg/cm² erhöht. Die p_e-Kurve verläuft im Zündstrahl-Holzgasbetrieb wesentlich flacher und erreicht dabei im Verhältnis zu Abb. 68 infolge des höheren Liefergrades und höheren

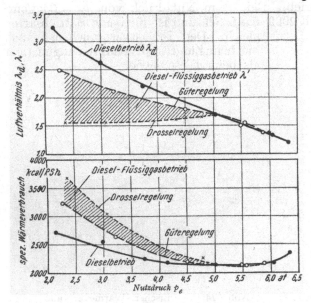

Abb. 69. Spezifischer Wärmeverbrauch und Luftverhältniszahl des Henschel-I-Motor bei Diesel- und Zünd-
strahl-Flüssiggas-Betrieb mit Güte- und Drosselregelung
in Abhängigkeit vom Nutzdruck für n = 1300 U/min
(RIXMANN [4])

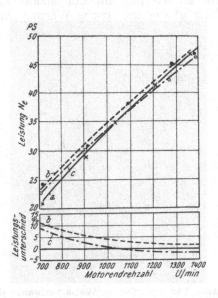

Abb. 70. Vollastkurven beim Dieselbetrieb
(Kurve *a*) und beim Zündstrahl-Holzgasbetrieb
(Kurve *b* und *c*) sowie Leistungsunterschied
gegen Dieselbetrieb in Abhängigkeit von
der Drehzahl

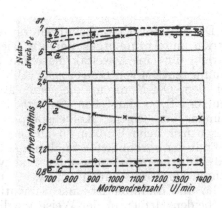

Abb. 71. Nutzdruck und Luftverhältniszahl in
Abhängigkeit von der Drehzahl

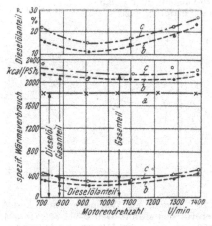

Abb. 72. Dieselölanteil *i* und spezifischer Wärmeverbrauch in Abhängigkeit von der Drehzahl

Abb. 70—72. Versuchsergebnisse am MAN-Motor D 0534 G (mit Kugelbrennraum)
D = 105 mm, s = 130 mm, z = 4 Zylinder, n_{max} = 2200 U/min, ε = 17.

a Dieselbetrieb
b Zündstrahl-Holzgasbetrieb, Holz mit 12%
Feuchtigkeit, 50% Weichholz, 50% Hartholz,

c Zündstrahl-Holzgasbetrieb, Holz mit 25%
Feuchtigkeit, 100% Weichholz
(RIXMANN [4])

wirtschaftlichen Wirkungsgrades höhere Werte. Das sehr feuchte Holz (Kurve *c*) ergab zwar etwas geringere Werte, der Unterschied ist aber nicht groß. Beachtenswert
war die Unempfindlichkeit des Betriebsverhaltens gegen die Holzqualität.

Den Verlauf des Dieselölanteiles *i* sowie des spezifischen Wärmeverbrauches zeigt
Abb. 72. Für das trockene Gas mit 12% Feuchtigkeit (Kurve *b*) genügt ein Zündölanteil
von i = 12 bis 22%. Der spezifische Wärmeverbrauch, der bei diesem Motor für Diesel-

betrieb bekanntlich außerordentlich günstig ist (Kurve *a*) steigt im Zündstrahl-Holz-gasbetrieb um etwa 10 bis 15% an. Bei dem feuchten Holz (Kurve *c*) ist die Wirtschaft-lichkeit etwas ungünstiger.

Abb. 73 zeigt die Wärmeverbrauchslinien eines Deutzer-Fahrzeugmotors (F4M 517) im Diesel- und im Zündstrahl-Gasbetrieb. Bei einem Nutzdruck von $p_e = 6$ kg/cm² beträgt der spezifische Wärmeverbrauch 2000 kcal/PSeh und ist für beide Betriebsarten gleich. Der Teillastverbrauch ist auch hier beim Zündstrahlverfahren ungünstiger als beim Dieselbetrieb.

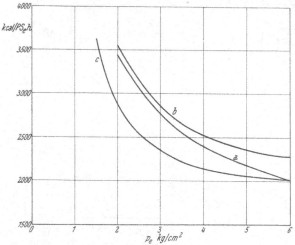

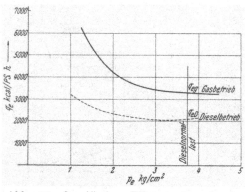

Abb. 73. Spezifischer Wärmeverbrauch des Deutzer Fahrzeug-Motors F4M 517 ($D = 130$ mm, $s = 170$ mm, $n = 1600$ U/min) im Diesel- und Leuchtgasbetrieb
a Zündstrahlgasbetrieb $\varepsilon = 15{,}5$, Zündölmenge konstant $= 11\%$ des Gesamtwärmeverbrauchs bei $p_e = 6$ kg/cm²
b Otto-Gasbetrieb $\varepsilon = 8{,}5$
c Dieselbetrieb $\varepsilon = 20$

Abb. 74. Spezifischer Wärmeverbrauch eines Deutzer Zweitaktmotors der Type OM 225 ($D = 175$ mm, $s = 250$ mm, $n = 550$ U/min) (s. Abb. 318)
q_{ed} Dieselbetrieb
q_{eg} nach der Umstellung auf Otto-Betrieb mit Generatorgas aus Anthrazit

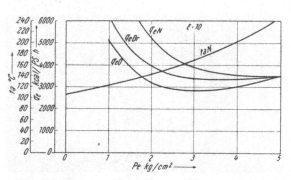

Abb. 75. Spezifischer Wärmeverbrauch und Auspuff-temperatur des Motors Deutz TM 325 ($D = 150$ mm, $s = 250$ mm, $n = 600$ U/min) (s. Abb. 289) in Ab-hängigkeit vom Nutzdruck p_e bei Gemischspülung mit Leuchtgas und Otto-Betrieb (Dieselvollast $p_e = 4{,}5$ kg/cm²) ($\varepsilon = 10$)
q_{eN} spezifischer Wärmeverbrauch bei voller Gebläse-förderung
q_{eU} spezifischer Wärmeverbrauch bei Überström-regelung
q_{eDr} spezifischer Wärmeverbrauch bei Drosselregelung
t_{aN} Auspufftemperatur bei voller Gebläseförderung

Die Wärmeverbrauchskurven im Otto-betrieb mit Anthrazitgas und im Diesel-betrieb für eine Zweitaktmaschine des Baumusters OM von Deutz zeigt Abb. 74. Bei den OM-Motoren, die eine ältere Deutzer Type darstellen, besitzt jeder Zylinder eine eigene Kolbenspülpumpe. Dies wurde beim Umbau so ausgenützt, daß mit der vorhandenen Spülpumpe Gas und Luft getrennt angesaugt und ver-dichtet werden (s. auch C. IV. 2 und E. II. 3). Dadurch ist eine Schichtung der beiden Medien in der Weise möglich, daß zuerst mit Luft vorgespült und zum Schluß erst Gas in den Zylinder geblasen wird. Die Ergebnisse mit dieser Anordnung waren im Gegensatz zu den Erfahrungen bei Lanz gut. Es gelang, den spezifischen Verbrauch im Vollastbetrieb auf 3300 kcal/PSeh zu senken, wie aus den Kurven ersichtlich ist. Im Zündstrahlbetrieb konnten sogar Werte von 2800 bis 3000

kcal/PSeh erreicht werden. In beiden Fällen war keine Leistungseinbuße gegenüber dem Dieselbetrieb festzustellen. Der Wärmeverbrauch bei Gemischspülung ist aber, wie man sieht, doch recht hoch, auch wenn man eine geschichtete Spülung ver-wirklichen kann. Dieses Verfahren kommt daher offenbar nur dann in Frage, wenn die Einfachheit des Umbaues allen anderen Überlegungen vorgeht. Jedenfalls eignet es sich nicht für den Betrieb mit teuren Reichgasen.

Bei den Deutzer-Zweitakt-Gasmaschinen des Baumusters TM wurde die Gemischspülung zunächst auch versucht mit dem Ziel festzustellen, wie weit der den großen Wärmeverbrauch bedingende Spülmittelaufwand bei den verschiedenen Belastungen herabgesetzt werden kann. Diese Maschinen sind mit Rootsgebläsen ausgestattet, so daß eine Regelung der Gebläsefördermenge einfach durch Überströmenlassen von der Druck- zur Saugseite oder durch Drosseln

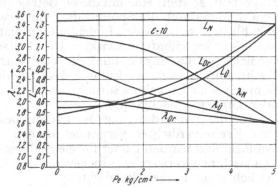

möglich war. Im Ottobetrieb mit Leuchtgas und mit elektrischer Zündung konnten mit einem Zweizylindermotor Verbräuche erzielt werden, wie sie in Abb. 75 dargestellt sind. Die zugehörigen Spülmittelaufwände und die Luftverhältniszahlen zeigt Abb. 76.

Die zulässige Dauerleistung im Gasbetrieb war mit $p_e = 5{,}0$ kg/cm² sogar größer als im Dieselbetrieb. Bei voller Gebläseförderung war sie durch Klopferscheinungen nach oben begrenzt. Dabei betrug der Wärmeverbrauch 3500 kcal/PSeh und konnte durch Herabsetzen des Spülmittelaufwandes nicht mehr verringert werden. Überdies ist bei dieser Betriebsart immer mit gefährlichen Rückzündungen in den Spülmittelaufnehmer zu rechnen.

Wesentlich günstigere Ergebnisse, auch in betrieblicher Hinsicht [53], sind mit der Gaseinblasung durch hydraulische Ventile erzielt worden. Die an der gleichen Maschine gemessenen Verbräuche und Leistungen mit dieser Anordnung bei Einblasung von Leuchtgas zeigt Abb. 77. Der Vollastverbrauch liegt mit 1900 kcal/PSeh sehr günstig, bei besonders sorgfältiger Einstellung der Maschine sind auch noch niedrigere Verbräuche gemessen worden. Der Teillastverbrauch zeigt den bei den Maschinen allgemeinen Verlauf. Bemerkenswert ist der niedrige Gaseinblasedruck, der bei Vollast sogar unter dem Spüldruck liegt.

Zum Vergleich ist in Abb. 77 auch die Wärmeverbrauchslinie für den Dieselbetrieb eingezeichnet.

Wärmebilanzen und Wirtschaftlichkeitsberechnungen für Verbrennungsmotoren im allgemeinen sind in Bd. 14 angegeben [83]. Dort findet man auch spezielles Material über Gasmaschinen.

Abb. 76. Spülmittelaufwand und Luftverhältnis des Motors TM 325 bei Gemischspülung mit Leuchtgas und Otto-Betrieb ($\varepsilon = 10$)
L_N Spülmittelaufwand bei voller Gebläseförderung
L_U Spülmittelaufwand bei Überströmregelung
L_{Dr} Spülmittelaufwand bei Drosselregelung
λ_N Luftverhältnis bei voller Gebläseförderung
λ_U Luftverhältnis bei Überströmregelung
λ_{Dr} Luftverhältnis bei Drosselregelung

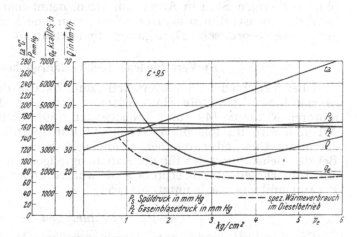

Abb. 77. Spezifischer Wärmeverbrauch, Spüldruck, Gaseinblasedruck und Auspufftemperatur für den Motor TM 325 in Abhängigkeit vom Nutzdruck bei Leuchtgaseinblasung ($H_u = 3\,800$ kcal/Nm³, $L_0 = 3{,}87$ m³/m³), Steuerung des Gaseinblaseventils nach Abb. 173, $\varepsilon = 9{,}5$
p_s Spüldruck
p_E Gaseinblasedruck
q_e spezifischer Wärmeverbrauch
Q Gasverbrauch
t_a Auspufftemperatur

4. Leistungssteigerung durch Spülen und Aufladen

Bei gleichem Hubvolumen und gleicher Drehzahl kann die Leistung durch Vergrößern des Ladungsgewichtes wesentlich gesteigert werden. Dies geschieht durch Spülen und Aufladen [48] bis [51]. Die Ausspülung der restlichen Abgase hat bei normalen Gasmaschinen an sich schon eine beachtliche Steigerung der Ladungsmenge und damit der Leistung zur Folge. Bei einem Verdichtungsverhältnis von $\varepsilon = 7$ nehmen die Abgase am Ende des Ausschubhubes noch etwa 16% des Hubvolumens ein. Wird dieser Teil ausgespült, so steht eine um diesen Betrag größere Gemischmenge zur Verfügung. Außerdem werden durch die Spülluft die Zylinderwandungen, der Kolbenboden und die Ventile gekühlt, was sich auf den Liefergrad und damit auf die Vergrößerung der Ladungsmenge weiterhin vorteilhaft auswirkt. Die Aufladung kann entweder durch Ansaugen vorverdichteter Ladungsbestandteile oder durch Nachladung erreicht werden. Bei der Nachladung erfolgt die Füllung des Zylinders normal durch Ansaugen von Luft oder Gemisch vom Umgebungsdruck; nach Abschluß der Steuerorgane wird zusätzlich Luft oder Druckgas nachgeladen.

Für die Vorverdichtung der Ladungsbestandteile können Hubkolben-, Drehkolben- oder Kreiselverdichter verwendet werden. Die Hubkolbenverdichter sind die älteste Bauform und wurden früher für die Spülung und Aufladung von langsamlaufenden Großgasmaschinen verwendet. In neuerer Zeit benützt man in der Hauptsache Drehkolbenverdichter und Kreiselverdichter.

Man bezeichnet die für die Aufladung verwendeten Verdichter auch als Lader. Nach der Antriebsart unterscheidet man fremd angetriebene, mechanisch angetriebene und Abgasturbolader. Für den Fremdantrieb kann beispielsweise ein Elektromotor oder eine besondere Hilfsmaschine gewählt werden. Die mechanisch angetriebenen Lader sind mit dem Motor direkt verbunden. Beim Abgasturbolader wird die zum Antrieb des Laders erforderliche Leistung von einer Abgasturbine geliefert. Ein solcher Lader ist nur über die Abgase mit dem Motor gekuppelt.

Werden zu diesem Zweck die Abgase in der Auspuffleitung gestaut, so spricht man von Stauturbinen. Turbinen, welche die Geschwindigkeits- und Druckstöße der Abgase ohne vorherigen Stau in Arbeit umsetzen, nennt man Auspuffturbinen. Praktisch ausgeführte Abgasturbinen sind im allgemeinen eine Vereinigung der beiden Arten. Eingehendere theoretische Darlegungen findet man in [91].

a) Verschiedene Ladeverfahren bei Gasmaschinen

Über verschiedene Ladeverfahren zum Zwecke der Leistungssteigerung von Großgasmaschinen berichtete HAGENMÜLLER [48], über die Aufladung von Fahrzeuggasmotoren RIXMANN [49] und KNÖRNSCHILD [50]. Das Wesentliche aus den genannten Arbeiten wird im folgenden verwendet. Für die theoretischen Erklärungen werden vor allem die thermodynamischen Grundlagen nach F.A.F. SCHMIDT herangezogen [17]. Bei der Behandlung der für die Aufladung allgemein geltenden Grundsätze, wie sie vor allem an Dieselmotoren erprobt sind, wurden außer eigenen Erfahrungen Arbeiten von PFLAUM und ZINNER benutzt [64, 65].

α) Vorverdichtung von Gas und Luft.

Gas und Luft werden unter Druck zugeführt. Die Spülung erfolgt durch Luft. Dazu sind zwei Gebläse, eines für Luft und eines für Gas notwendig. Man hat nach diesem Verfahren bei großen Viertakt-Maschinen z. B. mit Hochofengas schon bei Ladedrücken von 0,10 bis 0,15 atü eine Zunahme der Nutzleitung von 35% erreicht [48]. Durch höhere Vorverdichtung kann die Leistung weiter gesteigert werden, wenn die thermische Belastung der Kolben und Ventile dies zuläßt. Das Verfahren wird wenig angewendet, da mit zunehmendem Ladedruck die Schwierigkeiten mit den lästigen Gasleckverlusten anwachsen.

β) Ansaugen von Gemisch, Nachladen von Luft

Bei Großgasmaschinen wird am meisten das Spülen und Kühlen am Ausschubende in Verbindung mit dem Luftnachladen am Saughubende mit Luft von 0,2 bis 0,3 atü ohne Vorverdichten des Gases angewandt. Der vermehrten Luftmenge entsprechend ist das angesaugte Gemisch gasreicher eingestellt. Dabei ergibt sich ohne nennenswerten Mehraufwand auch schon bei armen Gasen eine Mehrleistung von 25 bis 30%. Die Leistungsgrenze liegt auch hier in der thermischen Belastung.

Es sind zwei Ausführungsarten zu unterscheiden: Zweikammersteuerung und Dreikammersteuerung. Bei der ersten sind die Einlaßventilgehäuse zweiräumig, und zwar für Gas und für vorverdichtete Luft. Diese dient nicht nur zum Spülen und Nachladen, sondern auch als Mischluft. Im anderen Falle sind besondere Räume für die vorverdichtete Luft zum Spülen und Nachladen, für das Gas und für die unverdichtete Mischluft vorhanden. Beide Arten haben sich gut bewährt. Die einfachere Bauweise bei der Zweikammersteuerung wird durch zusätzlichen Arbeitsaufwand für Vorverdichtung der Gemischluft erkauft, deren Überdruck sich nicht nutzbringend verwenden läßt, weil er während des Saughubes abgedrosselt werden muß, um genügend Gas in den Zylinder zu bringen. Für die Vorverdichtung der Luft kommt bei den beiden Arten entweder unmittelbarer Antrieb durch die Hauptmaschine oder eine getrennt angetriebene Hilfsmaschine in Betracht. Diese ist besonders vorteilhaft dann, wenn viel mit niedriger Last gefahren wird. Man braucht dann das Ladeaggregat nur bei den oberen Leistungsstufen zu betreiben und spart Energie und Schmieröl. Beim unmittelbaren Antrieb wird gewöhnlich eine doppelseitig wirkende Kolbenpumpe angewendet. Wenn nur die Spül- und Ladeluft zu verdichten ist, dann wird die Pumpe meist von einer Nebenkurbel angetrieben, die gegen die Hauptkurbel um etwa 90° verdreht ist, damit der Pumpenkolben seine größte Fördergeschwindigkeit in der Nähe der Endlage der Hauptkolben hat, wo gerade die richtige Zeit für wirksames Spülen und Nachladen ist. Bei der Zweikammersteuerung aber ist die Luftpumpe wegen der viel größeren Luftmenge am Kurbeltrieb schwer unterzubringen. Man hängt sie dann in der Regel unmittelbar an der hinteren Kolbenstange als Verlängerung der Hauptmaschine an, was günstig für den mechanischen Wirkungsgrad ist. Da dann allerdings die Kolbenendlagen der Hauptmaschine und der Luftpumpe zeitlich zusammenfallen, fördert die Pumpe gerade dann keine Luft, wenn der richtige Augenblick für das Spülen und Nachladen da wäre. Die notwendige Abhilfe steigert weiter den Luftbedarf [48]. Aus diesem zusätzlichen Bedarf der Zweikammersteuerung an vorverdichteter Luft ergibt sich unter Anrechnung

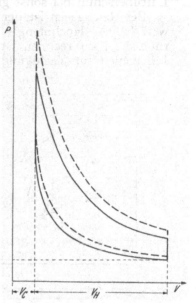

Abb. 78. Theoretisches P-v-Diagramm eines Gasmotors bei normalem Ansaugen und bei Druckgasnachladung im unteren Totpunkt (Gleichraumverbrennung)

der Misch- und Nachladeluft z. B. für Betrieb mit Hochofengas, daß etwa 75 bis 80% des Hubvolumens des Hauptzylinders an Luft zu verdichten sind gegenüber 30 bis 35% bei der Dreikammersteuerung.

γ) Gasnachladung

Bei der reinen Druckgasladung [49] wird nur Luft angesaugt und das Gas nach Abschluß der Steuerorgane eingeblasen. Die schematische Abb. 78 zeigt das theoretische Arbeitsdiagramm einer normal ansaugenden Gasmaschine und dasjenige bei Gasnachladung zu Beginn der Verdichtung. Der durch Nachladung erreichbare Innendruck

$$p_{id} = p_i \frac{\lambda_{ld}}{\lambda_l} \cdot \frac{1 + \lambda L_0}{\lambda L_0} \cdot \frac{\eta_{id}}{\eta_i}.$$

Dabei gilt der Zeiger d jeweils für den Betrieb mit Druckgasnachladung. Für eine Abschätzung der Verhältnisse kann man

$$\lambda_{ld} = \lambda_l \quad \text{und} \quad \eta_{id} = \eta_i$$

5*

setzen, dann erhält man

$$p_{id} = p_i \frac{1 + \lambda L_0}{\lambda L_0}.$$

Führt man entsprechend der Bezeichnungsweise bei Aufladung durch Vorverdichtung eine „Nachladezahl"

$$\lambda_d = \frac{1 + \lambda L_0}{\lambda L_0}$$

ein, so ist

$$p_{id} = p_i \lambda_d.$$

Wie man sieht, ist die erzielbare Mehrleistung umso größer, je kleiner der Luftbedarf, das heißt je größer der Anteil des Gases im Gemisch ist und nimmt mit zunehmendem Luftüberschuß bei sonst gleichen Verhältnissen ab.

Bei Reichgasen ist der Leistungsgewinn also kleiner, bei Gasen mit geringem Heizwert, z. B. Hochofengas und Generatorgas, wo mit einem Gemischverhältnis von rund 1 : 1 zu rechnen ist, würde zwar durch Einblasen des Gases etwa die doppelte Luftmenge zur Verfügung stehen (was auch die doppelte Gasmenge erfordern würde), dem steht aber nicht nur der große Arbeitsaufwand für das Vorverdichten dieser großen Gasmenge und die Schwierigkeit des Einbringens im ersten Teil des Verdichtungshubes entgegen, sondern es würden auch die Verdichtungs- und die Zünddrücke bei dieser doppelten Füllung viel zu hoch. Wollte man aber zur Vermeidung dieser hohen Drücke das Verdichtungsverhältnis entsprechend verkleinern, so erhält man ein unbrauchbares Expansionsverhältnis. Daraus geht hervor, daß die Druckgasaufladung bei heizwertarmen Gasen nicht in Betracht kommt.

Die oben angenommenen Vereinfachungen bei der Berechnung des Innendruckes treffen indessen für die Wirklichkeit nicht ganz zu. Um die Verfahren überhaupt vergleichen zu können muß das Luftverhältnis gleich gehalten werden der Liefergrad und der Innenwirkungsgrad aber werden sich ändern. Der Einfluß der Wirkungsgradänderung auf die Nutzleistung ist allerdings gering, wie die Nachrechnung zeigt. Zwar wird der theoretisch-thermische Wirkungsgrad bei gleichem Verdichtungsverhältnis für Saugfüllung stets um einige Prozent größer als für Druckgasaufladung, aber umgekehrt ist der mechanische Wirkungsgrad bei Druckgasaufladung um einige Prozent günstiger als bei Saugfüllung. Die beiden Einflüsse heben sich ungefähr auf. Bei einem Verdichtungsverhältnis von $\varepsilon = 6{,}7$ und einem Luftverhältnis von $\lambda = 1$ errechnet Rixmann

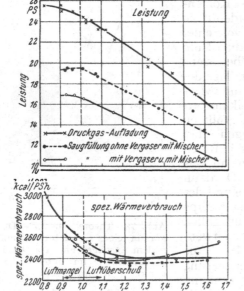

Abb. 79. Leistung und spezifischer Wärmeverbrauch in Abhängigkeit vom Luftverhältnis bei Leuchtgasbetrieb mit Saugfüllung und Druckgasaufladung (Einzylinder-Versuchsmotor $V_h = 1{,}54$ l, $\varepsilon = 6{,}7$, $n = 1670$ U/min) (Rixmann [49])

für den theoretisch thermischen Wirkungsgrad bei Leuchtgasbetrieb bei Saugfüllung 38%, bei Druckgasaufladung 37%, das heißt 3% weniger. Der mechanische Wirkungsgrad dagegen erfährt je nach der Drehzahl für das Druckgas-Aufladeverfahren eine Steigerung von 3 bis 5%. Es bleibt eine geringe Verschlechterung des Gütegrades der Verbrennung da die Mischung von Luft und Gas im Saugbetrieb immer etwas besser sein wird.

Nicht unerheblich allerdings ist die Verbesserung des Liefergrades im Druckgasbetrieb ($\lambda_{ld} > \lambda_l$), die dadurch zustande kommt, daß die Drossel- und Mischorgane in der Saugleitung wegfallen. Dieser Einfluß zeigt sich vor allem bei Reichgasen. Rixmann [49] hat die Verhältnisse durch Versuche an einem Einzylindermotor eingehend geklärt. Das Gas wurde kurz nach dem unteren Totpunkt während des Kompressions

hubes in den Zylinder eingeblasen. Der Druck des für die Versuche verwendeten Leuchtgases lag zwischen 3 bis 8 atü. Bei den Vergleichsversuchen mit normaler Saugfüllung
wurden folgende Anordnungen verwendet.

1. Saugfüllung mit Gasluftmischer, jedoch ohne Vergaser,
2. Saugfüllung mit Gasluftmischer und vorgeschaltetem Vergaser.

Abb. 79 zeigt die gemessene Abhängigkeit der Leistung vom Luftverhältnis. Wie
man sieht, kann die Leistung im Druckgasbetrieb beträchtlich erhöht werden.

Bei $\lambda = 1$ steigt sie gegenüber bestmöglicher Füllung im Saugbetrieb von 19,4 auf
24,5 PS, das heißt um rund 26% gegenüber der im allgemeinen üblichen Anordnung mit
Vergaser und Mischer sogar von 16,6 auf 24,5 PS, das heißt um rund 48%.

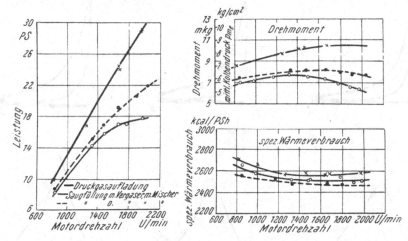

Abb. 80. Vergleich der Leistung, des Drehmomentes, des Nutzdruckes und des spezifischen Wärmeverbrauches bei Druckgasaufladung gegenüber Saugfüllung, abhängig von der Drehzahl für Leuchtgas bei
einem Luftverhältnis $\lambda = 1$ (RIXMANN [49])

Der spezifische Wärmeverbrauch zeigt (Abb. 79) grundsätzlich das gleiche Verhalten
wie bei Saugbetrieb, jedoch wurde namentlich in der Nähe des theoretischen Mischungsverhältnisses nicht der gleiche Wirkungsgrad erreicht. Dies dürfte auf den verschlech-
terten Gütegrad η_g zurückzuführen sein. Genauere Untersuchung der Steuerzeiten
sowie der Vermischung von Gas und Luft dürften hier noch eine Verbesserung bringen.
Da in der Leitung keine drosselnden Lufttrichter eingebaut sind, ergibt sich für die
Druckgasaufladung ein fast linearer Anstieg der Leistung mit der Drehzahl, während
der Einfluß des Vergasers bei der Saugfüllung ein Abbiegen der Kurven verursacht.
Da die Meßwerte für das Luftverhältnis $\lambda = 1$ gelten, ist der Einfluß des Mischungs-
verhältnisses ausgeschaltet und die Ausbildung der Leistungskurven geht lediglich auf
die Füllungsvergrößerung und die Änderung des wirtschaftlichen Wirkungsgrades zurück.
Die Kurven für den spezifischen Wärmeverbrauch zeigen ebenfalls eine Verringerung des
Wirkungsgrades gegenüber der Saugfüllung.

Durch den großen Leistungsgewinn, der sich bei Leuchtgas im Druckgas-Aufladeverfahren ergibt, ist es natürlich möglich, weitgehend die Vorteile eines großen Luftüberschusses auszunutzen. Aus Abb. 79 ergibt sich z. B., daß bei einem Luftverhältnis
von $\lambda = 1,2$ im Druckgas-Aufladebetrieb die Leistung bei der Drehzahl von 1670 U/min
noch 22 PS beträgt. Der Wärmeverbrauch betrug 2400 kcal/PSeh. Bei Saugfüllung ist
für den günstigsten Fall, das heißt ohne vorgeschalteten Vergaser und bei gleichem
Wärmeverbrauch (2400 kcal/PSeh bei $\lambda = 1,04$) nur eine Leistung von 19 PS vorhanden.
Die Mehrleistung beträgt also bei höherem Luftüberschuß und gleicher Wirtschaftlichkeit noch rund 16%. Hierdurch wird der Leistungsabfall gegenüber Benzinbetrieb
schon weitgehend ausgeglichen. Die Versuche haben gezeigt, daß in der Druckgasaufladung ein Verfahren zur Verfügung steht, das die Leistung der Fahrzeug-Gasmotoren
bei bestimmten Kraftgasen (Leuchtgas, Methan) auch bei Erhaltung der Wirtschaftlichkeit beträchtlich erhöht.

Auch für stationäre Motoren hat das Druckgasverfahren Bedeutung erlangt, und zwar im Zusammenhang mit der Ferngasversorgung, in deren Leitungen an manchen Stellen wegen der Speicherung und zur Überwindung des Reibungswiderstandes ein so hoher Gasüberdruck vorhanden ist, daß er ohne zusätzlichen Kostenaufwand für die Druckgasaufladung nutzbar gemacht werden kann. Nach HAGENMÜLLER [48] ließ sich mit Leuchtgas an stehenden schnellaufenden Tauchkolbenmaschinen mit größerer Zylinderzahl bei einem Vordruck von 2,2 atü ein $p_e = 5{,}8$ kg/cm² und bei einem Vordruck von 3,1 atü ein p_e von über 8 kg/cm² erreichen. $p_e = 5{,}5$ bis $5{,}8$ kg/cm² kann be

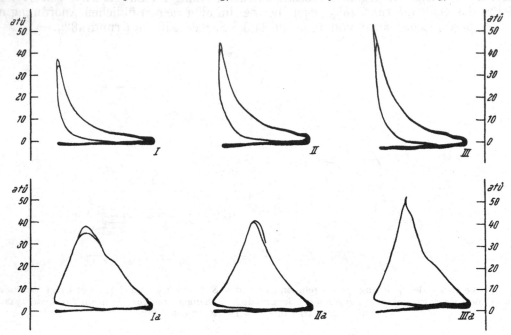

Abb. 81. Indikatordiagramme einer Viertaktmaschine bei normalem Ansaugen und bei Druckgasaufladun
(Leuchtgas) (untere Reihe um 90° versetzt aufgenommen)
I und *Ia* normaler Viertakt $p_e = 4{,}3$ kg/cm²
II und *IIa* Druckgasaufladung etwa Vollast $p_e = 5{,}8$ kg/cm²
III und *IIIa* Druckgasaufladung, erreichbare Höchstlast $p_e = 8{,}2$ kg/cm²
(HAGENMÜLLER [48])

diesen Maschinen als Vollast im Dauerbetrieb zugelassen werden, wogegen höhere Nutz drücke bei den Bauweisen der Gegenwart mit Rücksicht auf die Lebensdauer de Maschinen hauptsächlich wegen der höheren Zünddrücke und Spitzentemperaturen in praktischen Betrieb nicht ratsam sind. Ob und wie weit man die für Vollast im Dauer betrieb zulässigen Mitteldrücke beim Druckgasverfahren noch unbedenklich erhöhe kann, läßt sich erst beurteilen, wenn jahrelange Beobachtungen vorliegen. Die Dia gramme, Abb. 81, stammen von einer stehenden Tauchkolbenmaschine, bei der es unte Anwendung einer Umstellung auf andere Nockenangriffe möglich war, die Druckluft anlaßventile nach dem Anfahren als Druckgasventile zu benützen und damit den normale Zylinderdeckel beizubehalten, was besonders erwünscht ist, um den schon durch Einlaß und Auslaßventilgehäuse und durch das Anlaßventil eingeengten Kühlraum nicht noc mehr zu beschränken und verwickelt gestalten zu müssen. Durch besondere Maßnahme ist dafür gesorgt, daß an die Bedienung keine höheren Anforderungen gestellt werde und mit dem Umstellen keine Betriebsgefahr verbunden ist.

Jedenfalls ist das Druckgasverfahren bei diesen Maschinen im Zweitakt und im Vier takt mit Vorteil anzuwenden. Die unter α und β beschriebenen Verfahren kommen da gegen im wesentlichen nur für langsamlaufende Viertakt-Großgasmaschinen in Frage bei denen der Bauaufwand eine Vergrößerung der Maschine verhindert. Bei den stehen den Vielzylinderbauarten hingegen, soweit es sich um gängige Größen für die Serie fertigung handelt, ist es einfacher und billiger, bei der normalen Viertaktausführung z bleiben und dafür größere Zylinderzahlen zu wählen.

b) Mitteldrücke und Liefergrad bei Vorverdichtung der Ladung

Das Aufladen von Gasmaschinen wirkt in bezug auf die Zündung und Verbrennung wie eine Erhöhung des Verdichtungsverhältnisses. Wenn nicht durch eine vorherige gründliche Spülung eine gute Kühlung des Verbrennungsraumes erreicht wird, so ist bei aufgeladenen Gasmaschinen das Verdichtungsverhältnis gegenüber unaufgeladenen Maschinen zu verringern.

Auch sonst ergeben sich Änderungen der thermodynamischen Zusammenhänge. Ganz besonders aber wird die Wirkung des Aufladens durch den Wirkungsgrad der Verdichtung von Luft und Gas und das Zusammenarbeiten zwischen Motor und Verdichter beeinflußt.

Ist T_v die Temperatur und P_v der Druck der verdichteten Ladungsbestandteile, dann ist der Innendruck der aufgeladenen Maschine

$$p_{iv-l} = 0,0427 \, \lambda_{lv} \cdot \eta_{iv-l} \, h_u \frac{273}{T_v} \cdot \frac{P_v}{10\,333} \; [\text{kg/cm}^2].$$

Verglichen mit der unaufgeladenen aus der Umgebung ansaugenden Maschine erhält man für

$$p_{iv-l} = p_{i-l} \frac{\lambda_{lv}}{\lambda_l} \cdot \frac{\eta_{iv-l}}{\eta_{i-l}} \cdot \frac{T_a}{T_v} \frac{P_v}{P_a}.$$

(Der Zeiger v kennzeichnet die der aufgeladenen Maschine entsprechenden Werte.) Nun ist

$$\frac{T_a}{T_v} \cdot \frac{P_v}{P_a} = \frac{\gamma_v}{\gamma_a} = \lambda_a$$

(s. A. IV. 2).

γ_v [kg/m³] ist das spezifische Gewicht der vorverdichteten Ladung vor den Einlaßorganen.

γ_a [kg/m³] ist das spezifische Gewicht der Ladung vom Zustand der Umgebung (Außenzustand).

λ_a wird Aufladezahl genannt.

Der Liefergrad λ_{lv} wird auf den Zustand vor den Einlaßorganen (P_v, T_v) bezogen. Er hängt im wesentlichen vom Druckverlust und der zusätzlichen Erwärmung beim Einströmen in den Zylinder ab und kann durch Spülen gegenüber der normalansaugenden Maschine (λ_l) beachtlich verbessert werden. Aber auch ohne Spülung wird — wenn der Auspuffgegendruck P_g annähernd gleich dem Außendruck ist — die Füllung durch Vorverdichten der Ladung verbessert, da auf diese Weise die Restgase auf einen kleineren Raum zusammengedrängt werden. Ganz allgemein gilt mit guter Näherung die Beziehung — wie schon auf S. 48 angeführt —

$$\lambda_{lv} = \left[\frac{P_1 \, T_v}{P_v \, T_1} \cdot \frac{\varepsilon}{\varepsilon - 1} - \frac{V_{Restg.}}{V_h} \right].$$

Für P_a und T_a ist jetzt P_v, T_v gesetzt. P_1 und T_1 beziehen sich wieder auf den Zustand der mit den Restgasen unvermischten Ladung zu Beginn der Verdichtung (V_{Rest} ist jetzt auf den Zustand P_v, T_v zu beziehen).

Im Idealfall bei vollkommen gespülter Maschine, wenn $P_1 = P_v$ und $T_1 = T_v$ ist

$$\lambda_{lv} = \frac{\varepsilon}{\varepsilon - 1}.$$

KNÖRNSCHILD [50] hat den Einfluß der Restgasverdichtung, der Temperatur der Ladung vor den Einlaßorganen und der Drehzahl auf den Liefergrad durch die Formel

$$\lambda_{lv} = \lambda_n \cdot \lambda_T \cdot \lambda_P$$

dargestellt. Zu Beginn des Saughubes wird der Druck der Restgase angenähert gleich dem Auspuffgegendruck P_g sein (bei Aufladung durch mechanisch angetriebene Lader). Durch die einströmende Ladung erfolgt eine Verdichtung der Restgase und damit eine

Verbesserung des Liefergrades, welche umso größer sein wird, je größer der Druck P_1 der Ladung ist. Dieser Einfluß wird durch λ_P zum Ausdruck gebracht. λ_T zeigt die Abhängigkeit des Liefergrades von der Temperatur der Ladung. Die Erwärmung der in den Zylinder einströmenden Ladung wird im allgemeinen umso größer sein, je kleiner die Temperatur der Ladung vor den Einlaßorganen ist und umgekehrt. Der Drosselverlust beim Einströmen in den Arbeitszylinder wird im allgemeinen mit steigender Drehzahl zunehmen. Er wird durch den Faktor λ_n berücksichtigt.

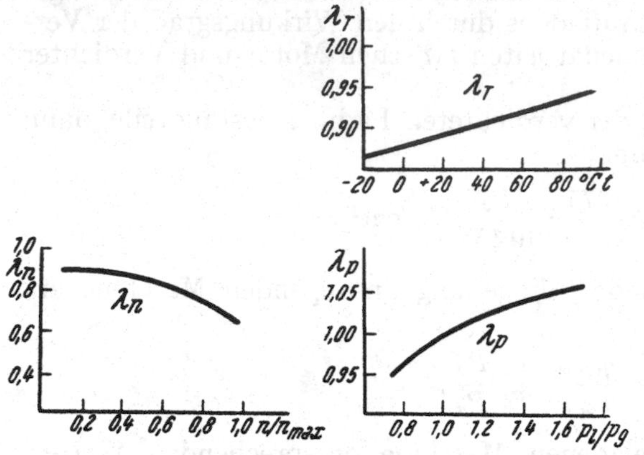

Aus Abb. 82 ist der Verlauf dieser Größen für Fahrzeugmotoren nach den Angaben von KNÖRNSCHILD zu entnehmen.

Der Innenwirkungsgrad η_{iv-l} der aufgeladenen Maschine dürfte sich von η_{i-l} demjenigen der unaufgeladenen Maschinen nicht wesentlich unterscheiden.

Den Haupteinfluß auf die Leistungssteigerung bei Vorverdichtung der Ladung hat jedoch die Erhöhung der spezifischen Gewichte. Das Verhältnis γ_v/γ_a kann bei einem schlechten Wirkungsgrad des Verdichters ungünstig beeinflußt werden, siehe auch den folgenden Abschnitt.

Im übrigen gelten durchaus analoge Beziehungen wie für die unaufgeladenen Maschinen.

Abb. 82. Liefergrade des Otto-Motors, $\lambda_{lv} = \lambda_n\,\lambda_T\,\lambda_p$ (KNÖRNSCHILD [50])

Der Nutzdruck ist für Viertakt-Motoren mit mechanischer Aufladung

$$p_{ev} = p_{iv-l} + p_l - p_r - p_{La} \quad [\text{kg/cm}^2]$$

mit Abgasturboaufladung (BÜCHI)

$$p_{ev} = p_{iv-l} + p_l - p_r \quad (\text{kg/cm}^2).$$

p_l [kg/cm²] ist wieder der Mitteldruck für die Ladungswechselarbeit, er ist bei mechanischer Aufladung im allgemeinen größer als bei BÜCHI-Aufladung (Abb. 93 und Abb. 99).

p_r [kg/cm²] ist der Mitteldruck der mechanischen Reibung.

p_{La} [kg/cm²] ist der Mitteldruck für den Lader-Antrieb.

Für die Wirkungsgrade gilt ebenfalls analog wie in A. IV. 2:

$$\eta_m = \frac{p_{ev}}{p_{iv}} = 1 - \frac{p_r + p_{La}}{p_{iv-l} + p_l} \quad \text{ist der mechanische Wirkungsgrad,}$$

$$\eta_{iv} = \eta_{iv-l}\,\frac{p_{iv-l} + p_l}{p_{iv-l}} \quad \text{ist der Innenwirkungsgrad,}$$

$$\eta_{ev} = \eta_{iv-l}\,\frac{p_{iv-l} + p_l - p_r - p_{La}}{p_{iv-l}} \quad \text{ist der Nutzwirkungsgrad.}$$

Bei Abgasturboaufladung ist $p_{La} = 0$.

c) Leistung und Wirkungsgrade der Verdichtung

Wie bekannt (sh. [81]), ist der theoretische Arbeitsbedarf für die adiabatische Verdichtung von 1 kg Gas (Luft)

$$L_{ad} = R \cdot T_a\,\frac{\varkappa}{\varkappa - 1}\left[\left(\frac{P_v}{P_a}\right)^{\frac{\varkappa-1}{\varkappa}} - 1\right] = H_{ad} \quad [\text{mkg/kg}].$$

Diese Arbeit wird auch adiabatische Förderhöhe genannt. Die adiabatische Verdichtungsarbeit kann auch durch die Differenz der Temperaturen des zu verdichtenden Mittels vor und nach der Verdichtung oder durch das entsprechende Wärmegefälle ausgedrückt werden.

$$A \cdot L_{ad} = c_p\,(T_v^{ad} - T_a) = i_v^{ad} - i_a \quad [\text{kcal/kg}]$$

dabei ist

$$T_v^{ad} = T_a \left(\frac{P_v}{P_a}\right)^{\frac{\varkappa-1}{\varkappa}}$$

die adiabatische Verdichtungstemperatur, $i_v^{ad} - i_a$ das entsprechende adiabatische Wärmegefälle.

In Wirklichkeit geht die Verdichtung nicht adiabatisch vor sich, sondern wegen der inneren Verlustarbeiten (Gasreibung, Stoßverluste usw.) findet noch eine zusätzliche Erwärmung statt. Vernachlässigt man die nach außen abgeführte Wärmemenge, dann kann man die tatsächliche Verdichtungsarbeit je kg als

$$L_i = \frac{i_v - i_a}{A} = \frac{c_p (T_v - T_a)}{A} \text{ [mkg/kg]}$$

ansetzen, wenn

T_v die tatsächliche Verdichtungstemperatur und
i_v der entsprechende Wärmeinhalt ist.

Das Verhältnis der adiabatischen zur inneren Verdichterleistung

$$\frac{L_{ad}}{L_i} = \frac{T_v^{ad} - T_a}{T_v - T_a} = \eta_{iad} \quad \text{ist der innere Laderwirkungsgrad.}$$

Drückt man in dieser Gleichung T_v^{ad}/T_a und T_v/T_a durch das entsprechende Druck- und Dichteverhältnis aus, so erhält man für das Verhältnis der spezifischen Gewichte

$$\frac{\gamma_v}{\gamma_a} = \frac{\eta_{iad}}{\left[\left(\frac{P_v}{P_a}\right)^{\frac{\varkappa-1}{\varkappa}} - (1 - \eta_{iad})\right]} \cdot \frac{P_v}{P_a} \cdot$$

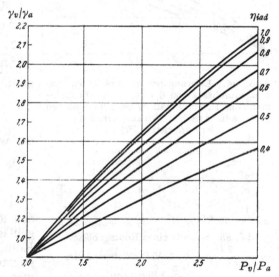

Abb. 83. Steigerung der Ladungswichte in Abhängigkeit vom Druckverhältnis für verschiedene adiabatische Wirkungsgrade

Abb. 83 zeigt das erzielbare Verhältnis der Ladungswichten für verschiedene Wirkungsgrade in Abhängigkeit vom Ladedruckverhältnis. Es ist bei schlechtem Innenwirkungsgrad der Verdichtung wesentlich kleiner als das Druckverhältnis. Die Aufladung eines Motors hat nur solange Zweck — wenn man von dem Einfluß der Verbesserung der Verbrennung durch die Aufladung absieht — als die durch die Dichtesteigerung mögliche höhere Motorleistung nicht durch den Leistungsbedarf für den Lader aufgebraucht wird. Das gilt insbesondere dann, wenn der Lader mechanisch vom Motor angetrieben wird.

Das Verhältnis der adiabatischen Verdichtungsarbeit zu der auf die Antriebswelle bezogenen L_e [mkg/kg]

$$\frac{L_{ad}}{L_e} = \eta_{ad} = \eta_{iad} \cdot \eta_m$$

nennt man Gesamtwirkungsgrad bezogen auf die adiabatische Verdichtung.

Die tatsächlich zur Verdichtung erforderliche adiabatische Verdichterleistung ist gleich dem Produkt aus der sekundlich zu verdichtenden Menge in kg und der Förderhöhe geteilt durch den Wirkungsgrad der Verdichtung.

$$N_{ad} = \frac{Q_w \cdot \gamma_a \cdot H_{ad}}{3600 \cdot 75 \cdot \eta_{ad}} \quad \text{[PS]},$$

wenn Q_w [m³/h] die wirkliche Liefermenge vom Ansaugezustand ist. Abb. 84 zeigt den Leistungsbedarf je Durchsatzeinheit über dem Ladedruckverhältnis für verschiedene Wirkungsgrade.

Ist L_v [m³/m³] die je m³ Hubvolumen zu verdichtende Ladungsmenge (vom Ansaugezustand), dann muß die adiabatische Verdichtungsarbeit

$$L_v \cdot P_a \cdot V_h \frac{\varkappa}{\varkappa - 1}\left[\left(\frac{P_v}{P_a}\right)^{\frac{\varkappa-1}{\varkappa}} - 1\right] = V_h \cdot p_{La} \cdot \eta_{ad} \cdot 10^4$$

sein, woraus sich der Mitteldruck der Verdichterarbeit

$$p_{La} = \frac{P_a}{\eta_{ad}} \cdot L_v \cdot \frac{\varkappa}{\varkappa - 1}\left[\left(\frac{P_v}{P_a}\right)^{\frac{\varkappa-1}{\varkappa}} - 1\right] \cdot 10^{-4} \quad [\text{kg/cm}^2]$$

ergibt.

Aus Abb. 55 kann für $\varkappa = 1,4$ und $P_a = 10\,000$ kg/m² p_{La} einfach graphisch bestimmt werden.

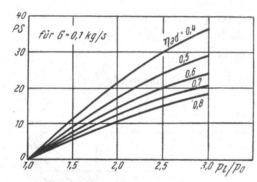

Abb. 84. Leistungsbedarf für einen Ladungsdurchsatz von 0,1 kg/sec in Abhängigkeit vom Druckverhältnis bei verschiedenen adiabatischen Wirkungsgraden (KNÖRNSCHILD [50])

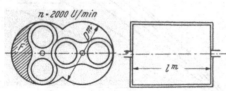

Abb. 85. Schema eines Rootsgebläses

$$\varphi = \frac{2F}{\pi D^2/4} = 0{,}53 \text{ Völligkeitsgrad des}$$

Flügelprofils

Q_{th} [m³/h] $= 30 \pi \varphi D^2 l n$
theoretische Liefermenge (Ansaugzustand)

Q_w [m³/h] wirkliche Liefermenge (Ansaugzustand)

$$\eta_v = \frac{Q_w}{Q_{th}} \text{ volumetrischer Wirkungsgrad}$$

d) Verdichter

α) Drehkolbenverdichter

Die theoretische Liefermenge eines Rootsgebläses ist

$$Q_{th} = 4F \cdot l \cdot n \cdot 60 \quad [\text{m}^3/\text{h}] \quad \text{(s. Abb. 85).}$$

Setzt man

$$\frac{2F}{D^2 \pi/4} = \varphi \quad \text{(Völligkeitsgrad des Flügelprofiles),}$$

dann ist

$$Q_{th} = 30 \pi \varphi D^2 \cdot l \cdot n$$
[m³ vom Ansaugezustand je h]

die wirkliche Liefermenge

$$Q_w = \eta_v \cdot Q_{th} \quad [\text{m}^3 \text{ vom Ansaugezustand je h}],$$
η_v Volumetrischer Wirkungsgrad.

Die Umfangsgeschwindigkeit berechnet für den äußeren Flügeldurchmesser kann bei Rootsgebläsen etwa gleich der fünffachen mittleren Kolbengeschwindigkeit gewählt werden. Das günstigste Verhältnis von Flügellänge zu Durchmesser ist $l/D = 1$ wegen der Spaltverluste. Als größte Flügellänge kann $l = 2 D$ gelten. Mit einem Rootsgebläse können Druckdifferenzen bis etwa $\Delta p = 0{,}7$ kg/cm² überwunden werden. Dabei wird jedoch der adiabatische Wirkungsgrad bereits sehr schlecht. Außerdem wird das Gebläse bei höheren Drücken sehr warm.

Die folgende Tabelle zeigt angenäherte Richtwerte für η_v, η_{ad} und t_d (Temperatur der Luft nach der Verdichtung) für verschiedene Druckdifferenzen, wie sie sich aus Versuchsmessungen bei einer Außentemperatur von 20° C und einer Umfangsgeschwindigkeit $u = 22$ m/sec ergaben:

Δp kg/cm²	η_v	η_{ad}	t_d °C
0,05	0,79 bis 0,89	0,36 bis 0,39	37 bis 35
0,1	0,77 bis 0,86	0,38 bis 0,42	40 bis 34
0,2	0,74 bis 0,84	0,46 bis 0,59	52 bis 45
0,4	0,68 bis 0,79	0,49 bis 0,61	70 bis 66
0,6	0,64 bis 0,75	0,45 bis 0,57	97 bis 93
0,7	0,61 bis 0,72	0,42 bis 0,52	112 bis 110

Es handelte sich um ein Gebläse Deutzer Bauart mit folgenden Abmessungen:

$$l = D = 180 \text{ mm}; \qquad \varphi = 0{,}53.$$

Die Spaltverluste und die Arbeitsweise des Rootsgebläses im besonderen erklären das Abnehmen der Wirkungsgrade mit zunehmendem Verdichtungsdruck.

Im Rootsgebläse findet im allgemeinen vor jedem Ausschiebevorgang immer erst ein Auffüllen der Kammern vom Druckraum aus auf den Verdichtungsenddruck statt. Diesem Arbeitsvorgang entspricht die theoretische Antriebsleistung

$$N_{th} = \frac{Q_{th}\,(P_v - P_a)}{3600 \cdot 75} \text{ (PS),}$$

diese ist größer als die Leistung, welche der adiabatischen Verdichtung in einem idealen Verdichter entspricht.

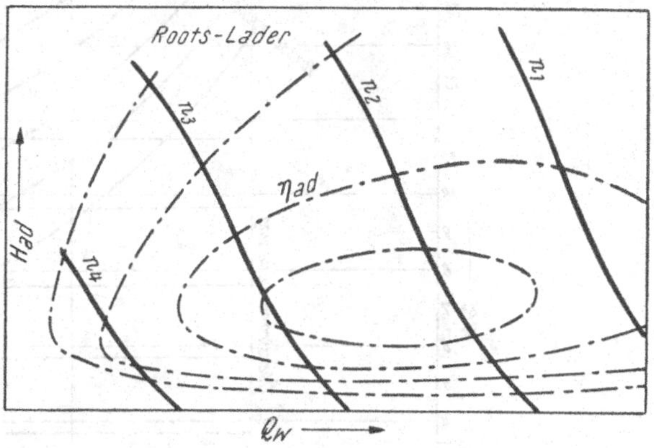

Abb. 86 zeigt das Kennfeld eines Rootsgebläses. Man erkennt, daß die Linien konstanter Drehzahl angenähert senkrecht verlaufen, wobei das Volumen ungefähr linear mit der Drehzahl zunimmt. Die leichte Neigung nach links ist auf die Spaltverluste zurückzuführen, die mit wachsendem Ladedruck größer werden, wodurch das geförderte Volumen etwas verringert wird. Die Wirkungsgrade eines solchen Verdichters liegen als Eierkurven um eine waagrechte Linie. Sie nehmen mit zunehmendem Druckverhältnis schnell ab.

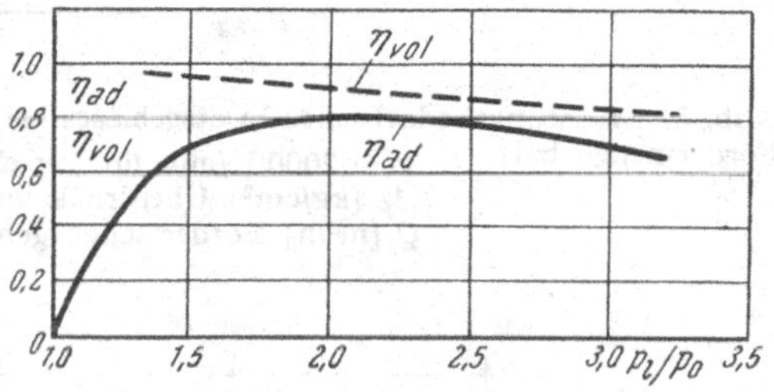

Schraubenkolbenverdichter (Lysholm) haben bessere Wirkungsgrade und können größere Druckverhältnisse überwinden als Rootsverdichter (s. Abb. 87).

Da bei Zweitaktmotoren für die Verdichtung von Gas und Luft weitgehend Roots-

Abb. 86. Kennfeld eines Rootsgebläses (KNÖRNSCHILD [50])

Abb. 87. Adiabatischer und volumetrischer Wirkungsgrad eines Lysholm-Schraubenverdichters in Abhängigkeit vom Druckverhältnis (KNÖRNSCHILD [50])

gebläse verwendet werden, wurde deren Leistungsbedarf und Erwärmung bei verschiedenen Förderdrücken und Fördermengen näher untersucht. Es gibt zwei Möglichkeiten, die Fördermenge zu regeln, das ist die Drossel- und die Überströmregulierung. Bei der Überströmregulierung wird die überschüssige Gasmenge von der Druck-, zur Saugseite zurückgeführt, während bei der Drosselregulierung die Verkleinerung der Fördermenge durch Drosseln der Saugseite erreicht wird. Die Versuche wurden mit demselben Gebläse mit Luft durchgeführt. Mit Absicht war für die Versuche ein älteres Gebläse mit verhältnismäßig großen Spaltweiten gewählt worden. Die gemessenen Daten sind also keine Bestwerte.

Abb. 88 zeigt den Leistungsbedarf in Abhängigkeit von der Fördermenge bei $n = 2000$ U/min für verschiedene Förderdrücke bei Drossel- und Überströmregulierung. Da die Höchstleistung des Antriebsmotors für das Gebläse nur 16 PS betrug, waren die Versuche begrenzt. Die im Druckstutzen gemessenen Temperaturen sind in Abb. 89 eingetragen. Sie steigen bei Drosselregelung wesentlich rascher an als bei Überströmregelung. Dabei ist zu beachten, daß sich die Luft bei der Überströmregelung während des Rückströmens abkühlen konnte. Beurteilt man die beiden Regelarten nach der Antriebsleistung und Erwärmung, so ist die Überströmregulierung der Drosselregulierung vorzuziehen. In Zusammenarbeit mit Zweitakt-Gasmotoren kann sich jedoch unter Umständen die Regulierung der Fördermenge des Gebläses durch Drosseln vorteilhaft auswirken. Hierauf soll noch später bei der Besprechung ausgeführter Umbauten näher eingegangen werden.

Bei der Verdichtung von Gasen steigen die Spaltverluste näherungsweise umgekehrt proportional der Wurzel der Wichte. Jedoch kann bei der Förderung von Generatorgas mit denselben Mengen gerechnet werden, wie bei Luftförderung, da sich dabei teerige Rückstände auf den Flügeln niederschlagen und die Spaltquerschnitte verkleinern.

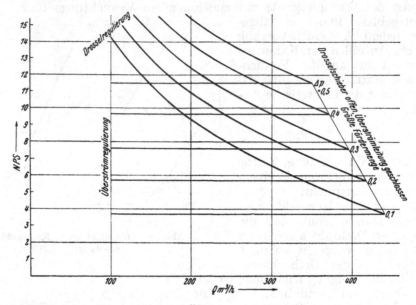

Abb. 88. Leistungsbedarf eines Rootsgebläses bei Überström- und Drosselregelung in Abhängigkeit von der Fördermenge bei $n = 2000$ U/min für verschiedene Förderdrücke
Δp [kg/cm²] Überdruck von der Druckseite gegen Außendruck
Q [m³/h] Fördermenge gemessen bei 20° C und 760 mm Q.S.

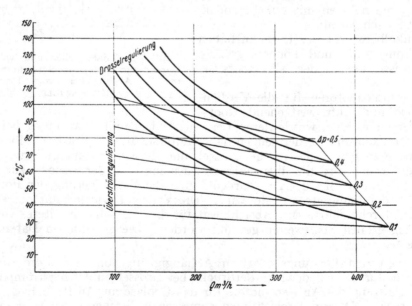

Abb. 89. Im Druckstutzen eines Rootsgebläses gemessene Temperatur bei Überström- und Drosselregelung
t_2 [°C] Temperatur im Druckstutzen Δp [kg/cm²] Überdruck von der Druckseite gegen Außendruck
Q [m³/h] Fördermenge, gemessen bei 20° C und 760 mm Q.S.

Im Gegensatz zu den Drehkolbenverdichtern sind die Kreisellader konstruktiv einfach, daher billig und bei nicht zu hohen Umfangsgeschwindigkeiten geräuscharm. Allerdings sind die Übersetzungsgetriebe hierzu umfangreicher als bei Drehkolbenverdichtern, da die Drehzahl höher als bei diesen ist.

β) Radial-Kreiselgebläse

Die Hauptabmessungen eines Radialgebläses kann man ungefähr wie folgt bestimmen. Aus

$$\Delta P = \psi \frac{\gamma}{2\,g}\, u_2{}^2 = H_{ad} \cdot \gamma_a \quad [\text{kg/m}^2]$$

kann für einen verlangten Überdruck Δp die Umfangsgeschwindigkeit am Austrittsdurchmesser berechnet werden, wenn ψ vorläufig angenommen wird. Die zulässigen Umfangsgeschwindigkeiten liegen für Leichtmetall und für Stahl zwischen 300 und 450 m/sec. Für ψ gelten folgende Richtwerte [66]:

$$\psi = 1{,}6 \text{ bis } 2{,}3 \text{ für vorwärts gekrümmte Schaufeln,}$$
$$\psi = 1 \quad\text{ bis } 1{,}4 \text{ für radial endigende Schaufeln,}$$
$$\psi = 0{,}7 \text{ bis } 1{,}2 \text{ für rückwärts gekrümmte Schaufeln.}$$

Wegen der großen Anforderungen, die bei der Verwendung von vorwärts gekrümmten Schaufeln an Spirale und Diffusor gestellt werden müssen, verzichtet man bei Ladegebläsen auf die Vorteile, die sich durch die höhere Druckziffer ψ ergeben. In den meisten Fällen entschließt man sich aus Herstellungs- und Festigkeitsgründen zu radial verlaufenden Schaufeln. Soll das Gebläse mit starrem Antrieb ausgerüstet und der Motor umsteuerbar sein, dann verbieten sich aus Symmetriegründen andere als radiale Schaufeln von vornherein. Der Wert $\psi = 1{,}4$ gilt für Gebläse mit Austrittsleitapparat, $\psi = 1{,}2$ im Mittel für solche mit Ringdiffusor und Spiralgehäuse, während der Wert 1,0 für Ausführungen mit Ringdiffusor und einfachem Sammelringraum gilt. Diese Bauweise wird aus Symmetriegründen wieder für umsteuerbare Maschinen bevorzugt.

Sofern die Drehzahl gegeben ist, kann man den Laufraddurchmesser errechnen

$$D_2 = \frac{60\, u_2}{\pi\, n}.$$

Die Fördermenge vom Außenzustand

$$Q = u_2 \cdot f_2 \cdot \varphi \quad [\text{m}^3 \text{ vom Ansaugezustand je sec}],$$
$$f_2 = D_2 \pi\, b_2 \;[\text{m}^2] \quad \text{Austrittsfläche am Umfang mit}$$
$$b_2 \;[\text{m}] \quad \text{Austrittsbreite.}$$

Für radial endigende Schaufeln kann für $\varphi = 0{,}30$ gesetzt werden. Dann ist

$$b_2 = \frac{Q}{\varphi\, D_2\, \pi}.$$

Nach praktischen Erfahrungen soll

$$b_2 = \left(\frac{1}{12} - \frac{1}{24}\right) D_2$$

sein, was jeweils nachzuprüfen ist.

Als Saugrohrgeschwindigkeit kann man erfahrungsgemäß ungefähr $c_0 = 50$ m/sec setzen, damit ergibt sich aus

$$Q = c_0 \frac{D_1{}^2 \pi}{4}$$

der Durchmesser des Saugrohres

$$D_1 = \sqrt{\frac{4\,Q}{c_0\, \pi}}.$$

Dabei ist zu prüfen, ob der Erfahrungswert $D_2/D_1 = 1{,}4$ bis 2 nicht überschritten wird.

Die Wirkungsgrade η_{ad} sind besser als bei Drehkolbengebläsen. Für Schleudergebläse mit radialen Schaufeln kann man ungefähr mit folgenden Werten rechnen:

$$\text{für Gebläse mit Austrittsleitapparat } \eta_{ad} = 0{,}82,$$
$$\text{für Gebläse mit Spiralgehäuse } \quad\;\; \eta_{ad} = 0{,}75 \text{ bis } 0{,}80,$$
$$\text{für umsteuerbare Gebläse } \quad\quad\;\; \eta_{ad} = 0{,}65 \text{ bis } 0{,}70.$$

Die höheren Werte gelten für bestbearbeitete Räder.

Einen Konstruktionsvorschlag für ein Laderrad für einen 100 PS-Fahrzeugmoto: das mit einer Drehzahl von 40 000 U/min umläuft, zeigt Abb. 90. Der Laderraddurcl messer beträgt nur 105 mm [50].

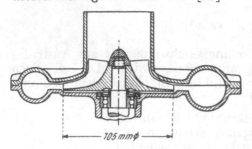

Abb. 90. Aufbau eines Laders für einen 100 PS Motor. Laderdrehzahl 40 000 U/min (KNÖRNSCHILD [50])

Abb. 91 zeigt das Kennfeld eines Radiallader: Beim Schleuderverdichter ist die Fördermeng nur auf einer parabelförmigen Betriebslinie, d etwa den Zustand stoßfreien Eintrittes darstell der Drehzahl verhältig. Die erzielbare Förderhöh ist hierbei proportional dem Quadrat der Dret zahl. Die Wirkungsgradlinien liegen um dies Parabel und fallen nach beiden Seiten ab. De Arbeitsbereich ist kleiner als beim Drehkolber verdichter. Zum Unterschied vom Verdränge: gebläse, das gegen verhältnismäßig hohe Drück fördert, ohne in der Fördermenge wesentlic zurückzugehen, nimmt beim Schleudergebläs bei höherem Gegendruck die Förderun stark ab und hört schließlich ganz au:

γ) Axialgebläse

Die Axiallader waren bisher fü Gasmaschinen kaum von Bedeutun und sollen daher nicht näher be sprochen werden. In Abb. 92 is lediglich das Kennfeld eines Axial laders gezeigt, das grundsätzlich ähn liche Verhältnisse aufweist wie da eines Radialladers.

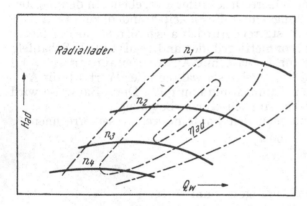

Abb. 91. Kennfeld eines Radialladers (KNÖRNSCHILD [50])

e) Zusammenarbeit von Motor und Ver dichter bei Vorverdichtung der Ladun

Die folgenden Betrachtunge: schließen sich eng an die Ergebniss über die Aufladung bei Motoren fü flüssige Kraftstoffe an, da die Ver hältnisse grundsätzlich dieselben sind Wie schon früher erwähnt, werden di Aufladegebläse entweder unmittelba vom Motor oder von Abgasturbine: (BÜCHI) angetrieben. Diese beide: Möglichkeiten sollen getrennt nach einander besprochen werden. Dabe ist zu beachten, daß im folgende: abweichend vom vorhergehenden, de Außenzustand nicht mit P_a, T_a, son dern mit P_0, T_0 und der Zustand vo den Einlaßorganen statt mit P_v T mit P_1 T_1 bezeichnet wird.

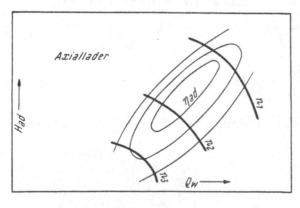

Abb. 92. Kennfeld eines Axialladers (KNÖRNSCHILD [50])

α) Aufladung durch mechanisch angetriebene Lader

Abb. 93 zeigt ein schematisches PV-Diagramm für Aufladung bei Vorverdichtun: der Ladung durch ein vom Motor mechanisch angetriebenes Gebläse. Für die verein fachte Betrachtung wurde angenommen, daß der vollkommene Motor mit Ausspülun; der Restgase arbeitet. Die für die Vorverdichtung der Ladung aufzuwendende Arbei zeigt die Fläche 0' — 1' — 2' — 3' — 0'. Hiervon kann im Motor die positive Ladungs wechselarbeit (Fläche 0 — 1 — 5 — 6 — 0) zurückgewonnen werden. Die vom Moto in der Sekunde verarbeitete Ladungsmenge, die auch als Durchsatz bezeichnet wird, hängt in der Hauptsache vom Liefergrad und von der Ladungswichte vor den Einlaßventilen ab.

Im Idealfall ($\lambda_l = 1$) bei isothermer Verdichtung der Ladung und unter der Annahme, daß der Ladedruck und der Gegendruck jeweils gleich sind — das heißt auch zugleich gegen Null gehen — ist der sekundliche Durchsatz bei gleicher Drehzahl dem Ladedruck direkt verhältig. In einem Kennfeld mit der sekundlich angesaugten Ladungsmenge als Abszisse und dem Ladedruck als Ordinate müßten für diesen Fall die Linien gleicher Drehzahl durch den Koordinatenursprung gehen — siehe Linie *a* in Abb. 94 —, die wie das Folgende den Ausführungen von KNÖRNSCHILD [50] entnommen ist. Da aber für den im Diagramm Abb. 93 gezeigten Fall der mechanischen Aufladung der Gegendruck unveränderlich bleibt, ergibt eine Ladedruckerhöhung gegenüber dem Gegendruck bei einer ungespülten Maschine eine Füllungssteigerung und umgekehrt eine Füllungsverminderung. Diesen Einfluß zeigt Linie *b*. In Abb. 94 sind weiter auch die anderen den Durchsatz vermindernden Einflüsse deutlich zu ersehen. Der Einfluß der Temperatursteigerung bei der Verdichtung macht sich dadurch bemerkbar, daß die Durchsatzsteigerung verkleinert wird. Die Temperatur ist eine Funktion des Ladedrucks und des Laderwirkungsgrades (Bereich *c*). Der Einfluß der Drehzahl zeigt sich in einer Verschiebung der Kurve nach links. Der mit *d* bezeichnete gestrichelte Bereich ist das Endergebnis der genannten Einflüsse.

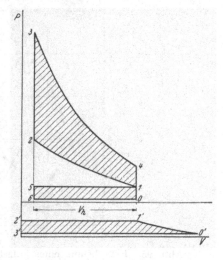

Abb. 93. Schematisches P-v-Diagramm einer vollkommenen Viertakt Otto-Maschine, bei Vorverdichtung der Ladung durch ein mechanisch angetriebenes Gebläse

Wird nun noch das Laderkennfeld in dieses Schaubild übertragen und die Drehzahllinien des Laderkennfeldes mit den entsprechenden Motorlinien zum Schnitt gebracht, so erhält man die Betriebslinie des Motors mit dem Lader. Abb. 95 und Abb. 96 zeigen solche Schaubilder für den Rootslader und Radiallader.

Den Schaubildern liegt die Annahme zugrunde, daß bei der Volllastdrehzahl n_{Kmax} ein bestimmter Durchsatz erreicht werden muß. Die Laderdrehzahl wird durch entsprechende Getriebeübersetzung auf diese Bedingung abgestimmt. Dieser Betriebspunkt ist im Laderkennfeld

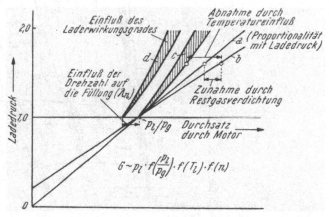

Abb. 94. Entstehen der Motorbetriebslinien im Laderkennfeld (KNÖRNSCHILD [50])

durch den obersten Kreis der strichpunktiert eingetragenen Betriebslinien bestimmt. Er ist der Schnittpunkt zwischen der entsprechenden Laderkennlinie und der Kennlinie des Motors für den zugehörigen Laderwirkungsgrad. In gleicher Weise werden auch die anderen Punkte der Betriebslinie bestimmt, in dem immer die der Motordrehzahllinie entsprechende Laderdrehzahllinie beim zugehörigen Wirkungsgrad zum Schnitt gebracht werden.

Die Betriebskennlinie fällt beim Radiallader mit der Drehzahl steiler ab als beim Rootslader. Beide gehen durch den Nullpunkt. Zur Erzielung des gleichen Durchsatzes bei Vollastdrehzahl ist infolge des besseren Wirkungsgrades beim Betrieb mit Radialladern ein niedrigerer Ladedruck erforderlich.

Daß beim Drehkolbenverdichter der Ladedruck mit der Drehzahl am wenigsten abfällt, ist darauf zurückzuführen, daß das Zusammenarbeiten zweier Kolbenmaschinen günstiger ist als das Zusammenarbeiten einer Kolbenmaschine und einer Turbomaschine. Die Betrachtung der Durchsätze ergibt, daß allerdings der Einfluß auf die Leistung nicht allzu groß ist. Weiter muß berücksichtigt werden, daß beim Drehkolbenverdichter in-

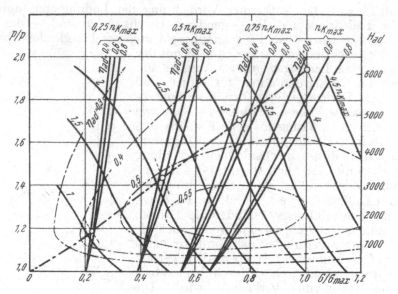

Abb. 95. Betriebslinie eines aufgeladenen Motors im Rootsladerkennfeld (KNÖRNSCHILD [50])

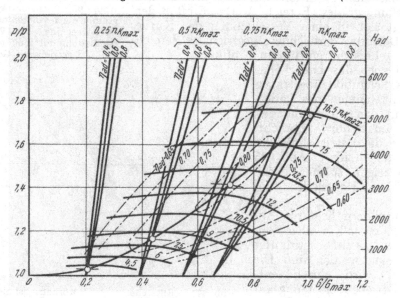

Abb. 96. Betriebslinien eines aufgeladenen Motors im Kreiselladerkennfeld (KNÖRNSCHILD [50])

Zu Abb. 95 und 96. Die Gleichung für den Luftdurchsatz eines Viertaktmotors ist:

$$G = \frac{n}{120}\, V_H\, \gamma_1 \cdot \lambda_{lv} \ [\text{kg/sec}]$$

λ_{lv} = Liefergrad (s. Abb. 82)
γ_1 = spezifisches Gewicht der Ladung (s. Abb. 83*) $\Big\}$ bezogen auf den Zustand vor den Einlaßventilen

$$V_H = z\, V_h = \text{Hubvolumen des Motors}$$

Bei Kreiselladern ist der mechanische Wirkungsgrad η_m sehr hoch, so daß für solche näherungsweise $\eta_{iad} = \eta_{ad}$ gesetzt werden kann

* Es ist zu beachten, daß $\eta_{iad} = \eta_{ad}/\eta_m$ ist.

folge des schlechteren Wirkungsgrades der Leistungsbedarf größer ist, wodurch der Leistungsgewinn weiter verringert wird. Den Verlauf der Leistungen für die beiden Verfahren zeigt Abb. 97, die erzielbaren Drehmomente Abb. 98.

β) Aufladung durch Abgasturbolader mit Stauturbine

Abb. 99 zeigt das schematische PV-Diagramm des verlustlosen Arbeitsverfahrens eines Verbrennungsmotors mit Abgasturbolader. Der Druck vor der Turbine ist gleich dem Ladedruck. Wie bei mechanisch angetriebenem Lader wird angenommen, daß der vollkommene Motor mit Ausspülung der Restgase arbeitet. Die durch die Fläche 1 — 4 — 5 dargestellte Auspuffenergie wird nicht unmittelbar ausgenützt; sondern nur der Teil der Strömungsenergie, der durch Verwirbelung eine Erwärmung des Gases und damit eine Volumsvergrößerung von Punkt 5 — 1' bewirkt. Die Fläche 0 — 1 — 4' — 3' — 0 entspricht der adiabatischen Verdichtungsarbeit. Die der Fläche 1' — 2' — 3' — 4' — 1' entsprechende adiabatische Ausdehnungsarbeit muß um die Verluste in der Turbine und im Lader größer sein. Bezeichnen nach Abb. 99

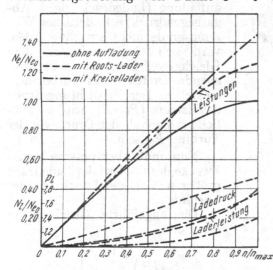

Abb. 97. Leistungsvergleich bei Betrieb mit Roots- und Kreisellader (KNÖRNSCHILD [50])

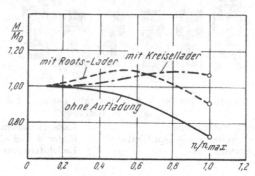

Abb. 98. Vergleich der Drehmomente mit und ohne Aufladung (KNÖRNSCHILD [50])

$(i_{1'} - i_{2'})$ [kcal/kg] das der Turbine zur Verfügung stehende adiabatische Wärmegefälle,
$(i_1 - i_0)$ [kcal/kg] das vom Lader zu überwindende adiabatische Wärmegefälle

und bedeuten

G_a [kg/h] die Abgasmenge,
G [kg/h] die Ladungsmenge, die zu verdichten ist,
η_T den Gesamtwirkungsgrad der Turbine,
η_L den Gesamtwirkungsgrad des Laders,

dann ist

$$(i_1 - i_0)\, G\, \frac{1}{\eta_L} = (i_{1'} - i_{2'})\, G_a \cdot \eta_T$$

die Bedingung für die Gleichheit der Turbinen- und Laderleistung.

Drückt man in dieser Gleichung die adiabatischen Wärmegefälle durch die Temperatur und die Druckverhältnisse aus, dann erhält man

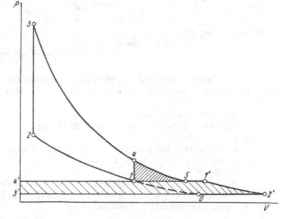

Abb. 99. Schematisches P-v-Diagramm einer vollkommenen Viertakt-Otto-Maschine bei Vorverdichtung der Ladung mit Hilfe eines Abgas-Turboladers (BÜCHI)

$$\eta_T \cdot \eta_L = \frac{G}{G_a} \frac{T_o}{T_{1'}} \frac{c_{pl}}{c_{pa}} \frac{\left[\left(\dfrac{P_1}{P_o}\right)^{\frac{\varkappa_l - 1}{\varkappa_l}} - 1\right]}{\left[1 - \left(\dfrac{P_{2'}}{P_{1'}}\right)^{\frac{\varkappa_a - 1}{\varkappa_a}}\right]} = \eta_{ges\,(min)}$$

(Zeiger a für Abgas, Zeiger l für Luft).

F. A. F. Schmidt [17] hat für eine Dieselmaschine den für die Aufladung erforderlichen Mindestwert des Gesamtwirkungsgrades für verschiedene Luftverhältnisse in Abhängigkeit vom Druckverhältnis P_1/P_0 errechnet. Unter der Annahme, daß die Temperatur der Abgase vor der Turbine $t_{1'} = 550^0$ C und die der Luft vor dem Lader $t_0 = 20^0$ C ist, erhält er für den erforderlichen Wert von η_{ges} etwa 0,37. Diese Bedingung setzt für Lader und Turbine je einen Wirkungsgrad von etwa 60% voraus. Wenn die zur Volldruckaufladung (Ladedruck gleich Abgasgegendruck) erforderlichen Wirkungsgrade nicht erreicht werden, wird sich eine niedrigere dem Gleichgewichtszustand entsprechende Drehzahl des Turboladers einstellen. Der Verdichtungsdruck des Laders ($P_v = P_1$) wird schließlich geringer als der Druck vor der Turbine $P_{1'}$ sein.

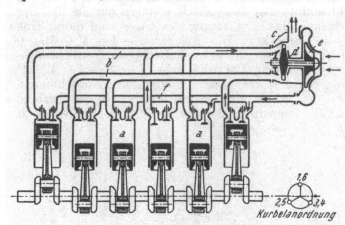

Abb. 100. Sechszylinder Viertakt-Diesel-Motor mit Büchi-Aufladung

a Motorenzylinder
b zweiteilige Auspuffleitung
(Zinner [64])

c Ladegruppe mit Turbinenläufer d und Gebläse e
f Ladeluftleitung

Nun muß aber praktisch zum Zwecke des Spülens der Ladedruck größer sein als der Druck vor der Turbine.

Die angeführte Gleichung in der Form

$$\left[\left(\frac{P_1}{P_0}\right)^{\frac{\varkappa_l-1}{\varkappa_l}} - 1\right] =$$

$$= \left[1 - \left(\frac{P_{2'}}{P_{1'}}\right)^{\frac{\varkappa_a-1}{\varkappa_a}}\right]\frac{c_{pa}}{c_{pl}}\frac{G_a}{G} \cdot \frac{T_{1'}}{T_0}\,\eta_L\,\eta_T$$

läßt erkennen, daß das vom Lader erzielbare Druckverhältnis bei gleichem Gesamtwirkungsgrad in der Hauptsache der absoluten Gastemperatur $T_{1'}$, vor der Turbine gerade und der absoluten Temperatur der Luft vor dem Lader umgekehrt verhältig ist. Zinner [64] stellt fest, daß bei Dieselmaschinen infolge der verhältnismäßig niedrigen Auspufftemperaturen die Erzielung eines entsprechenden Druckunterschiedes (Spülgefälles) schwierig ist. Er gibt an, daß z. B. ein Druckverhältnis von 1,5 im Lader bei

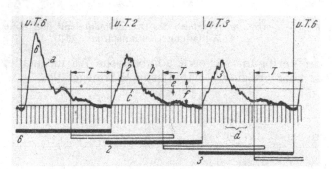

Abb. 101. Druckverlauf in der Auspuffleitung eines Dieselmotors mit Büchi-Aufladung in Abhängigkeit vom Kurbelwinkel
   a Druckverlauf
   b mittlerer Ladedruck
   c mittlerer Druck in der Auspuffleitung
   d Zeitmarken
   e Druckunterschied zwischen mittlerem Ladedruck und mittlerem Auspuffdruck
   f Spülgefälle
     Schwarze Balken Öffnungszeit des Auslaß-Ventiles
     Weiße Balken Öffnungszeit des Einlaß-Ventiles
  T Spülzeitabschnitt (Zinner [64])

550^0 C Auspufftemperatur, 25^0 C Lufteintrittstemperatur in den Lader und einem Druckverhältnis von 1,3 in der Turbine einen Gesamtwirkungsgrad der Aufladegruppe von $\eta_T\,\eta_L = 60\%$ erfordern würde. Dieser Wert ist bei den verhältnismäßig kleinen Abmessungen der Strömungsmaschinen nicht ohne weiteres zu erreichen.

Die Tatsache, daß die Abgasturboladung mit Auspuffstau bei Dieselmotoren Schwierigkeiten bereitete, veranlaßte Büchi, die Auspuffleitungen in der Weise zu unterteilen, daß nur Zylinder mit mindestens 240^0 KW Zündabstand in dieselbe Abgasleitung auspuffen. Abb. 100 zeigt die Anordnung für einen Sechs-Zylinder-Viertakt-Dieselmotor. Die einzelnen Leitungsstränge führen in getrennte Düsenkammern der Abgasturbine.

Diese Unterteilung der Abgasleitung hat erst die Turbinenaufladung der Dieselmotoren zur Betriebsreife gebracht.

Abb. 101 zeigt als Beispiel den oszillographisch gemessenen Druckverlauf in der Auspuffleitung eines Dieselmotors mit BÜCHI-Aufladung. Man erkennt, daß die Spülung gerade abgeschlossen wird, bevor der Druck in der Leitung infolge des Auspuffstoßes aus dem nächsten Zylinder wieder zu steigen beginnt. Dieses Verfahren gibt die Möglichkeit, Leitungen von kleinerem Rauminhalt zu verwenden, in denen sich die Druckberge stärker ausprägen. Wenn die Düsenquerschnitte der Turbine so groß bemessen sind, daß die Auspuff-stöße ohne nennenswerten Aufstau sofort abströmen können, spricht man von einer reinen Auspuffturbine [17]. Die Verfolgung des Energieumsatzes bei der Auspuffturbine ist schwierig. Abb. 102 zeigt einen Schnitt durch die aus Abgas-turbine und Lader bestehende Auflade-gruppe eines Dieselmotors. Die durch die BÜCHI-Aufladung erzielbare Leistungs-steigerung von Dieselmotoren kann 60% übersteigen, bei einer Gewichtsvermehrung von 5% oder weniger. Der auf die Leistung bezogene Kraftstoffverbrauch wird durch die Abgasturboaufladung um 3 bis 5% gesenkt, während er bei An-

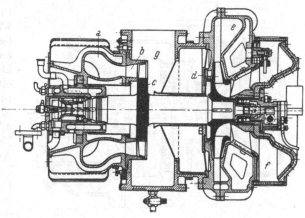

Abb. 102. Schnitt durch eine Aufladegruppe

a Gaseintrittsgehäuse   f mit Schallschluckstoff
b Leitapparat   ausgekleideter Luftein-
c Turbinenläufer   trittskanal
d Gebläserad   g Gasaustrittsgehäuse
e Druckspirale   (ZINNER [64])

wendung eines vom Motor unmittelbar angetriebenen Laders um einige Hundertteile erhöht wird.

Bei Gasmotoren können Gas und Luft getrennt oder gemischt verdichtet werden. Werden Gas und Luft getrennt verdichtet, so sind im allgemeinen zwei Lader erforder-lich. Bei Verwendung eines Druckgaserzeugers allerdings kann man mit einem Lader auskommen.

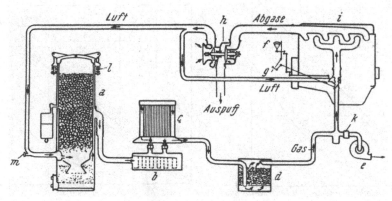

Abb. 103. Schema einer Holzgas-Generatoranlage mit *BBC* Abgasturbolader und Druckgaserzeuger
(KNÖRNSCHILD [50])

a Generator   e Anfachgebläse   i Motor
b Prallblechabscheider   f Luftdrosselhebel   k Absperrschieber für das Anfachgebläse
c Kühler   g Gaspedal   l Generatordeckelfedern
d Filter   h Abgasturbolader   m Zündloch

f) Ausführungsbeispiele und Versuchsergebnisse von aufgeladenen Gas-Ottomotoren

Abb. 103 zeigt schematisch eine Holzgas-Generatoranlage von BBC. Die ganze An-lage, einschließlich Filter, Kühler usw., steht unter dem Überdruck der Aufladung. Den Abgasturbolader selbst zeigt Abb. 104. Der Lader hat eine Drehzahl von rund

40 000 U/min, ein Gewicht von 38 kg und einen Laufraddurchmesser von 110 mm. Das Turbinenrad *a* ist mit der Welle aus einem Stück geschmiedet und gedreht, das Gebläserad *b* in bekannter Weise auf die Welle aufgesetzt. Die Welle läuft auf zwei Kugellagern *c* mit eigener Schmierung. Der turbinenseitige Lagerbock ist durch Wasser vom Motor-

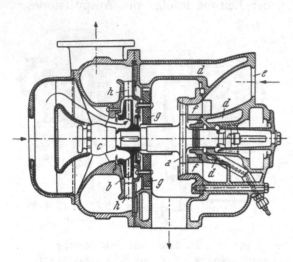

Abb. 104. Schnitt eines BBC Aufladegebläses für Fahrzeugmotoren (KNÖRNSCHILD [50])

kreislauf gekühlt, desgleichen das ganze Turbinengehäuse, das mit einem Wassermantel umgeben ist. Die gesamte Luft wird im Lader verdichtet. Ein Teil der Luft geht zum Generator und dient zur Gaserzeugung, der andere Teil strömt zum Motor. Die Mischung von Gas und Luft erfolgt in einer Mischdüse vor dem Motor. Die Ergebnisse von Prüfstandversuchen an zwei Motoren mit den Verdichtungsverhältnissen 4,7 und 9 sind in Abb. 105 angegeben. Man erkennt daraus, daß die Leistung mit Aufladung und Holzgasbetrieb die Werte bei Betrieb mit Benzin erreichen kann. Das Drehmoment, das ohne Aufladung stark fallend mit der Drehzahl ist, wird durch den Turboladerbetrieb auf konstantem Wert gehalten. Der Ladedruck über der Drehzahl steigt bis ungefähr 1300 U/min flach und dann etwas steiler an. Der Holzverbrauch geht gegenüber dem Betrieb ohne Aufladung erheblich zurück.

Abb. 106 zeigt das Schema eines Motors mit Generatoranlage, wo·Gas und Luft erst nach der Mischung verdichtet und dann dem Motor zugeführt werden. In diesem Fall kann der Lader durch Verunreinigungen (Teer usw.) Schaden erleiden.

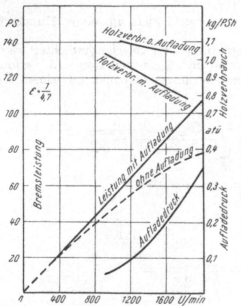

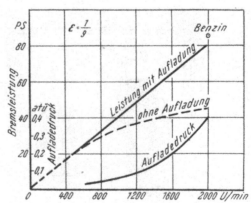

Abb. 105. Leistung, spezifischer Holzverbrauch und Aufladedruck im Holzgasbetrieb nach BBC für zwei verschiedene Saurer-Lastwagen-Motoren in Abhängigkeit von der Drehzahl (KNÖRNSCHILD [50])

Der Verfasser hat schon 1936 mit einem größeren stationären Deutzer-Gasmotor BGVMS 158 (D = 420 mm, s = 580 mm, n = 250 U/min, Zylinderzahl 6) Versuche durchgeführt. Der Motor war versuchsweise auf das BÜCHI-Verfahren umgestellt, das Verdichtungsverhältnis von normal ε = 7 auf ε = 6 herabgesetzt. Der Abgasturbolader hatte ein Turbinenrad und zwei Gebläseräder (Luft und Gas). Die Steuerdaten waren folgende:

Einlaß	öffnet	20° KW n. o. T.
	schließt	40° KW n. u. T.
Auslaß	öffnet	60° KW v. u. T.
	schließt	30° KW n. o. T.
Spülventil	öffnet	100° KW v. o. T.
	schließt	40° KW n. o. T.

Der Motor hatte Zylinderköpfe mit Doppelsitzventilen wie Abb. 237. Gas und Luft wurden getrennt bis zu den Ventilsitzen geführt. Geregelt wurde der Ventilhub. Mit Generatorgas aus Anthrazit $H_u = 1230$ kcal/Nm³ konnte dauernd ein Nutzdruck von 6 kg/cm² bei einem Wärmeverbrauch von etwa 2000 kcal/PSeh und einer Auspuff-temperatur vor der Turbine von etwa 560° C gefahren werden. Der Druck der Abgase vor der Turbine betrug 0,2 atü, Gas und Luft wurden auf gleichen Druck (0,3 atü) ver-dichtet. Die vom Gebläse angesaugte Luftmenge war bei $p_e = 6$ kg/cm² etwa gleich dem 1,6- bis 1,8-fachen der Gasmenge. Der höchste erreichbare Nutzdruck war etwa 7,6 kg/cm². Ver-glichen mit unaufgeladenen Gasmo-toren gleicher Größe und normaler Verdichtung betrug die Leistungs-steigerung 40 bis 50 von Hundert. Ausführlichere Angaben können leider nicht gemacht werden, da die Ergeb-nisse der Versuche durch die Kriegs-ereignisse verloren gegangen sind.

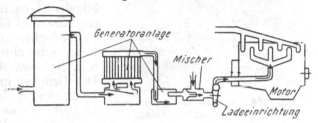

Abb. 106. Schema einer Generatoranlage mit mecha-nischer Aufladung und Sauggaserzeugung (KNÖRNSCHILD [50])

Die schon während der Versuchszeit beob-achtete Verschmutzung des Gasgebläses und auch der hohe Preis des Auflade-aggregates waren seinerzeit der Grund dafür, daß dieses Aufladeverfahren für Gas-

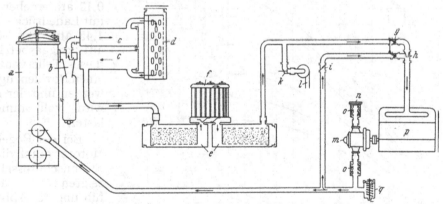

Abb. 107. Schema einer Imbert-Generatoranlage mit mechanischer Aufladung, Druckgaserzeuger und Abblaseregelung

a Gaserzeuger	e Nachreiniger	i Luftdrosselklappe	n Filter
b Zyklon	f Gaskühler	k Druckgasventil	o Schalldämpfer
c Vorreiniger	g Doppeldrossel	l Anfachgebläse	p Motor
d Absitzbehälter	h Gasluftmischer	m Auflader	q Abblaseventil

Anfachen: Druckgas- und Abblaseventil geöffnet
Sauggasbetrieb: Druckgasventil geschlossen, Abblaseventil geöffnet
Druckgasbetrieb: Druckgas- und Abblaseventil geschlossen

maschinen von der Klöckner-Humboldt-Deutz AG. nicht angewandt wurde. Beispiele ausgeführter Gasmaschinen mit Aufladung, wie sie von amerikanischen Firmen für Erdgasbetrieb gebaut werden, sind in Abschnitt E besprochen.

Das Schema einer Imbert-Fahrzeugmotoranlage mit mechanisch angetriebenem Rootslader zeigt Abb. 107. Auch hier saugt der Verdichter nur Luft an und die ganze Anlage steht während des Betriebes unter dem Ladedruck. Die vorgesehene Abblase-regelung erlaubt es, daß der Auflader leicht überbemessen sein kann und schon bei niedrigen Drehzahlen beinahe den vollen Ladedruck erreicht. Weiterhin ist in der An passung der Verdichtergröße an verschiedenen Motoren ein größerer Spielraum gelasser so daß z. B. für die verschiedensten Motoren der Drei-Tonner-Lastwagen Klasse nu eine Verdichtergröße notwendig wird.

Abb. 108. Mechanisch getriebener
Lader für die Imbert-Anlage

Der Lader Abb. 108 wird vom vorderen Kurbe wellenende mittels zweier elastischer Kupplungen un einer Steckwelle angetrieben und enthält eine eing baute Übersetzung ins Schnelle, so daß er etwa 700 U/min erreicht. Der Abblasedruck wird bei ungefäl 1,55 bis 1,60 ata eingestellt.

Für die Druckdicht- und Druckfestmachung d Gaserzeugers wurde lediglich ein Deckel mit Druc bügel und nachstellbarem Knebel entwickelt, weiterh ein Anschluß für die Zuführungsluft und Dichtung fi Lukendeckel und Rüttelwelle vorgesehen. Die Gener toren erbrachten im Druckbetrieb mit Braunkohle briketts etwa 50% mehr Leistung als im Saugbetrie Der Druckverlust im Generator und in der Reinigung anlage konnte bei Vollast auf 1000 bis 1200 mm WS ma: mal gehalten werden. Die Eintrittstemperatur des Gaslut gemisches am Motor lag auch bei Aufladung nicht höh als beim Sauggasbetrieb, was sich für die Leistungssteigerung durch Aufladung günst auswirkt. Zur Abblaseregelung wurde ein nicht schwingendes, federbelastetes Telle ventil entwickelt, das beim Überschreiten des eingestellten Druckes von 1,55 ata d überschüssige Luft hinter dem Auflader abbläst. Bei dem erwähnten Druckabfall i

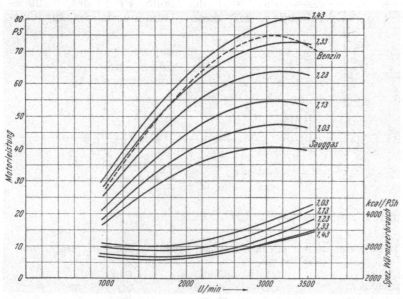

Abb. 109. Motorleistung eines Ford V8 bei Betrieb mit Benzin und mit Generatorgas bei verschiedenen Ladedrücken in Abhängigkeit von der Drehzahl

Generator und der Re nigungsanlage von etv 0,12 ata ergeben sich s mit Ladedrücke von etv 1,45 ata. Bei Schaltu auf Sauggasbetrieb kar dieses Tellerventil dur einen Bowdenzug gelüft werden und der Auflad wird vollkommen en lastet.

Bei der Regelung d Motoren durch die übliʦ Gemischdrosselklappe zeigten sich nach Eı führung der Abblasereg lung zunächst gewis Schwierigkeiten bei Übergang von Leerla auf Beschleunigung. D Ursache liegt darin, da sich die Widerstände der Luft- und Gasleitu zum Mischer beim plöt

lichen Wegnehmen des Gases infolge der Nachvergasung im Generator ändern ur dann eine Überschwemmung der Ansaugeleitung mit Gas eintritt, wenn wieder G gegeben wird. Stehenbleiben des Motors ist die Folge. Durch Anordnung von zw gekuppelten Drosselklappen in der Gas- und Luftleitung vor dem Mischer konn dieser Zustand dann beherrscht werden. Die Abblaseregelung bewirkt, daß beim Gan schalten infolge der Gasspeicherung nicht nur der normale Ladedruck, sondern vo übergehend der höhere Abblasedruck in der ganzen Anlage herrscht, so daß das Fah zeug in jeder Zwischenstufe sehr schnell beschleunigt werden kann.

Zahlentafel 5. Vergleichszahlen für Motorleistung bei Betrieb mit Benzin und Gengas ohne und mit Aufladung

Nr.	des Vergleichs	I	II	III	IV	Dim.
1	Betriebsart des Vergleichsmotors	Benzin Einspr	Gengas Sauggas	Gengas m. Aufl. $p_1 = 1,35$	Gengas m. Aufl. $p_1 = 1,48$	ata
2	Ansaugtemperatur T_0 Ansaugdruck p_0	288 1,033	295 0,963	300 1,35	300 1,48	°K ata
3	Spezifisches Gewicht des Arbeitsmittels γ_0 bezogen auf Zustand γ_1	1,29 (Luft) 1,224	1,20 (Gemisch) 1,045	1,20 (Gemisch) 1,43	1,20 (Gemisch) 1,565	kg/Nm³ kg/m³
4	Vergleichszahl für Ansauggewicht G_Z'	110	93	128,5	140,5	—
5	Mehrfüllung infolge Restgasverdichtung	—	—	5,0 (4%)	7,0 (5%)	—
6	Vergleichszahl für Füllungsgewicht G_Z	110	93	133,5	147,5	—
7	Luftüberschußzahl	1,0	1,0	1,0	1,0	—
8	Gemischheizwert h_u Gemischheizwert h_u	872[1] 675[1]	588 489	588 489	588 489	kcal/Nm³ kcal/kg
9	Vergleichszahl für Gemischheizwert H_Z	1,0	0,725	0,725	0,725	—
10	Vergleichszahl für Leistung $N_Z' = G_Z \cdot H_Z$	110	67	97	107	—
11	Leistung bei ersparter Gaswechselarbeit	—	—	100 (+3%)	111 (+4%)	—
12	Laderantriebsleistung	—	—	8 (8,5%)	11 (11%)	—
13	Vergleichszahl für Kupplungsleistung N_Z	110	60 ($\varepsilon = 6$) 70 ($\varepsilon = 8,5$)	92	100	—

[1] Zahlenwert auf Luft bezogen.

Bei der Aufladung im Generatorgasbetrieb interessiert vor allem die Frage, wie hoch man aufladen muß, damit der Motor im Gasbetrieb dieselbe Nutzleistung abgibt wie im Betrieb mit flüssigen Kraftstoffen. Zahlentafel 5 zeigt eine rechnerische Gegenüberstellung von Benzin-, Sauggas- und Aufladebetrieb auf Grund des Gemischheizwertes und der Zylinderfüllung. Hubvolumen, Drehzahl, Liefergrad, Verdichtungsverhältnis ($\varepsilon = 6$) und Wärmeverbrauch (2800 kcal/PSeh) sind für alle Verfahren gleich angenommen. Für den Benzin-Vergaserbetrieb wurde eine Leistungsvergleichzahl $N_z = 100$ angenommen. Der Vergleich ist jedoch auf die Leistung im Benzin-Einspritzbetrieb bezogen, da hierbei durch den Wegfall der Drosselverluste im Vergaser eine bessere Vergleichsgrundlage gegeben ist. Die Leistungsvergleichszahl wurde dabei nach Literaturangaben mit 110 angenommen. Unter diesen Voraussetzungen ergab sich für den Sauggasbetrieb eine Leistungszahl $N_z = 67$. Dieser Wert dürfte jedoch noch zu hoch sein und tatsächlich 60 nicht überschreiten, da der Abfall des mechanischen Wirkungsgrades bei der niedrigeren Leistung nicht berücksichtigt ist. In der Erhöhung des Verdichtungsverhältnisses besteht allerdings die Möglichkeit, teilweise einen Ausgleich zu schaffen, so daß bei $\varepsilon = 8,5$ eine Leistungsvergleichszahl von 70 zu erwarten ist. Bei Aufladung wird nach der Tabelle eine Leistungszahl von 100 erreicht, wenn der Ladedruck 1,48 ata beträgt. Dabei verbraucht der Lader 11% der Kupplungsleistung.

Die errechneten Werte stimmen recht gut mit Meßergebnissen auf dem Prüfstand überein. Abb. 109 zeigt die Abhängigkeit der Leistung und des spezifischen Verbrauchs von der Drehzahl bei verschiedenen Ladedrücken wie sie an einem Ford V8-Motor (mit Windflügel und Lichtmaschine, Benzin-Vergleichskurve mit Brennstoff in Tankstellenqualität) gemessen wurden. Bei diesen Versuchen wurde aus Vergleichsgründen Fremdantrieb des Laders und gleichbleibende Ansaugtemperatur (293° K) zugrunde gelegt.

V. Ergebnisse von Versuchen an einer Gasmaschine

1. Leistung und Gasverbrauch

Leistung, Wirtschaftlichkeit und Sicherheit des Betriebes einer Gasmaschine sind abhängig vom Mischungsverhältnis Luft zu Gas.

Es gibt zwei Arten der Regelung von Verbrennungskraftmaschinen: die Füllungs und die Gemischregelung.

Bei der Gemischregelung bleibt die Menge des arbeitenden Gemisches gleich, verändert wird der Luftüberschuß.

Bei der Füllungsregelung wird die Menge des arbeitenden Gemisches bei gleichbleiben dem Luftüberschuß verändert. Die Diesel-Maschine arbeitet mit Gemischregelung, die Regelung erfolgt bei gleichbleibender Füllung mit Luft durch Änderung der in der Arbeitszylinder eingespritzten Brennstoffmengen. Die Gasmotoren arbeiten mit Füllungs und Gemischregelung.

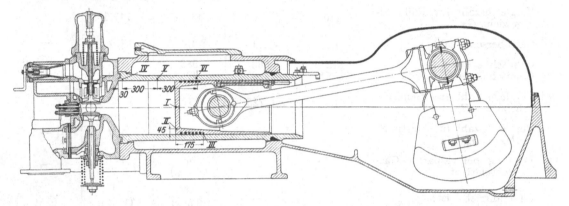

Abb. 110. Längsschnitt durch die Versuchsmaschine. *I* bis *VI* Temperaturmeßstellen

SCHNÜRLE hat bei der Klöckner-Humboldt-Deutz AG. an einer Gasmaschin Versuche durchgeführt. Dabei wurde der Einfluß des Gemischverhältnisses auf Leistung Gasverbrauch und Wärmebeanspruchung der Maschine festgestellt. Um einen möglichst umfassenden Überblick über den Einfluß der Gemischzusammensetzung auf den Be triebszustand der Maschine zu gewinnen, wurden Gemisch und Füllung nicht nur im üblichen Betriebsbereich untersucht, sondern darüber hinaus bis an die Grenzen, an denen die Maschine überhaupt noch in Betrieb zu halten war. Die Versuchsmaschin wurde nicht nur im Gebiet des Luftüberschusses, sondern auch im Gebiet des Gasüber schusses gefahren. Als Kraftgase wurden Leucht- und Sauggas verwendet. Die Ver suchsmaschine war eine liegende Gasmaschine mit einer Zylinderbohrung von 410 mm und 600 mm Hub und einer gleichbleibenden Drehzahl von 215 U/min. Das Verdichtungs verhältnis war $\varepsilon = 7$. Die Maschine wurde durch einen elektrischen Generator abge bremst. Als Zündung wurde eine Abreißzündung verwendet.

Abb. 110 zeigt einen Längsschnitt durch die Maschine und Abb. 111 einen Quer schnitt durch den Zylinderkopf. Die Regelung erfolgt durch Veränderung des Einlaß ventilhubes. Dabei wird der Drehpunkt des Ventilhebels *h* durch die schwenkbare Regel stütze *k* verlegt. Der Hebel *k* wird durch das Reglergestänge *l* vom Drehzahlregler ver stellt. Auf der Ventilspindel sitzt das Gasventil *b*, das sich mit dem Haupteinlaßventi auf- und abbewegt. Bei geschlossenem Einlaßventil ist es ebenfalls geschlossen und schließt die Gasleitung gegen die Luftleitung ab. Mit dem Hub des Einlaßventils änder sich auch der Hub des Gasventils. Die Gas- und Luftansaugeleitungen *c* und *d*, in dene sich die Gas- und Luftdrosselklappen *e* und *f* befinden, sind durch Strichelung schema tisch dargestellt. Gas und Luft strömen vor dem Einlaßventil *a* im Mischraum *g* zusammen Die Drosselklappen sind mit der Hand verstellbar und dienen zur Veränderung de Mischungsverhältnisses.

Das bei den Versuchen verwendete Sauggas ist in Zahlentafel 1, Zeile 3 angegeben. Es hat einen unteren Heizwert von 1200 kcal/Nm³ und einen theoretischen Luftbedarf L_0 von 0,98 m³/m³.

Abb. 112 zeigt den Luft- und Gasverbrauch der Versuchsmaschine bei verschiedenen Belastungen. Abb. 113 die Abhängigkeit des Gasverbrauches vom Verhältnis Luftvolumen zu Gasvolumen und vom Luftverhältnis. Die stark ausgezogenen Linien stellen den Gasverbrauch bei gleichbleibender Leistung dar.

Die größte Leistung von 106 PS wird nur erreicht, wenn das Mischungsverhältnis Luft zu Gas = 1,09 ist. Dabei ist die Regelung auf volle Füllung eingestellt. Der erreichte Liefergrad beträgt $\lambda_l = 0,8$. Diese Leistung entspricht einem Nutzdruck von $p_e = 5,6$ kg/cm². Unterhalb der höchsten Leistung kann das Mischungsverhältnis in um so weiteren Grenzen geändert werden, je niedriger die Leistung ist.

Bei 57 PS, einem Nutzdruck von $p_e = 3,0$ kg/cm², liegen die Grenzen des Mischungsverhältnisses Luft zu Gas bei 0,5 und 2,3 im Leerlauf bei 0,42 und 3,6. An der äußersten Grenze des Mischungsverhältnisses hat der Regler volle Füllung eingestellt. Links vom Luftverhältnis $\lambda = 1$ herrscht Gasüberschuß, rechts davon Luftüberschuß. Auf der Linie e im Gebiet des Luftüberschusses und e' im Gebiet des Gasüberschusses hat der Zylinder die größte Füllung. Dabei beträgt der Liefergrad λ_l angenähert 0,8.

Die Linien gleichbleibender Füllung des Zylinders also gleichbleibenden Liefergrades sind strichpunktiert eingezeichnet. Die Werte für den Liefergrad sind neben diesen Linien eingetragen.

Bei den Versuchen wurde festgestellt, wie weit bei Leerlauf die Maschine im Gebiet des Luftüberschusses von der Zündgrenze des Gemisches entfernt ist. Zu diesem Zweck wurde der elektrische Generator umgepolt und die Gasmaschine durch den als Elektromotor wirkenden Generator mit Hilfe von Netzstrom angetrieben. Bei geschlossener Gasklappe wurde der Zylinder voll mit Luft gefüllt und dann durch Öffnen der Gasklappe langsam Gas zugeleitet, bis Zündungen in der Maschine einsetzten. Das Eintreten der Zündungen konnte an der Erhöhung der Auspufftemperatur, die dann über 60⁰ C stieg, festgestellt werden. Bei Gasüberschuß wurde die Zündgrenze des Gemisches ebenso bestimmt.

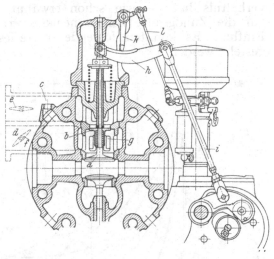

Abb. 111. Schnitt durch den Zylinderkopf der Versuchsmaschine

a Einlaßventil	h Ventilhebel
b Gasventil	i Stoßstange
c u. d Gas- und Luftleitung	k Regelstütze
e u. f Gas- und Luftdrossel	l Reglergestänge
g Mischraum von Gas u. Luft	

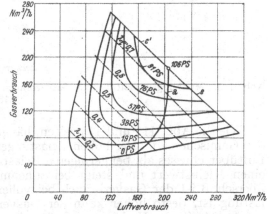

Abb. 112. Luft- und Gasverbrauch bei verschiedenen Belastungen. Betrieb mit Sauggas. 215 U/min

Im Leerlauf kann bei voller Füllung und einem Mischungsverhältnis von Luft zu Gas von 3,6 der Betrieb ohne Zündungsaussetzer aufrecht erhalten werden. Bei Gasüberschuß wird im Leerlauf beim Mischungsverhältnis 0,42 gerade die Zündgrenze erreicht. Darüber hinaus sind Aussetzer festzustellen. Die Zündgrenze liegt bei Luftüberschuß beim Mischungsverhältnis 4,3. In Abb. 113 sind die Zündgrenzen durch die senkrechten strichpunktierten Linien dargestellt. Innerhalb dieser Linien treten mit Sicherheit Zündungen auf.

Eigenartige Unterschiede ergaben sich an den Zündgrenzen bei Gas- und Luftüberschuß. Im Gebiet des Luftüberschusses nimmt bei gleichmäßigen Zündungen die Temperatur im Auspuff von 60° C an stetig zu. Aussetzer kommen dabei nicht vor. Bei Gasüberschuß wechseln Zündungen mit Aussetzern ab. Die Auspufftemperatur steigt dabei plötzlich von 60° auf 400° C, um dann wieder abzufallen. Der Verdichtungsenddruck bei verändertem Verdichtungsverhältnis hat — wie schon erwähnt — auf die Zündgrenze keinen nennenswerten Einfluß. Es konnten folgende Werte festgestellt werden:

Verdichtungsenddruck kg/cm²	Zündgrenzen: Luftvol./Gasvol.
8	0,44 bis 4,05
12	0,42 bis 4,25
16	0,401 bis 4,14
18	0,413 bis 4,07

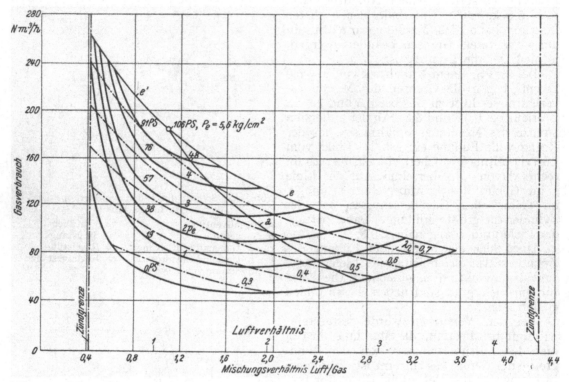

Abb. 113. Mischungsverhältnis und Gasverbrauch bei verschiedenen Belastungen. Betrieb mit Sauggas. 215 U/min

Wie die Abb. 112 und 113 zeigen, hängt der Gasverbrauch von der Zusammensetzung des Gemisches ab. Bei hohen Belastungen nimmt der Gasverbrauch mit Zunahme des Luftüberschusses ab, bei geringeren Belastungen erreicht er beim Mischungsverhältnis 1,8 einen Kleinstwert und steigt bei zunehmendem Luftüberschuß wieder an. Bei Gasüberschuß ist der Gasverbrauch bei voller Füllung am höchsten. Je niedriger die Belastung ist, desto höher kann der Gasverbrauch werden, weil bei niedriger Belastung weniger Luft zur Verbrennung nötig ist und mehr Gas angesaugt werden kann. Bei falscher Einstellung der Luft- und Gasdrossel kann es deshalb vorkommen, daß der Gasverbrauch bei sinkender Leistung stark ansteigt. Im üblichen Betrieb soll nicht mit Gasüberschuß gefahren werden. Es kann jedoch der Fall eintreten, daß mit Absicht ein Gemisch mit Gasüberschuß eingestellt wird, nämlich dann, wenn durch glühenden Ölkoks verursachte Selbstzündungen auftreten. Die Selbstzündungen können durch ein Gemisch mit größerem Luftüberschuß meistens nicht behoben werden, sie hören jedoch bei Gasüberschuß auf.

Je mehr man vom theoretischen Mischungsverhältnis abweicht, desto geringer ist die bei der Verbrennung entstehende Wärme und daher die Temperaturzunahme des

Gemisches. In Abb. 114 sind die Wärmeverluste an das Kühlwasser und die Wärmemenge in den Abgasen bei einer Leistung der Maschine von 60 und 80 PS dargestellt. Die unteren Linien zeigen die durch den Zylinderkopf und den Zylindermantel an das Kühlwasser abgeführte Wärmemenge. Beim Mischungsverhältnis von 1,09 ist der Wärmeverlust an das Kühlwasser annähernd am größten, die durch die Abgase abgeführte Wärme annähernd am kleinsten.

Die Abhängigkeit der Temperatur des Kolbens vom Mischungsverhältnis zeigt Abb. 115. Die Lage der Meßpunkte *I, II* und *III* ist aus dem Schnitt des Kolbens auf dieser Abbildung ersichtlich. Sie liegen 3 mm von der Kolbenoberfläche entfernt. Die Temperatur des Kolbens ist beim Mischungsverhältnis 1,09 am höchsten. Mit Zunahme des Luft- und Gasüberschusses nimmt sie ab. Bei 80 PS ist z. B. bei hohem Luftüberschuß die Temperatur der Kolbenbodenmitte niedriger als bei 60 PS bei geringem Luftüberschuß. Die Temperaturen wurden an der laufenden Maschine durch Thermoelemente gemessen.

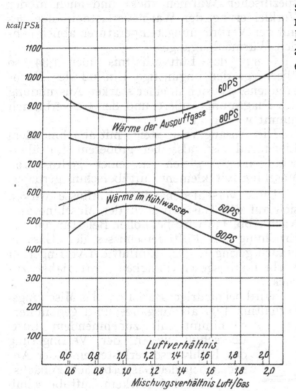

Abb. 114. Abgeführte Wärmemengen im Kühlwasser und in den Auspuffgasen

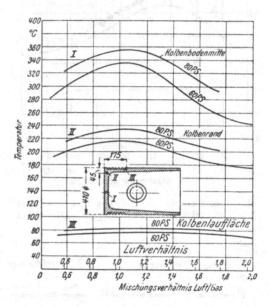

Abb. 115. Kolbentemperaturen in Abhängigkeit vom Mischungsverhältnis. Betrieb mit Sauggas. 215 U/min

Zur Untersuchung der Temperaturverhältnisse des Verbrennungsraumes wurde mit Hilfe eines Thermoelementes die mittlere Temperatur an einer Stelle desselben festgestellt. Zur Vermeidung einer hohen Temperatur der Lötstelle, die leicht zu Selbstzündungen führen könnte, wurde das Thermoelement in eine 20 mm tiefe Bohrung des Zylinderkopfes eingebracht.

Aus Abb. 116 ist zu ersehen, daß diese Temperatur im Zylinder und die Temperatur der Auspuffgase beim Mischungsverhältnis 1,09 am höchsten sind. Beide Temperaturen nehmen bei Luft- und Gasüberschuß ab.

Auf Abb. 117 sind Indikatordiagramme bei verschiedenen Mischungsverhältnissen für eine Leistung von 80 PS dargestellt. Bei hohem Luftüberschuß sind die Diagramme ziemlich abgerundet. Je mehr sich das Mischungsverhältnis dem Wert 1,09 nähert, desto spitzer wird das Diagramm und desto höher der Verbrennungsdruck. Steigender Luft- und Gasüberschuß vermindern die Verbrennungsgeschwindigkeit und haben ein Nachbrennen zur Folge. Das äußert sich jedoch, wie Abb. 116 zeigt, bei der untersuchten Maschine nicht in einem Ansteigen der Auspufftemperatur. Die Tatsache, daß die Wärmemenge im Auspuff nach Abb. 114 trotz fallender Auspufftemperatur bei konstanter Leistung mit zunehmendem Gas- oder Luftüberschuß ansteigt, ist aus der Zunahme der Abgasmenge infolge des in beiden Richtungen steigenden Liefergrades zu erklären.

Nach Band 2, Abb. 36 steigt der Wirkungsgrad der Gasmaschine mit zunehmendem Luftüberschuß. Daher wird trotz der theoretisch ungünstigen abgerundeten Diagramme, die sich bei großem Luftüberschuß ergeben, der Gasverbrauch bei 80 PS Leistung bei dem großen Luftverhältnis $\lambda = 1,84$ entsprechend einem Mischungsverhältnis von 1,8 am günstigsten. Die Ursache liegt in der Herabsetzung der Verbrennungstemperatur, wodurch der Prozeß in das Gebiet kleinerer spezifischer Wärmen rückt und auch in der Verkleinerung der Wärmeverluste infolge des mit den Verbrennungstemperaturen abnehmenden Wärmeüberganges.

Steigt das Luftverhältnis über 1,84, so überwiegt der ungünstige Einfluß des Nachbrennens, das sich in einer starken Ausrundung des Diagramms äußert, und der Gasverbrauch nimmt wieder zu.

Die Ansaugarbeit steigt mit abnehmendem Liefergrad, ist also bei größerem Luftüberschuß im Vergleich zu einer gedrosselten Maschine mit kleinem Luftüberschuß geringer.

Diese verschiedenartigen Einflüsse wirken sich auf den Gasverbrauch der Maschine aus. Nach Abb. 113 wird bei hohen Belastungen mit Erhöhung des Luftüberschusses der Gasverbrauch geringer. Der Einfluß der verringerten Verbrennungsgeschwindigkeit tritt dabei zurück.

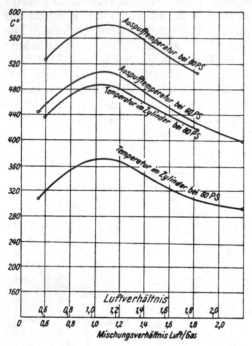

Abb. 116. Temperatur der Auspuffgase und im Zylinder. Betrieb mit Sauggas. 215 U/min

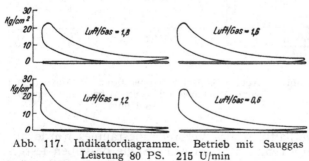

Abb. 117. Indikatordiagramme. Betrieb mit Sauggas Leistung 80 PS. 215 U/min

Wird bei niedriger Belastung das Mischungsverhältnis 1,09 als Ausgangspunkt genommen, so nimmt mit zunehmendem Luftüberschuß wegen der Verringerung des Kühlwasserverlustes und der Ansaugarbeit der Gasverbrauch zunächst ab. Erst bei starkem Luftüberschuß steigt infolge der geringen Verbrennungsgeschwindigkeit der Gasverbrauch an.

Im Gebiet des Gasüberschusses setzt sich der Gasverbrauch aus der an der Verbrennung beteiligten Gasmenge und der überschüssigen Gasmenge zusammen. Der Verbrauch an tatsächlich verbranntem Gas ist ähnlichen Einflüssen wie bei Luftüberschuß unterworfen.

2. Regelung und Gasverbrauch

Die in Abb. 112 und 113 eingezeichneten Linien des Gasverbrauches sind Kennlinien der Sauggasmaschine und geben einen Maßstab für die Güte einer Regelung, unabhängig von der Art der Steuerung oder Regelung. Abweichungen können bei Änderung der Form des Verbrennungsraumes und der Zusammensetzung des Gases auftreten. Da das aus den verschiedenen Steinkohlenarten in Generatoren gewonnene Sauggas eine ähnliche Zusammensetzung hat, dürfen diese Linien eine gewisse Allgemeingültigkeit beanspruchen.

Um eine gute Regelung für verschiedene Belastungen zu erreichen, sind Gemisch und Füllung so einzustellen, daß der Gasverbrauch in der Nähe des Kleinstwertes liegt. Aus Abb. 113 können für jede Belastung bei günstigstem Gasverbrauch die Gasmenge und die Luftmenge aus den Kurven des Gasverbrauches bestimmt werden. Die Ansaugquerschnitte der Luft- und Gasdrosseln müssen so bemessen sein, daß diese Luft- und Gasmengen vom Zylinder angesaugt werden.

Die Regelung der Ansaugquerschnitte der Gasmaschine bei Belastungsänderungen erfolgt zwangsläufig. Zur Einstellung der größtmöglichen Leistung mußte bei der Versuchsmaschine die Gasdrosselklappe ganz geöffnet und bei größtem Hub des Einlaßventils das Mischungsverhältnis durch die Luftdrosselklappe eingestellt werden. Bei der höchsten erreichbaren Last von 106 PS ergab sich für das verwendete Sauggas ein Mischungsverhältnis Luft zu Gas von 1,09. Die Regelung der Maschine geschah durch einen Drehzahlregler mit Fliehgewichten. Die Stellung der Luft- und der Gasdrosselklappe bei Verringerung der Belastung wurde in der Aus-

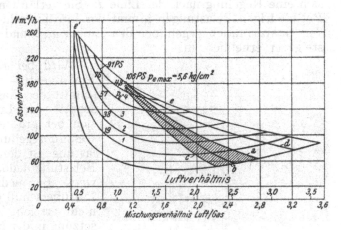

Abb. 118. Regelkurven der Sauggasmaschine bei verschiedenem Druck in der Ansaugleitung. 215 U/min

gangsstellung der höchsten Leistung belassen. Dabei wurden die angesaugten Luft- und Gasmengen gemessen und die Werte in die Abb. 112 und 113 eingetragen. Dadurch ergab sich für die Regelung der Maschine die Linie a. Aus der Linie a ist zu erkennen, daß sich Füllung und Mischungsverhältnisse gleichzeitig ändern und dabei der Anteil der Luft am Gemisch mit fallender Belastung größer wird. Die reine Füllungsregelung würde in Abb. 113 als eine senkrechte Gerade unterhalb der Höchstlast von 106 PS verlaufen, während bei einer Gemischregelung mit gleichbleibender Füllung die Regelung nach der Linie e und im Gebiet des Gasüberschusses nach der Linie e' erfolgen müßte.

Der Verlauf der Regellinie a in den Abb. 112 und 113 ist durch die Art der Steuerung der Versuchsmaschine bedingt. Da die Stellung der Luftdrosselklappe während der Regelung nicht geändert wird, bleibt der Querschnitt zum Einströmen der Luft in den Mischraum vor dem Einlaßventil, in dem Gas und Luft zusammentreffen, unverändert. Das Gasventil wird, wie aus Abb. 111 ersichtlich, mit der Spindel des Einlaßventils zwangsläufig bewegt und verkleinert bei niedrigen Belastungsstufen mit der Hubverringerung des Einlaßventils den Gasquerschnitt. Da also bei gleichbleibendem Luftquerschnitt der Gasquerschnitt kleiner wird, nimmt der Luftanteil am Gemisch zu. Durch Änderung des Einlaßventilhubes tritt Füllungsregelung und durch die damit verbundene Änderung des Gasventilhubes Gemischregelung ein.

In Abb. 118 sind die Linien des Gasverbrauches über dem Mischungsverhältnis von Luft zu Gas wie in Abb. 113 aufgetragen. Bei einer Regelung nach der Linie a der Abb. 118 herrscht in der Gasleitung infolge Verwendung eines Gebläses Atmosphärendruck. Bei einem Unterdruck in der Gasleitung von 220 mm WS gegenüber der Außenluft regelt der Drehzahlregler die Maschine nach der Linie b. Die höchste Leistung beträgt wegen des Unterdruckes nur 102 PS$_e$, das Mischungsverhältnis ist wieder 1,09.

Bei einem Unterdruck von 450 mm WS ist die höchste Leistung 96 PS$_e$, die Regelung erfolgt nach der Linie c. Damit bei zunehmendem Unterdruck in der Gasleitung das Mischungsverhältnis 1,09 für Höchstlast erreicht wird, mußte der Querschnitt der Luftdrosselklappe verkleinert werden. Bei niedrigen Belastungen rücken die Regelkurven infolgedessen gegenüber der Regellinie a mehr nach links in das Gebiet des kleineren Luftüberschusses.

Bei Betrieb mit Sauggas schwankt der Unterdruck in der Gasleitung zwischen 0 und 450 mm WS. Die Regelung findet also stets in dem schraffierten Feld zwischen den Kurven a und c statt. Der Gasverbrauch liegt in der Nähe des Kleinstwertes. Nur bei

Leerlauf rücken die Linien etwas davon ab. Die Veränderung des Einlaßventilhubes und die damit verbundene Hubänderung des Gasventils ergeben also eine günstige Regelung.

Werden die Regelung und die Steuerung so eingestellt, daß das Einlaßventil stets seinen vollen Hub ausführt und sich durch Verstellung der Gasdrosselklappe die Belastung ändert, während die Stellung der Luftdrosselklappe die gleiche bleibt, so ergibt sich eine Regelung nach der Linie *d*. Sie verläuft nahe der Linie *e* der größten Füllung. Bei niedrigen Belastungen nimmt der Luftüberschuß stark zu. Bei hoher Belastung ist der Gasverbrauch gegenüber den Linien *a*, *b* und *c* günstiger, bei niedriger Belastung steigt er erheblich an.

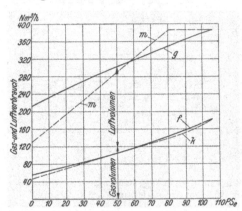

Abb. 119. Gas- und Luftverbrauch bei ausgeführter und bestmöglicher Regelung. Betrieb mit Sauggas. 215 U/min

f Gasvolumen bei ausgeführter Regelung
g Gemischvolumen bei ausgeführter Regelung
k Gasvolumen bei bestmöglicher Regelung
m Gemischvolumen bei bestmöglicher Regelung

Wird bei abnehmender Belastung der Hub des Einlaßventils nicht geändert, während der Querschnitt der Gasdrossel verkleinert und der Querschnitt der Luftdrossel vergrößert wird, so ergibt sich bei größter Füllung des Zylinders eine reine Gemischregelung nach der Linie *e*. Bei hoher Belastung ist der Gasverbrauch niedrig, bei geringer Belastung jedoch wesentlich höher als der Kleinstwert. Bei niedriger Belastung ist dann bei hohem Luftüberschuß die Zündgrenze des Gemisches noch nicht erreicht, jedoch liegt die Gemischzusammensetzung in der Nähe der Zündgrenze. Bei einer Mehrzylindermaschine besteht die Gefahr, daß infolge ungleicher Verteilung das Mischungsverhältnis bei einzelnen Zylindern die Zündgrenze überschreitet, so daß bei diesen Aussetzer eintreten.

In Abb. 119 sind in Abhängigkeit von der Leistung der Gasverbrauch durch die Linie *f* und die angesaugte Gemischmenge und der Liefergrad durch die Linie *g* dargestellt. Der Unterschied der Ordinaten der Linien *g* und *f* ist der Luftverbrauch. Diese Gas- und Luftmengen entsprechen einer Regelung nach der Linie *a* der Abb. 118. Entsprechend der Füllungsregelung nimmt die Gemischmenge bei sinkender Leistung ab, zugleich wird der Gasanteil am Gemisch kleiner. Die gestrichelten Linien *k* und *m* bedeuten den aus Abb. 112 und 113 abgelesenen, bei der bestmöglichen Regelung erreichbaren geringsten Gasverbrauch. Bei einer solchen Regelung ist von Höchstlast bis zu 80 PS_e zunächst Gemischregelung anzuwenden. Bei niedriger Belastung muß auch die Füllung geändert werden. Der Gasverbrauch bei bestmöglicher Regelung nach Linie *k* weicht vom Gasverbrauch bei Regelung durch Veränderung des Einlaßventilhubes nach Linie *f* nur wenig ab.

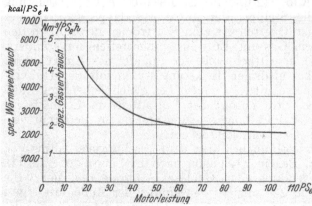

Abb. 120. Spezifischer Gas- und Wärmeverbrauch bei Betrieb mit Sauggas. 215 U/min

Der spezifische Gas-, bzw. Wärmeverbrauch in Abhängigkeit von der Leistung ist in Abb. 120 dargestellt. Er nimmt mit zunehmender Belastung bis zur Höchstlast ab. Die Gasmaschine verhält sich anders als die Diesel-Maschine, da bei hoher Belastung der spezifische Wärmeverbrauch der Diesel-Maschine wieder ansteigt. Bei einer Leistung von 80 PS_e, die einem Nutzdruck von 4,2 kg/cm² entspricht, beträgt der spezifische Gasverbrauch 1,81 m³/PS_eh und der spezifische Wärmeverbrauch 2170 kcal/PS_eh. Das ergibt einen Nutzwirkungsgrad von 0,29.

In Abb. 121 sind Indikatordiagramme dargestellt, die bei der Regelung nach der Linie *a* in den Abb. 112 und 113 aufgenommen wurden. Unter den Starkfederdiagrammen sind die zugehörigen Schwachfederdiagramme aufgezeichnet. Die Starkfederdiagramme lassen erkennen, daß bei abnehmender Belastung die Verbrennungshöchstdrücke geringer und die Diagramme stärker abgerundet werden. Aus den Schwachfederdiagrammen geht hervor, daß der Ansaugunterdruck bei niedriger Belastung infolge der Füllungsregelung stark zunimmt. Beim Schwachfederdiagramm für 37 PS$_e$ Leistung bedeutet V_0 das Volumen des angesaugten Gemisches, das sich mit der Belastung ändert, und V_h das Hubvolumen.

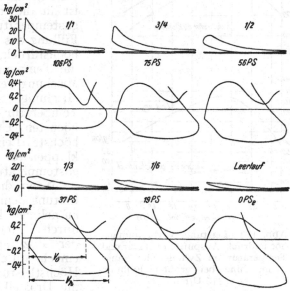

Der volumetrische Liefergrad ist $\lambda_v = V_0/V_h$. Das angesaugte Gemisch erwärmt sich im Zylinder, so daß der effektive Liefergrad λ_l kleiner ist als der volumetrische λ_v.

Ist das Mischungsverhältnis bei einer bestimmten Belastung gemäß der Linie *a* der Abb. 113 eingestellt, so geht die Regelung der Versuchsmaschine unter dem Einfluß des Drehzahlreglers nach dieser Linie vor sich. Wenn z. B. das Mischungsverhältnis bei einer Leistung von 37 PS$_e$ statt auf 2,05 auf 2,4 eingestellt wird, so liegt die Regellinie wegen des größeren Luftüberschusses rechts von der Linie *a*. Jedoch ergibt sich nicht mehr die Höchstleistung von 106 PS$_e$, sondern die Linie *e* für größte Füllung wird schon bei einer geringeren Leistung erreicht.

Abb. 121. Indikatordiagramme bei verschiedener Belastung. Betrieb mit Sauggas. 215 U/min

Stellt man bei 37 PS$_e$ Leistung das Mischungsverhältnis auf 1,5 ein, so liegt die Regellinie links von der Linie *a*. Bei hohen Belastungen kommt man in das Gebiet des Gasüberschusses. Die höchste Leistung von 106 PS$_e$ wird auch bei dieser Einstellung nicht erreicht, da die Linie *e'* der größten Füllung links vom Endpunkt der Linie *a* geschnitten wird. Eine Gemischeinstellung links der Linie *a* hat bei hohen Belastungen nicht nur eine Verminderung der Höchstleistung, sondern auch eine Erhöhung des Gasverbrauches zur Folge. Eine derartige Regelung kann jedoch zur Vermeidung von Selbstzündungen in Betracht kommen.

Bei einer Gemischeinstellung links der Linie *a* konnte an der Versuchsmaschine folgende Beobachtung gemacht werden. Bei Überlast lief die Maschine ruhig. Beim Zurückgehen auf Normallast traten Stöße in der Maschine auf. Daraus geht hervor, daß bei Überlast Gasüberschuß herrscht, der die Verbrennungsgeschwindigkeit herabsetzt. Bei absinkender Belastung, bei der die Regellinie nach rechts verläuft, wird das Mischungsverhältnis 1,09 mit höchster Verbrennungsgeschwindigkeit erreicht. Wird mehr Luft gegeben, das heißt die Regelkurve nach rechts gelegt, so hören die Stöße auf.

3. Einstellung auf Höchstleistung

Die Versuchsmaschine wurde dadurch auf höchste Leistung eingestellt, daß bei größter Füllung, das heißt bei größtem Hub des Einlaßventils bei vollkommen geöffneter Gasdrosselklappe die Stellung der Luftdrosselklappe geändert und für jede Stellung die Maschinenleistung festgestellt wurde. Wenn bei vollkommen geöffneter Luftdrosselklappe die Höchstleistung infolge zu großer Widerstände in der Luftleitung noch nicht erreicht ist, so muß der Querschnitt in der Gasdrosselklappe verkleinert werden. Bei der untersuchten Maschine waren die Widerstände in der Gasleitung größer als in der Luftleitung. Die Gasdrosselklappe mußte deshalb vollkommen geöffnet werden.

Die Einstellung auf Höchstleistung kann auch so durchgeführt werden, daß man die Maschine durch Überbelastung unter die vom Drehzahlregler einzustellende Drehzahl abfallen läßt und mit der Luftdrosselklappe die höchste Drehzahl einstellt.

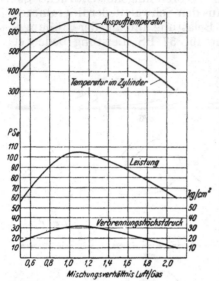

Abb. 122. Leistung, Verbrennungs-höchstdruck, Auspufftemperatur und Temperatur im Zylinder der Saug-gasmaschine bei größter Füllung. 215 U/min.

Bei einer Mehrzylindermaschine macht es Schwierig-keiten, jeden einzelnen Zylinder auf Höchstlast einzu-stellen, weil sich die Änderung des Gemisches eines ein-zelnen Zylinders in der Gesamtleistung nur wenig bemerkbar macht. Eine Möglichkeit der Einstellung ist in diesem Falle durch die Beobachtung der Ab-gastemperaturen gegeben. In Abb. 122 sind bei größter Füllung des Zylinders die Leistung, der Verbrennungs-höchstdruck, die Temperatur der Auspuffgase und die Temperaturen im Zylinder in Abhängigkeit vom Mischungsverhältnis Luft zu Gas aufgetragen. Beim Mischungsverhältnis 1,09 sind die Leistung, die Temperatur der Abgase und die im Zylinder am höchsten. Um die Maschine bei größter Füllung auf höchste Leistung einzustellen, sind die Luftdrossel-klappen für jeden Zylinder so einzuregeln, daß die Ab-gastemperatur des Zylinders am höchsten wird.

Wenn die kraftabnehmende Maschine die Höchst-leistung einer mehrzylindrigen Gasmaschine nicht aufnehmen kann, werden ein oder mehrere Zylinder durch Unterbrechung der Zündung oder Verringerung der Gaszufuhr abgeschaltet und die anderen Zylinder einzeln durch Beobachtung der Abgastemperatur auf Höchstleistung eingeregelt. Auf die Weise erhalten die Drosselklappen die Einstellung für größtmögliche Reserveleistung.

Nach Abb. 122 tritt beim Mischungsverhältnis 1,09 für höchste Leistung auch der höchste Verbrennungsdruck auf. Es ist auch möglich, die Maschine bei größter Füllung des Zylinders mit Hilfe eines Indikators und Messung des Verbrennungsdruckes auf höchste Leistung einzustellen.

4. Betrieb mit Leuchtgas

Die Steuerung und Anordnung des Gas- und Luftventils waren die gleichen wie bei Betrieb mit Sauggas. Der Querschnitt des Gasventils mußte wegen der infolge des größeren Heizwertes geringeren angesaugten Gasmenge verkleinert werden. Als Kraft-stoff wurde ein Leuchtgas von ähnlicher Zusammensetzung wie in Zahlentafel 1 ange-geben verwendet, jedoch mit $H_u = 3850$ kcal/Nm³, $L_0 = 3,75$ m³/m³ und $h_u = 810$ kcal/Nm³. Die Brenngeschwindigkeit des Leuchtgases ist wegen des hohen Wasserstoffgehaltes höher als die des Sauggases.

Der Gasverbrauch für verschiedene Belastungen ist in Abb. 123 in Abhängigkeit vom Mischungsverhältnis Luft zu Gas und vom Luftverhältnis aufgezeichnet. Die höchste Leistung beträgt 130 PS$_e$. Sie entspricht einem Nutzdruck von 6,9 kg/cm² und wird bei einem Mischungsverhältnis von 3,75 entsprechend $\lambda = 1$ erreicht. Je mehr die Belastung sinkt, desto größer kann die Luft- oder Gasmenge sein. Bei hoher Be-lastung fällt der Gasverbrauch mit Zunahme des Luftüberschusses ab. Bei geringer Be-lastung nimmt er, angefangen von der Luftverhältniszahl 1, zunächst etwas ab und steigt dann wieder an. Die Wärmeabgabe an das Kühlwasser und die Verbrennungs-geschwindigkeit des Gemisches hat bei Betrieb mit Leuchtgas den gleichen Einfluß wie bei Sauggasbetrieb.

Die Höchstleistung von 130 PS$_e$ läßt sich nur für kurze Zeit halten. Es treten sehr bald Frühzündungen und heftige Stöße auf, durch die die Maschine immer heißer wird. Selbst bei einer verringerten Belastung von 80 PS$_e$ treten in der Nähe geringen Luft-überschusses Stöße auf. Im Gegensatz dazu läuft die Maschine mit Sauggas bei sämt-lichen Belastungen und Gemischzusammensetzungen ohne Störung.

Wird bei Leuchtgasbetrieb das Mischungsverhältnis bei voller Füllung auf die Höchstleistung von 130 PS$_e$ eingestellt, so verläuft die Regelung unter dem Einfluß des Drehzahlreglers nach der Linie *a* in Abb. 123. Da aber wegen der starken Erhitzung der Ma-

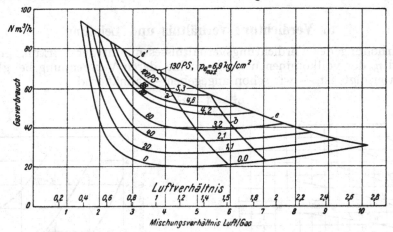

Abb. 123. Mischungsverhältnis und Gasverbrauch bei verschiedenen Belastungen. Betrieb mit Leuchtgas.
215 U/min

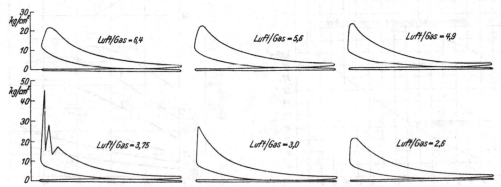

Abb. 124. Indikatordiagramme. Betrieb mit Leuchtgas. Leistung 80 PS. 215 U/min

schine eine Belastung über 90 PS$_e$ auf der Regellinie *a* nicht möglich ist, wird im praktischen Betrieb zweckmäßig auf die Spitzenleistung verzichtet und das Mischungsverhältnis bei voller Füllung und größtmöglichem Luftüberschuß auf 100 PS$_e$ eingestellt. Wenn bei dieser Einstellung die Belastung geändert wird, so ergibt sich die Regellinie *b*. Sie verläuft rechts von der Linie *a* im
Gebiet größeren Luftüberschusses. Im Vergleich zur Regellinie *a* ist auf der Linie *b* der
Gasverbrauch bei hoher Belastung geringer,
bei niedriger Belastung jedoch höher. Bei
Leuchtgasbetrieb kommt praktisch nur eine
Einstellung nach der Linie *b* in Betracht, denn
die Maschine ist bei dieser Einstellung wesentlich kühler.

In Abb. 124 sind Indikatordiagramme für
verschiedene Gemischzusammensetzungen von
Luft und Gas bei einer Leistung von 80 PS$_e$
aufgezeichnet. Bei großem Luft- und Gasüberschuß sind die Diagramme stark abge-

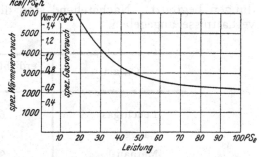

Abb. 125. Spezifischer Gas- und Wärmeverbrauch bei Betrieb mit Leuchtgas. 215 U/min

rundet. In der Nähe des theoretischen Mischungsverhältnisses 3,75 ist die Brenngeschwindigkeit so hoch, daß ein starkes Stoßen in der Maschine auftritt und der Indikator
in Schwingungen gerät. Wenn ein ruhiger Gang erreicht werden soll, muß die Maschine
mit Luftüberschuß arbeiten.

Der spezifische Gas- und Wärmeverbrauch bei Betrieb mit Leuchtgas ist aus Abb. 125 ersichtlich. Bei einer Leistung von 100 PS$_e$ ist der spezifische Gasverbrauch 0,56 m³/PS$_e$h und der spezifische Wärmeverbrauch 2150 kcal/PS$_e$h. Der Nutzwirkungsgrad beträgt 0,29.

5. Verdichtungsverhältnis und Leistung

Mit der Erhöhung des Verdichtungsverhältnisses nimmt der Wirkungsgrad zu. Der Wirkungsgrad η_v der vollkommenen Gasmaschine, deren Verbrennung bei gleichbleibendem Volumen erfolgt, ist — wie schon angegeben — annähernd

$$\eta_v = 1 - \varepsilon^{1-\varkappa}.$$

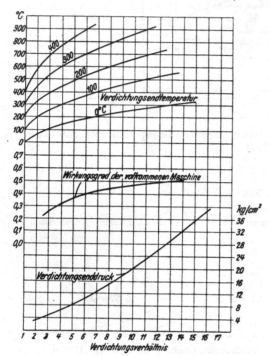

Abb. 126. Verdichtungsenddruck, Wirkungsgrad der vollkommenen Maschine η_v und Verdichtungsendtemperatur in Abhängigkeit vom Verdichtungsverhältnis

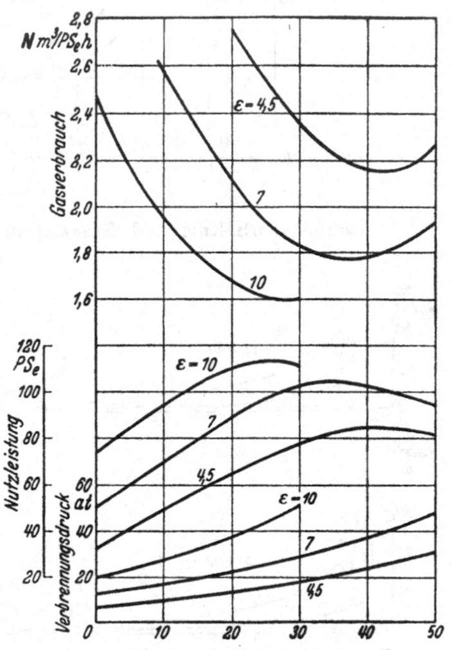

Abb. 127. Leistung, spezifischer Gasverbrauch und Verbrennungshöchstdruck bei verschiedenen Verdichtungsverhältnissen und Zündzeitpunkten. Betrieb mit Sauggas. 215 U/min

Die Erhöhung des Verdichtungsverhältnisses ist wegen der Gefahr von Selbstzündungen begrenzt. Nachstehend sind die im allgemeinen angewendeten Verdichtungsverhältnisse angegeben.

Gasart	Verdichtungsverhältnis ε	Verdichtungsenddruck p_c
Leuchtgas	6 bis 7	10 bis 12
Sauggas	7 bis 8	12 bis 15
Methan	9 bis 10	18 bis 20

Der Verdichtungsenddruck, die Verdichtungstemperatur bei verschiedenen Anfangstemperaturen des Gemisches und die Wirkungsgrade der vollkommenen Maschinen sind in Abb. 126 über dem Verdichtungsverhältnis aufgetragen. Die neben den Temperaturlinien eingeschriebenen Zahlen sind die Temperaturen des Gemisches zu Beginn der Verdichtung.

Die Kurve des Wirkungsgrades zeigt, daß eine Steigerung des Verdichtungsverhältnisses bis annähernd zum Wert $\varepsilon = 7$ eine starke Erhöhung des Wirkungsgrades bewirkt. Bei weiterer Erhöhung des Verdichtungsverhältnisses nimmt der Wirkungsgrad viel weniger zu.

Um einen Überblick über den Einfluß des Verdichtungsverhältnisses auf Leistung und Gasverbrauch zu erhalten, wurden weitere Versuche mit der Maschine durchgeführt.

Außer von der Gemischzusammensetzung ist die Leistung vom Zündpunkt abhängig. Abb. 127 zeigt die Leistung, den Nutzdruck, den spezifischen Gasverbrauch und den Verbrennungshöchstdruck bei verschiedenen Verdichtungsverhältnissen in Abhängigkeit vom Zündzeitpunkt. Das Mischungsverhältnis war bei diesem Versuch auf höchste Leistung eingestellt. Es zeigte sich, daß mit Zunahme der Vorzündung die Leistung ansteigt. Sie erreicht einen Höchstwert und fällt dann wieder ab. Auch in diesem Falle ist bei höherem Verdichtungsverhältnis die Leistung größer. Bei höchster Leistung ist die Vorzündung bei hohem Verdichtungsverhältnis geringer als bei niedrigem, weil mit Zunahme der Verdichtungstemperatur die Brenngeschwindigkeit wächst. Der spezifische Gasverbrauch ist bei jeweiliger Höchstleistung am niedrigsten.

Nach theoretischen Überlegungen soll zur Erzielung einer hohen Leistung und eines hohen Wirkungsgrades die Verbrennung des Gemisches im oberen Totpunkt bei möglichst gleichbleibendem Volumen erfolgen. Bei den Versuchen war die Zündung deshalb bei Höchstleistung so eingestellt, daß die Verbrennung soweit wie möglich in der Nähe des oberen Totpunktes erfolgte. Die durch die Erhöhung des Verdichtungsverhältnisses erreichte Leistungssteigerung ist nicht nur auf den höheren Wirkungsgrad der vollkommenen Maschine η_v, sondern auch auf die erhöhte Brenngeschwindigkeit und damit auf eine weitgehendere Zusammenziehung der Verbrennung in der Nähe des oberen Totpunktes, auf einen größeren Gleichraumgrad (s. auch Band 2) zurückzuführen.

Mit zunehmender Vorzündung steigen die Verbrennungsdrücke an. Bei einem Verdichtungsverhältnis $\varepsilon = 7$ wird bei einer Vorzündung von 33^0 Kurbelwinkel die Höchstleistung von 106 PS_e erreicht. Der Verbrennungshöchstdruck beträgt 31 kg/cm². Bei einem Verdichtungsverhältnis von $\varepsilon = 4{,}5$ beträgt der Verbrennungshöchstdruck bei Höchstlast 24 kg/cm² und bei $\varepsilon = 10$ ist er 48 kg/cm².

In Abb. 128 sind über dem Verdichtungsverhältnis die Werte für die Leistung, den spezifischen Wärmeverbrauch und den Verbrennungshöchstdruck aufgetragen, die denjenigen für höchste Leistung in der Abb. 128 entsprechen. Beim Verdichtungsverhältnis $\varepsilon = 7$ beträgt der spezifische Wärmeverbrauch 2170 kcal/PS_eh, der Nutzwirkungsgrad ist 29%. Beim Verdichtungsverhältnis $\varepsilon = 10$ ist der spezifische Wärmeverbrauch 1900 kcal/PS_eh und der Nutzwirkungsgrad 33%.

Das Gestell und das Triebwerk der Versuchsmaschine waren für einen Verbrennungshöchstdruck von 31 kg/cm², der beim Verdichtungsverhältnis $\varepsilon = 7$ auftritt, bemessen. Wird das Verdichtungsverhältnis erhöht, so muß, damit die Beanspruchung des Triebwerks unverändert bleibt, der Kolbendurchmesser verkleinert werden. Beim Verbrennungshöchstdruck von 31 kg/cm² beträgt die Kolbenbelastung durch den Gasdruck 41 000 kg. Soll beim Verdichtungsverhältnis $\varepsilon = 10$, dem ein Verbrennungshöchstdruck von 48 kg/cm² entspricht, der Kolben ebenfalls mit 41 000 kg belastet werden, so ergibt sich ein Kolbendurchmesser von 330 mm. Trotz einer Erhöhung des Nutzdruckes von 5,6 auf 6,0 kg/cm² sinkt die Leistung durch die Verringerung des Kolbendurchmessers von 106 auf 74 PS_e.

Für eine Kolbenkraft von 41 000 kg sind die Leistung und der Zylinderdurchmesser in Abb. 129 über dem Verdichtungsverhältnis aufgetragen. Die höchste Leistung von 110 PS_e wird beim Verdichtungsverhältnis $\varepsilon = 6{,}0$ erreichte. Die Leistung geht unterhalb dieses Verdichtungsverhältnisses wegen der Abnahme des Nutzdruckes und oberhalb wegen der notwendigen Verkleinerung des Zylinderdurchmessers infolge der Zunahme des Verbrennungshöchstdruckes zurück.

Weil bei gleichbleibendem Triebwerk mit zunehmendem Verdichtungsverhältnis die Leistung abnimmt, steigen die Anschaffungskosten je PS. Die Wirtschaftlichkeit einer Maschine wird im wesentlichen bestimmt durch die Kosten für den Kraftstoff, die Verzinsung und die Abschreibung von den Anschaffungskosten. Es soll angenommen werden, daß bei einer Leistung von 106 PS_e und dem Verdichtungsverhältnis $\varepsilon = 7$ die Kosten für Verzinsung und Abschreibung 1,1 Pfennig für die Pferdekraftstunde be-

tragen und daß der Preis der Maschine wegen des unveränderten Triebwerks auch b
größerem Verdichtungsverhältnis, bei dem der Kolbendurchmesser kleiner wird und d
Leistung sinkt, der gleiche ist. Die Kosten für die Verzinsung und Abschreibung bei
Verdichtungsverhältnis $\varepsilon = 10$ betragen dann 1,46 Pfennig für die Pferdekraftstund
In Abb. 130 sind die auf diese Weise e
rechneten Kosten über dem Verdichtungsve
hältnis aufgetragen. Unter Zugrundelegu
des gemessenen spezifischen Gasverbrauch
bei verschiedenen Verdichtungsverhältniss
sind außerdem die Kosten des Krai

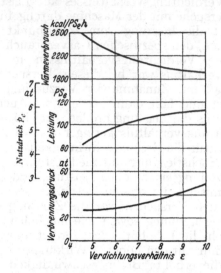

Abb. 128. Spezifischer Wärmeverbrauch, Leistung
und Verbrennungshöchstdruck in Abhängigkeit vom
Verdichtungsverhältnis. Betrieb mit Sauggas.
215 U/min

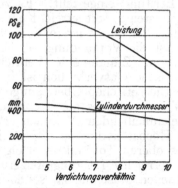

Abb. 129. Leistung und Zylinderdurchmesser
gleicher Kolbenkraft in Abhängigkeit vom Verdi
tungsverhältnis. Betrieb mit Sauggas. 215 U/n

stoffes für die Pferdekraftstunde angegeben. Die Kosten für Verzinsung und Abschr
bung nehmen bei ansteigendem Verdichtungsverhältnis zu, und zwar in einem höher
Grade als sie für den Kraftstoff abnehmen. Die Gesamtkosten für die Pferdekra
stunde sind beim Verdichtungsverhältnis $\varepsilon = 6$ bis 7 am geringsten. Die Werte sind v
SCHNÜRLE auf Grund von Vorkriegspreisen errechn
zeigen aber hinreichend das grundsätzliche Verfahren.

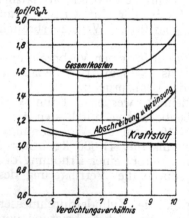

Sie zeigen, daß es ein wirtschaftlichstes Verdic
tungsverhältnis gibt und daß es keinen Sinn hat, unt
Berücksichtigung des Kraftstoffverbrauches mit d
Verdichtungsverhältnis höher als bis $\varepsilon = 7$ zu geh
Diese Überlegungen gelten natürlich nicht bei Umstellu
von Dieselmaschinen und für Gasmotoren mit Dieselv
dichtung, wo das Triebwerk ja aus anderen Gründen 1
die hohen Drücke ausgelegt ist.

Die Versuchsmaschine konnte kurze Zeit mit d
Verdichtungsverhältnis $\varepsilon = 10$ ohne Frühzündungen 1
trieben werden. Wegen der hohen Verbrennungsdrüc
trat jedoch bald starkes Stoßen auf. Bei einem hoh
Verdichtungsverhältnis wird der Wärmeübergang an
Wandungen auf Grund der hohen Drücke und Tempe
turen im Verbrennungsraum größer und die Masch
heißer. Durch die Erhitzung von Gemischteilen währe
der Verdichtung an heißen Stellen des Verbrennungsraun

Abb. 130. Kosten für Kraftstoff, Abschreibung und Verzinsung in Abhängigkeit vom
Verdichtungsverhältnis

können Frühzündungen eintreten. Auch Fremdkörp
die sich oft bei größeren Maschinen im Innern ablagern, wie z. B. Ölkoks, werd
glühend und rufen Frühzündungen hervor. Bei hohem Verdichtungsverhältnis ist a
der Betrieb der Gasmaschinen empfindlicher. Auch aus Gründen der Betriebssicherh
sollte daher bei ortsfesten Sauggasanlagen das Verdichtungsverhältnis nicht größer
$\varepsilon = 7$ gewählt werden.

6. Gasheizwert und Leistung

Die grundsätzlichen Zusammenhänge sind in A. IV. 2. behandelt. Im folgenden sind die Ergebnisse der Versuche aufgeführt, die auch zahlenmäßige Unterlagen schaffen sollten. Zusammensetzung und Heizwert des Sauggases hängen von der Bauart des Gaserzeugers, vom verwendeten Kraftstoff und vom Belastungs- und Wärmezustand des Gaserzeugers ab und schwanken stark, wie schon erwähnt wurde. Um auch

Gase von vermindertem Heizwert in der Maschine zu untersuchen, wurden dem Sauggas gekühlte Auspuffgase zugesetzt. Durch Zusatz von Auspuffgasen wurden aus dem Sauggas mit einem Heizwert von $H_u = 1200$ kcal/Nm³ Gase mit dem Heizwert von $H_u = 910$ und 680 kcal/Nm³ hergestellt. Der Heizwert von 910 kcal/Nm³ entspricht dem von Gichtgas. In Zahlentafel 6 ist in der ersten Zeile die Zusammensetzung von Leuchtgas mit einem Heizwert von $H_u = 3400$ kcal/Nm³ angegeben. Außerdem sind der theoretische Luftbedarf für 1 m³ Gas und der Gemischheizwert eingetragen. Leistung und Verbrennungshöchstdrücke für Gase der Zahlentafel 6 sind in Abb. 131 über der Vorzündung in Kurbelgraden aufgezeichnet. Bei allen Gasen war durch die Gas- und Luftdrossel das Gemisch bei größter Füllung auf Höchstleistung eingestellt. Der Zündzeitpunkt für Höchstleistung ändert sich mit dem Heizwert des Gases und wird mit abnehmendem Heizwert vorverlegt. Bei gleichbleibendem Zündzeitpunkt nehmen die Verbrennungshöchstdrücke mit dem Heizwert des Gases zu. Wird ein für ein Gas mit niedrigem Heizwert eingestellter Zündzeitpunkt

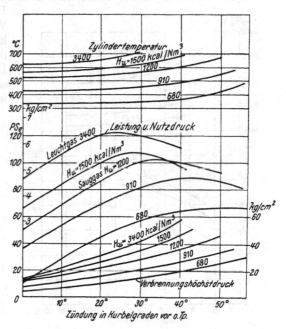

Abb. 131. Leistung, Verbrennungshöchstdruck und mittlere Temperatur im Zylinder bei Gasen von verschiedenem Heizwert

auch für ein Gas mit hohem Heizwert beibehalten, so wird der Verbrennungshöchstdruck zu hoch und es treten starke Stöße und Frühzündungen auf.

Zahlentafel 6. Zusammensetzung der Gase bei den Versuchen Abb. 131

Gasart	CO	H₂	CH₄	C₂H₄	O₂	CO₂	N₂	H_u kcal/Nm³	Theoret. Luftbedarf L_0 m³/m³	Gemisch-Heizwert h_U kcal/Nm³
				In Prozenten						
Leuchtgas	14,7	43,3	18,0	2,1	0,4	8,9	12,6	3400	3,38	776
Sauggas	18,5	17,7	2,3	—	1,2	9,4	50,9	1200	1,02	600
	15,0	11,4	0,4	0,9	1,1	11,2	60,0	910	0,74	522
	12,2	10,4	0,5	—	1,0	13,4	62,5	680	0,54	442
Sauggas mit Wasserstoffzusatz	20,0	24,0	1,5	—	0,8	8,5	45,2	1350	1,15	630
	20,4	31,0	1,0	—	0,4	5,4	41,8	1500	1,30	653
	16,9	42,0	0,5	—	0,3	6,9	33,4	1630	1,44	670

Bei Sauggas mit einem Heizwert von 1200 kcal/Nm³ und bei verschlechtertem Sauggas mit 910 und 680 kcal/Nm³ betragen die Verbrennungshöchstdrücke bei Höchstleistung 31,29 und 27 kg/cm². Wegen der trägen Verbrennung ist bei verschlechtertem Gas die Zündung so weit vorverlegt, daß sich der Verbrennungshöchstdruck wenig vom Sauggas mit 1200 kcal unterscheidet.

In Abb. 131 wurde auch die gemessene mittlere Temperatur der Lötstelle eines Thermoelementes im Verbrennungsraum (als Zylindertemperatur bezeichnet) aufge-

tragen. Aus den Messungen geht hervor, daß mit sinkendem Heizwert des Gases die
Temperatur im Zylinder abnimmt. Ähnlich wie das Thermoelement erhitzen sich auch
Fremdkörper im Zylinder. Bei Gasmaschinen, die zu Verunreinigungen und Ablagerungen
von Ölkrusten im Verbrennungsraum neigen, ist die Temperatur im Verbrennungsraum
wegen der Möglichkeit des Auftretens von Frühzündungen von besonderer Bedeutung.
Mit Vorverlegung der Zündung nimmt die Temperatur zu. Die glühende Lötstelle des
Thermoelementes selbst verursacht erst bei Temperaturen über 700° C Frühzündungen.

Beim Einsetzen von Frühzündungen, das einer Vorverlegung der Zündung gleichkommt, konnte starkes und sprunghaftes Ansteigen der Zylindertemperatur beobachtet werden. Die dabei auftretenden Stöße in der Maschine sind so heftig, daß Kolbenfressen eintreten kann.

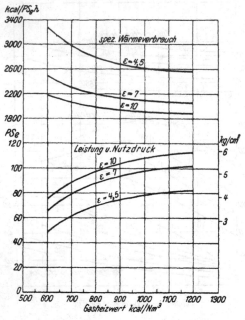

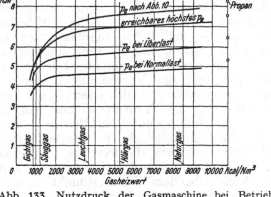

Abb. 132. Leistung und spezifischer Wärmeverbrauch bei verschiedenem Verdichtungsverhältnis
in Abhängigkeit vom Heizwert des Gases

Abb. 133. Nutzdruck der Gasmaschine bei Betrieb
mit verschiedenen Gasen.
$\varepsilon = 7$

Beim Betrieb mit Sauggas von 1200 kcal/Nm³ ergibt sich für ein Verdichtungsverhältnis von $\varepsilon = 7$ eine Höchstleistung von 106 PS$_e$ und ein Nutzdruck von 5,6 kg/cm².
Obwohl die Maschine dabei noch ohne Störungen arbeitet, wird sie bei Normallast nur
mit 80 PS$_e$ gefahren. Das entspricht einem Nutzdruck von 4,2 kg/cm². Diese Leistung
kann bei Schwankungen des Gasdruckes und Änderung der Gaszusammensetzung mit
einiger Sicherheit eingehalten werden. Auch ist die Gefahr von Selbstzündungen im
Zylinder wesentlich geringer. Bei Verwendung von Gasen mit einem Heizwert von
910 kcal/Nm³ wird noch ein Nutzdruck von 4,6 kg/cm² bei Höchstleistung erreicht.

Wird eine Maschine mit Gas von geringem Heizwert betrieben, so kann durch Erhöhung des Verdichtungsverhältnisses die Leistung gesteigert werden. In Abb. 132 sind
die Leistung und der spezifische Wärmeverbrauch für die Verdichtungsverhältnisse
$\varepsilon = 4,5$, $\varepsilon = 7$ und $\varepsilon = 10$ aufgetragen. Beim Verdichtungsverhältnis $\varepsilon = 10$ läßt sich
mit Gas von 910 kcal die gleiche Leistung erzielen wie mit Sauggas von 1200 kcal bei $\varepsilon = 7$.
Da ein Gas mit geringem Heizwert die Maschine weniger erwärmt, kann das Verdichtungsverhältnis höher gewählt werden, ohne daß Selbstzündungen eintreten. Die Verbrennungshöchstdrücke wachsen bei Gasen mit niedrigem Heizwert mit zunehmendem
Verdichtungsverhältnis weniger an als bei Gasen mit hohem Heizwert.

Der spezifische Wärmeverbrauch nimmt mit abnehmendem Gasheizwert zu, weil der
Anteil der Reibungsarbeit an der indizierten Leistung der Maschine sich erhöht und auf
Grund der verringerten Verbrennungsgeschwindigkeit des Gas-Luft-Gemisches die Ver-
brennung mehr von der Gleichraumverbrennung abweicht.

In Abb. 133 ist über dem Gasheizwert der bei Gasmaschinen mit $\varepsilon = 7$ erreichbare
Nutzdruck bei Normallast, Überlast und für kurze Zeit erreichbare Höchstlast aufgetragen. Zum Vergleich enthält die Abb. 133 auch die mit $\lambda = 1,0$ berechnete Kurve
der Abb. 54. Mit Normallast wird die Belastung bezeichnet, die bei Dauerbetrieb, auch

bei schwankendem Heizwert und Gasdruck, gehalten werden kann. Unter Überlast wird die Belastung verstanden, mit der die Maschine während einer halben Stunde ohne Störung laufen kann. Selbstzündungen im Zylinder oder in der Ansaugleitung dürfen nicht auftreten. Die Maschine muß bei Überlast auch bei etwas schwankendem Heizwert und Gasdruck fahren können. Bei Betrieb mit Sauggas kann die Maschine ohne Schaden mit Überlast fahren. Der Unterschied zwischen Überlast und Normallast bei Sauggas ist durch die Sicherheit gegen Änderungen des Gasheizwertes und des Gasdruckes bedingt. Außerdem ist die Sicherheit gegen Selbstzündungen bei Normallast größer.

Bei Verwendung von Gas mit hohem Heizwert ist besonders darauf zu achten, daß eine zu hohe Wärmebeanspruchung der Maschine vermieden wird. Wird die Maschine mit Gasen, die viel Wasserstoff enthalten, wie z. B. Leuchtgas, gefahren, so treten bei heißer Maschine heftige Stöße auf. Werden Gase mit hohem Methangehalt, wie Erdgas und Klärgas, verwendet, so ist diese Gefahr geringer, da Methan eine hohe Zündtemperatur und eine niedrige Brenngeschwindigkeit hat. Für diese Gase kann deshalb eine höhere Normal- und Überlast zugelassen werden.

Bei Sauggasanlagen nimmt manchmal der Wasserstoffanteil am Sauggas stark zu. Das ist vor allem dann der Fall, wenn dem Gaserzeuger zuviel Wasserdampf zugeführt wird.

Um den Einfluß des erhöhten Wasserstoffgehaltes bei Betrieb mit Sauggas festzustellen,

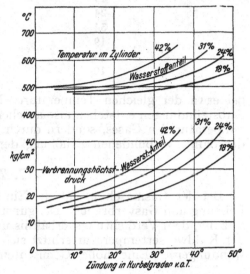

Abb. 134. Verbrennungshöchstdruck und Temperatur im Zylinder bei Sauggas mit hohem Wasserstoffgehalt. Leistung 80 PSe. 215 U/min

wurde bei den Versuchen dem Sauggas vor Eintritt in die Maschine Wasserstoff aus Gasflaschen zugesetzt. Die Gase, die in den letzten Zeilen der Zahlentafel 6 angegeben sind, haben einen Wasserstoffgehalt von 24, 31 und 42% und einen Heizwert von $H_u = 1350$, 1500 und 1630 kcal/Nm³. Das normale Sauggas hat einen Wasserstoffgehalt von ungefähr 18%.

In Abb. 134 sind der Verbrennungshöchstdruck und die mittlere Temperatur eines Thermoelementes im Zylinder bei verschiedenen Vorzündungen und bei Betrieb mit diesen Gasen von verschiedenem Wasserstoffgehalt für eine Leistung von 80 PS$_e$ aufgetragen. Bei gleichem Zündzeitpunkt nehmen mit Zunahme des Wasserstoffgehaltes die Verbrennungshöchstdrücke und die mittlere Temperatur im Zylinder zu. Außerdem wird der Gasheizwert größer und die Brenngeschwindigkeit wächst. Deshalb tritt ein starkes Stoßen in der Maschine auf. Bei einem Zündzeitpunkt von 35⁰ Kurbelwinkel vor dem oberen Totpunkt und einem Wasserstoffgehalt von 18% beträgt der Verbrennungshöchstdruck 24 kg/cm², bei 42% Wasserstoffgehalt und der gleichen Vorzündung steigt der Druck auf 41 kg/cm². Die Temperatur im Zylinder nimmt dabei von 495 auf 640⁰ C zu. Wird bei Gasen mit 42% Wasserstoffgehalt die Vorzündung auf 15⁰ Kurbelwinkel zurückgestellt, so läßt sich ein brauchbarer Betrieb ermöglichen.

Ist eine Maschine wegen heißer Wandungen oder glühender Fremdkörper an der Grenze des sicheren Betriebes, so nehmen bei zunehmendem Wasserstoffgehalt die Verbrennungsdrücke und die Zylindertemperatur zu und es treten Selbstzündungen auf. Dadurch wird die Temperatur weiter erhöht und die Zündung tritt immer früher ein.

Um festzustellen, wie die Zündungstemperatur des Sauggases von verschiedenem Wasserstoffgehalt sich bei Berührung mit glühenden Oberflächen ändert, wurde in den Verbrennungsraum der Versuchsmaschine ein gegen diesen Raum geschlossenes Stahlrohr eingeführt. Dieses Rohr wurde durch einen elektrischen Widerstand im Innern zusätzlich beheizt. Die Temperatur des Rohres, bei der sich das Gas entzündete, wurde an seinem geschlossenen Ende durch ein Thermoelement gemessen. In Zahlentafel 7 sind die am glühenden Rohrboden gemessenen Zündtemperaturen zusammengestellt. Die Gase mit verschiedenem Wasserstoffgehalt entzünden sich an der glühenden Fläche

Zahlentafel 7. Zündtemperaturen von Gemischen mit verschiedenem Wasserstoffgehalt und Luftüberschuß

Wasserstoffgehalt in Prozenten	Luftüberschußzahl	Entzündungstemperatur °C
19	1,1	705
24	1,1	715
34	1,1	710
19	1,2	700
19	1,4	680
19	1,8	670

bei etwa der gleichen Temperatur. Mit zunehmendem Wasserstoffgehalt eintretende Selbstzündungen entstehen also anscheinend nicht durch Erniedrigung der Entzündungstemperatur des Gases, sondern durch Erhöhung der Verbrennungsgeschwindigkeit und der damit verbundenen Erhöhung der Temperatur im Zylinder.

7. Zündzeitpunkt

Bei der Gasmaschine hat die Einstellung des Zündzeitpunktes großen Einfluß auf Leistung und Gasverbrauch. Der günstigste Zündzeitpunkt hängt von der Gaszusammensetzung, dem Verdichtungsverhältnis und der Kühlwassertemperatur ab. Bei zunehmender Kühlwassertemperatur erhitzt sich das angesaugte Gemisch an den heißen Zylinderwandungen. Eine hohe Gemischtemperatur ergibt eine erhöhte Verdichtungsend-

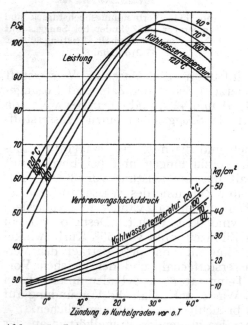

Abb. 135. Leistung und Verbrennungshöchstdruck bei verschiedenen Kühlwassertemperaturen in Abhängigkeit von der Vorzündung. Betrieb mit Sauggas. 215 U/min

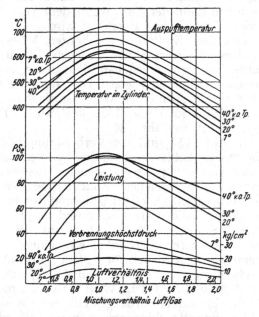

Abb. 136. Leistung, Verbrennungshöchstdruck und Temperaturen bei verschiedenen Zündzeitpunkten in Abhängigkeit vom Mischungsverhältnis. Betrieb mit Sauggas. 215 U/min

temperatur. Die Brenngeschwindigkeit nimmt dadurch zu, und der Zündzeitpunkt muß zurückverlegt werden. Bleibt der Zündzeitpunkt unverändert, so geht die Leistung zurück und es ergeben sich hohe Verbrennungsdrücke, durch die die Maschine stark beansprucht wird.

Abb. 135 zeigt die Leistung und die Verbrennungshöchstdrücke bei Kühlwassertemperaturen von 40, 70, 100 und 120° C in Abhängigkeit von der Vorzündung. Kühlwassertemperaturen von mehr als 100° C treten bei Heißkühlung auf, das Kühlwasser steht dann unter einem Druck von 2 bis 3 at. Mit Zunahme der Kühlwassertemperatur sinkt die erreichbare Höchstleistung ab. Das erklärt sich durch Abnahme des Liefergrades der Maschine, das heißt also durch die Verringerung der angesaugten Gemischmenge bei höherer Temperatur. Bei einer Kühlwassertemperatur von 40° C beträgt die günstigste Vorzündung 35° KW, bei 120° C ist sie 25° KW.

Die Temperaturen im Auspuff und im Zylinder waren beim Mischungsverhältnis für höchste Leistung der Versuchsmaschine am höchsten. In Abb. 136 sind die Temperaturen im Auspuff und im Zylinder, die Leistung und der Verbrennungshöchstdruck bei verschiedenen Vorzündungen über dem Mischungsverhältnis aufgetragen. Die Leistung ist bei allen Zündzeitpunkten am höchsten beim Mischungsverhältnis 1,09. Die Höchstleistung einer Gasmaschine kann also unabhängig von der Vorzündung nach der Auspufftemperatur eingestellt werden.

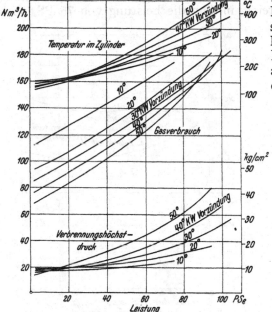

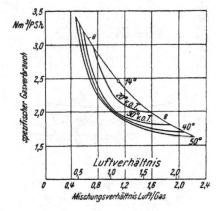

Abb. 137. Verbrennungshöchstdruck, Gasverbrauch und Temperaturen im Zylinder in Abhängigkeit von der Leistung bei verschiedener Vorzündung. Betrieb mit Sauggas. 215 U/min

Abb. 138. Spezifischer Gasverbrauch bei verschiedenen Zündzeitpunkten in Abhängigkeit vom Mischungsverhältnis. Betrieb mit Sauggas. Leistung 75 PS$_e$, $p_e = 4,0$ kg/cm². 215 U/min

Bei Verringerung der Vorzündung nimmt die Temperatur im Auspuff wegen des Nachbrennens des Gemisches zu, während die Temperatur im Zylinder abnimmt. Wird die Vorzündung über das günstigste Maß hinaus gesteigert — bei der Versuchsmaschine ist dieses 35° Kurbelwinkel —, so wird die Leistung wegen der starken Vorverbrennung des Gemisches wieder geringer. Bei 40° Kurbelwinkel ist in der Nähe des Mischungsverhältnisses 1,09 die Leistung geringer als bei 30° Kurbelwinkel. Im Gebiet des Luft- oder Gasüberschusses ist die Leistung bei 40° Kurbelwinkel jedoch höher als bei 30°, weil bei Gas- oder Luftüberschuß die Verbrennungsgeschwindigkeit abnimmt und die größere Vorzündung einen Ausgleich schafft.

Auch der Gasverbrauch ist vom Zündzeitpunkt abhängig. In Abb. 137 sind die Temperatur im Zylinder, der Gasverbrauch und der Verbrennungshöchstdruck für verschiedene Vorzündungen über der Leistung aufgetragen. Die Regelung erfolgt nach der Linie a in Abb. 113. Nach dieser Kurve nimmt bei geringer Belastung der Luftüberschuß zu. Daraus ergibt sich eine Erniedrigung der Verbrennungsgeschwindigkeit. Eine Abnahme der Belastung erfordert Vorverlegung des Zündzeitpunktes zur Erzielung eines geringen Gasverbrauches.

Der Verbrennungshöchstdruck und die Zylindertemperatur bei hohen Belastungen steigen bei einer Vorzündung von mehr als 40° Kurbelwinkel sprunghaft an. Wird der Zündzeitpunkt z. B. auf 40° Kurbelwinkel eingestellt, so ergibt sich bei mittlerer und niedriger Belastung ein verringerter Gasverbrauch. Bei hoher Belastung steigt der Verbrennungsdruck in gefährlichem Maße an. Bei Maschinen von der Größe und der Drehzahl der Versuchsmaschine wird für alle Belastungen eine gleichbleibende Vorzündung von 30° Kurbelwinkel eingestellt. Vom Zündzeitpunkt ist der Wärmezustand der

Maschine abhängig. Es ist deshalb zweckmäßig, wenigstens bei Großmaschinen den
Zündzeitpunkt der jeweiligen Belastung durch die Muffenstellung des Drehzahlreglers
anzupassen und ihn bei niedrigen Belastungen vorzuverlegen.

Um den Zusammenhang zwischen Mischungsverhältnis und Zündzeitpunkt zu ermitteln, wurde der spezifische Gasverbrauch bei einer Leistung von 75 PS$_e$ für verschiedene Mischungsverhältnisse und Zündzeitpunkte festgestellt und in Abb. 138 aufgezeichnet. Mit Zunahme des Luftüberschusses und Vorverlegung des Zündzeitpunktes
nimmt der spezifische Gasverbrauch ab. Beim Mischungsverhältnis 1,09 unterscheidet
sich der Gasverbrauch bei den größeren Vorzündungen am wenigsten. Die Verbrennung
geht sehr rasch vor sich. Der Mischungsbereich, in dem die Leistung von 75 PS$_e$ noch

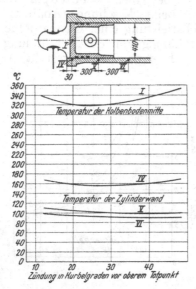

Abb. 139. Temperaturen an den Meßstellen *I* des
Kolbenbodens und *IV*, *V*, *VI* der Zylinderwand.
Betrieb mit Sauggas. Leistung 80 PS, p_e=4,2 kg/cm².
215 U/min

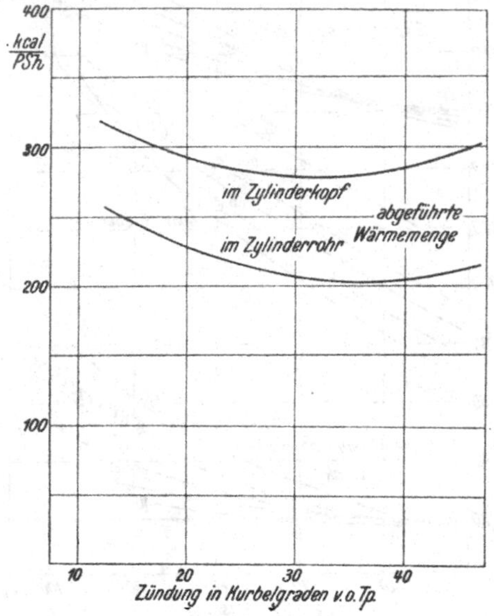

Abb. 140. Wärmeverluste an das Kühlwasser einer
Sauggasmaschine. Leistung 80 PS. p_e=4,2 kg/cm².
215 U/min

erzielt wird, wächst mit weiterer Vorverlegung der Zündung. Die Endpunkte der Kurven
entsprechen der größten Füllung der Maschine. Bei einer Vorzündung von 14° Kurbelwinkel wird nur noch beim Mischungsverhältnis 1,09 die Leistung von 75 PS$_e$ erreicht.

Mit der Vorzündung ändert sich auch der Wärmezustand der Maschine. In Abb. 139
sind über dem Zündzeitpunkt die Temperaturen der Kolbenbodenmitte und der Zylinder-
lauffläche bei einer Leistung von 80 PS$_e$ aufgetragen. Die Meßstellen sind aus dem
Schnittbild auf der Abbildung ersichtlich. Im Kolben liegen wieder die Meßstellen *I*,
II und *III*, in der Zylinderlaufbahn die Meßstellen *IV*, *V* und *VI*. Sie sind 3 mm von der
Zylinderlauffläche, bzw. der Oberfläche des Kolbenbodens entfernt. Bei großer Vor-
zündung steigt ebenso wie bei starker Spätzündung die Temperatur des Kolbenbodens an.
Bei Frühzündung steigt die Temperatur an der Meßstelle *IV* in der Zylinderwand, die
bei der Verbrennung unmittelbar mit den hocherhitzten Gasen in Berührung kommt.
Die Temperaturen an den Meßstellen *V* und *VI* in der Zylinderlaufbahn erhöhen sich
im Gegensatz zur Meßstelle *IV*, die in der Nähe des Verbrennungsraumes liegt, nur bei
Spätzündung, weil die Stellen *V* und *VI* in der Mitte und gegen Ende des Arbeitshubes
den heißen Abgasen ausgesetzt sind.

Die vom Zylinderkopf und von der Zylinderwand an das Kühlwasser abgegebene
Wärmemenge ist für verschiedene Zündzeitpunkte in Abb. 140 dargestellt. Bei einer
Vorzündung von 35° Kurbelwinkel ist die Wärmemenge am kleinsten, mit zunehmender
Vorzündung steigen die Drücke und die Temperaturen der Verbrennungsgase und der
Wärmeübergang nimmt wieder zu. Bei Spätzündung mit Nachbrennen im Auspuff
haben die Auspuffgase eine hohe Temperatur, und die Erhitzung der Zylinderlauffläche
nimmt gleichfalls zu, ebenso steigt auch die Temperatur des Zylinderkopfes.

8. Leistung, Mischungsverhältnis und Druck in den Ansaugleitungen.

In der Gasleitung der Sauggasmaschine herrscht auf Grund des Strömungswiderstandes des Gaserzeugers und der Gasleitung meist ein Unterdruck von 100 bis 200 mm WS. Dieser Unterdruck ist starken Schwankungen unterworfen. Er ist abhängig von der Höhe der Brennstoffschicht im Gaserzeuger, der Verschlackung des Gaserzeugers und der Verschmutzung des Gasreinigers. Sind an einen Gaserzeuger mehrere Maschinen angeschlossen, so ändert sich der Unterdruck, wenn Maschinen zu- oder abgeschaltet werden.

Den Einfluß des Unterdruckes in der Gasleitung auf Liefergrad, Mischungsverhältnis und Leistung veranschaulicht Abb. 141. Bei einem Druck von 9900 mm WS absolut wurde beim Versuch eine Höchstleistung von 106 PS_e erreicht. Nimmt bei unveränderter Stellung der Drosselklappen der Unterdruck in der Gasleitung zu, so wird der Luftanteil des Gemisches größer. Das Mischungsverhältnis von Luft zu Gas wächst nach der Linie a_1. Dabei tritt eine geringe Verminderung des Liefergrades nach der Linie a_2 ein. Auf Grund der Zunahme des Luftüberschusses und der Abnahme des Liefergrades nimmt die Leistung nach der Linie a ab.

Wird mit zunehmendem Unterdruck in der Gasleitung der Luftquerschnitt durch die Drossel in der Luftleitung so weit verkleinert, daß wieder das für die Leistung günstigste Mischungsverhältnis von 1,09 vorhanden ist, wie in Linie b_1 veranschaulicht, so ändert sich die Leistung nach der Linie b. Der Leistungsabfall ist geringer als nach Linie a bei der keine Nachstellung der Luftdrossel erfolgt. Da das Mischungsverhältnis gleich bleibt, ist der Leistungsabfall nur auf die Verkleinerung des Liefergrades zurückzuführen. Der Liefergrad ist nach Linie b_2 wegen des verkleinerten Luftquerschnittes geringer als nach Linie a_2 bei unverstellter Luftdrossel.

Würde bei einem Druck von 9500 mm WS in der Gasleitung die Luftdrossel auf die Höchstleistung von in diesem Falle 100 PS_e entsprechend einem Mischungsverhältnis von 1,09 in der Nähe des theoretischen Luftüberschusses eingestellt, so würde mit abnehmendem Unterdruck bei gleichbleibender Stellung der Luftdrosselklappe der Gasanteil am Gemisch größer. Trotz der Verbesserung des Liefergrades nimmt die Leistung ab und der Gasverbrauch steigt.

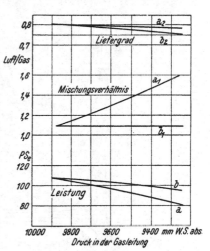

Abb. 141. Leistung, Mischungsverhältnis und Liefergrad in Abhängigkeit vom Unterdruck in der Gasleitung bei verschiedener Regelung

Das Mischungsverhältnis von Luft zu Gas ist vom Druck in der Luft- und Gasleitung und dem Leitungsquerschnitt abhängig. Ist F die Kolbenfläche, c die mittlere Kolbengeschwindigkeit, f_l der Durchtrittsquerschnitt zum Mischraum für Luft und f_g für Gas, v_l und v_g die mittleren Strömungsgeschwindigkeiten von Luft und Gas in den Querschnitten f_l und f_g, so ergibt sich die Gleichung:

$$F \cdot c = f_l \cdot v_l + f_g \cdot v_g.$$

Ist p_0 der absolute Druck in dem Raum, in dem Luft und Gas zusammentreffen und sich mischen, p_l der Druck in der Luftleitung und p_g der Druck in der Gasleitung in mm WS, γ_l und γ_g das spezifische Gewicht der Luft und des Gases, so ist die Strömungsgeschwindigkeit der Luft:

$$v_l = \sqrt{2 g \frac{p_l - p_0}{\gamma_l}}$$

und die Strömungsgeschwindigkeit des Gases:

$$v_g = \sqrt{2 g \frac{p_g - p_0}{\gamma_g}}.$$

Das Mischungsverhältnis Luft zu Gas ist dann:

$$m = \frac{f_l \cdot v_l}{f_g \cdot v_g} = \frac{f_l}{f_g} \sqrt{\frac{(p_l - p_0) \cdot \gamma_g}{(p_g - p_0) \cdot \gamma_l}}.$$

Das für ein bestimmtes Mischungsverhältnis erforderliche Querschnittsverhältnis ist

$$q = \frac{f_l}{f_g} = m \sqrt{\frac{(p_g - p_0)\, \gamma_l}{(p_l - p_0)\, \gamma_g}}.$$

oder in einfacherer Form ist

$$q = m \cdot k.$$

Den Wert für

$$k = \sqrt{\frac{(p_g - p_0)}{(p_l - p_0)} \cdot \frac{\gamma_l}{\gamma_g}},$$

hat HELLENSCHMIDT im sogenannten Hellenschmidt-Diagramm, Abb. 142, dargestellt. Auf der Abszisse ist der absolute Druck p_0 im Mischraum in Millimeter Wassersäule, und auf der Ordinate der Wert k aufgetragen. Die eingezeichneten Kurven sind Werte von k für gleichen Gasüber- oder -unterdruck h gegenüber dem Luftdruck. Es ist also

$$h = p_g - p_l.$$

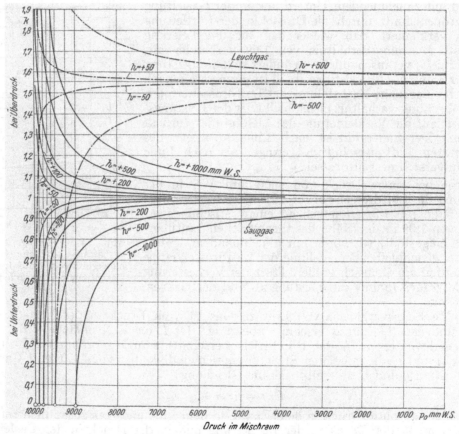

Abb. 142. Hellenschmidt-Diagramm

Bei großem Unterdruck im Mischraum, wie z. B. 7000 mm WS, der einem absoluten Druck von $p_0 = 3000$ mm WS entspricht, ist für Sauggas k annähernd gleich 1. Für Höchstlast, bei der das Mischungsverhältnis 1,09 beträgt, wäre demnach der Luftquerschnitt des 1,09-fache des Gasquerschnittes. Die Linien für gleichen Gasüberdruck h liegen bei geringem absoluten Druck p_0 im Mischraum eng beieinander. Beim Schwanken des Gasdruckes tritt also nur eine kleine Änderung des Wertes k und damit des Mischungsverhältnisses ein. Bei hohem Unterdruck im Mischraum ist die Maschine daher gegen Schwankungen des Gasdruckes wenig empfindlich. Bei geringem Unterdruck im Mischraum, z. B. 0 bis 3000 mm WS, der einem absoluten Druck von $p_0 = 10\,000$ bis 7000 mm WS entspricht, ändert sich der Wert k sehr stark. Die Maschine ist also bei geringen Unterdrücken im Mischraum gegenüber Druckschwankungen in der Gasleitung sehr empfindlich.

Bei Sauggasmotoren mit veränderlicher Drehzahl, die zum Antrieb von Gebläsen und Pumpen oder zum Fahrzeugbetrieb dienen, ändert sich mit der Drehzahl der Unterdruck in der Gasleitung. Der Unterdruck nimmt mit wachsender Drehzahl zu und das Gemisch wird ärmer an Gas. Wenn der Einfluß einer Druckänderung des Gases in der Gasleitung auf Gemisch und Leistung verringert werden soll, so muß die Maschine mit möglichst hohem Unterdruck im Mischraum arbeiten. Das kann durch kleine Einlaßquerschnitte für Luft und Gas erreicht werden. Die dabei auftretenden hohen Luft- und Gasgeschwindigkeiten ergeben außerdem eine gute Durchmischung und Verwirbelung des Gemisches. Ein hoher Ansaugeunterdruck hat jedoch eine Abnahme des Liefergrades und damit der Höchstleistung zur Folge.

B. Gasmotoren mit Dieselverdichtung

Die Ansprüche, die bei hochverdichtenden Gasmotoren an die Kraftstoffe gestellt werden, sind verschieden, je nach dem ob es sich um gemischverdichtende oder um luftverdichtende Motoren handelt, bei denen der Kraftstoff erst am Ende der Verdichtung in den Zylinder eingeführt wird. Die gemischverdichtenden Motoren verlangen klopffeste, die luftverdichtenden Motoren zündwillige Kraftstoffe. Das Grundlegende über das zulässige Verdichtungsverhältnis bei gemischverdichtenden Gasmaschinen ist bereits im Abschnitt A. V. 5. behandelt. Es gibt gewisse Gasarten, die ein im Dieselbetrieb übliches Verdichtungsverhältnis bei günstiger Brennraumform zulassen. Durch höheren Luftüberschuß, durch Zusatz von inerten Gasen, durch die Wahl des Zündverfahrens kann die Klopfempfindlichkeit herabgesetzt und somit die Verdichtung erhöht werden.

So ergeben sich bei der Ölzündung durch die gleichzeitige Entflammung, die an verschiedenen Stellen des Brennraumes durch die Tröpfchen des Zündkraftstoffes eingeleitet wird, kürzere Flammenwege gegenüber der Funkenzündung, wodurch die Bildung von Verdichtungs-Zündherden und die damit verbundenen Klopferscheinungen verhindert werden. Als mittlere Selbstzündungstemperatur kann, z. B. bei Generatorgas ungefähr 600^0 C angenommen werden. Je nach dem Wärmezustand des Motors kann sich aber die Ladung schon zu Beginn der Verdichtung bis auf 80 bis 100^0 C erwärmen, so daß insbesondere bei der hohen Verdichtung die Selbstzündungstemperatur auf jeden Fall überschritten wird (s. auch Abb. 126). Die Tatsache, daß es trotzdem im allgemeinen nicht vor Erreichung des oberen Totpunktes zur Selbstzündung kommt, ist darauf zurückzuführen, daß für die Einleitung der Verbrennung eine gewisse Zeit, der Zündverzug, erforderlich ist. Bei Gas-Dieselmotoren ist im allgemeinen eine Zündhilfe durch Beimengen eines zündwilligen Kraftstoffes, z. B. Gasöl, geboten (Näheres s. Kap. B. II.).

I. Zündstrahl-Gasmotoren

1. Betriebsarten und Umbau

Zündstrahl-Gasmotoren können im allgemeinen ohne wesentliche bauliche Veränderungen vom Betrieb mit gasförmigen Kraftstoffen auf Dieselbetrieb mit flüssigen Kraftstoffen umgestellt werden. Sie sind also ideale Wechselmotoren. Auch für den gleichzeitigen Betrieb mit beiden Kraftstoffarten lassen sich Zündstrahl-Gasmotoren einrichten. Sie werden dann als Zweistoffmotoren bezeichnet. Bei Motoren für den reinen Gasbetrieb wird die zur Zündung erforderliche Menge flüssigen Kraftstoffs auf ein Minimum reduziert und als Zündöl bezeichnet. Man hat dann einen reinen Zündstrahl-Gasmotor. Wie bereits erwähnt, wurde dieses Verfahren in Deutschland während des letzten Weltkrieges bei der Umstellung von Diesel-Motoren auf Gasbetrieb zur Anwendung gebracht. Der Zündstrahl-Gasmotor ist die einfachste Umbaulösung für verdichterlose Dieselmotoren.

2. Zündölmenge

Im reinen Zündstrahlbetrieb wird man trachten, mit einer möglichst geringen Öl-menge auszukommen. Als kleinste Zündölmenge wird diejenige bezeichnet, mit der noch eine einwandfreie Entzündung und Verbrennung des Gasluftgemisches erreicht wird. Als Maß für die Zündölmenge wird der auf die volle Leistung bezogene Zündöl-anteil in g/PS$_e$h oder auch in Prozenten vom Diesel-Vollastverbrauch angegeben. Die Versuche haben gezeigt, daß der Zündölanteil nicht nur von den Betriebsbedingungen abhängt, sondern auch je nach Motorart und Größe verschieden ist. Man muß vor allem zwischen Motoren mit direkter Einspritzung und solchen mit abgeschnürten Brenn-räumen (wie Vorkammer, Wirbelkammer und dergleichen) unterscheiden. Im allgemeinen wird man bei ortsfesten Dieselmotoren mit direkter Einspritzung mit der kleinsten Zündölmenge auskommen. Nach den bisherigen Erfahrungen schwankt die Zündöl-menge in den Grenzen zwischen 5 bis 20% des Diesel-Vollastverbrauches. Die unterste Grenze gilt für ortsfeste Motoren mit direkter Einspritzung.

Liegt die Zündölmenge wesentlich unter dem Leerlaufbedarf des Motors, so kann sie im allgemeinen mit der normalen Einspritzeinrichtung für den Dieselbetrieb nicht be-herrscht werden (s. auch Band 7, S. 97 bis 98). Der reine Zündstrahlmotor erhält daher im allgemeinen kleinere Kraftstoffpumpenstempel und kleinere Kraftstoffdüsen, außerdem wird meist auch der Abspritzdruck herabgesetzt. Soll der Motor abwechselnd mit gas-förmigen und flüssigen Kraftstoffen betrieben werden, so ist es vorteilhaft, für den Zünd-strahlbetrieb eine eigene kleine Kraftstoffpumpe vorzusehen (s. auch Ausführungen von Umbauten, S. 146/47 und S. 160).

Liegt der Zündölbedarf unter dem Leerlaufbedarf, dann kann der Umbau mit mög-lichst wenig Teilen durchgeführt werden. Es wird dann lediglich eine Gaszuleitung mit einer Regeleinrichtung für das Gas und ein Gasluftmischer angebaut und die Kraftstoff-pumpe blockiert. Der Regler beeinflußt dann nur die Gaszuführung. Das ergibt auch die einfachste Regelung.

3. Regelung

Grundsätzlich kann man, wie beim Gas-Ottomotor, entweder die Gemisch-regelung (auch Güteregelung genannt) oder die Füllungsregelung (auch Mengen- oder Drosselregelung genannt), anwenden. Beim Zündstrahlbetrieb wird die reine Gemisch-regelung in weiteren Grenzen mit Vorteil anzuwenden sein als beim Ottobetrieb. Allerdings hat die Erfahrung gezeigt, daß auch hier bei zu großem Luftüberschuß die Verbrennung schleppend und damit der Wärmeverbrauch zu groß wird. Bei der reinen Füllungsregelung besteht bei kleinerer Belastung die Gefahr, daß die Sauerstoffdichte zu gering wird, dadurch Zündschwierigkeiten für das Zündöl auftreten und daß außer-dem die Pumpverluste zu groß werden. Wenn auch die Versuche gezeigt haben, daß die Gemischregelung in den meisten Fällen den günstigsten Wärmeverbrauch ergibt, so zeigten sich auch Ausnahmen, wo das Ungekehrte der Fall war. Im allgemeinen wird wohl eine Vereinigung beider Regelarten den besten Erfolg bringen. Im Abschnitt A IV 3, bei der Besprechung verschiedener Versuchsergebnisse, wurde hierauf bereits näher eingegangen.

4. Anlassen

Ein weiterer wichtiger Faktor beim Betrieb von Zündstrahl-Gasmotoren ist — wie die Erfahrung gezeigt hat — das Anlassen. Schon die 1926 bei Deutz durchgeführten Versuche ergaben Anlaßschwierigkeiten. Das Anfahren mit Sauggas und Zündöl gelang nicht. Es mußte im Dieselverfahren angelassen werden. Auch bei den zu Beginn des Krieges von verschiedenen Firmen durchgeführten Versuchen mit dem Zündstrahl-Gasverfahren wurden Anfahrschwierigkeiten festgestellt. Um aber im reinen Diesel-betrieb einwandfrei zu starten, muß die Kraftstoffpumpe eine entsprechend große Menge flüssigen Kraftstoffes einspritzen können. Die Möglichkeit einer raschen Umstellung vom Zündstrahlbetrieb auf Dieselbetrieb muß also schon zum Zwecke des An-lassens vorgesehen sein. Feinheiten, bzw. zusätzliche Maßnahmen, die ein schnelles Umstellen unmöglich machen (kleinere Einspritzdüsen, kleinere Kraftstoffpumpenstempel, Herabsetzung der Verdichtung, zusätzliche Luftregelung usw.) sind nur dann erforderlich, wenn man einen vollkommenen Lauf des Motors und den geringsten Gesamtwärmeverbrauch im Gasbetrieb erzielen will.

5. Umschalten

Das *Umschalten* von Diesel- auf Gasbetrieb wird dann am einfachsten sein, wenn das Einspritzsystem für den Gasbetrieb nicht geändert ist. In diesem Falle braucht bei der Umstellung von Gas auf Dieselbetrieb nur die Blockierung der Kraftstoffpumpe gelöst und das Gasventil geschlossen zu werden. Diese einfachste Umschaltung setzt natürlich weiter voraus, daß auch die Brennraumform und das Verdichtungsverhältnis unverändert geblieben sind. Nur in diesem Falle bleibt die volle Dieselleistung erhalten. Das ist, wie bereits erwähnt, nur bei Motoren mit direkter Einspritzung der Fall, während bei Motoren mit abgeschnürten Brennräumen die Brennraumform für den Gasbetrieb wesentlich verändert werden muß. In solchen Fällen kann durch einfaches Umschalten von Gas- auf Dieselbetrieb nur ein Dieselnotbetrieb mit einem Teil der ursprünglichen Dieselleistung gewährleistet werden. Weiter wird auch bei Motoren mit direkter Einspritzung durch einfaches Umschalten die volle Dieselleistung

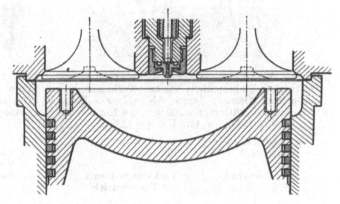

Abb. 143. Verbrennungsraum einer einfachwirkenden Viertakt-Dieselmaschine mittlerer Größe (Bauart Deutz)

dann nicht erreichbar sein, wenn für den Gasbetrieb ein späterer Einspritzbeginn erforderlich ist. Das ist gewöhnlich bei Verwendung von Reichgasen der Fall, während bei Betrieb mit Armgasen (Sauggas) eine Verstellung des Einspritzzeitpunktes meist nicht nötig ist. Im allgemeinen bleibt die Verstellung in den Grenzen zwischen 5 und 10° KW.

6. Verbrennungsraum

Die hohe Verdichtung beim Zündstrahl-Gasbetrieb erfordert vor allem sorgfältig hergerichtete Verbrennungsräume. Um Selbstzündungen und Klopferscheinungen weitgehend einzuschränken, ist es in erster Linie notwendig, den Verbrennungsraum frei von heißen Wandstellen zu halten. Abgeschnürte Brennräume, wie Vorkammer, Wirbelkammer und dergleichen, müssen ausgeschaltet werden. Die geringsten Arbeiten bei der Umstellung erfordern Motoren mit direkter Einspritzung, wo das Kraftstoffeinspritzventil zentral angeordnet ist (s. Abb. 143). Für den Zündstrahlbetrieb umgeänderte Verbrennungsräume von Vorkammermaschinen zeigen die Abb. 144 bis 146.

7. Versuchsergebnisse

Wie bereits erwähnt, wurde bei der Klöckner-Humboldt-Deutz AG. schon 1926 erstmalig versucht, Dieselmaschinen mit Gas und Öl gleichzeitig zu betreiben. Solche Maschinen sollten zum Einsatz kommen:

Bei Anfall von Gas, das für den reinen Gasbetrieb zu schlecht ist,
bei Anfall von Gas, das für reinen Gasbetrieb der Menge nach nicht ausreicht,
für Fälle, bei denen häufig zwischen Gas- und Ölbetrieb gewechselt wird, schließlich
wenn zwar Gas immer vorhanden ist, jedoch häufig manövriert wird.

Die Versuche wurden mit einem Deutzer Dieselmotor der Bauart VMV 145 (Bohrung 280 mm, Hub 450 mm, Hubvolumen 27,7 dm³/Zyl., Drehzahl 300 U/min, Verdichtungsverhältnis $\varepsilon = 12$, Zylinderleistung 50 PS$_e$, Zylinderzahl 4, Nutzdruck

5,41 kg/cm², direkte Einspritzung, Öffnungsdruck der Einspritzventile 350 kg/cm²)
durchgeführt, für den auch die Einrichtung zum Umbau auf Otto-Gasbetrieb vorhanden
war. Sie führten bereits damals zu grundlegenden Erkenntnissen.

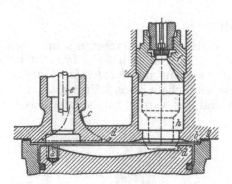

Abb. 144. Verbrennungsraum eines auf Zündstrahl-
Gasbetrieb umgestellten Viertakt-Vorkammer-
Dieselmotors (Bauart Deutz AM 420, $z = 3$ bis
6 Zylinder, $D = 170$ mm, $s = 220$ mm, $n = 750$ U/min,
$N_e = 56$ bis 115 PS, $\varepsilon = 12,5$)

a zugesetztes Ge-   e Anlaßventil
   windeloch   f Füllstück
b Spalt   g Dichtung
c Auslaßventil   h Vorkammereinsatz
d Kante   bei Dieselbetrieb

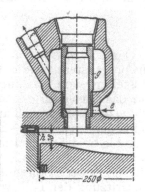

Abb. 145. Verbrennungsraum eines Viertakt-Vorkammer-Dieselmotors (Bauart MWM RH 235, $z = 2$
Zylinder, $D = 250$ mm, $s = 350$ mm, $n = 425$ U/min,
Leistung im Dieselbetrieb $N_e = 90$ PS, Pflaum [3])
links: Dieselbetrieb
rechts: Zündstrahlgasbetrieb

a Vorkammereinsatz   e Kühlwassereintritt
b Vorkammer   f Kühlwasseraustritt
c Hauptbrennraum   g Hülse
d für Anlaßhilfe   h Dichtung

Der Motor erhielt nur die Ansaugleitung mit Misch- und Regelorganen für Gas und
Luft, während alles andere im wesentlichen unverändert blieb. Als Kraftstoff wurde
Gasöl, Sauggas und Leuchtgas verwendet. Durch Zumischen von Leuchtgas zum Sauggas wurde der Heizwert in den Grenzen von 1100 bis 1670 kcal/Nm³ verändert, um auch
den Einfluß des Gasheizwertes untersuchen zu können. Der untere Grenzwert entspricht
dem reinen Sauggas mit einer Zusammensetzung von

$$CO_2 - C_nH_{2n} - O_2 - H_2 - CH_4 - CO - N_2$$
$$10 - \quad 0 \quad - 1,2 - 16,4 - 1,7 - 17,4 - 53,3 \text{ Vol \%},$$

$H_u = 1100$ kcal/Nm³,
$L_{min} = 0,821$ m³/m³.

Die Zusammensetzung des Sauggas-Leuchtgasgemisches an der oberen Grenze war:

$$CO_2 - C_nH_{2n} - O_2 - H_2 - CH_4 - CO - N_2,$$
$$10,3 - 0,1 \quad - 1,4 - 24,1 - 5,2 - 19,4 - 39,5 \text{ Vol \%},$$

$H_u = 1670$ kcal/Nm³,
$L_{min} = 1,1$ m³/m³.

Die kleinste Zündölmenge, die von der Kraftstoffpumpe noch regelmäßig eingespritzt wurde, betrug ohne zusätzliche Änderung im Einspritzsystem 0,17 g/Zyl. und
Arbeitsspiel. Nach Band 7, S. 96, ist mit:

B [g/Hub] . . . . Einspritzmenge je Arbeitsspiel,
V_h [lit] . . . . Hubvolumen,
p_e [kg/cm²] . . . . Nutzdruck,
b_e [g/PSh] . . . . spezifischer Kraftstoffverbrauch.

$$B = \frac{V_h \cdot b_e \cdot p_e}{27\,000},$$

$$b_e = \frac{27\,000 \cdot B}{V_h \cdot p_e}.$$

Aus dieser Formel ergibt sich für Vollast ($p_e = 5{,}41$ kg/cm²) eine Zündölmenge von $b_e = 30{,}5$ g/PSh.

Eine weitere Verkleinerung dieser Zündölmenge hatte sofort zahlreiche Aussetzer zur Folge, da die Kraftstoffpumpe dann nicht mehr regelmäßig arbeitete. Hierauf ist in A. III. 5 c etwas näher eingegangen worden (ausführliche Begründung s. Band 7, S. 97 bis 99). Bei Dieselbetrieb mit Gasöl beträgt die Leistung 200 PS$_e$ bei $n = 300$ U/min. Beim Zündstrahlbetrieb hängt die erreichbare Leistung von der Gasbeschaffenheit, dem Mischungsverhältnis von Luft zu Gas und von Einspritzzeit und Menge des flüssigen Kraftstoffes ab. Abb. 147 zeigt die Abhängigkeit der Leistung vom Heizwert, wie sie seinerzeit festgestellt wurde. Sie gilt für $n = 300$ U/min und 0,17 g Zündöl je Zylinder und Arbeitsspiel gleichen Einspritzbeginn wie bei Dieselbetrieb und für die günstigste Luftmenge, die so eingestellt war, daß der Motor ruhig und ohne Selbstzündungserscheinungen lief. Wurde das eingestellte Luftverhältnis durch Drosseln der Ansaugluft weiter verringert, so traten Klopferscheinungen auf, die für Dauerbetrieb nicht zugelassen werden konnten. Einwandfreie Gasverbrauchsmessungen liegen nicht vor. Aus verschiedenen Gasanalysen, die der Gemischleitung entnommen wurden, lassen sich für die angegebenen Leistungen Luftverhältniszahlen (bezogen auf die Gas-Luftmischung ohne Zündöl) ermitteln, die in den Grenzen zwischen 1,8 und 2 liegen.

Für das reine Sauggas ($H_u = 1100$ kcal/Nm³) wurde bei Vollast und ungedrosselter Maschine der Einfluß des Förderbeginnes der Kraftstoffpumpe auf den Zünddruck für verschiedene Zündölmengen untersucht. Die Zusammenhänge zeigt Abb. 148. Die

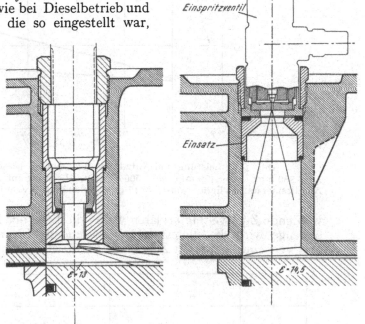

Abb. 146. Verbrennungsraum eines Viertakt-Vorkammer-Dieselmotors (Bauart Deutz FM 517, Zylinderzahl $z = 2$; 4 und 6; $D = 120$ mm, $s = 170$ mm, $n = 1600$ U/min; $N_e = 47$; 95; 135 PS im Dieselbetrieb) links Umbau mit Zwischenring — rechts Ausnutzung des Raumes für die Vorkammer

Kurve d gilt für Dieselbetrieb mit Gasöl bei der gleichen Belastung und dem gleichen Wärmezustand der Maschine. Sie liegt etwas über der Kurve a (kleinste Zündölmenge beim Gasbetrieb) und verläuft etwas flacher. Daß der Zünddruck umso höher wird, je früher die Einspritzung beginnt, bedarf keiner weiteren Erklärung. Bei gleicher Last und gleichem Liefergrad wird im allgemeinen der Gasanteil der Ladung umso größer sein, je kleiner die Zündölmenge ist. Je größer aber der Gasanteil in der Mischung, desto ungünstiger sind die Zündbedingungen für den flüssigen Kraftstoff, da der prozentuale Sauerstoffgehalt der Ladung kleiner wird. Mit abnehmender Zündölmenge wird daher der Zündverzug zunehmen, also die Entzündung des Gasluftgemisches später erfolgen. Je größer umgekehrt die Zündölmenge wird, desto sauerstoffreicher wird das Gasluftgemisch, da der Gasanteil geringer ist. Die Zündbedingungen für den flüssigen Kraftstoff werden besser. Da die Verbrennung des Gases ungesteuert verläuft, hängt die Drucksteigerung während dieser Zeit in der Hauptsache von dessen Brenngeschwindigkeit ab. Die Brenngeschwindigkeit (Zündgeschwindigkeit) ist ungefähr beim theoretischen Mischungsverhältnis ($\lambda = 1$ s. A. III. 3.) am größten. Mit abnehmendem Gasgehalt wird die Brenngeschwindigkeit kleiner, die ungesteuerte Gasverbrennung schleppender.

Im Falle *a* ist infolge der kleineren Zündenergie und des größeren Zündverzuges de Verbrennungsablauf verhältnismäßig schleppend. Wie Abb. 148 zeigt liegt die Kurve noch unterhalb *d*. Die größere Zündenergie der größeren Zündölmenge und der kleine

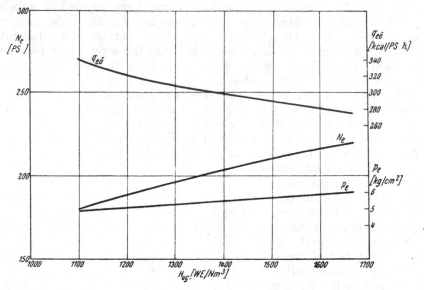

Abb. 147. Leistung und Nutzdruck des Deutzer Dieselmotors VMV 145 ($z = 4$ Zylinder, $D = 280$ mm, $s = 450$ mm, $n = 300$ U/min, Leistung im Dieselbetrieb $N_e = 200$ PS, Zündölmenge Arbeitsspiel und Zylinder konst. $= 0$ 17 g) in Abhängigkeit vom Heizwert des Gases beim Zündstrahlgasbetri

werdende Zündverzug erklären weiter die Lage der Kurve *c* und *b*. Mit wachsender Zün ölmenge wird die ungesteuert verbrennende Gasmenge kleiner. Der Zünddruck wi also von einer gewissen Zündölmenge an wieder abnehmen und im Grenzfalle bei rein Ölverbrennung den Dieselwe erreichen.

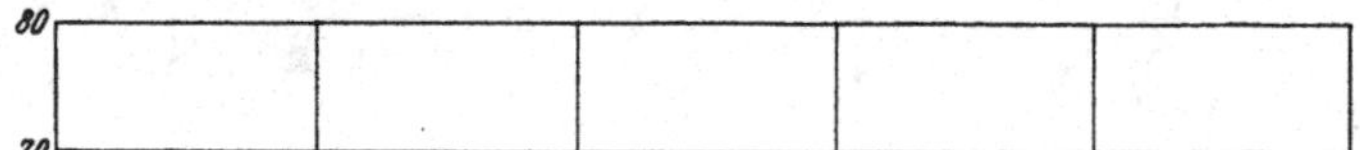

Da für das einwandfre Anfahren im Dieselbetrieb b kalter Jahreszeit ein Ve dichtungsenddruck von 25 at erforderlich war, durfte d Verdichtungsverhältnis dies Motors nicht herabgesetzt we den. Die Abhängigkeit d Verdichtungstemperatur vo Verdichtungsverhältnis bei ve schiedenen Anfangstemper turen zeigt Abb. 126. D Zündtemperaturen verschi dener Gase sind in Zahle tafel 2 zusammengestellt. V den Bestandteilen des Gener torgases hat der Wassersto die niedrigste Selbstzündung temperatur und die größ Brenngeschwindigkeit. Se Raumanteil beeinflußt d Selbstzündungsverhalten d Generatorgases maßgeblic

Abb. 148. Zünddruck des Motors VMV 145 in Abhängigkeit vom Förderbeginn der Kraftstoffpumpe für Diesel- und Zündstrahl-betrieb bei Vollast mit $n = 300$ U/min

a 0,17 g Zündöl je Arbeitsspiel und Zylinder
b 0,27 g   ,,   ,,   ,,   ,,   ,,
c 0,37 g   ,,   ,,   ,,   ,,   ,,
d Dieselbetrieb

Es war also von vornherein anzunehmen, daß je nach der Zusammensetzung des Gas und dem Wärmezustand des Motors mit mehr oder weniger gefährlichen Selbstzü dungen gerechnet werden mußte.

Die Versuche haben auch damals bereits gezeigt, daß ein störungsfreier Betrieb nur mit verhältnismäßig luftreichen Ladungen ($\lambda = 1{,}6$ bis $2{,}0$) möglich war. Einzelne in den Abb. 149 zusammengestellte Indikatordiagramme lassen bereits die typischen Merkmale des Zündstrahlbetriebes erkennen. Alle Diagramme wurden bei gleicher Last, gleichem Einspritzbeginn und einer Zündölmenge von 0,17 g je Arbeitsspiel aufgenommen.

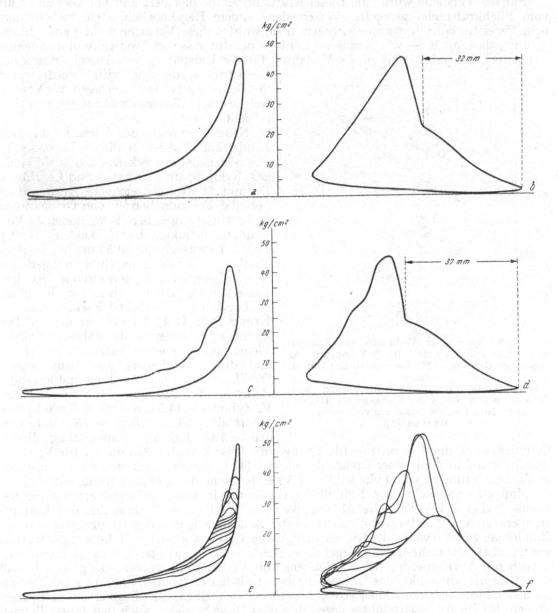

Abb. 149. Indikatordiagramme des Motors VMV 145 bei Diesel- und Gasbetrieb ($p_e = 5$ kg/cm², $n = 300$ U/min. Förderbeginn der Kraftstoffpumpe 33° KW v. o. T.)

 a und *b* Dieselbetrieb
 c und *d* Zündstrahl-Gasbetrieb (Zündölmenge 0,17 g je Arbeitsspiel und Zylinder)
 e und *f* (Zündölmenge = 0, Selbstzündung)

a und *b* zeigen zum Vergleich den Verbrennungsablauf beim Dieselbetrieb im normalen und versetzt aufgenommenen Indikatordiagramm. Der Betrieb mit reinem Sauggas ergab Diagramm *c* und *d*. Man erkennt den größeren Zündverzug gegenüber Dieselbetrieb und den steileren Anstieg je Grad Kurbelwinkel. Bei den Diagrammen *e* und *f* wurde während des Indizierens das Zündöl dieses Zylinders abge-

8*

schaltet. Die Kühlwassertemperatur war 95⁰ C, also absichtlich hoch eingestellt worden. Die Diagramme lassen deutlich die Selbstzündungen erkennen. Am anschaulichsten ist das versetzt aufgenommene Diagramm. Es zeigt eine einzige Zündung während der Verdichtung (sehr früh), eine bei höchster Verdichtung und eine größere Anzahl nach der Verdichtung.

Für die Versuche wurde die Diesel-Kraftstoffpumpe blockiert und nur Gas und Luft vom Fliehkraftregler geregelt. Verschiedene andere Regelmöglichkeiten, insbesondere beim Zweistoffbetrieb, wurden erwogen, doch wurden diese Versuche nicht weiter durchgeführt, da damals — wie bereits erwähnt — das Interesse an Zweistoffmotoren fehlte. Als jedoch im Jahre 1939 dieses Verfahren für die Umstellung von Dieselmotoren auf Gasbetrieb wieder aufgegriffen wurde, waren bei Deutz wertvolle Unterlagen vorhanden, welche die Weiterentwicklung wesentlich erleichterten.

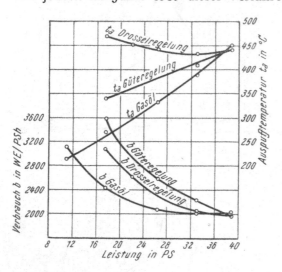

Abb. 150. Spezifischer Verbrauch und Auspuff-temperatur bei Treibgas mit 8⁰ Voreinspritzung gegenüber Gasöl mit 12⁰ Voreinspritzung (Normal-zustand)
$n = 440$ U/min, $\varepsilon = 14{,}2$; Güteregelung und Drosselregelung, Gasöleinspritzmenge bei Treibgas etwa 20% des Vollastkalorienverbrauches (MEHLER [2])

Neuere, grundlegende Versuche mit dem Zündstrahlverfahren schildert MEHLER [2]. Die Versuche erstreckten sich auf Treibgas, Reinpropan, Reinbutan und Leuchtgas. Der mit Treibgas bezeichnete Kraftstoff ist derselbe, der zum Betrieb von Ottomotoren in Lastkraftwagen bereits weitgehende Verwendung gefunden hat (s. auch E. II. 1.). Es ist hauptsächlich 50/50-er bis 30/70-er Mischung aus Propan und Butan mit geringen Beimischungen von schwereren Kohlenwasserstoffen. Als Versuchsmotor diente eine Dreizylinder-Viertakt-Dieselmaschine Krupp-Type H 1, bei der nur der mittlere Zylinder betrieben wurde, während Kolben, Pleuel- und Steuermechanismus des ersten und dritten Zylinders ausgebaut waren. Die Hauptdaten der Maschine sind folgende: Bohrung $d = 230$ mm, Hub $s = 350$ mm, V_h/Zylinder $= 14{,}5$ l, n normal $= 400$ U/min, ε normal $= 14{,}2$, N_e/Zyl. $= 35$ PS, p_e normal $= 5{,}43$ kg/cm², Einspritzung direkt, Öffnungsdruck der Einspritzventile 300 kg/cm², Düse 8-Loch 0,25 mm ⌀. Die Versuche wurden durchweg mit einer Drehzahl von $n = 440$ U/min durchgeführt, da die Maschine nach dem Stillegen von Zylinder 1 und 3 bei der Nenndrehzahl zu unruhig lief.

MEHLER untersuchte den Einfluß der Gasöleinspritzmenge auf die Verbrennung des Gases, ferner bei Vollast die Abhängigkeit des spezifischen Verbrauchs, der Auspufftemperatur, des Zündverzugs, der Höhe der Zündspitzen und des Klopfwertes von der Zündölmenge. Sowohl mit den verflüssigbaren Gasen wie auch mit Leuchtgas wurden im Zündstrahlverfahren gute Ergebnisse erzielt. Bei Leuchtgas gelang es durch entsprechende Verkleinerung der Zündölmenge die Verbrennung so weich zu gestalten, daß der Einspritzzeitpunkt des Dieselbetriebes beibehalten werden konnte. Die Dieselvollast konnte in allen Fällen erreicht werden, bei Treibgas allerdings erst nach Späterstellen des Einspritzzeitpunktes gegenüber dem Dieselbetrieb. Nach den Feststellungen MEHLERS dürfte man sogar mit den genannten Gasen in der Leistung noch höher kommen, sofern die thermische und mechanische Beanspruchung der Maschine das zuläßt.

Die Beobachtungen MEHLERS, vor allem was die Beeinflussung des Verbrennungsablaufes anbelangt, bestätigen im wesentlichen die schon geschilderten Ergebnisse der ersten Deutzer Versuche mit dem Zündstrahlverfahren.

Die Untersuchungen von MEHLER waren sehr eingehend und geben auch einen guten Einblick in den Mechanismus der Verbrennung beim Zweistoffbetrieb, da mit Hilfe des verwendeten Doppelkathodenstrahl-Oszillographen neben den Zünddrücken durch geeignete Schaltung auch die Drucksteigungsgeschwindigkeit dP/dt aufgezeichnet wurde. Da eine unmittelbare Eichung in kg/cm² Grad KW mit den vorhandenen Mitteln nicht möglich erschien, wurde die absolute Höhe der ersten Druckspitze in Millimeter gemessen und als „Klopfwert" aufgezeichnet (s. Abb. 34 und 36). Da es sich nur um vergleichende Messungen handelte, genügt diese Angabe, die auch in den Diagrammen erscheint und im übrigen ein gutes Maß für die Ganghärte der Maschine ergab, wie die Versuche bestätigten.

Der größte Teil der Versuche ist mit einem Zündölverbrauch von 20%, bezogen auf den Vollast-Kalorienverbrauch durchgeführt. Diese Menge ergab noch absolut regelmäßige Zündungen. Nach Auswechseln der Einspritzdüsen (8 × 0,25 ⌀) gegen solche mit Bohrungen 2 × 0,25 ⌀ konnten auch noch 10% vom Vollastverbrauch regelmäßig eingespritzt werden.

MEHLER weist bereits auf das charakteristische starke Ansteigen der Verbrauchskurven beim Zündstrahlverfahren im Teillastgebiet gegenüber Dieselbetrieb und das entsprechende Verhalten der Auspufftemperaturen hin. Abb. 150 zeigt die gemessenen Teillastverbräuche bei Drossel- und Güteregelung.

Die Ergebnisse weichen in diesem Punkt von Versuchen an anderen Stellen insofern ab, als die Drosselregelung einen günstigeren Teillastverbrauch ergab als die Güteregelung. MEHLER erklärt das damit, daß bei der Drosselregelung das Luftverhältnis im Teillastgebiet annähernd gleich bleibt und dadurch die Verbrennungsgeschwindigkeit nicht heruntergedrückt wird. Dieser Einfluß soll die durch Drosselung erhöhten Pumpverluste überwiegen. Da die entgegenstehenden Ergebnisse durchwegs an kleineren Motoren erzielt worden sind, muß man annehmen, daß die Länge der Flammenwege — wie das auch naheliegt — in dieser Hinsicht einen entscheidenden Einfluß hat. Im übrigen sind die Zusammenhänge in A. III. 5. eingehend erläutert.

II. Gas-Dieselmotoren

Als Gas-Dieselmotoren werden hier alle Motoren bezeichnet, bei denen reine Luft verdichtet und gegen Ende der Verdichtung hochgespanntes Gas eingeblasen wird, das sich von selbst entzündet. Es sind also mit gasförmigen Kraftstoffen betriebene Dieselmaschinen. Der Vorteil einer Gas-Dieselmaschine gegenüber einer gemischverdichtenden Gasmaschine (Gas-Ottomaschine) ist die absolute Sicherheit gegen Selbstzündungen während der Verdichtung und — ähnlich wie auch beim Zündstrahlbetrieb — eine Herabsetzung des spezifischen Wärmeverbauches durch die Steigerung des Verdichtungsverhältnisses. Ferner wird auch eine Steigerung

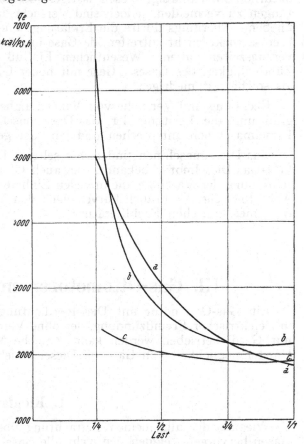

Abb. 151. Spezifische Wärmeverbräuche von Gas-Dieselmaschinen
a Versuchsmaschine von VIELER [12] — (Werte von p_i nach den Angaben a. a. O. umgerechnet unter Annahme eines konstanten Reibungswertes für einen mechanischen Wirkungsgrad von 0,8 bei Vollast)
b Versuchsmaschine von Cooper-Bessemer (später nicht gebaut)
c Nordberg (Vollast bei $p_e = 4,62$ kg/cm²)

der Leistung dadurch bewirkt, daß die angesaugte Luftmenge um die Menge an Gas größer wird, die sonst in dem angesaugten Gemisch enthalten ist. Ein weiterer Vorzug der Gas-Dieselmaschine ist die Möglichkeit, bei geeigneter Ausbildung der Kraftstoff-Einspritzorgane in ein und derselben Maschine ohne Umbau Gas oder Öl, auch verschiedener Qualitäten, zu verarbeiten.

VIELER [12] hat einen Vergleichsprozeß für eine Gas-Dieselmaschine aufgestellt, eine Maschine für Koksofengas durchgerechnet und nachgewiesen, daß Lufteinblase-Dieselmaschinen ohne große Umbauarbeiten mit Leuchtgas oder Koksofengas betrieben werden können. Er gibt auf Grund seiner theoretischen Rechnungen reiches Zahlenmaterial in Tabellen und Kurvenform über den Einfluß des Verdichtungsverhältnisses, des Gleichdruckgrades und des Gasüberdruckes beim Einblasen auf den Gesamtwirkungsgrad der Maschine und zeigt den Einfluß der Verdichterleistung. Es zeigt sich, daß das Verfahren nur für Reichgas in Frage kommt, da bei Armgasen Abmessungen und Leistungsbedarf des Verdichters untragbare Größen erreichen würden. VIELER berichtet ferner auch über die Gasversuche DIESELS und über eine Reihe eigener Versuche.

Diese haben — wie auch Versuche an anderen Stellen — ergeben, daß während der Einblasung dem Gas eine geringe Menge Öl vorgelagert werden muß, wenn man heftige Druckstöße bei der Zündung vermeiden will, die sonst regelmäßig auftreten. Es wäre natürlich zweckmäßig, diesen lästigen Ölzusatz und die dafür notwendigen Einrichtungen zu vermeiden, jedoch sind Versuche in dieser Richtung bisher ohne Erfolg geblieben. Allerdings dürfte die Erklärung VIELERS, daß das eingespritzte Öl als Klopfbremse wirkt, nicht zutreffen, da Gase in der Regel sehr klopffest sind und hohe Zündverzugszeiten haben. Wesentlichen Einfluß auf die Erscheinungen hat vielmehr die Zündwilligkeit des Gases. Gase mit hoher Oktanzahl werden sich weniger gut eignen, als solche mit niedriger.

Rechnung und Versuche von VIELER haben ergeben, daß der thermische Wirkungsgrad und die Leistung der Gas-Dieselmaschine den Mittelwerten von Lufteinblase-Dieselmaschinen entsprechen und jene der gewöhnlichen Gasmaschine übertreffen.

Gas-Dieselmaschinen sind bisher selten. Dem Verfasser ist nur der Nordberg-Zweitakt-Gas-Dieselmotor bekannt, der auch Öl als Zündhilfe braucht. Eine nähere Beschreibung der Maschine, die in vielen Einheiten gebaut ist, befindet sich in Kap. E. I. 2. Abb. 151 zeigt Verbrauchskurven nach den Versuchen von VIELER und Angaben aus der amerikanischen Fachliteratur.

III. Gas-Ottomotoren mit Dieselverdichtung

Ein Gas-Ottomotor mit Dieselverdichtung ist ein gemischverdichtender Gasmotor mit elektrischer Fremdzündung, der ohne Verdichtungsänderung auch im Dieselbetrieb mit Gasöl betrieben werden kann. Solche Motoren haben den Vorteil einer raschen Umstellmöglichkeit von Gas- auf Dieselbetrieb.

1. Klopfgefahr

Wie aus der allgemeinen Betrachtung über Klopferscheinungen (s. A. III. 4.) bei Gasen hervorgeht, eignen sich nicht alle Gase ohne weiteres für diese hohe Verdichtung. Es gibt aber Möglichkeiten, das Klopfverhalten eines Gases innerhalb weiter Grenzen zu beeinflussen, wie dort näher angeführt ist. Dies beruht im wesentlichen darauf, daß mit steigendem Verdichtungsverhältnis der thermische Wirkungsgrad besser wird, so daß mit einem größeren Luftüberschuß gearbeitet werden kann, ohne die Leistung herabzusetzen. Dadurch wird die Klopfneigung unterdrückt. Weiter kann durch Zumischen von Antiklopfmitteln, den sogenannten Klopfbremsen, das Klopfverhalten eines Gases wesentlich verbessert werden. Manche Gase, wie Methan und Kohlenoxyd, vertragen ohne Zusätze die Dieselverdichtung, sind also die geeignetsten Kraftstoffe für derartige Motoren. Es gelten immer wieder die schon von SCHNÜRLE niedergelegten Erfahrungen. Je höher das Verdichtungsverhältnis, desto größer die Brenngeschwindigkeit und damit die Gefahr eines klopfenden Verbrennungsablaufes. Die Versuche des Verfassers haben gezeigt, daß insbesondere mit Generatorgas und Leuchtgas bei Dieselverdichtung hohe Nutzdrücke nur mit luftreichen Ladungen $\lambda = 1,6$ bis $1,8$ gefahren werden können.

2. Zündanlage

Durch das hohe Verdichtungsverhältnis werden besondere Anforderungen an die Zündanlage gestellt. Bei hohem Verdichtungsdruck findet der an der Zündkerze überspringende Funke bei gleichem Elektrodenabstand einen höheren Widerstand vor, so daß zur Erzielung eines regelmäßigen Funkenüberschlages die Zündanlage entsprechend hohe Zündspannungen liefern muß. Die gegenüber normalen Ottomotoren höheren Zündspannungen stellen nicht nur an die Leistungsfähigkeit der Zündanlage, sondern auch an die Isolation der Zündleitungen wesentlich höhere Anforderungen. Dazu kommt noch, daß bei hochverdichtenden Motoren die Zündung später, angenähert beim Verdichtungshöchstdruck, erfolgen muß. Die Zündkabel müssen daher von bester Beschaffenheit sein.

Eine Folge der hohen Zündspannung ist auch die kapazitive Beeinflussung nebeneinander liegender Zündkabel. Diese kann sich sehr unangenehm auswirken, derart, daß ein benachbartes Kabel, das selbst im Augenblick keinen Zündstrom führt, auf eine Spannung aufgeladen wird, die einen Zündfunken zur unrechten Zeit verursacht. Dadurch kann das im Saug- oder Verdichtungshub befindliche Gemisch des zugehörigen Zylinders zur unrechten Zeit entzündet werden. Leistungsabfall und Störungen, wie sie in A. III. 8 beschrieben werden, sind die Folge. Die kapazitive Beeinflussung kann man wesentlich abschwächen, wenn man die Zündkabel gemeinsam in einem Metallrohr verlegt, das mit der Masse des Motors gut verbunden ist. Dadurch wird die Kapazität der einzelnen Kabel gegen die Masse größer als die gegenseitige Kapazität. Die vom Strom führenden Kabel verursachte Aufladung der Nachbarkabel erreicht dann nur mehr eine sehr geringe Spannung, die zu einem Funkenüberschlag an der Kerze auch im Saughub nicht mehr ausreicht. Elektrisch am günstigsten ist es, die Kabel in möglichst großen Entfernungen einzeln zu verlegen.

Die höheren Zündspannungen verlangen eine besonders gute Isolation aller Hochspannung führenden Teile. Die freien Luftüberschlagswege von nicht isolierten Teilen zur Masse sowie die Kriechwege müssen groß genug gehalten werden. Man muß auch darauf achten, daß die Temperaturfestigkeit der Kerzenanschlußteile, wie Kerzenstecker und Zündkabel, nicht überschritten wird. Die aus Bakelite gefertigten handelsüblichen Kerzenstecker halten Dauertemperaturen bis etwa 120° C aus; das Zündkabel darf nicht über 100° C warm werden.

3. Zündkerzen

Bei hochverdichtenden Gasmotoren muß auch der Auswahl der Zündkerzen eine gewisse Sorgfalt zugewandt werden [14]. Die 18 mm Kerze ist der 14 mm vorzuziehen, da sie unempfindlicher ist und auch im allgemeinen eine größere Lebensdauer besitzt. Bei nachträglich umgebauten Motoren wird sich allerdings meist die 14 mm Zündkerze leichter unterbringen lassen. Da bei der hohen Verdichtung der Widerstand an der Kerze schon an sich größer ist, empfiehlt es sich, einen verhältnismäßig kleinen Elektrodenabstand einzustellen. Praktisch hat sich bei größeren Gasmotoren mit Dieselverdichtung ein Elektrodenabstand von 0,3 bis 0,4 mm als brauchbar erwiesen.

4. Kerzeneinbau

Sehr wichtig ist auch der Einbau der Zündkerzen. Vor allem ist für eine möglichst gute Wärmeableitung zu sorgen. Dazu muß die Stelle, wo die Zündkerze eingesetzt wird, vom Kühlwasser gut umspült sein. Beim nachträglichen Umbau von Dieselmotoren erfolgt der Kerzeneinbau an Stelle des Kraftstoff-Einspritzventils, wenn es sich um Motoren mit direkter Einspritzung handelt. Bei Dieselmotoren mit abgeschnürten Brennräumen wird die Kerze meist an Stelle der Vorkammer oder der Wirbelkammer eingebaut, die durch einen entsprechenden Einsatz ersetzt werden. Seltener werden die Zündkerzen an Stelle der Düsenhalter oder der Glühkerzen gesetzt. Die Abb. 152 bis 155 zeigen verschiedene Ausführungsbeispiele. Abb. 152 zeigt einen Kerzeneinsatz an Stelle der Vorkammer, der vom Kühlwasser besonders gut umspült wird. Gleichzeitig ist auch eine Entlüftung des Kerzenraumes vorgesehen, die immer zu empfehlen ist, um hohe

Temperaturen und Ozonbildung zu vermeiden, die Korrosion hervorruft. Abb. 153 zeigt auf der linken Seite eine schlechte Ausführung. Hier wird durch einen Zwischeneinsatz der Wärmeübergang von der Kerze an das Kühlwasser erschwert, wodurch die Kerze

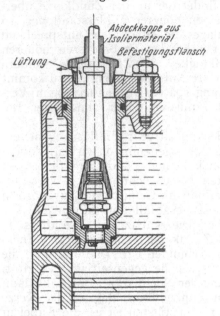

sehr heiß wird. Außerdem ist der Abstand von der Zündkerzenverlängerung zur Masse zu klein, so daß die Gefahr von elektrischen Durchschlägen besteht. Die verbesserte Ausführung des Zylinderkopfes zur Steigerung der Wärmeableitung vom Kerzensitz wie auch zur Vermeidung von elektrischen Durchschlägen durch Vergrößern des Abstandes zeigt die rechte Seite.

Verlängerungsstangen für den Kerzenanschluß, wie sie oft bei tiefem Kerzensitz vorgesehen werden müssen, sind zur Schonung der Mittelelektrode der Kerze mit einem elastischen Zwischenstück zu versehen (s. auch Abb. 154). Der außenliegende Teil der Kerze muß gegen Zutritt von Motorenöl, das besonders im gebrauchten Zustand elektrisch leitend werden kann, geschützt werden. Abb. 155 zeigt das Einspannen einer Kerze mit Hilfe eines flanschbefestigten Druckrohres. Solche Möglichkeiten müssen aber erst erprobt werden, bevor sie allgemein Anwendung finden, da die Kerzenkühlung besonders bei hochbeanspruchten Motoren nicht ausreichen und auch die Abdichtung zum Verbrennungsraum schwierig erreicht werden dürfte.

Abb. 152. Kerzeneinsatz an Stelle der Vorkammer (Busselmeyer [14])

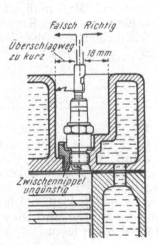

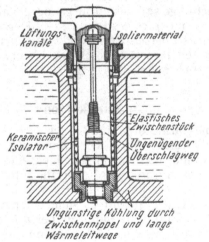

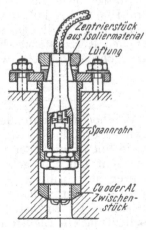

Abb. 153. Verbesserung der Wärmeableitung vom Kerzensitz durch Änderung des Zylinderkopfes Links: alter, schlechter Zustand Rechts: richtig (Busselmeyer [14])

Abb. 154 Kerzeneinbau an Stelle der Vorkammern oder des Düsenhalters. Isolation durch keramische Hülse, wo ein Kerzenstecker zu heiß wird (Busselmeyer [14])

Abb. 155. Behelfsmäßiger Kerzeneinbau durch Einspannen der Kerze mit Hilfe eines Spannrohres (Busselmeyer [14])

5. Versuchsergebnisse

Abb. 156 zeigt den Brennraum eines auf Ottobetrieb mit hoher Verdichtung umgestellten MAN-Vorkammermotors der Type WV 17,5/22 mit den verschiedenen untersuchten Lagen der Zündkerze [13]. Die Zündkerzenlagen bei A, D und E erwiesen sich in ihrer Auswirkung auf den Verbrennungsvorgang als praktisch gleichwertig. Diese Anordnung hat den Vorteil, daß das Vorkammervolumen als Brennraum ausgenützt wird. Man erreichte dabei das gewünschte Verdichtungsverhältnis von $\varepsilon = 12,5$ (im Dieselbetrieb $\varepsilon = 18$) einfach durch Unterlegen einer stärkeren Zylinderdeckeldichtung. Der Kolben und die Pleuelstange konnten unverändert bleiben. Die Lage der Zünd-

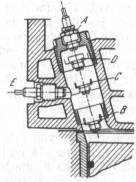

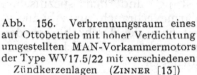

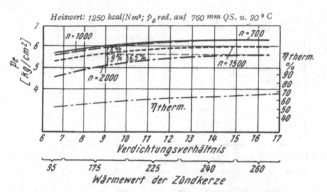

Abb. 156. Verbrennungsraum eines auf Ottobetrieb mit hoher Verdichtung umgestellten MAN-Vorkammermotors der Type WV17.5/22 mit verschiedenen Zündkerzenlagen (ZINNER [13])

Abb. 157. Abhängigkeit des erzielbaren Nutzdruckes vom Verdichtungsverhältnis bei verschiedenen Drehzahlen für den Deutzer Motor F4M 513 ($z = 4$ Zylinder, $D = 110$ mm, $s = 130$ mm, $n = 2\,000$ U/min, $N_e = 70$ PS im Dieselbetrieb) im Ottobetrieb mit Holzgas. $\eta_{therm} = \eta_v = 1 - \varepsilon^{1-\varkappa}, \varkappa = 1,4$

kerze nach B gibt eine Verbesserung des Wärmeverbrauches um 7%, was wahrscheinlich auf das schnellere Durchbrennen des Gemisches infolge der kürzeren Flammenwege zurückzuführen ist. Die Abnützung der Elektroden ist gegenüber der Lage A und E etwas höher, was wahrscheinlich durch die höheren Kerzentemperaturen verursacht ist. Der günstige Wärmeverbrauch bedingt auch eine geringe Leistungserhöhung, jedoch mußte bei dieser Einbauart der Kerze der Kolben abgedreht oder eine kürzere Pleuelstange eingebaut werden. Mit der Kerzenlage C wurden wesentlich schlechtere Ergebnisse erzielt als bei den anderen Stellungen, obwohl sie eine Mittelstellung zwischen den bereits erwähnten einnimmt. Für dieses Verhalten der Kerze muß die schlechte Wärmeableitung verantwortlich gemacht werden. Dadurch wurde die Kerze zu warm. Diese Annahme wurde durch Messungen der Kerzentemperatur mittels Thermoelements bestätigt.

Die Erhöhung des Verdichtungsverhältnisses bringt zunächst eine Verbesserung des thermischen Wirkungsgrades und damit auch eine Verringerung des Wärmeverbrauches. Umfangreiche von Deutz ausgeführte Versuche haben jedoch gezeigt, daß jedenfalls bei Generatorgas je nach Motorengröße und Type Verdichtungsverhältnisse über 10 bis 12 praktisch keine wesentliche Verbesserung des Wärmeverbrauches und damit der Leistung mehr

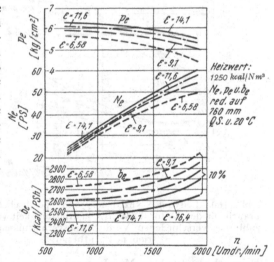

Abb. 158. Leistung, Nutzdruck und spezifischer Wärmeverbrauch für den Motor F4M 513 in Abhängigkeit von der Drehzahl bei verschiedenen Verdichtungsverhältnissen im Ottobetrieb mit Holzgas

bringen, da das Luftverhältnis gesteigert werden muß und auch der mechanische Wirkungsgrad schlechter wird.

Die an einem Deutzer-Fahrzeuggasmotor von etwa 2 Liter Hubvolumen gemessenen Werte bei Betrieb mit Generatorgas aus Holz und aus Anthrazit sind in den Abb. 157 bis 160 zusammengestellt [63]. Aus Abb. 157 ersieht man, daß bei Holzgas bis zu einem Verdichtungsverhältnis von $\varepsilon = 16$ die Klopfgrenze nicht erreicht wird. Der Leistungsanstieg von $\varepsilon = 9$ bis 16 beträgt je nach Drehzahl nur 5 bis 10%. Interessant ist der angenähert parallele Verlauf der p_e-Linien mit dem theoretisch thermischen Wirkungsgrad. Etwas anders liegen die Verhältnisse bei dem wasserstoffreicheren Anthrazitgas gleichen Heizwertes wie Abb. 159 zeigt. Hier wird schon bei $\varepsilon = 12$ die Klopfgrenze erreicht, bei höheren Verdichtungsverhältnissen nimmt die Leistung wieder ab.

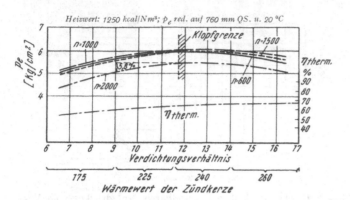

Abb. 159. Abhängigkeit des erzielbaren Nutzdruckes vom Verdichtungsverhältnis bei verschiedenen Drehzahlen für den Motor F4M 513 im Ottobetrieb mit Anthrazitgas

In den Abb. 157 und 159 sind auch die jeweils notwendigen Wärmewerte der Zündkerzen eingetragen, die zur Vermeidung von Glühzündungen notwendig sind. Um den Einfluß der Zündfunkenlänge auszuschalten, sind die Versuche bei sämtlichen Verdichtungsverhältnissen mit einem Elektrodenabstand von 0,3 mm gefahren. Die Abb. 158 und 160 zeigen den Nutzdruck, die Nutzleistung und den spezifischen Wärmeverbrauch in Abhängigkeit von der Drehzahl bei den untersuchten Verdichtungsverhältnissen.

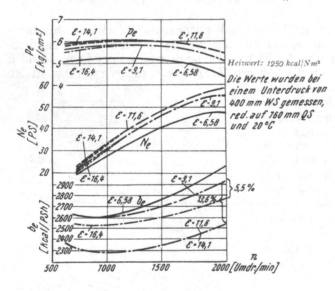

Abb. 160. Leistung, Nutzdruck und spezifischer Wärmeverbrauch für den Motor F4M 513 in Abhängigkeit von der Drehzahl bei verschiedenen Verdichtungsverhältnissen im Ottobetrieb mit Anthrazitgas

Ein größerer stationärer Versuchsmotor mit Dieselverdichtung ($\varepsilon = 14$) und voller Füllung ergab mit Anthrazitgas die beste Leistung bei einem Luftverhältnis von 1,6 bis 1,8. Ein Betrieb mit gasreicherer Ladung war infolge auftretender Klopferscheinungen nur mit entsprechend später Zündung möglich. Der späte Zündpunkt aber steigert den Wärmeverbrauch und ist der Grund dafür, daß bei den vorliegenden Verhältnissen die Leistung nicht durch Herabsetzung des Luftverhältnisses gesteigert werden konnte, während derselbe Motor bei normaler Verdichtung ($\varepsilon = 8$) ohne Klopferscheinungen mit angenähert theoretischem Mischungsverhältnis betrieben werden konnte. Diese Tatsachen sind verständlich, da bekanntlich die Verbrennungsgeschwindigkeit

beim theoretischen Mischungsverhältnis der Ladung ($\lambda = 1$) am größten ist und außerdem noch mit der Temperatur des Gemisches steigt. Die Temperatur der Ladung im Augenblick der Zündung ist aber angenähert gleich der Verdichtungstemperatur. Bei einer höheren Verdichtung wird also die Verbrennungsgeschwindigkeit größer sein als bei niedriger. Bei Betrieb mit Generatorgas wird ein hochverdichteter Motor auf den Wasserstoffgehalt empfindlicher reagieren als ein niedrig verdichteter. Im übrigen ergibt der Ottobetrieb mit hoher Verdichtung ebenso wie der Zündstrahlbetrieb ein verhältnismäßig starkes Anwachsen des spezifischen Wärmeverbrauches bei Teillast.

Für Fahrzeugmotoren ist von besonderem Interesse, ob durch Erhöhung des Verdichtungsverhältnisses eine wesentliche Starterleichterung durch Erweiterung der Zündgrenzen des Gemisches erreicht wird. Da in der Literatur darüber nur theoretische, für den praktischen Motorbetrieb nicht verwendbare Ergebnisse veröffentlicht sind, wurden diese

Verhältnisse bei der Klöckner-Humboldt-Deutz AG. gründlich untersucht. Die zu diesem Zweck verwendete Versuchsanlage zeigt Abb. 161. Die Versuchsanordnung wurde so getroffen, daß die Gemischzündgrenzen von Generatorgas mit sehr verschiedenen Heizwerten bei veränderlicher Verdichtung bestimmt werden konnten. Dies ist

deshalb besonders interessant, da gerade beim Anlassen des Motors das Generatorgas meist noch schlecht ist und zu besonders feinfühliger Einstellung des Gemisches zwingt. Der Gemischheizwert wurde durch Zumischen von Abgas verändert, um auch den Einfluß des Gasheizwertes zu untersuchen. Als Zündgrenze wurde dasjenige Luftverhältnis angesehen, bei welchem motorisch verwertbare Zündungen auftraten, das heißt solche, bei denen der Motor durch Leistungsabgabe des Prüfzylinders merklich beschleunigt wird. Abb. 162 zeigt, daß die Zündgrenzen durch das höhere Verdichtungsverhältnis nur unwesentlich beeinflußt werden. Durch die erhöhte Verdichtung kann also das Anlaßverhalten nicht nennenswert verbessert werden. Mit abnehmendem Heizwert werden die Zündgrenzen enger.

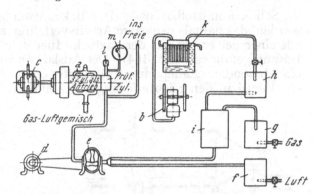

Abb. 161. Schematische Darstellung der Versuchsanlage zur Bestimmung der Zündgrenzen

a Motor F4M 513
b Motor für Abgaszusatz
c Wasserbremse
d Elektromotor
e Rootsgebläse
f Trockengasmesser für Luft
g Trockengasmesser für Frischgas
h Trockengasmesser für Abgas
i Mischbehälter für Frisch- und Abgas
k Kühler
l Prüfhahn
m Thermoelement

Beim Betrieb mit hochverdichteten Gasmaschinen muß schließlich noch berücksichtigt werden, daß die in das Kurbelgehäuse dringende Gasmenge mit der Verdichtung größer wird und dort die bekannten Korrosionserscheinungen steigern kann, wenn nicht

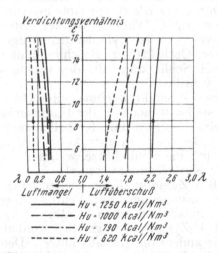

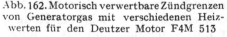

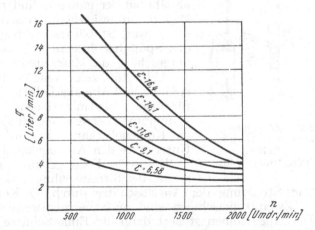

Abb. 162. Motorisch verwertbare Zündgrenzen von Generatorgas mit verschiedenen Heizwerten für den Deutzer Motor F4M 513

Abb. 163. Gasdurchtrittsmengen in das Kurbelgehäuse bei Vollast und verschiedenen Verdichtungen in Abhängigkeit von der Drehzahl

eine gute Durchlüftung vorgesehen ist (s. auch S. 224). Die Ergebnisse von Deutzer Versuchen über die Abhängigkeit der Durchblasemenge vom Verdichtungsverhältnis und von der Drehzahl zeigt Abb. 163. Man sieht daraus, daß die Gasdurchtrittsmengen bei einer Steigerung des Verdichtungsverhältnisses von $\varepsilon = 6,58$ auf $\varepsilon = 16,4$ bis auf das Vierfache zunehmen können.

C. Zweitakt-Gasmotoren

I. Spülung

Schon unmittelbar nach dem Bekanntwerden des Viertakt-Ottomotors ist versucht worden, das damals neuartige Arbeitsverfahren auch im Zweitakt durchzuführen [39, 40]. Als einer der ersten hat der englische Ingenieur Sir Dugald Clerk eine beachtenswerte Lösung gefunden (Abb. 164). Der Auslaß wurde durch Schlitze gesteuert und das durch eine besondere Ladepumpe geförderte Gasluftgemisch kurz nach Auslaßbeginn durch ein Ventil in den trichterförmig ausgebildeten Verbrennungsraum gedrückt. Das Gas-

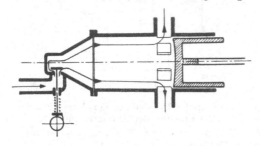

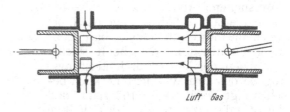

Abb. 164. Zweitaktmotor von Clerk (1878)   Abb. 165. Gegenkolben-Zweitaktmotor von
(Venediger [40])   Oechelhäuser (1898) (Venediger [40])

luftgemisch hatte die Aufgabe, die Abgase im Gleichstrom auszuspülen. Bei einer verbesserten Konstruktion wurde zuerst mit reiner Luft vorgespült. Dabei war der Eintritt in den Zylinder der Ladepumpe so gesteuert, daß sich dem bereits angesaugten Gasluftgemisch reine Luft vorlagerte. 1896 lief die erste nach spültechnischen Grundsätzen gebaute Oechelhäuser-Junkers-Maschine mit Gichtgas (Abb. 165). Bei dieser Bauart mit zwei gegenläufigen Kolben in einem Zylinder, steuert der eine Kolben die Einlaß-, der andere die Auslaßschlitze. Durch die Gleichstromspülung wird annähernd der ganze Zylinderraum erfaßt. Während bei der ersten Bauart ein zusätzliches Gaseinlaßventil in der Zylindermitte vorgesehen war, ist bei der verbesserten Oechelhäuser Maschine hinter den Spülluftschlitzen ein besonderer Schlitzkranz für das Gichtgas vorgesehen; die Maschine ist also ventillos.

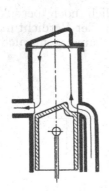

Abb. 166. Querspülung mit Ablenkerkolben (Venediger [40])

Abb. 166 zeigt eine ventillose Zweitaktmaschine mit Querspülung und Ablenkerkolben, wie sie heute noch in der Hauptsache für kleine, benzinbetriebene Zweitaktmotoren mit Kurbelkammerspülpumpe Verwendung finden. Bei dieser Konstruktion steuert die Kolbenoberkante die Auslaß- und die Spülschlitze, während die Unterkante den Ansaugekanal der Kurbelkammer steuert.

Die in der Folge gebauten großen Zweitakt-Gasmaschinen haben meist Gleichstromspülung. Große Gasmaschinen mit Ventilspülung und Steuerung der Auslaßschlitze durch den Kolben haben sich schon bewährt.

Zweitaktmaschinen sind auch versuchsweise mit U-Zylindern ausgeführt worden. Der eine Kolben steuert dann die Einlaßschlitze, der andere die Auslaßschlitze. Den Entwurf einer solchen Maschine als doppeltwirkende Zweitaktmaschine zeigt Abb. 167. Bei dieser Maschine läßt sich wohl eine gute Spülung erreichen, jedoch wird der Kolben, der die Auslaßschlitze steuert, sehr heiß. Wird mit Luft vorgespült und das Gemisch erst später in den Zylinder gebracht, so werden auch hier Gasverluste weitgehend vermieden.

Die vollständige Entfernung der Abgase aus dem Zylinder mit dem geringsten Spülmittelaufwand und die Möglichkeit, verlustloser Einführung des Gases in den Zylinder mit dem geringsten Energieaufwand, sind die Bedingungen für eine ideale Zweitakt-Gasmaschine. Wenn es zur Zeit auch noch nicht gelungen ist, den Spülvorgang etwa exakt vorauszubestimmen und den Erfolg im einzelnen vorzuschreiben, so haben sich

doch die Kenntnisse weitgehend vertieft und die Anschauungen über die Zylinder-
spülung heute vereinfacht. Grundlegendes über den Ladungswechsel siehe [67].
Beispiele für den Einfluß der Auspuffanlage zeigt [85].

Bei ventillosen Maschinen sind mit der Umkehrspülung bedeutende Erfolge erzielt
worden. In Abb. 168 sind drei Grundformen der Umkehrspülung wiedergegeben
(Näheres [40]). Die Erfolge mit der Umkehrspülung haben sich insbesondere bei der
Weiterentwicklung von Dieselmotoren vorteilhaft ausgewirkt. Bei Zweitakt-Gas-

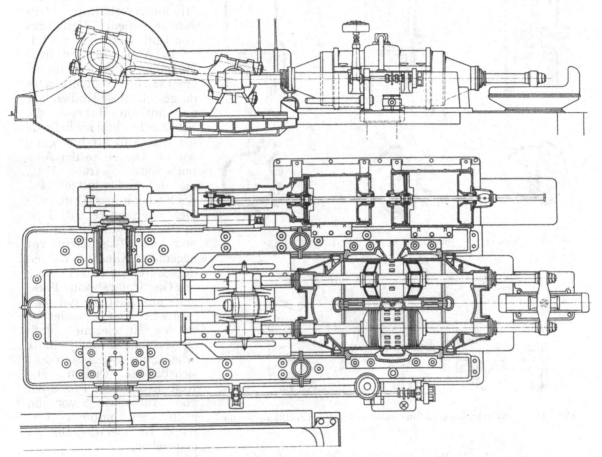

Abb. 167. Doppeltwirkende Zweitakt-Gasmaschine mit U-Zylinder

maschinen ist allerdings mit einem exakten Spülsystem noch nicht die verlustlose Gaseinbringung garantiert. Für eine ventillose Zweitakt-Gasmaschine hat Schnürle bei
Verwendung seiner Umkehrspülung einen Weg angegeben, der auch bei gemischgespülten Zweitakt-Gasmaschinen Gasverluste vermeiden soll. Aus Abb. 169 ist eine solche
Anordnung zu ersehen.

Unmittelbar neben den Auslaßkanälen liegen die Luftkanäle und weiter entfernt die
Gaskanäle. Vorteilhaft werden die Luftschlitze höher als die Gasschlitze gehalten. Am
Ende des Entspannungshubes gibt der Kolben zuerst die Auslaßschlitze, dann die Luftschlitze und zuletzt die Gasschlitze frei. Die Spülung wird mit Luft eingeleitet. Da die
Luftkanäle zwischen den Gaskanälen und den Auslaßkanälen liegen, bildet die in den
Zylinder eintretende Luft eine trennende Schicht zwischen dem eintretenden Gasstrom und den austretenden Abgasen. Der Gasstrom, der an der dem Auspuff gegenüberliegenden Wand hochströmt, ist sowohl an seiner Spitze als auch gegen die Zylindermitte hin von Luft eingehüllt. Durch die Führung des Spülstromes an der rückwärtigen
Zylinderwand ergibt sich eine gleichmäßige Strömung ohne starke Verwirbelung. Durch
getrennte Spülleitungen für Gas und Luft werden Explosionen vermieden.

Um zu untersuchen, wie weit die Trennung von Gas und Luft bei einer solchen Spülung möglich ist, wurden von WILLE im Institut für Strömungsforschung an der Technischen Hochschule Berlin (Professor FÖTTINGER) Spülversuche mit einem Glaszylindermodell mit bewegtem Kolben vorgenommen. Der Zylinderdurchmesser betrug 200 mm, der

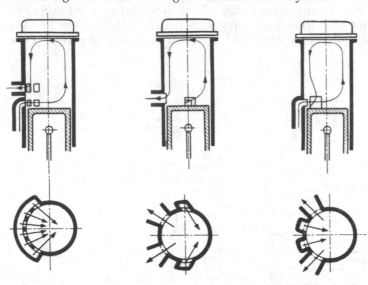

Hub 300 mm und die Drehzahl 70 U/min. Die Spülmenge war das 1,5-fache des Hubvolumens und das Mischungsverhältnis entsprach einem Verhältnis von Luft zu Gas von 1 : 1.

In Abb. 170 sind fortlaufende Filmaufnahmen eines solchen Spülvorganges dargestellt. Der Kolben legt am unteren Hubende die Schlitze frei und schließt sie bei der Aufwärtsbewegung wieder. Die Höhe der Auspuffschlitze beträgt 17%, die der Spülschlitze 14% des Kolbenhubes. Durch alle vier Spülschlitze tritt Luft in den Zylinder ein. In den vom Auspuff weiter entfernt liegenden Kanälen werden der Luft zur Darstellung des Gasstromes weiße Flocken aus Metaldehyd beigemischt. Der Zylinder ist in der Mittelebene durch einen schmalen Lichtschnitt erhellt, um die Flocken dort sichtbar zu machen. Die Kolbenstellung in Prozenten vom Hubvolumen vor und

Abb. 168. Umkehrspülungen (VENEDIGER [40])

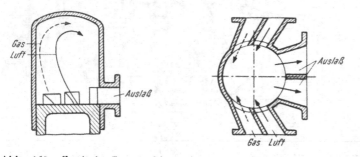

Abb. 169. Zweitakt-Gasmaschine mit getrennten Einlaßkanälen für Gas und Luft

nach dem unteren Totpunkt ist über den Bildern angegeben.

Nachdem der Kolben die Schlitze etwas geöffnet hat, fließt der Gasstrom zu der dem Auslaß gegenüberliegenden Wand und beginnt, links im Bilde, an dieser Wand hochzusteigen. Wenn der Kolben sich in der Nähe des unteren Totpunktes befindet und die Spülschlitze ganz geöffnet sind, nimmt der Gasstrom die linke Hälfte des Zylinderraumes ein. Ein Überströmen des Gases in den Auspuff findet nicht statt, weil die Luft das Gas von dem austretenden Abgasstrom trennt. Auch beim Hochgehen des Kolbens, bei dem die Schlitze geschlossen werden, bleibt das Gas dem Auspuff fern. Erst nach Beendigung der Spülung werden die Gasteile durch die Luftbewegung im Zylinder über den ganzen Raum verteilt. Eine weitere gute Verwirbelung und Durchmischung von Gas und Luft in der laufenden Maschine wird während des Verdichtungshubes nach Abschluß der Auslaßschlitze eintreten, so daß die Verbrennung im oberen Totpunkt rasch vor sich gehen kann. Bei Versuchen, die in Deutz an einer Viertaktsauggasmaschine angestellt worden sind, wurde während der ersten Hälfte des Saughubes Luft angesaugt und erst in der zweiten Hälfte Gas. Die Durchmischung fand also nicht beim Durchströmen des Einlaßventils statt, sondern im wesentlichen erst während der Verdichtung im Zylinder. Trotzdem war die Durchmischung gut. Das bewiesen die Leistung der Maschine und der steile Anstieg der Verbrennungslinie im Indikatordiagramm. Diese Versuche waren angestellt worden, um Frühzündungen im Zylinder beim Ansaugen zu verhindern.

Bei Zweitakt-Gasmaschinen nach der vorgeschlagenen Ausführung müssen Gas und Luft außerhalb des Zylinders getrennt verdichtet werden. Das kann durch Turbo- oder Rootsgebläse geschehen, die entweder durch Zahnräder von der Maschine selbst oder gesondert durch Elektromotoren angetrieben werden. Bei Verwendung von Roots-gebläsen können das Gebläsegehäuse und die Läufer durch eine Querwand in ein Gebläse für Gas und Luft unterteilt werden. Bei Verwendung von Turbogebläsen ist ein Gebläseläufer für Gas und einer für Luft erforderlich. Die Regelung von Gas und Luft kann beim Turbo- und Rootsgebläse durch Überströmleitungen von der Druck- zur Saugleitung erfolgen, deren Querschnitte durch Drosselklappen veränderlich sind. Bei Turbogebläsen ist die Regelung außerdem noch durch Drosselklappen in der Saugleitung möglich.

Bei geringer Belastung wird mit weniger Luft und Gas gespült. Der Luftanteil am Gemisch ist dann zu vergrößern. Während der Verdichtung befinden sich Abgase, Luft und Gas im Zylinder. Da sich Luft und Gas an den heißen Abgasen erwärmen, besteht die Gefahr, daß schon während der Verdichtung eine Selbstzündung des Gemisches eintritt. Bei Vollast, bei der der ganze Abgasrest ausgespült wird, ist diese Gefahr nicht vorhanden, bei niedriger Belastung kann sie durch eine weitgehende Vergrößerung des Luftanteiles am Gemisch behoben werden.

Das Zweitaktverfahren kann bei Gasmaschinen ohne jeglichem Gemischverlust angewendet werden, wenn die Spülung mit reiner Luft durchgeführt und das Gas erst beim Abschluß der Auslaßöffnungen in den Zylinder eingeführt wird. Das Gas kann in diesem Falle zu Beginn der Verdichtung oder am Ende der Verdichtung in den Zylinder gebracht werden. Wird das Gas am Ende der Verdichtung eingeblasen, so erhält man eine Gas-Dieselmaschine.

II. Einführung des Gases in den Zylinder

Während Zweitaktmaschinen für den Betrieb mit Reichgasen schon früher in größerer Zahl gebaut wurden, hat sich Generatorgas zum Betrieb von Zweitaktmaschinen nicht recht einführen können, wenn man von älteren Groß-Gasmaschinen absieht. Dagegen hat sich der Zweitakt*diesel*motor erfolgreich durchgesetzt. (Über Viertakt und Zweitakt in der Motorenentwicklung s. [41]). Als daher im zweiten Weltkrieg die Notwendigkeit entstand, auch Zweitakt-Dieselmaschinen auf Gasbetrieb umzustellen, wurden verschiedene Verfahren entwickelt, die auch für den Neubau von Bedeutung sind [53].

Der Umstellung von Zweitaktmaschinen ist eine Reihe von Problemen eigentümlich, die auch bei den Fragen der Aufladung und Leistungssteigerung auftreten. Es handelt sich vor allem um die Verdichtung des Gases (die bei Generatorgas wegen der Verunreinigungen besondere Schwierigkeiten bereitet) und die Einführung in den Zylinder.

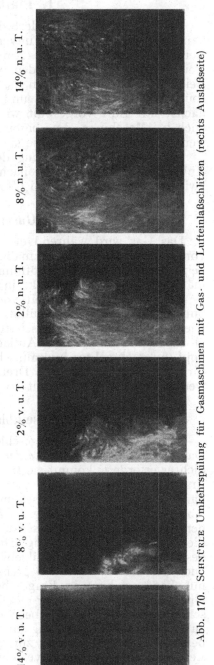

Abb. 170. SCHNÜRLE Umkehrspülung für Gasmaschinen mit Gas- und Lufteinlaßschlitzen (rechts Auslaßseite)

Zuerst soll die Einführung des Gases besprochen werden und hierbei sollen an Hand von einfachen, theoretischen Überlegungen Vor- und Nachteile verschiedener Umbaumöglichkeiten klargestellt werden. Über die Verdichtung von Luft und Gas und die Regelung der Fördermenge s. A. IV. 4. d.

1. Einführung durch die Spülkanäle

Dieses Verfahren erfordert den geringsten Umbauaufwand. Der Wärmeverbrauch kann allerdings infolge des unvermeidbaren Spülverlustes unter Umständen beträchtlich werden (s. auch S. 53 ff.) Am größten werden die Spülverluste, wenn Gas und Luft gleichzeitig eingeführt werden, was bei der sogenannten Gemischspülung der Fall ist. Bei Kurbelkammermotoren (s. auch C. IV.) und solchen mit besonderer Kolbenspülpumpe kann man Gas und Luft geschichtet in den Zylinder bringen, so daß zunächst mit Luft vorgespült wird. Durch dieses Verfahren können unter Umständen auch bei Maschinen ohne besondere Gaseinlaßorgane tragbare Wärmeverbräuche erzielt werden. Näheres zeigen die später beschriebenen praktischen Ausführungsbeispiele.

Die getrennte Einführung des Gases durch besondere Einlaßorgane wird als Gaseinblasung bezeichnet. Je nach der Wahl des Zeitpunktes für die Gaseinblasung wird zwischen Gaseinblasung bei offenem und bei geschlossenem Auslaß unterschieden.

2. Gaseinblasung bei offenem Auslaß

Das Gas wird während der Spülperiode in den Zylinder gedrückt. Der Einblasevorgang beginnt am zweckmäßigsten in der zweiten Hälfte der Spülperiode und endet beim Abschluß der Auslaßöffnungen oder kurz nachher. Dabei ergeben sich verhältnismäßig kleine Einblasedrücke in der Größenordnung des Spüldruckes.

Bei der Zusammenarbeit von Motor und Gaserzeuger besteht die Möglichkeit, mit nur einem Gebläse für Spülluft und Vergasungsluft auszukommen (s. S. 212 und 213). Diese Einblaseart ist wirtschaftlicher als die Gemischspülung und gibt außerdem die Möglichkeit einer kleinen Aufladung. Als Gaseinblaseorgan hat sich ein im Zylinderkopf untergebrachtes hydraulisch gesteuertes Ventil gut bewährt. Andere Steuerorgane für die Gaseinblasung, wie Dreh- oder Kolbenschieber, die auch versucht worden sind, werden hier nicht behandelt.

3. Gaseinblasung bei geschlossenem Auslaß

Die Gaseinblasung bei geschlossenem Auslaß vermeidet von vornherein Gasverluste. Da die *Einblasung am Ende der Verdichtung* auch für Reichgase einen dreistufigen Verdichter erfordert, kommt sie für die Umstellung kompressorloser Dieselmotoren nicht in Frage. Sie ist nur dann vorteilhaft, wenn es sich um Lufteinblase-Dieselmaschinen handelt, wo der Lufteinblasekompressor für die Gasverdichtung verwendet werden kann. Aber auch die *Einführung zu Beginn der Verdichtung* erfordert insbesondere bei Generatorgas so hohe Einblasedrücke, daß die Wirtschaftlichkeit dieses Verfahrens durch die notwendige Verdichtungsarbeit in Frage gestellt wird. Sollen für die Verdichtung des Gases die üblichen Spülgebläse verwendet werden, so ist der Verdichtungsenddruck auch aus diesem Grunde begrenzt. Für die Umstellung auf Generatorgas kommen also nur Ladeverfahren in Frage, bei denen der erforderliche Gaseinblasedruck in diesen Grenzen liegt. Das ist nur möglich, wenn die Gaseinblasung beim Abschluß der Auslaßschlitze oder kurz nachher beendet ist. Bei reichen Gasen allerdings ist die Gaseinblasung zu Beginn der Verdichtung (auch als Nachladung bezeichnet) vorteilhaft anzuwenden, besonders wenn Druckgas zur Verfügung steht. Näheres, auch über die zu erwartende Leistung und den Wärmeverbrauch, zeigt A. IV. 4 a.

4. Bemessung der Gas-Einblaseventile

Wird das Gas bei offenem Auslaß eingeblasen, so daß sich der Zylinderdruck während der Einblasung nicht wesentlich ändert, dann kann die Ventilgröße wie folgt näherungsweise berechnet werden. Der Zustand des Gases vor dem Ventil sei p_n, T_n, der Gegendruck im Zylinder etwa gleich dem Außendruck p_a. Dann errechnet sich die je sec und cm² Ventilquerschnitt in den Zylinder strömende Gasmenge in kg aus der bekannten Formel:

$$g_g = 10^{-4} \sqrt{2\,g\,\frac{\varkappa}{\varkappa-1}} \cdot \sqrt{\left(\frac{p_a}{p_n}\right)^{\frac{2}{\varkappa}} - \left(\frac{p_a}{p_n}\right)^{\frac{\varkappa+1}{\varkappa}}} \cdot \frac{P_n}{\sqrt{R_g \cdot T_n}} \quad \left[\frac{kg}{cm^2\ s}\right].$$

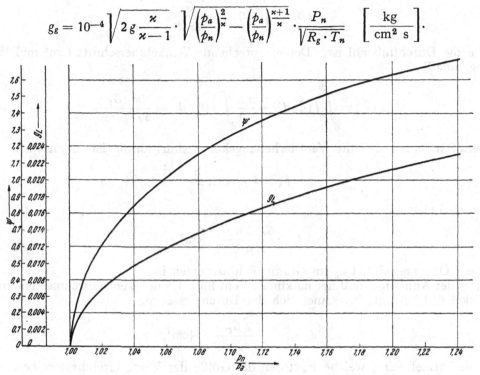

Abb. 171. Sekundlich durch einen cm² strömendes Luftgewicht in Abhängigkeit vom Druckverhältnis P_n/P_a.

$$\psi = \sqrt{2\,g\,\frac{\varkappa}{\varkappa-1}} \; \sqrt{\left(\frac{P_a}{P_n}\right)^{\frac{2}{\varkappa}} - \left(\frac{P_a}{P_n}\right)^{\frac{\varkappa+1}{\varkappa}}}$$

Gerechnet für: $g = 9,81\ [m/s^2]$
$P_a = 10\,332\ kg/m^2$ $R_l = 29,27 \left[\dfrac{m\,kg}{kg\ grd}\right]$
$T_a = 293^0\ K$
$\varkappa = 1,4$

$g_l = 10^{-4}\,\psi\,\dfrac{P_n}{\sqrt{R_l \cdot T_n}} \left[\dfrac{kg}{cm^2\ s}\right]$ $T_n = T_a \cdot \left(\dfrac{P_n}{P_a}\right)^{\frac{\varkappa-1}{\varkappa}}$

Für Luft ist der Zusammenhang in Abb. 171 dargestellt. Dabei wurde für die Temperatur T_n adiabatische Verdichtung vom Außenzustand P_a, T_a auf den Druck P_n angenommen. Wird der Einfluß von $\varkappa$ vernachlässigt, so kann für ein beliebiges Gas die durch 1 cm² je sec strömende Menge g_g in kg aus dem Luftgewicht g_l berechnet werden

$$g_g = g_l \sqrt{\frac{R_l}{R_g}}.$$

$\left(R \left[\dfrac{m\,kg}{kg\ grd}\right]$ Zeiger g gilt für Gas, Zeiger l für Luft$\right)$.

Aus der nutzbaren Zylinderleistung ergibt sich die Gasmenge, die je Arbeitsspiel in den Zylinder einzublasen ist, mit

$$G_g = \frac{N_e \cdot q_e \cdot \gamma}{H_{ug} \cdot 60 \cdot n} \quad [kg],$$

wenn N_e [PS] die Zylinderleistung,

q_e [kcal/PSh] der spezifische Wärmeverbrauch,

H_{ug} [kcal/Nm³] der untere Heizwert des Gases,

γ [kg/Nm³] das spezifische Gewicht des Gases und

n [U/min] die Drehzahl des Motors ist.

Der erforderliche Einblasezeitquerschnitt ist dann gegeben durch

$$z\,(t) = \int_0^t f\,(t) \cdot dt = \frac{G_g}{g_g \cdot \mu},$$

wobei μ die Durchflußzahl ist. Der entsprechende Winkelquerschnitt (cm² mal Winkel im Bogenmaß)

$$z\,(\widehat{a}) = \int_0^{a_0} f\,(\widehat{a})\,d\widehat{a} = \frac{\pi\,n}{30} \int_0^t f\,(t) \cdot dt = \frac{\pi\,n\,G_g}{30 \cdot g_g \cdot \mu}.$$

Nimmt man an, daß die Ventilerhebungskurve sinus-förmig ist, dann wird

$$f\,(\widehat{a}) = f_0 \sin \pi \frac{\widehat{a}}{a_0}.$$

und es ergibt sich

$$f_0 = \frac{G_g \cdot 3\,\pi\,n}{g_g\,\mu\,a_0} \quad [\text{cm}^2],$$

wobei der Öffnungswinkel a_0 im Gradmaß hinzusetzen ist.

Unter der Annahme, daß der maximale Ventilhub 1/5 des Ventildurchmessers und der Sitzwinkel 45⁰ beträgt, berechnet sich der Durchmesser zu

$$d = \sqrt{\frac{15\,\sqrt{2}\,G_g \cdot n}{g_g \cdot a_0 \cdot \mu}} \quad [\text{cm}].$$

Diese Formel zeigt, welche Faktoren die Größe des Ventildurchmessers bestimmen.

5. Steuerung der Gaseinblaseventile

Die Gaseinblasung soll in verhältnismäßig kurzer Zeit erfolgen, das heißt sie soll innerhalb weniger Kurbelgrade beendet sein. Die Gaseinblaseventile können mechanisch, elektrisch oder hydraulisch angetrieben werden. Bei Deutz wurde der hydraulische Ventilantrieb gewählt, weil sich beim Gasumbau die vorhandene Kraftstoffpumpe vorteilhaft verwenden läßt. Über die Theorie des hydraulischen Ventilantriebes s. auch Bd. 9 S. 101 [82]. Es wurden zwei Möglichkeiten untersucht und zur praktischen Betriebsreife gebracht. So zeigt Abb. 172 einen Ventilantrieb, wie er zur Steuerung eines Gaseinblaseventiles für Generatorgas verwendet wird.

Beim Förderhub des Pumpenplungers wird die Steuerflüssigkeit (Gasöl) aus dem Oberteil der Kraftstoffpumpe *a* durch die Leitungen *b* und *c* zum Steuerorgan *d* gefördert, wobei der Steuerkolben *e* nach abwärts gedrückt wird. Überschleift der Plunger die Überströmbohrung, so wird die Steuerflüssigkeit vom Ventil *f* über Leitung *b* zum Behälter zurückgedrückt. Auf diese Weise erfolgt ein ständiges Umpumpen der Steuerflüssigkeit. Um ein sanftes Aufsetzen des Ventiles *f* zu erreichen, wird vor Beendigung der Schließbewegung die Öffnung *g* durch den Steuerkolben *e* versperrt. Der Rest der Steuerflüssigkeit muß nun durch eine Drosselbohrung *h* gedrückt werden. Durch entsprechende Wahl der Größe dieser Bohrung kann die Ventilgeschwindigkeit auf das zulässige Maß gedämpft werden. Die zweite Ausführungsart zeigt Abb. 173. Bei dieser wird die Steuerflüssigkeit nur durch eine Leitung zum Steuerorgan geführt. Dort muß zunächst ein Steuerschieber *a* bewegt werden, bevor die Flüssigkeit in den Raum oberhalb des Steuerkolbens gelangen kann. Nach Entlastung des Pumpenraumes wird der Steuerschieber in seine ursprüngliche Lage zurückgedrückt und dann die Steuerflüssigkeit über die Bohrung *b* zum Behälter *c* geführt.

Zum Zweck der Dämpfung überschleift auch hier der Steuerkolben vor Ventilschluß die Abflußbohrung, so daß der Rest der Steuerflüssigkeit durch die im Steuerschieber befindliche Drosselbohrung *d* gedrückt werden muß.

Um möglichst kurze Steuerzeiten zu erhalten, muß die Steuerung so ausgelegt sein, daß das Ventil möglichst schnell schließt, ohne daß es mit zu großer Geschwindigkeit auf den Sitz auftrifft und dadurch schlägt.

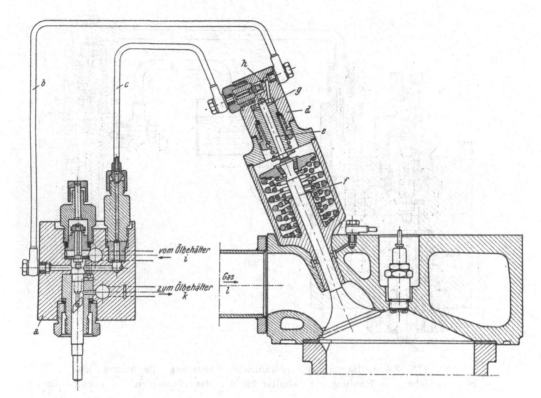

Abb. 172. Hydraulische Steuerung des Gaseinlaßventils. Baumuster Deutz TM 325

a Kraftstoffpumpe	*e* Steuerkolben	*h* Drosselbohrung	*l* Gaseintritt
b, c Ölleitungen	*f* Gaseinblaseventil	*i* Zufluß vom Ölbehälter	
d Steuergehäuse	*g* Steueröffnung	*k* Abfluß zum Ölbehälter	

Unter der Voraussetzung, daß die Schließbewegung reibungs- und dämpfungsfrei vor sich geht, kann die Geschwindigkeit des Auftreffens wie folgt errechnet werden. Es ist

$$m \cdot \frac{d^2 x}{dt^2} = - c\,x,$$

venn x [m] der Ventilweg, m [kg sec²/m] die Ventilmasse + 1/3 Federmasse und [kg/m] die Ventilfederkonstante ist (Abb. 174).

Die allgemeine Lösung dieser Differentialgleichung lautet:

$$x = A \sin \sqrt{\frac{c}{m}} \cdot t + B \cos \sqrt{\frac{c}{m}} \cdot t.$$

Die Konstanten ergeben sich aus den Anfangsbedingungen $x\,(o) = h_v + h = H$, venn h [m] der Ventilhub, h_v [m] die der Vorspannung entsprechende Federverkürzung st. Daraus ergibt sich $B = H$. Ferner: $(dx/dt)_0 = 0$, daraus $A = 0$. Man erhält also

$$x = H \cdot \cos \cdot \sqrt{\frac{c}{m}} \cdot t$$

nd daraus die Ventilschließzeit

$$t_0 = \sqrt{\frac{m}{c}} \arccos \frac{h_v}{H}\cdot$$

Damit wird die ungedämpfte Geschwindigkeit v_0 (m/sec) beim Auftreffen auf den Sitz

$$v_0 = H \cdot \sqrt{\frac{c}{m}} \sin \sqrt{\frac{c}{m}} \, t_0 = \sqrt{\frac{c}{m}} \cdot \sqrt{H^2 - h_v{}^2}\,.$$

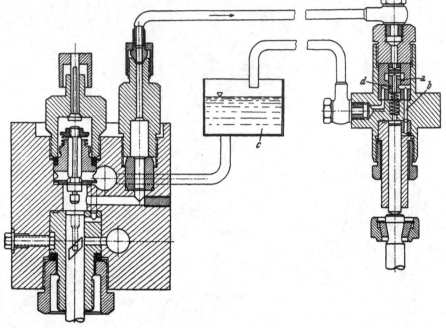

Abb. 173. Zweite Bauform der hydraulischen Steuerung. Baumuster Deutz
a Steuerschieber   *b* Bohrung   *c* Behälter für die Steuerflüssigkeit   *d* Drosselbohrung

Versuche haben ergeben, daß die so errechneten Werte trotz der Vernachlässigungen gut mit der Wirklichkeit übereinstimmen. Für mechanische Steuerungen nimmt man allgemein als oberen Grenzwert für die Ventilschließgeschwindigkeit 0,30 m/sec an. Rechnet man dies für hydraulische Steuerungen nach, dann erhält man durchwegs sehr viel höhere Werte für die ungedämpfte Geschwindigkeit. Andererseits darf die Dämpfung nicht zu groß gemacht werden, wenn nicht die Schließzeiten unerträglich verlängert werden sollen. Daraus folgt eine erhebliche schlagartige Beanspruchung, die große Sorgfalt bei der Ausbildung des Ventilkegels, der Führung und der Federtellerbefestigung notwendig macht. Bei großen Ventilen ($d > 30$ mm) kommt man in keinem Falle ohne Dämpfung aus.

III. Zweitakt-Gasbetrieb bei kleiner Last

Zweitakt-Motoren arbeiten normal bei allen Belastungen mit angenähert gleichem Ladungsgewicht; deshalb ist nur einfache Güteregelung möglich. Dadurch wird bei Entlastung die untere Zündgrenze bald erreicht. Es treten dann Zündaussetzer auf. Diese Schwierigkeiten sind allgemein bekannt. Zu ihrer Beseitigung wurden verschiedene Mittel angewendet. Mit der Einführung des Zündstrahlbetriebes war zu erwarten, daß beim Zweitaktmotor gleichzeitig auch die Zündschwierigkeiten bei kleiner Last wegfallen würden. Es war anzunehmen, daß der Zündstrahl wesentlich ärmere Gasgemische noch mit Sicherheit zu entzünden vermag, als dies mit der elektrischen Zündung möglich ist. Spätere Versuche haben jedoch gezeigt, daß auch beim Zündstrahlbetrieb die wirtschaftliche Verbrennung armer Gemische im allgemeinen Schwierigkeiten bereitet (s. auch Abb. 150).

Die Zunahme des Luftverhältnisses im Teillastgebiet bei Ottobetrieb kann näherungsweise aus den folgenden Formeln berechnet werden. Ist das Luftverhältnis bei Normallast λ_0 und wird das Gas bei offenem Auslaß eingeführt, so kann für Teillast

$$\lambda = \frac{1 + \lambda_0 \, L_{og} - Z}{Z \, L_{og}}$$

gesetzt werden, wenn Z das Verhältnis der bei Teillast im Zylinder befindlichen Gasmenge zu derjenigen bei Normallast ist. Wird das Gas bei geschlossenem Auslaß eingeblasen, dann ist

$$\lambda = \frac{\lambda_0}{Z}$$

unabhängig von der Gasart. Im zweiten Fall ergeben sich unter sonst gleichen Bedingungen kleinere Luftverhältniswerte als im ersten. Die Unterschiede sind bei den armen Gasen mit kleinem L_{og} am größten.

Wie noch später beschrieben wird, wurden bei gemisch-gespülten Maschinen auch gute Ergebnisse mit gedrosseltem Rootsgebläse erzielt. Die starke Erwärmung der Ladung durch die Drosselung einerseits und die zusätzliche Belastung des Motors durch die größere Gebläseleistung andererseits, erklären diese Tatsachen. Bei der gesonderten Einbringung des Gases in den Zylinder hat sich im Teillastgebiet eine zusätzliche Drosselung der *Spülluft* ebenfalls als zweckmäßig erwiesen. Bei den seinerzeit umgestellten Motoren wurden im allgemeinen an den Teillastbetrieb keine allzu großen Forderungen gestellt. Es war fast immer möglich, ohne besondere Maßnahmen, den betrieblichen Bedingungen zu entsprechen.

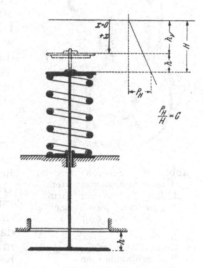

Abb. 174. Schematische Darstellung der Öffnungs- und Schließverhältnisse zum hydraulischen Ventilantrieb

IV. Umstellung von Zweitaktmotoren mit Kurbelkammer-Spülpumpe

1. Bulldog-Motor von H. Lanz, Mannheim

Die Kraftstoffgleichgültigkeit des Bulldog-Motors veranlaßte die Firma H. Lanz schon im Jahre 1936 auch seine Eignung für gasförmige Kraftstoffe zu untersuchen. Eine Reihe verschiedener Verfahren wurde erprobt. Die ersten Versuche wurden an einem normalen 25 PS-Bulldog-Motor mit Holzgas durchgeführt. Das Gasluftgemisch wurde durch die normale Luftklappe in das Kurbelgehäuse angesaugt und von dort dem Brennraum des Motors zugeführt. Über diese Versuche haben KÜNZEL [42] und LENZ [43] berichtet. Die folgenden Darstellungen sind im wesentlichen den genannten Arbeiten entnommen. Eingehendere theoretische Untersuchungen hat STIER [68] durchgeführt.

Bei den ersten Versuchen wurde das Gasluftgemisch, genau wie beim Betrieb mit flüssigen Kraftstoffen, durch den vorher angewärmten Zündkopf entzündet. Die erzielten Leistungen und Verbräuche waren zufriedenstellend, jedoch zeigte sich bereits damals als großer Nachteil des verhältnismäßig einfachen Ladeverfahrens, daß das Kurbelgehäuseinnere stark verschmutzte. Schon nach ungefähr 30 Betriebsstunden waren sämtliche Wände mit einer 8 bis 10 mm hohen, seifenartigen Schicht von Rückständen beschlagen. Diese Rückstände führten zur Schmierölverschlechterung und unterbrachen auch die Ölzufuhr zu den Pleuellagern. Da die Rückstände auf die teerhaltigen Produkte zurückgeführt werden mußten, die bei der Vergasung von Holz entstehen, wurden die Versuche mit Holzkohlengas fortgesetzt, das frei von derartigen Bestandteilen ist. Es ergaben sich zwar wesentlich geringere Absetzungen im Innern des

Kurbelgehäuses, diese waren aber immer noch so hoch, daß ein Betrieb über 40 bis 50 Stunden nicht aufrecht erhalten werden konnte. Trotz verschiedener Versuche durch andere Anordnungen Abhilfe zu schaffen, konnte die Bildung von Rückständen nicht auf ein erträgliches Maß gesenkt werden. Das Verfahren mußte daher fallen gelassen werden.

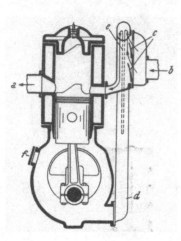

Abb. 175. Schema des auf Gasbetrieb umgebauten Bulldog-Motors der Firma Lanz mit Gasschleuse (Lentz [43])

a Auspuff
b Gemischeintritt
c Rückschlagklappen
d Saugimpulsleitung vom Kurbelgehäuse
e Gasschleuse
f Luftansaugstutzen (verschlossen)

Nach Kriegsausbruch, als die dringende Notwendigkeit bestand, auch die Schlepper auf Gasbetrieb umzustellen, wurden die Versuche von Lanz wieder aufgenommen. Um die Verschmutzung des Kurbelgehäuses mit Sicherheit zu vermeiden, wurde das Gasluftgemisch jetzt über eine Gasschleuse (Abb. 175) angesaugt, deren Inhalt mindestens 30% größer als das Hubvolumen des Motors sein muß. Die Überströmkanäle zwischen Zylinder und Kurbelgehäuse wurden verschlossen. Beim Ansaugen tritt das Gemisch durch die Klappen in die Gasschleuse. Da diese größer ist als das Hubvolumen, erreicht das Gemisch das Kurbelgehäuse nicht mehr, wodurch dessen Verschmutzung verhindert wird. Die Gasschleuse ist so angeordnet, daß sie zur Reinigung leicht entfernt und wieder angebaut werden kann.

Die Leistung des Bulldog-Motors betrug bei Holzgasbetrieb nur 70% derjenigen mit Dieselkraftstoff. Dieser Leistungsabfall ist nicht nur auf den niedrigen Gemischheizwert zurückzuführen, sondern auch auf das zündträgere Gemisch, das Nachbrennen und damit schlechten thermischen Wirkungsgrad verursacht. Ferner verringert der durch den Generator bedingte höhere Ansaugeunterdruck das angesaugte Ladegewicht. Zur Feststellung der Ladungsminderung wurden im Betrieb mit Dieselkraftstoff Versuche bei verschiedenen Unterdrücken durchgeführt und die jeweils erzielbaren Höchstleistungen für den 25 PS-Motor festgestellt. Abb. 176 zeigt die aus den Leistungsmessungen ermittelten Werte für den Liefergrad in Abhängigkeit von der Drehzahl und vom Unterdruck. Daß der Liefergrad bei einem Unterdruck von 50 mm WS im unteren Drehzahlbereich Werte von über 100% erreicht, wird auf die Ausnutzung der kinetischen Energie des Gasstromes zurückgeführt. Im praktischen Holzgasbetrieb treten Unterdrücke von ungefähr 300 mm WS auf. Die Unter-, bzw. Überdrücke in der Kurbelkammer und die dabei erzielten Höchstleistungen sind in Abb. 177 zusammengestellt. Danach ist klar, daß man dafür sorgen muß, daß die Ansaugewege und die Einlaßorgane dem Gasstrom wenig Widerstand entgegensetzen. Den wesentlichsten Einfluß auf den Ansaugwiderstand hat aber natürlich die Größe des Gaserzeugers, von dem hier jedoch nicht weiter gesprochen werden kann.

Während bei Viertaktmotoren eine gute Reinigung des Gases unerläßlich ist, hat sich beim Betrieb des Bulldog-Motors wegen seiner unerreicht einfachen Bauart (ohne Ventil usw.) und der besonders günstigen Anordnung der Schmierung ein wesentlich anderes Bild ergeben. Es zeigte sich, daß ein kleiner Absitzkasten in Verbindung mit einem Gaskühler auch bei Weichholz und selbst bei Reiserknüppeln voll und ganz für die Reinigung des Gases ausreicht. Das Holzgas verläßt den Gaserzeuger mit einer Temperatur von ungefähr 300⁰ C; diese schwankt natürlich je nach der Belastung. Für eine gute Kühlung des Gases ist zu sorgen, da heiße Gase eine schlechte Füllung des Zylinders und damit eine niedrige Leistung des Motors ergeben.

Bei den Versuchen mit verschiedenen Rohr- und damit Mischerquerschnitten wurde festgestellt, daß die Mischergröße einen nicht unerheblichen Einfluß auf die Motorleistung hat. Dagegen spielt die Bauart des Mischers, richtige Größenverhältnisse vorausgesetzt, nur eine unwesentliche Rolle, insbesondere, wenn man zwischen Mischer und Motor ein 300 bis 400 mm langes Rohr als Beruhigungskammer vorsieht. Diese Aufgabe erfüllt die am Bulldog-Motor angeordnete Gasschleuse sehr zweckmäßig.

Bekanntlich wird beim Bulldog-Motor die Zündung durch den im Brennraum angeordneten Glühkopf bewirkt. Dabei ist der Zündzeitpunkt nicht beliebig regelbar. Beim
Gasbetrieb mußte noch außer der günstigsten Zündkopfform der Einfluß der Zündung
festgestellt werden. Hierbei wurde der in einer besonderen Versuchsreihe festgestellte

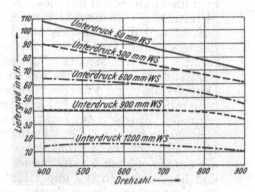

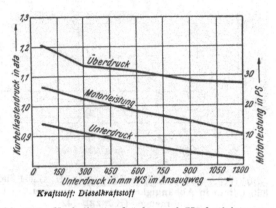

Abb. 176. Liefergrad der Kurbelkastenpumpe des
25 PS Bulldog-Motors in Abhängigkeit von der
Drehzahl bei verschiedenen Unterdrücken
(KÜNZEL [42])

Abb. 177. Kurbelkastendrücke und Höchstleistungen
des 25 PS Bulldog-Motors bei $n = 850$ U/min in
Abhängigkeit vom Ansaugeunterdruck
(KÜNZEL [42])

günstigste Verdichtungsenddruck von 12,5 atü für Holzgasbetrieb (gegenüber 8,5 bei
Betrieb mit Dieselkraftstoff) beibehalten. Zuerst wurde der normale Zylinderkopf nach
der Ausführung 1 der Abb. 178, wie er bisher für die Holzversuche verwendet worden war,

geprüft. Um den Einfluß der
Zündkopfzündung auszuschalten,
wurde am Zylinderkopf der Ausführung 2 an Stelle des Zünd-
kopfes ein wassergekühltes Unter-
teil angebracht. Das Gemisch
wurde wie bei einem Ottomotor
durch eine Zündkerze entzündet.
Hierbei wurde sowohl die untere
als auch die obere Zündkerze
verwendet. Bei der Ausführung 3
erhielt der Motor einen Zylinderkopf, wie er normal bei der alten
Gasmaschine verwendet wurde.
Die mit den drei Ausführungen
erzielten Meßwerte sind in Abb.
178 dargestellt. Die Höchstleistung wurde mit dem Zylinderkopf der klassischen Gasmaschine
erreicht. Bei dem Zylinderkopf

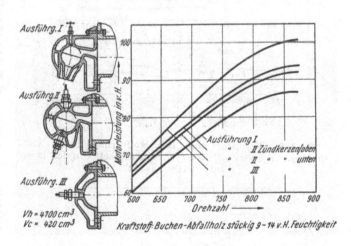

Abb. 178. Leistung des 25 PS Gas-Bulldogs in Abhängigkeit von
der Drehzahl bei verschiedenen Zündungsarten (KÜNZEL [42])

mit Wirbelkammer und Kerzenzündung liegen die Höchstleistungen etwas niedriger.
Bei dem Zylinder mit Zündkopfzündung wurden die niedrigsten Leistungen erzielt, ein
Zeichen dafür, daß dabei die trägste Verbrennung vorhanden ist. Der günstigste Zündzeitpunkt ergab sich bei etwa 15 bis 10° v. o. T. Dabei wurden Nutzdrücke von $p_e = 3,0$
kg/cm² erreicht gegenüber etwa $p_e = 2$ kg/cm² bei Zündkopfzündung.

Durch die Einspritzung einer kleinen Menge flüssigen Kraftstoffes, die noch unter
der zum Leerlaufbetrieb benötigten lag, konnte die Zündwilligkeit des Gemisches erhöht
und die Motorleistung wesentlich gesteigert werden. Während beim Gasbetrieb stets
mit Kraftstoffüberschuß gefahren werden mußte, konnte das Luftverhältnis beim
Zweistoffbetrieb mehr und mehr gesteigert werden. Gleichzeitig sank der Holzgasver-
brauch auf das beim Viertaktmotor übliche Maß. In Abb. 179 sind die im Zweistoff-

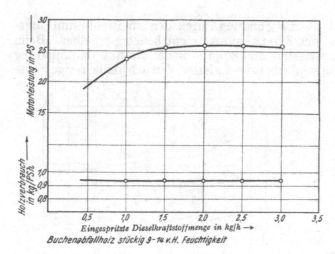

Abb. 179. Höchstleistung des 25 PS Gas-Bulldogs bei
850 U/min in Abhängigkeit von der eingespritzten Zündölmenge (Künzel [42])

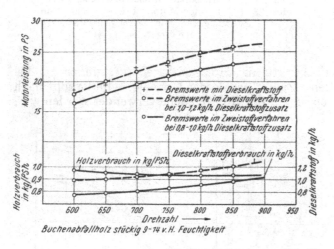

Abb. 180. Leistung und Kraftstoffverbrauch des Gas-
Bulldogs im Zweistoffbetrieb in Abhängigkeit von der Drehzahl (Künzel [42])

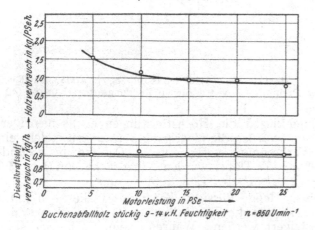

Abb. 181. Spezifischer Verbrauch an Holz und Dieselöl für
den 25 PS Gasbulldog in Abhängigkeit von der Leistung
(Verbrauchswerte) (Künzel [42])

betrieb bei 850 U/min erzielten
Höchstleistungen und der stündliche Holzverbrauch über der je
Stunde eingespritzten Dieselkraftstoffmenge aufgetragen. Die Leistung
steigt bis zu einer Menge von 1,25
kg/h linear an. Schon mit dieser verhältnismäßig kleinen Kraftstoffmenge wird die Höchstleistung des
Betriebes mit Dieselkraftstoff erreicht. Größere Mengen flüssigen
Kraftstoffes ergeben keinen weiteren
Leistungsanstieg. Für den Gasbetrieb mit Dieselölzusatz hat sich der
normale Einspritzzeitpunkt am
günstigsten erwiesen. Der stündliche
Holzverbrauch war unabhängig von
der aufgewendeten Kraftstoffmenge
und liegt zwischen 0,9 und 1 kg/h.
Abb. 180 zeigt die Vollastkurven
im Zweistoffbetrieb bei zwei verschiedenen Zündölmengen. Bei
Kraftstoffmengen von 1 bis 1,2 kg/h
liegen die Höchstleistungen über
den ganzen Drehzahlbereich genau
so hoch wie die des normalen Betriebes. Beim Vermindern der Diesel-
ölmenge sinkt die Leistung nicht
wesentlich, allerdings verhindern
Schwierigkeiten mit den Einspritzdüsen eine stärkere Herabsetzung
der Einspritzmenge. Diese Schwierigkeiten wurden später durch konstruktive Maßnahmen beseitigt. In
Abb. 181 sind die Verbrauchswerte
des 25 PS-Bulldog-Motors im Zweistoffbetrieb bei der Nenndrehzahl
von $n=850$ U/min in Abhängigkeit
von der Leistung aufgetragen.

Der Gas-Bulldog muß mit flüssigem Kraftstoff angelassen werden.
Hierbei wird das Kraftstoffluftge-
misch entweder an dem mittels
Heizlampe angewärmten Zündkopf
oder aber durch die im Zylinderkopf
sitzende Zündkerze entzündet, deren
Funken von einem Unterbrecher
gesteuert werden. Nach 3 bis 4
Minuten hat der Zündkopf seine Be-
triebstemperatur erreicht, der Motor
läuft mit der reinen Zündkopf-
zündung weiter und die elektrische
Zündung kann abgestellt werden.
Beim Anlassen des Motors wird ein
Teil der zur Verbrennung benötigten
Luft durch den Luftstutzen und der
Rest durch den Gaserzeuger gesaugt.
Dadurch wird der Generator ange-

facht, auf Gebläse, Startvergaser usw. kann verzichtet werden. Nach ungefähr 3 bis
4 Minuten ist brennbares Gas vorhanden, dann werden die Drosselklappe und die
Dieselkraftstoffmenge auf das im Zweistoffverfahren benötigte Maß eingestellt.

2. Verfahren zur Herabsetzung der Spülverluste

Zur Herabsetzung der unvermeidlichen Spülverluste im Zweitaktmotor wurden verschiedene Maßnahmen ergriffen. Durch Luftvor- und Nachlagerung sollte der Spülverlust, der vermutlich an der Spülfront und gegen Spülende eintritt, vermindert werden.
Die Versuche an Motoren mit Kurbelkammer-Spülpumpe bei der Firma Lanz zeigten,
daß eine Einkapselung des Gemisches zwischen die Spülluft keinen Vorteil bringt, da
sich die Abgrenzung des Gemisches gegen die Luft als unmöglich erwies. Versprechender
ist die getrennte Einführung von Luft und Gas in den Zylinder nach Abb. 182. Hier
ist die Schleuse durch eine Zwischenwand in zwei Kanäle geteilt. Die Luft strömt direkt
in die Kurbelkammer, während das Gas in den einen Kanal angesaugt wird, der als
Schleuse dient. Der Einlaßkanal ist so unterteilt, daß beim Öffnen der Schlitze zunächst

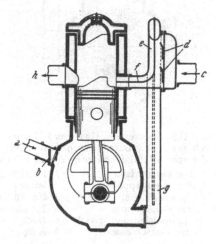

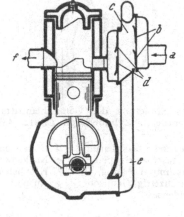

Abb. 182. Aufteilung der Gasschleuse durch eine
Zwischenwand zum Zwecke der getrennten Einführung von Luft und Gas in den Zylinder (Lentz [43])

a Luftansaugstutzen   f Trennwand
b Luftdrossel   g Saugimpulsleitung vom
c Gasansaugleitung   Kurbelgehäuse
d Rückschlagklappen   h Auspuff
e Gasschleuse

Abb. 183. Anordnung von Rückschlagklappen vor
den Einlaßschlitzen (Lentz [43])

a Gemischansaugleitung   e Saugimpulsleitung
b Rückschlagklappen   vom Kurbelgehäuse
   vor der Schleuse   f Auspuff
c Schleuse
d Rückschlagklappen
   vor den Einlaßschlitzen

die Luft zur Spülung in den Zylinder kommt und dann erst das Gas nachfolgt. Die Vorteile dieser Anordnung wiegen indessen die Nachteile der gegenüber der einfachen Gemischschleuse komplizierteren Anlage noch nicht auf, jedoch kann diese Anordnung bei
der Weiterentwicklung der Zweitakt-Generatorgasmotoren Bedeutung erlangen. Um das
Rücksaugen von Gemisch in die Schleuse beim Aufwärtsgang des Kolbens zu vermeiden,
können an den Einlaßschlitzen Rückschlagklappen nach Abb. 183 eingebaut werden.
Der wirksame Hubraum der Kurbelkammerspülpumpe wird so vergrößert, da der Kolben-
weg über die Höhe der Spülschlitze etwa 20% des Gesamtweges beträgt. Hierdurch wird
der Liefergrad der Pumpe erhöht, das heißt der Motor weniger unterdruckempfindlich.
    Die gleiche Wirkung wird erzielt, wenn statt der Einlaßschlitze gesteuerte Einlaß-
ventile am Zylinderkopf vorgesehen werden (Abb. 184). Das Saugrohr zwischen Einlaßventil und Kurbelkammer ist als Gemischschleuse ausgebildet, das Gemisch strömt
durch das Ventil in den Zylinder. Die Gleichstromspülung ist gegenüber der Schlitz-
spülung besonders günstig durch den kurzen Spülweg und die Auflademöglichkeit.
Abb. 185 zeigt eine Abwandlung dieser Ausführungsart. Hierbei strömt die Luft wie
bei der normalen Querspülung durch die Einlaßschlitze, während das Gas anschließend
im Gleichstrom aus der Schleuse über das Zylinderkopfventil in den Zylinder gelangt.

Die Unterschiede zwischen diesen Anordnungen sind bezüglich des Kraftstoffverbrauches verhältnismäßig gering, diejenigen mit Bezug auf die spezifische Leistung groß, aber in Anbetracht der Komplizierung des Motors unbedeutend. Die Einführung des Gases oder auch des Gemisches durch ein gesteuertes Ventil im Zylinderkopf ergibt die Möglichkeit einer Aufladung. Bei dieser Anordnung wurden Nutzdrücke wie bei Betrieb mit Gasöl erreicht.

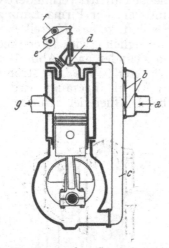

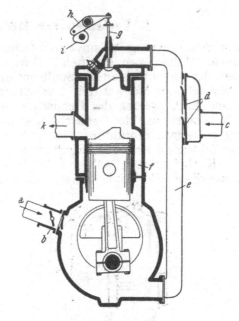

Abb. 184. Steuerung des Gemischeintritts durch Ventile im Zylinderkopf (Lentz [43])

a Gemischansaugleitung	d Einlaßventil
b Rückschlagklappen	e Nockenwelle
c Saugimpulsleitung, gleichzeitig Gemischschleuse	f Kipphebel
	g Auspuff

Abb. 185. Getrennte Gas- und Lufteinführung durch gesteuerte Gaseinlaßventile im Zylinderkopf und durch Lufteinlaßschlitze im Zylinder (Lentz [43])

a Luftansaugstutzen	f Luftüberströmleitung
b Luftdrosselklappe	
c Gasansaugleitung	g Einlaßventil
d Rückschlagklappen	h Kipphebel
e Saugimpulsleitung (gleichzeitig Gasschleuse)	i Nockenwelle
	k Auspuff

3. Pulsator nach Blomquist

Abb. 186 zeigt ein System, das von dem schwedischen Ingenieur Blomquist entwickelt und unter dem Namen Pulsator bekannt geworden ist. Während des Saughubes der Kurbelkammerspülpumpe wird durch Ventilklappen c, d Luft und Gas getrennt angesaugt. Das Gas gelangt in den sogenannten Pulsator e, welcher der Gasschleuse von Lanz entspricht. Beim Druckhub der Kurbelkammerpumpe wird die Luft in der Kurbelkammer verdichtet und das Gas während der Verdichtung aus der Schleuse über Druckklappenventile f in den Aufnehmer g vor den Gaseinblaseventilen gedrückt. Nach dem Öffnen der Spülschlitze tritt die Spülluft wie beim reinen Gasölbetrieb in den Zylinder ein. Während des Schließens der Spülschlitze wird das Gaseinlaßventil im Zylinderkopf geöffnet, wobei das Gas unter Überdruck einströmt. Da das Gasventil erst nach den Auslaßschlitzen schließt, ist eine gewisse Aufladung möglich. Der Nutzdruck ist bei dieser Bauart so groß wie beim reinen Gasölbetrieb (3 bis 3,5 kg/cm²), der Kraftstoffverbrauch jedoch ist nicht günstiger als beim Motor mit einfacher Gasschleuse (Abb. 175).

4. Verfahren von Bolinder-Munktell

Abb. 187 zeigt das von der schwedischen Firma Bolinder-Munktell entwickelte Zweitakt-Gasverfahren. Im Gegensatz zu den bis jetzt besprochenen Verfahren wird hier nur reine Luft angesaugt. Beim Verdichtungshub der Kurbelkammerpumpe wird ein Teil der Luft zum Gaserzeuger geführt, der Rest direkt zum Mischer geleitet. Nach

dem Öffnen der Auslaßschlitze und dem Eintreten des Druckausgleiches, strömt das
Gasluftgemisch durch die ungesteuerten Ventile im Zylinderkopf in den Zylinder. Auch
bei diesem Verfahren werden nahezu die gleichen Nutzdrücke erreicht wie beim Betrieb
mit Gasöl. Der Kraftstoffverbrauch ist derselbe wie beim
Sauggasverfahren. Dadurch daß die Gasanlage unter
Druck steht, bereitet das Tanken Schwierigkeiten. Es ist
nur bei abgestelltem Motor möglich.

5. Verfahren von Kromhout

Eine Abart des Verfahrens von MUNKTELL ist das
Verfahren von KROMHOUT, Abb. 188. Hier wird ebenfalls
von der Kurbelkammerpumpe nur Luft angesaugt und ein
Teil in den Generator zur Gaserzeugung geführt. Der
andere Teil der Luft bleibt in der Kurbelkammer und
wird von dort verdichtet. Nach Öffnen der Einlaßschlitze
wird zunächst mit Luft vorgespült. Das Gas, das im
Generator unter Druck steht, gelangt anschließend durch
die unterteilten Einlaßschlitze in den Zylinder, wo die
Gemischbildung erfolgt. Dieses Verfahren hat den Vorteil,
daß keine Ventile erforderlich sind. Infolge des Über-
druckes im Generator entstehen auch bei diesem Verfahren
Tankschwierigkeiten.

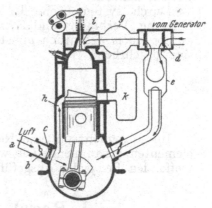

Abb. 186. Der „Pulsator" von
BLOMQUIST (LENTZ [43])

a Luftansaugstutzen
b Luftdrosselklappe
c Rückschlagklappe für Luft-
   ansaugung
d Rückschlagklappe für Gas-
   ansaugung
e Pulsator
f Druckklappenventil
g Gasaufnehmer
h Luftüberströmventil
i Einlaßventil
k Auspuff

6. Saug-Druckverfahren von Lanz

Eine Zwischenstellung zwischen diesen Verfahren
bildet das Saug-Druckverfahren von LANZ. Bei diesem
System wird wie beim Sauggasverfahren von der Kurbelkammer sowohl Luft als auch Gas angesaugt. Während
der Verdichtung wird jedoch ein Teil der Luft zum Gas-
erzeuger geführt. Der andere Teil wird im Kurbelgehäuse verdichtet. Nach Öffnen
der Spülschlitze strömt die Luft aus dem Kurbelgehäuse in den Zylinder und
das Gas aus der Schleuse über das gesteuerte Zylinderkopfventil in den Brenn-

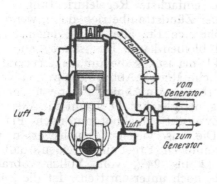

Abb. 187. Zweitakt-Druckgasverfahren nach
BOLINDER-MUNKTELL (LENTZ [43])

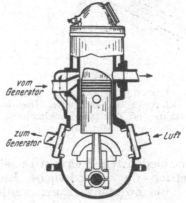

Abb. 188. Zweitakt-Druckgasverfahren nach
KROMHOUT (LENTZ 43])

raum. Beim folgenden Saughub werden Gas und Luft wieder gemeinsam angesaugt.
Am Generator ist außerdem noch ein besonderes Luftsaugventil vorgesehen, durch das
Luft auch direkt in den Generator gesaugt werden kann. Dieses Verfahren hat den Vorteil, daß beim Einzylinder-Zweitaktmotor die Luft zur Gasbildung über nahezu 360°
Kurbelwinkel in den Generator gelangt und durch die geringere Strömungsgeschwindigkeit kleinere Herdquerschnitte und größere Unterdrücke ohne Beeinflussung der Motorleistung zulässig werden. Beim Tanken kann dann die Druckluftzufuhr zum Generator

gesperrt und die Luft durch das besondere Ansaugeventil in den Generator gesaugt werden. Auch bei diesem Verfahren sind alle Abarten wie beim Sauggasverfahren anwendbar, z. B. eine geteilte Schleuse, durch die Luft und Gas getrennt in den Zylinder eingeführt werden können.

Durch systematische Untersuchungen aller dieser Verfahren können spezifische Leistung, Verbrauch und Betriebssicherheit des Zweitakt-Gasmotors mit Kurbelkastenpumpe noch wesentlich günstiger gestaltet werden. Die bisher erreichten Ergebnisse sind beachtlich.

D. Zubehör

Im folgenden soll eine Reihe von allen Gasmotoren gemeinsamen Konstruktionselementen zusammengefaßt werden, soweit sie nicht jeweils unmittelbar bei den betreffenden Beispielen ausgeführter Motoren beschrieben sind.

I. Regel- und Umschalteinrichtungen

1. Grundsätzliche Möglichkeiten

Bei gewöhnlichen Dieselmotoren wird nur der Kraftstoff entsprechend der Belastung geregelt, während die je Arbeitsspiel angesaugte Luftmenge bei Belastungsänderungen im allgemeinen angenähert unverändert bleibt. Bei der Regelung von Otto-Gasmaschinen unterscheidet man — wie schon erwähnt — grundsätzlich die Füllungs-, auch Mengen- oder Drosselregelung genannt, und die Gemischregelung, die auch als Güteregelung bezeichnet wird. Betriebstechnische und wirtschaftliche Erwägungen führen praktisch gewöhnlich zu einer Vereinigung beider Regelungsarten. Betreibt man einen Motor gleichzeitig mit flüssigen und gasförmigen Kraftstoffen, so kann je nach den vorliegenden Verhältnissen entweder nur die Regelung eines Kraftstoffes oder auch beider Kraftstoffe erforderlich sein.

Die einfachste Regeleinrichtung erhält man bei Zündstrahlbetrieb dann, wenn die Zündölmenge für alle Belastungen unverändert bleiben kann. Das ist möglich, wenn diese kleiner ist als die für den Leerlauf erforderliche Menge. Abb. 189 zeigt den Kraftstoffverbrauch in Abhängigkeit von der Belastung bei gleicher Drehzahl für Viertakt- und Zweitakt-Dieselmotoren nach PFLAUM [3]. Die aus vielen Versuchswerten von den verschiedensten Viertakt-Dieselmotoren gewonnenen Ergebnisse zeigen, daß im Dieselbetrieb die erforderliche Leerlaufmenge 12 bis 24% vom Vollastverbrauch beträgt. Bei Zweitaktmotoren werden diese Werte noch unterschritten. Ist die Zündölmenge kleiner als der Leerlaufbedarf des Motors, so kann die Kraftstoffpumpe der Einwirkung des Reglers entzogen werden, da der Motor dann beim Abstellen des Gases von selbst stehenbleibt. In diesem Falle braucht der Regler nur die Regeleinrichtung des Gases beeinflussen.

Die Regelung für das Gas kann grundsätzlich in der gleichen Weise erfolgen wie beim Gasmotor mit elektrischer Zündung. Es bestehen im wesentlichen die in den Abb. 190 bis 193 dargestellten Möglichkeiten:

1. Luft und Gas werden nach Abb. 190 dem Zylinder gesondert zugeführt. Das Zusammentreffen und die Mischung erfolgen erst im Zylinder selbst. Die Regelung des

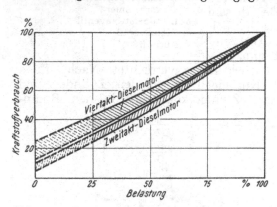

Abb. 189. Kraftstoffverbrauch in Abhängigkeit von der Belastung bei konstanter Drehzahl für Viertakt- und Zweitakt-Dieselmotoren (PFLAUM [3])

Mischungsverhältnisses und der Füllung geschieht durch Drosselklappen in der Luft-
und Gasleitung, die vom Regler bewegt werden, oder die Regelung wird durch Veränderung des Hubes der beiden Einlaßventile vorgenommen.

Bei den übrigen Ausführungen werden Gas und Luft in einem Mischraum zusammen-
geführt und treten durch ein gemeinsames Einlaßventil in den Zylinder ein.

2. In Abb. 191 wird das
Mischungsverhältnis von
Luft und Gas durch Drosselklappen oder Ventile in den
Zuführungsleitungen für Gas
und Luft zum Mischraum
eingestellt. Die Veränderung
der Zylinderfüllung erfolgt
durch eine vom Regler be-
tätigte Drosselklappe in der
Leitung zwischen Misch-
raum und Zylinder.

3. Nach Abb. 192 er-
folgt die Änderung der Zylinderfüllung durch Veränderung des Einlaß-Ventil-
hubes. Durch das mit dem
Einlaßventil verbundene
Schleppventil für Gas wird
das Mischungsverhältnis
verändert.

4. In Abb. 193 werden
durch die in den Leitungen
zum Mischraum befindlichen
Drosselklappen, die vom
Regler beeinflußt werden,
das Mischungsverhältnis
und die Füllung eingestellt.

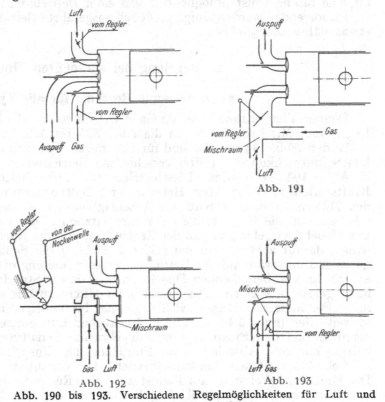

Abb. 190 bis 193. Verschiedene Regelmöglichkeiten für Luft und
Gas (schematisch)

Je nach Motorgröße, Betriebsart und Gasart und je nach den gestellten Anforderungen an die Wirtschaftlichkeit und die Einfachheit der Regelung, wird die Fül-
lungs- oder Gemischregelung oder eine Vereinigung beider anzuwenden sein. Da beim
Zündstrahlbetrieb ärmere Ladungsgemische zur Entzündung gebracht werden können
als bei elektrischer Zündung, kann die Gemischregelung innerhalb eines größeren Be-
lastungsbereiches mit Vorteil angewandt werden. Man wird im allgemeinen erst dann
mit der Drosselung beginnen, wenn Zündschwierigkeiten auftreten und der Wärmeverbrauch infolge der schleppenden Verbrennung zu groß wird. Beachtet man, daß die
Entzündung des Zündkraftstoffes bei einem bestimmten Verdichtungsverhältnis durch
den Verdichtungsenddruck und den Sauerstoffgehalt der Ladung maßgeblich beeinflußt
wird, so erkennt man, daß auch der Drosselung unter Umständen bald eine Grenze gesetzt werden kann. (Näheres s. auch A. III. 5.) Im Teillastgebiet werden bei Gemischregelung die Zündbedingungen für das Gas umso ungünstiger, je größer die Zündölmenge ist. Die größere Zündölmenge bedingt nämlich für das Gas einen größeren Luftüberschuß, wodurch die Entzündung und das Durchbrennen weiter erschwert werden.
Jedenfalls wird der Verbrennungsablauf im Motor durch eine Anzahl von zum Teil
gegensätzlichen Faktoren beeinflußt, so daß man keine allgemein geltenden Richtlinien
für die günstigste Regelart angeben kann. Auch werden die Anforderungen, die an die
Regelung zu stellen sind, verschieden sein, je nach dem Verwendungszweck des Motors.
Die Erfahrung hat zwar gezeigt, daß die Gemischregelung im allgemeinen die vorteil-
haftere ist; es gibt jedoch auch Ausnahmen, wo die Drosselregelung die besseren Ergebnisse zeigte [2], s. auch S. 116. Bei der Gemischregelung wird nur das Gas geregelt.
Hierbei sind also die Verstellkräfte geringer, als wenn Luft und Gas geregelt werden

müssen. Dieser Vorteil ist besonders bei Umbauten wichtig. Beim Dieselmotor arbeitet der Regler unmittelbar auf die Kraftstoffpumpe; seine Verstellkraft ist also begrenzt. Man wird beim Umbau auf Gas umso mehr ohne zusätzliche Hilfseinrichtungen (Servomotor) auskommen, je weniger Elemente bei der Umstellung an den Regler angehängt werden müssen. Außer einer entsprechenden Regeleinrichtung ist aber auch oft eine rasche Umstellmöglichkeit von einer Betriebsart auf die andere erwünscht.

Im folgenden werden einige praktisch ausgeführte Betriebs- und Umstelleinrichtungen etwas näher beschrieben:

2. Regelung bei stationären Motoren

a) Gemeinsame Regelung für alle Zylinder

Deutzer Viertaktmaschinen für Gas-Ottobetrieb und die für alle Zylinder gemeinsamen Regel- und Mischventile zeigen die Abb. 323 bis 325, bzw. 240 und 241.

In den Abb. 194 bis 196 sind für eine neuere Regelventilkonstruktion die Regel- und Umstellmöglichkeiten für drei verschiedene Betriebsarten gezeigt.

Abb. 194 zeigt den Dieselbetrieb bei abgeschalteter Gaszufuhr und voller Kraftstoffeinspritzung. Der Hebel a der Schaltvorrichtung b steht auf Rohöl. Durch den Mitnehmerbolzen c wird der Anschlagbolzen d so weit nach der Vollastseite verschoben, daß die Regelstange e der Einspritzpumpe die volle Brennstoffmenge freigibt. Der Hebel f ist gelöst, so daß der Regler g nur auf die Einspritzpumpe wirkt. Man muß jedoch darauf achten, daß bei gelöstem Hebel f die Schlitze für Luft im Mischventil offen sind und während des Betriebes in dieser Stellung offengehalten werden. Handelt es sich um vorübergehenden Dieselbetrieb, etwa für Stunden, dann braucht der Hebel f nicht gelöst zu werden. Der Schieber im Mischventil arbeitet wie bei geöffnetem Gas mit. Bei äußerster Regelgewichtslage sind bei richtiger Einstellung die Schlitze noch so weit offen (etwa 3 bis 4 mm), daß genügend Luft eintreten kann. Die auf dem vorderen Deckel der Einspritzpumpe angebrachte Schaltvorrichtung dient beim Dieselbetrieb nur zum Abstellen, bzw. Einrücken der Einspritzpumpe.

Abb. 195 zeigt den Zündstrahlbetrieb. Der Gaszutritt zum Mischventil ist geöffnet. Der Umschalthebel steht auf Zündstrahl. Der Regler ist über die Welle h, den Hebel f und den Servomotor l mit der Regulierstange m und dem Mischventil n verbunden. Die Einspritzpumpe ist nicht mehr wie unter Abb. 194 auf volle Füllung eingestellt, sondern der Anschlagbolzen d wird durch Teil p und die Feder q gegen die Sechskantschraube o gedrückt und stellt an der Einspritzpumpe die kleinstmögliche Rohölmenge ein. Diese kleinste Fördermenge ist abhängig von dem Zustand der Einspritzpumpe und so bemessen, daß alle Zylinder bei Leerlauf noch zünden. Die Einstellung erfolgt durch die Schraube o, die mit Gegenmutter gesichert wird.

Abb. 196 zeigt den Zweistoffbetrieb. Der Gaszutritt zum Mischventil ist geöffnet. Mischventil, Regler und Reguliergestänge sind so angeschlossen und eingestellt wie beim Zündstrahlbetrieb. Hinzu kommen noch folgende Teile: Hebel s, t, u, Welle v sowie die beiden Verbindungsstangen w und x. Über diese Teile wird der Bolzen d betätigt, dessen Lage die Zusatzbrennstoffmenge bestimmt. Während man beim Zündstrahlbetrieb den vollen Weg des Gas- und Luftschiebers ausnutzt (Stellung a bis c des Hebels y am Servomotor) ohne daß die Menge des flüssigen Kraftstoffes verändert wird, benutzt man beim Zweistoffbetrieb den letzten Teil von b nach c dazu, um Zusatzkraftstoff zu geben, was dadurch erreicht wird, daß der Hebel s den Anschlagbolzen d weiter nach der Vollaststellung drückt, so daß die Regelstange mehr Kraftstoff freigibt. Die Stellung b kann mit Hilfe der Verbindungsstange w durch Länger- oder Kürzermachen verschieden gewählt werden, je nach Bedarf. Außer dieser Einstellung ist eine Verstellmöglichkeit am Hebel t gegeben. Durch den angebrachten Schlitz kann der Angriffspunkt der Verbindungsstangen, das heißt der Hebelarm, verlängert oder verkürzt werden, so daß man es in der Hand hat, auf derselben Strecke b bis c weniger oder mehr Zusatzkraftstoff zu geben. Die Festlegung des Punktes b sowie der Angriffspunkt der Verbindungsstange w muß der jeweiligen Betriebseigenart angepaßt werden. Was die Gas- und Luftregelung anbelangt, so ist das Regelventil bei Ottobetrieb so eingestellt, daß das Mischungsverhältnis von Gas und Luft über den ganzen Belastungsbereich ungefähr konstant bleibt. Beim Zweistoffbetrieb bleibt von dem Beginn der Vergrößerung der Menge des flüssigen Kraftstoffes an die Gasmenge konstant oder wird sogar verringert, so daß für dessen Verbrennung mehr Luft zur Verfügung steht.

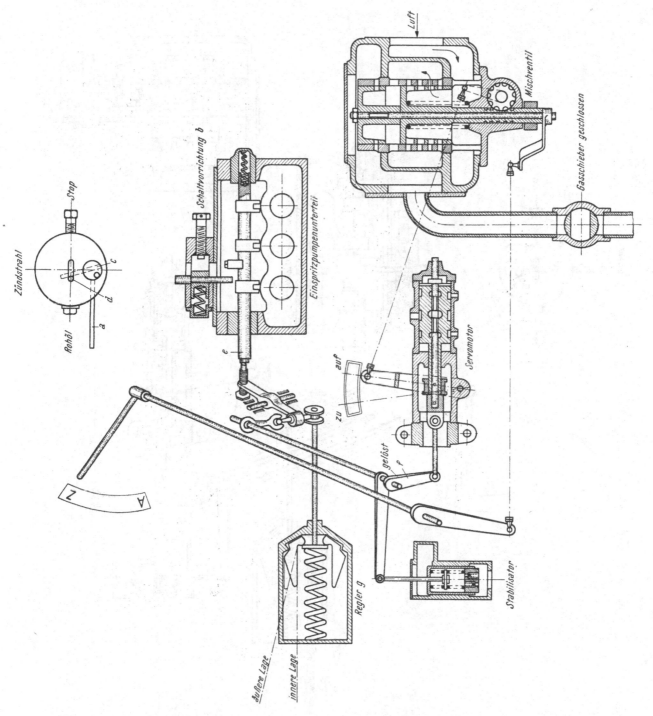

Abb. 194 bis 196. Regelschema eines Deutzer Viertaktmotors, Bauart AM für drei verschiedene Betriebsarten

Abb. 194. Betriebsstellung für Dieselbetrieb

a Umschalthebel	*c* Mitnehmerbolzen	*e* Regelstange	*g* Regler
b Schaltvorrichtung	*d* Anschlagbolzen	*f* Servohebel	

Das Schema einer Gemischregelung mit gemeinsamer Mischdüse, wie sie von der MAN ausgeführt wird, zeigt Abb. 197. Der Regler beeinflußt nur die Gasmenge über das Gestänge *k* und eine Drosselklappe, einen Schieber oder ein Ventil *c*. In der Luftleitung *m*

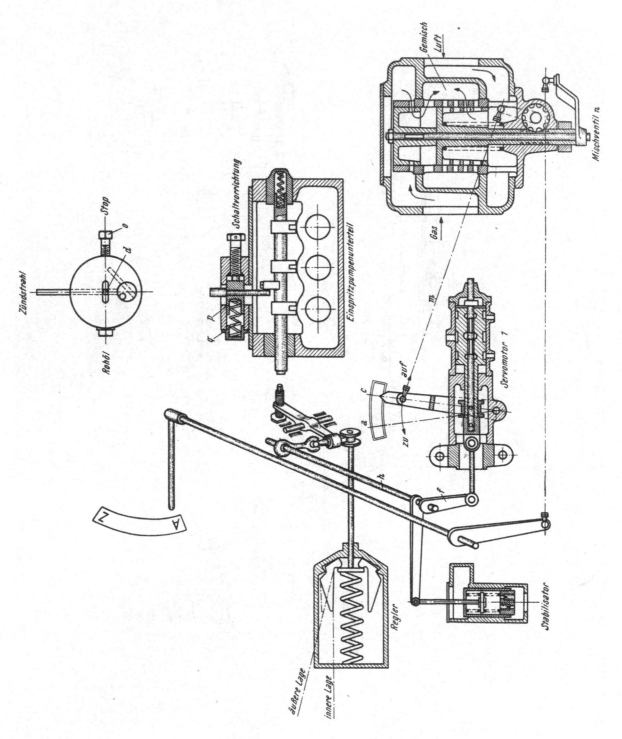

Abb. 195. Betriebsstellung für Zündstrahlbetrieb

d Anschlagbolzen	*l* Servomotor	*o* Stellschraube für Zündölmenge
f Servohebel	*m* Regulierstange	*p* Anschlagstück
h Welle	*n* Mischventil	*q* Feder

genügt eine Drosselklappe *r*. Diese braucht hier nur einmal von Hand eingestellt zu werden. Zwischen Reglerhebel *i* und Kraftstoffpumpen-Füllungsgestänge *l* ist eine Feder *o* geschaltet, die zwar einerseits die Verstellkräfte der Kraftstoffpumpe *h* ohne nennenswerte Längenänderung übertragen kann, aber andererseits die Bewegung des

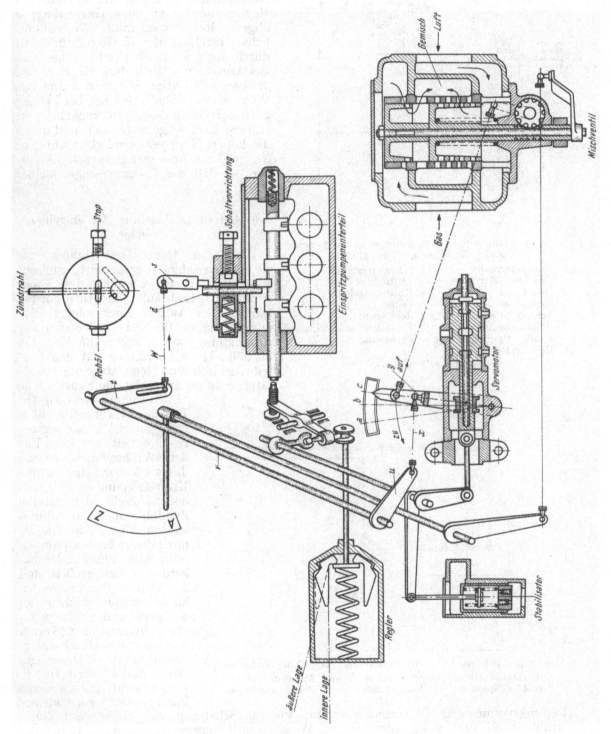

Abb. 196. Betriebsstellung für Zweistoffbetrieb

d Anschlagbolzen	*t, u* Übertragungshebel	*v* Übertragungswelle
s Hebel für Anschlagbolzen	*w, x* Verbindungsstange	*y* Krafthebel des Servomotors

Reglers zur Gasregelung nicht hindert, wenn das Gestänge *l* für die gleichbleibende Zündölmenge beim Zündstrahlgasbetrieb blockiert wird. Für den Dieselbetrieb wird die Füllungsbegrenzung *g* zurückgenommen, wodurch der flüssige Kraftstoff wie gewöhnlich geregelt wird. Das Gas wird durch einen Absperrhahn *b* abgestellt, so daß der Regler nicht erst vom Gasgestänge *k* abgeschaltet werden muß. Die willkürliche Abstellung der Kraftstoffüllung ist durch einen Schnellabsteller *f* vorgesehen. Bei Armgasen schließt diese Regelart eine gewisse selbsttätige Mengenregelung ein. Wenn nämlich die Gasmenge bei Teillast gedrosselt wird, dann wird zunächst eine größere Luftmenge angesaugt, und durch die höhere Luftgeschwindigkeit entsteht ein größerer Ansaugeunterdruck als vorher, so daß die Ladungsmenge kleiner wird.

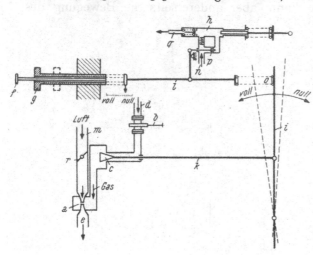

Abb. 197. Sinnbild der Gemischregelung mit gemeinsamer Mischdüse *a*, Bauart MAN

b	Gasabsperrhahn	*k, l*	Reglergestänge
c	Gasventil oder Schieber	*m*	Luftleitung
d	Gasleitung	*n*	Kraftstoffzuleitung
e	Gemischleitung	*o*	Feder
f	Schnellabsteller	*p*	Regelventil
g	Füllungsbegrenzer	*q*	Kraftstoffdruckleitung
h	Kraftstoffpumpe	*r*	Drosselklappe
i	Reglerhebel		

(PFLAUM [3])

b) Getrennte Regelung der einzelnen Zylinder

Die von Deutz seit Jahren für Otto-Gasmaschinen ausgeführte Stelzenregelung hat sich auch für den Zündstrahl-Gasbetrieb außerordentlich gut bewährt. Den Aufbau einer solchen Maschine, wie sie für den Ottobetrieb zur Anwendung kommt, zeigen die Abb. 236 bis 238. Diese Anordnung hat den Vorteil, Gemisch- und Mengenregelung selbsttätig so zu vereinen, daß ohne zusätzliche Luftregelung günstigste Kraftstoffverbräuche über den ganzen Belastungsbereich erzielt werden. Für den Wechselbetrieb erhält dieser Motor eine große Kraftstoffpumpe für normalen Dieselbetrieb und eine Zündölpumpe für Zündstrahlbetrieb. Die Anordnung dieser beiden Pumpen zeigt Abb. 198. Die Druckleitungen der großen und der kleinen Pumpe werden hierbei möglichst dicht an das gemeinsame Einspritzventil herangeführt. Durch Anbringen eines Rückschlagventils unmittelbar vor dem Kraftstoff-Einspritzventil wird erreicht, daß die kleine Pumpe nur ein kleines

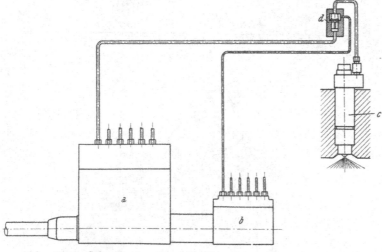

Abb. 198. Schema des Einspritzsystems für einen Wechselmotor
a Hauptkraftstoffpumpe (für Diesel- und Zweistoffbetrieb)
b Zündölpumpe   *c* Einspritzdüse   *d* Rückschlagventil

Leitungsvolumen an Öl verdichten muß. Für die Schaltung von Diesel- auf Zündstrahlbetrieb und umgekehrt ist ein Wechselventil vorgesehen (s. Abb. 199). Die Kraftstoffpumpe *a* wird vom Regler beeinflußt und kann durch Öldruck abgestellt werden. Die Zündölpumpe *b* ist fest auf eine bestimmte Zündölmenge eingestellt, wird vom Regler nicht beeinflußt und kann durch Öldruck eingeschaltet werden. Bei Dieselbetrieb läßt das ebenfalls druckölgesteuerte Wechselventil Luft in die Gas-

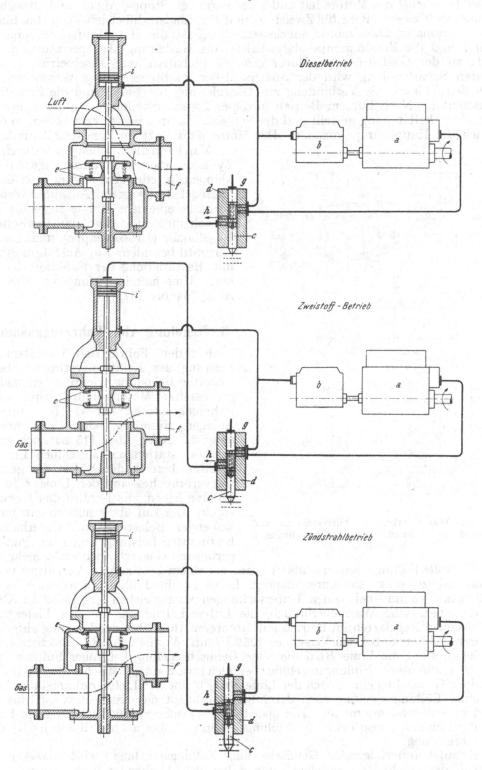

Abb. 199. Schema einer Umschalteinrichtung für einen Wechselmotor

a Hauptkraftstoffpumpe	c Steuerschieber	e Wechselventil	g Druckölzufluß	i Kolben
b Zündölpumpe	d Steuergehäuse	f Gasleitung zum Motor	h Druckölabfluß	

leitung am Motor eintreten und sperrt den Gaszutritt ab, bei Zündstrahlbetrieb wird die Verbindung der Gaszuleitung mit der Gasleitung am Motor hergestellt.

Der Fahrhebel des Motors hat außer der normalen Stopp-, Anlaß- und Dieselbetrieb-Stellung noch zwei weitere für Zweistoff- und für Zündstrahlbetrieb. Die Maschine wird wie ein normaler Dieselmotor angelassen, dabei ist die Hauptkraftstoffpumpe einge-schaltet und die Zündölpumpe abgeschaltet, die Gasleittung abgesperrt und der Luft-zutritt zu der Gasleitung am Motor geöffnet (Schaltstellung-Dieselbetrieb). Bei der nächsten Schaltstellung wird der Steuerschieber im Steuergehäuse verschoben, damit durch den Öldruck die Verbindung zur Gaszuleitung hergestellt und die Zündölpumpe eingeschaltet. Nach kurzem Betrieb in dieser Zwischenstellung wird der Fahrhebel in die letzte Schaltstellung gestellt und der Schieber dadurch weiter verschoben, so daß der Öldruck die Hauptpumpe abstellt. Der Motor läuft jetzt im Zündstrahlbetrieb.

Man kann die Gasmenge für die einzelnen Zylinder aber auch durch eigene Drossel-klappen in jeder Abzweigung von der Gas-ansaugeleitung regeln. Auf diese Weise wird ebenfalls eine sehr stabile Regelung erzielt, da sich nur kleine Gasvolumina zwischen dem Regelorgan (Drosselklappe) und dem Ein-laßventil befinden. Ein Ausführungsbeispiel mit Beschreibung der Funktion der Regel- und Umschalteinrichtungen zeigen die Abb. 254 bis 257.

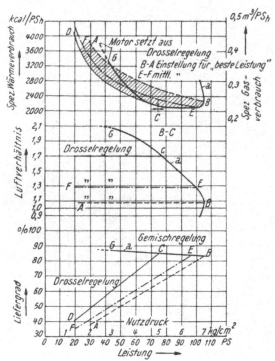

Abb. 200. Wärmeverbrauch, Luftverhältnis und Liefergrad für Motorenmethan bei verschiedenen Regelarten

3. Regelung von Fahrzeuggasmotoren

Für den Fahrbetrieb ist neben hoher Leistung der Kraftstoffverbrauch bei ver-ringerter Belastung wichtig, weil meist mit gedrosseltem Motor gefahren wird. Auch bei Fahrzeugmotoren ist wie bei stationären Anlagen Füllungs- oder Gemischregelung möglich. Nach Abb. 113 hat sich ergeben, daß bei stationären Maschinen im oberen Leistungsbereich die Punkte des geringsten Gasverbrauches auf der Linie e für volle Füllung liegen. Es ist also das Gemisch zu regeln. Der Luftüberschuß nimmt dabei mit sinkender Belastung zu. Unterhalb einer bestimmten Leistung liegen die Punkte für geringsten Gasverbrauch nicht mehr auf der Linie für volle Füllung, sondern links davon, bei einem bestimmten Verhältnis von Luft zu Gas nahezu senkrecht untereinander. Dabei ist die Füllung zu regeln.

RIXMANN kommt bei seinen Untersuchungen zum gleichen Ergebnis. In Abb. 200 sind der spezifische Wärmeverbrauch, die Luftverhältniszahl und der Liefergrad bei verschiedenen Regelarten im Betrieb mit Motorenmethan über der Leistung aufgetragen. Die Drehzahl betrug bei den Versuchen 1250 U/min. Vom Punkt B für höchste Leistung ausgehend, stellt die Linie BCG die reine Gemischregelung bei voller Füllung und die Linie BA die reine Füllungsregelung bei gleichbleibendem Mischungsverhältnis dar. Bei reiner Gemischregelung nach der Linie BCG bleibt der Liefergrad annähernd gleich. Bei reiner Füllungsregelung nach der Linie BA bleibt das Mischungsverhältnis gleich, und der Liefergrad nimmt ab. Der spezifische Wärmeverbrauch ist für hohe Leistung nach der Linie BA, also bei reiner Füllungsregelung, höher als nach Linie BCG, also bei Gemischregelung.

Bei aufeinanderfolgender Gemisch- und Füllungsregelung wird dagegen, vom Punkt B der Höchstlast ausgehend, zuerst bei gleichbleibender Füllung der Luftüber-schuß größer, und zwar bis zum Punkt C. Das Luftverhältnis steigt während dieser Zeit von 1,1 auf 1,7. Vom Punkt C ab wird nach der Linie CD die Füllung vermindert, während das Mischungsverhältnis unverändert bleibt. Dabei ergibt sich gemäß der Linie BCD der niedrigste Gasverbrauch.

Zur Durchführung dieser Aufeinanderfolge von Gemisch- und Füllungsregelung hat RIXMANN den in Abb. 201 dargestellten Mischer für Gas und Luft gebaut. In der Gasdüse d befindet sich eine Nadel e, die von der Drosselklappe k mit Hilfe einer Hebelübersetzung bewegt werden kann. Bei Höchstleistung ist die Drosselklappe k ganz geöffnet und befindet sich in der durch a bezeichneten Lage. Durch Verdrehung der Drosselklappe von a nach b wird die Gasnadel e durch den Hebel f nach unten bewegt und dadurch der Gasquerschnitt verringert. Da die kleine Drehung der Drosselklappe von a nach b die Füllung kaum verringert, findet durch die Verkleinerung des Gasquerschnittes Gemischregelung statt. Bei der weiteren Drehung der Drosselklappe von b nach c bleibt die Gasnadel in Ruhe und es tritt Füllungsänderung ein.

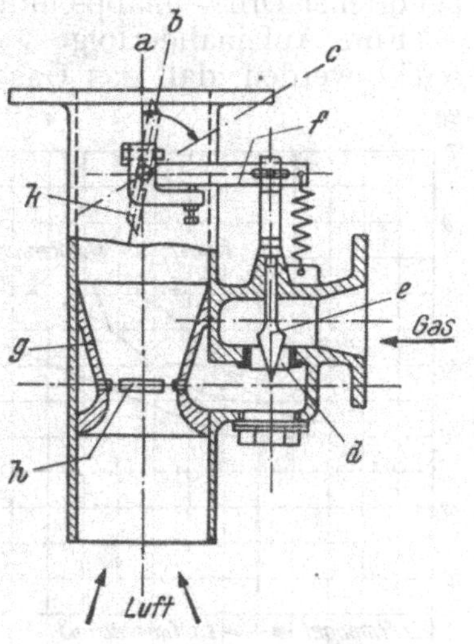

In Abb. 202 ist der spezifische Wärmeverbrauch von Benzin-Benzol (Aral) mit dem von Flüssiggas und dem von Motorenmethan bei verschiedenen Regelarten verglichen. Die Linie BCD stellt wie in Abb. 200 den niedrigsten Wärmeverbrauch des betreffenden Kraftstoffes bei Anwendung von aufeinanderfolgender Gemisch- und Füllungsregelung dar. Die Linie BA bedeutet Füllungsregelung.

Bei Füllungsregelung wurde der Zündzeitpunkt für alle Belastungen beibehalten, und zwar als bester Wert für den Punkt B, welcher der Höchstlast entspricht. Im Bereich der Gemischregelung erfolgt ein Nachregeln des Zündzeitpunktes auf den besten Wert. Die Bezeichnungen A', C', D' beziehen sich auf Benzin-Benzol-Betrieb.

Die Versuche von RIXMANN zeigen folgende Ergebnisse:

Mit Motorenmethan wird, von Höchstlast ausgehend, bei Füllungsregelung im Teillastgebiet der gleiche spezifische Wärmeverbrauch wie mit Vergaserbetrieb erreicht. Bei Gemischregelung und darauffolgender Füllungsregelung ergibt sich im Vergleich zu Benzin ein geringerer Wärmeverbrauch. Der Grund dafür ist, daß bei Betrieb mit Motorenmethan mit einer bis zu 70% größeren Luftverhältniszahl als bei Benzinbetrieb ohne Zündungsaussetzer gefahren werden kann.

Im Vergleich zu Flüssiggas liegt die Linie des Wärmeverbrauches für Benzin-Benzol-Betrieb zwischen den beiden Linien für reine Füllungsregelung und für Füllungs- und Gemischregelung. Da bei Flüssiggasbetrieb der Luftüberschuß nicht so hoch sein kann wie bei Methanbetrieb, ist die Kraftstoffersparnis bei Anwendung von Gemisch- und

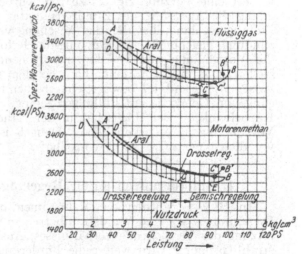

Abb. 201. Gas- und Luftmischer für vereinigte Gemisch- und Drosselregelung

d Gasdüse
e Nadel
f Hebel
g Düsenartige Verengung
h Öffnungen für Gas
k Drosselklappe

Abb. 202. Spezifischer Wärmeverbrauch bei verschiedenen Regelarten und Kraftstoffen

Füllungsregelung im Vergleich zu Benzinbetrieb geringer. Bei Anwendung von aufeinanderfolgender Gemisch- und Füllungsregelung läßt sich bei Gasbetrieb sowohl die höchste Leistung als auch der geringste spezifische Kraftstoffverbrauch erzielen.

Wird bei der Umstellung eines Benzinmotors auf Gasbetrieb der Einfachheit halber nur mit einer Drosselklappe geregelt, so arbeitet die Maschine mit Füllungsregelung. Dabei ist das Gemisch durch Abstimmung der Gas- und Luftquerschnitte bei offener

Drosselklappe auf höchste Leistung in der Nähe der Luftverhältniszahl 1 einzustellen. Bei Regelung nur durch eine Drosselklappe ist bei niedrigen Belastungen der spezifische Verbrauch höher. Die Gas- und Luftquerschnitte können aber auch bei voller Öffnung der Drosselklappe so gewählt werden, daß die Luftverhältniszahl größer als 1 wird. Bei Regelung durch die Drosselklappe wird dann bei Teillast der Verbrauch geringer, bei offener Drosselklappe muß jedoch auf die höchstmögliche Leistung verzichtet werden.

Eine Aufeinanderfolge von Gemisch- und Füllungsregelung kann auch dadurch erreicht werden, daß das Gas durch zwei Öffnungen in die Ansaugleitung eintritt. Die eine dieser Öffnungen bleibt stets gleich weit geöffnet während die andere mit Hilfe der Drosselklappe gesteuert wird. Bei Höchstleistung wird durch die gesteuerte Zusatzöffnung Gas zugegeben.

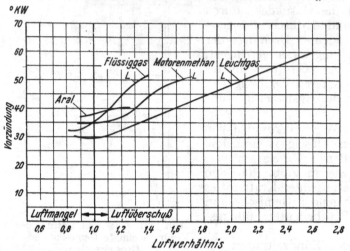

Abb. 203. Vorzündung bei Höchstleistung für verschiedene Kraftstoffe. $\varepsilon = 5$; $n = 1250$ U/min

Der Zündzeitpunkt für Fahrzeugmotoren mit Gasbetrieb ist abhängig von der Brenngeschwindigkeit des Kraftstoffes, der Gestaltung des Verbrennungsraumes, der Lage der Zündkerze, der Drehzahl und vom Verdichtungsverhältnis.

Die günstigste Vorzündung für verschiedene Kraftgase ist in Abb. 203 in Abhängigkeit von der Luftverhältniszahl in Kurbelgraden aufgetragen. Die Vorzündung ist bei der Luftverhältniszahl 1 für alle Gase nahezu gleich und beträgt ungefähr 35° Kurbelwinkel. Der Zündzeitpunkt hängt, besonders bei Flüssiggas, stark vom Luftverhältnis ab.

Der hohe Luftüberschuß, der bei Leuchtgas und Motorenmethan möglich ist, erfordert eine Vorzündung bis zu 60° Kurbelwinkel. Bei Gemischregelung wird zweckmäßig die Änderung des Zündzeitpunktes von der Belastung abhängig gemacht. Bei Füllungsregelung, bei der das Mischungsverhältnis unverändert bleibt, kann die Vorzündung gleichbleiben. Bei aufeinanderfolgender Gemisch- und Füllungsregelung ist die Vorzündung zweckmäßig entsprechend einer mittleren Luftverhältniszahl einzustellen, z. B. bei Motorenmethan, bei dem sich die Luftverhältniszahl bei der Regelung zwischen 1,0 und 1,7 bewegt, entsprechend 1,3. Die Punkte L entsprechen dem Übergang von Gemisch- auf Füllungsregelung. Die Vorzündung beträgt in diesem Fall 50° Kurbelwinkel. Bei Höchstlast in der Nähe der Luftverhältniszahl 1 ist die günstigste Vorzündung 35° Kurbelwinkel. Danach ist ein mittlerer Wert von 40° Kurbelwinkel vor dem oberen Totpunkt vorteilhaft.

4. Anforderungen an die Regelung des Fahrzeug-Zündstrahlgasmotors

In B. I. 1. wurden die Maßnahmen behandelt, die zum Umbau eines Fahrzeug-Dieselmotors auf den Zündstrahlbetrieb mit Generatorgas notwendig sind, wie Herabsetzung des Verdichtungsverhältnisses, Ausbau der Vorkammer usw. Für einen Zündstrahl-Gasmotor wird weiter die Forderung gestellt, daß die Bedienung keine höheren Ansprüche stellt als die eines Fahrzeug-Dieselmotors. Weiter müssen bei einem Fahrzeug mit Zündstrahl-Gasmotor gleich gute Fahreigenschaften erzielt werden wie mit einem Fahrzeug-Dieselmotor. Es sind im wesentlichen folgende Punkte zu beachten:

α) einwandfreie Regelung der Leerlaufdrehzahl und die Begrenzung der Höchstdrehzahl,

β) gute Elastizität des Motors, nach Möglichkeit rascheste Beschleunigung und Verzögerung der Motordrehzahl,

γ) einfache Umstellung auf Betrieb mit flüssigem Kraftstoff allein.

Die folgende Darstellung ist der Veröffentlichung von PRETTENHOFER [52] entnommen. Es ist auch hier durchaus möglich, die Zündölmenge so klein zu halten, daß sie im ganzen Belastungsbereich unter der Menge bleibt, die zum Leerlaufbetrieb des Motors gebraucht würde. Mit Vorteil wird auch hier die reine Güteregelung durch einfache Drosselung des Gases bei gleichbleibender Lufteinströmung durchgeführt. Die Gasdrossel sitzt dabei im Gasstrom vor der Mischstelle mit der Luft, was einen weiteren Vorteil bietet. Durch den Zutritt der Luft nämlich erfolgt eine Temperaturerniedrigung meist bis unter den Sättigungspunkt des Gases. Dadurch werden gerade hier etwaige teerige und andere Bestandteile des Gases ausgeschieden. Eine hinter der Lufteintrittsstelle angeordnete Gemischdrosselklappe wäre daher der Verschmutzung und Verklebung viel mehr ausgesetzt. Selbst in Fällen, wo die Prüfstandsmessungen zeigen, daß in bestimmten Teillastgebieten durch Drosselung um einige Prozent bessere Verbräuche erzielt werden können, wird man aus diesem praktischen Grunde die Güteregelung bevorzugen. Sie hat gegenüber der Füllungsregelung auch noch den Vorteil, im Leerlauf und im untersten Teillastgebiet bessere Zündbedingungen für den flüssigen Kraftstoff zu bieten.

a) Regelung der Leerlaufdrehzahl und Begrenzung der Höchstdrehzahl

Beim Umbau von Fahrzeug-Dieselmotoren geht man vielfach so vor, daß man die Füllung der Einspritzpumpe durch einen Anschlag an der Pumpenregelstange auf die Zündölmenge begrenzt und die Gasdrosselklappe einfach mechanisch mit dem Fahrfußhebel verbindet. Diese Anordnung kann aber nur als unvollkommene Behelfslösung angesprochen werden, da so weder die Leerlauf- noch die Höchstdrehzahl einwandfrei und wirtschaftlich geregelt werden können.

Die Überschreitung der Höchstdrehzahl wird hierbei dadurch verhindert, daß der Regler die Zündölmenge abschaltet. Es wird aber nicht verhindert, daß der Motor, wenn er z. B. bei einer Fahrt im Gefälle vom Wagen her Überdrehzahl bekommt, über die vom Regler unbeeinflußte Gasdrosselklappe Gas ansaugt und über die Auspuffleitung und den Auspufftopf, die er mit zündfähigem Gasluftgemisch anfüllt, ins Freie drückt. Abgesehen vom unwirtschaftlichen Gasmehrverbrauch sind beim Wiedereinsetzen der Zündung Explosionen in der Auspuffanlage, die zu folgenschweren Beschädigungen führen können, nicht zu vermeiden. Ähnlich ungünstige Erscheinungen treten bei Leerlauf des Motors auf. Während des Fahrbetriebes ändert sich bei wechselnder Belastung die Zusammensetzung des vom Gaserzeuger gelieferten Gases oft fast sprunghaft. Das hat zur Folge, daß beim Generatorgasmotor einer bestimmten, etwa durch Anschläge festgehaltenen „Leerlaufstellung" der Gasdrosselklappe abweichend vom Benzin-Ottomotor durchaus keine bestimmte oder höchstens innerhalb einer Grenze veränderliche Leerlaufdrehzahl des Motors zugeordnet ist. Der Generatorgasmotor — gleichgültig ob mit elektrischer oder mit Ölzündung betrieben — verlangt vielmehr, ähnlich wie der Fahrzeug-Dieselmotor, eine Beeinflussung des Leerlaufs durch den Regler, wenn man dem Fahrer das lästige, in kritischen Verkehrslagen oft sogar gefährliche, stetige Nachstellen des Leerlaufes von Hand ersparen will.

Man hat sich bei den Zündstrahl-Gasfahrzeugen, deren Regelung in der oben beschriebenen einfachen Art ausgeführt ist, entweder so geholfen, daß man im Leerlauf die Gasklappe vollkommen schließt und den Leerlauf allein mit dem von der Einspritzpumpe gelieferten, unter dem Einfluß des Reglers stehenden flüssigen Kraftstoff bestreitet, oder man hat den gleichen Grundsatz wie bei der Begrenzung der Höchstdrehzahl angewandt. Man läßt das Gasgemisch im Überschuß durch den Motor ansaugen und verhindert ein Überschreiten der gewollten, durch die Spannung der Leerlauffeder im Regler bestimmten Leerlaufdrehzahl, durch Abregeln (Wegnehmen) der Zündölmenge.

Die erste Methode, den Leerlaufbedarf nur durch den flüssigen Kraftstoff zu bestreiten, ergibt einen unnötigen Mehrverbrauch an Zündkraftstoff, da es ja beim Zündstrahlverfahren durchaus möglich ist, mit Mengen auszukommen, die unter der Leerlaufmenge liegen. Außerdem führt die häufige, vollständige Unterbindung der Gasabsaugung leicht zu Betriebsstörungen am Gaserzeuger.

Die zweite Methode hat den schon oben erwähnten Mangel: Zündfähiges Gasgemisch sammelt sich in der Auspuffanlage und führt zu nicht immer ungefährlichem Knallen beim Wiedereinsetzen der Zündung. Der Fall ist hier doppelt unangenehm, weil er z. B. im Stadtverkehr beim Warten an Straßenkreuzungen usw. auftritt und dabei auch die Giftigkeit des unverbrannt austretenden Gases nicht vernachlässigt werden darf. Außerdem bedeutet diese Methode eine unwirtschaftliche Vergeudung des festen Kraftstoffes.

Für eine einwandfreie Lösung der Aufgabe, die Leerlaufdrehzahl und die Höchstdrehzahl des Motors zu regeln, muß also die Forderung aufgestellt werden, daß eine vom Regler für beide Fälle betätigte Gasdrosselklappe vorgesehen wird. Dagegen braucht dann die Zündölmenge überhaupt nicht vom Regler beeinflußt zu werden, wenn sie kleiner ist als die zum Leerlauf des Motors benötigte Menge, was immer anzustreben ist.

b) Elastizität des Motors

Die schon erwähnte Unempfindlichkeit des Zündstrahlmotors in bezug auf den Luftüberschuß des Gasgemisches hat zur Folge, daß man bis zum Leerlauf mit ungedrosselter Luftzufuhr fahren könnte. Eine Drosselung der Luft wird aber beim Generatorgasfahrzeug-Motor notwendig, weil der Motor im Ansaugerohr genügend Unterdruck schaffen muß, um sich das Gas aus dem Gaserzeuger über die Reinigeranlage und den Gaskühler herbeizuholen.

Die einfachste Lösung besteht im Einbau einer Luftdrosselklappe, die in die Luftzufuhr vor der Mischstelle eingeschaltet wird, wie das auch bei jedem Gasfahrzeug mit Ottomotor üblich ist. Dabei hat der Zündstrahlmotor noch den Vorteil, daß das jedem Gasfahrer mit Ottomotor zwar geläufige, aber trotzdem sehr unschöne fortwährende Nachregeln dieser Klappe während der Fahrt fast unterbleiben kann.

Will man aber ein Höchstmaß von Beschleunigungsvermögen erreichen, das einigermaßen dem Beschleunigungsvermögen des Dieselmotors nahekommt, so genügt die einfache von Hand nachstellbare Luftdrosselklappe nicht mehr. Voraussetzung für das erwünschte Höchstbeschleunigungsverhältnis ist ein bei voll geöffneter Gasdrosselklappe im ganzen Drehzahlbereich möglichst gleichmäßiges Mischungsverhältnis Luft/Gas mit dem günstigsten Luftverhältnis. Um dies zu erreichen, müßte die Summe der Widerstände, die das Gas auf dem Wege vom Gaserzeuger über die Reinigungsanlage und den Gaskühler bis zur Mischstelle zu überwinden hat, während der Beschleunigung bei jeder Motordrehzahl gleich oder proportional sein der Summe der Widerstände, welche die Luft auf ihrem Wege vom Luftfilter über die Luftdrosselklappe bis zur gleichen Mischstelle findet. Bei einer festen Stellung der Luftdrosselklappe läßt sich diese Forderung kaum jemals erfüllen. Die Widerstände auf der Luftseite ändern sich etwa im quadratischen Verhältnis mit der Motordrehzahl, während auf der Gasseite meist den nach dem gleichen Gesetz sich ändernden Leitungswiderständen ein drehzahlunabhängiger Zusatzwiderstand überlagert ist. Dieser hat zur Folge, daß sich mit der Drehzahl das Luftverhältnis ändert und beim Beschleunigungsvorgang nicht das Höchsterreichbare aus der Maschine herausgeholt werden kann. Dabei ist in gewissem Sinne die gleiche Aufgabe zu lösen, die beim normalen Benzinvergaser von der Ausgleichdüse übernommen wird.

Zu diesem Zwecke hat man in die Luftansaugeleitung vor die Luftdrosselklappe ein federbelastetes Ventil eingebaut. Dabei ist es dann durch geeignete Wahl der Charakteristik der Ventilfeder bei richtiger Einstellung der handbetätigten Luftdrosselklappe möglich, den Widerstandsverlauf der Gasleitung über der Drehzahl derart nachzuahmen, daß ein Höchstwert an Beschleunigungsvermögen erzielt wird.

Eine andere Lösung, besseres Beschleunigen durch vorübergehendes Einspritzen einer vermehrten Zündölmenge zu erreichen, ist schon vorgeschlagen und versuchsmäßig durchgeführt worden. Sie muß aber als unwirtschaftliche Vergeudung flüssigen Kraftstoffes angesehen werden.

Neben dem Beschleunigungsvermögen ist für die guten Fahreigenschaften des Motors wesentlich, daß eine genügend rasche Verzögerung der Motordrehzahl beim „Gaswegnehmen" eintritt. Dies ist der einzige Fall, in dem eine Beeinflussung auch der Zündölmenge durch den Regler notwendig wird. Es wurde wiederholt betont, daß die Zündölmenge in jedem Falle so klein gehalten werden kann, daß sie bei jeder Motordrehzahl unter der Leerlaufmenge bleibt. Trotzdem ergibt sie ein gewisses Drehmoment, das zwar nicht genügt, den Motor allein in Bewegung zu halten, aber doch ausreicht, die Verzögerung des Motors selbst bei ganz abgeschalteter Gaszufuhr merklich zu verlangsamen. Besonders beim Schalten ist dieses langsame „von Touren kommen" unangenehm. Abhilfe wird dadurch geschaffen, daß der Regler beim „Gaswegnehmen", zuerst die Gaszufuhr vollkommen abstellt und dann vorübergehend die Zündölmenge wegnimmt, bis die gewünschte niedere Drehzahl erreicht wird. Dann gibt er wieder zuerst die Zündölmenge frei und deckt den Zusatzbedarf des Motors durch Einstellen der Gasdrosselklappe.

c) Umschaltbarkeit auf Dieselnotbetrieb

Diese Forderung ist sehr einfach zu erfüllen. Man braucht nur den Anschlag, der die Füllung der Einspritzpumpe einmal auf die Zündölmenge und einmal auf die Dieselbetriebsmenge begrenzt, vom Schaltbrett aus einstellbar zu machen. Damit ist allerdings für den Fahrer der Anreiz gegeben, bei vorübergehend etwas schlechter Gasleistung jedesmal durch vermehrte Zündöleinspritzung „nachzuhelfen", so daß zweifellos die Gefahr eines unnötig großen Zündölverbrauches besteht. Man hat deshalb schon vorgeschlagen, den Füllungsanschlag selbsttätig zu verstellen und den Übergang von Startfüllung auf Zündstrahlbetriebsfüllung dem Einfluß des Fahrers ganz zu entziehen. Aber abgesehen von der Kompliziertheit der dazu nötigen Einrichtung sollte auch der große Vorteil, in wirklichen Gefahrfällen eine Leistungsreserve durch vermehrte Zündöleinspritzung zu besitzen, nicht aus der Hand gegeben werden. Vor Mißbrauch der Einrichtung kann man sich auch dadurch schützen, daß der Fahrer in irgendeiner Form an geringem Zündölverbrauch interessiert wird.

d) Ausführungsbeispiele

Eine Regelanordnung, die den eben aufgestellten Forderungen entspricht, ist in Abb. 204 dargestellt. Mit ihr wurden die Zündstrahl-Generator-Gasfahrzeuge der Klöckner-Humboldt-Deutz AG. ausgerüstet. Der Fußhebel a beeinflußt dabei, genau wie bei den Dieselfahrzeugen, unmittelbar nur die Spannung der Reglerfeder d. Die Reglermuffe e betätigt über den Hebel f, der fest auf der Welle g sitzt, über das nachgiebige Gestänge h die Gasdrosselklappe i, die vor der Mischstelle k angeordnet ist. Die Regelstange der Einspritzpumpe b wird durch eine Feder m gegen einen verstellbaren Anschlag n gedrückt, dessen beide Endstellungen — Zündstrahl-Betrieb und Anlaßfüllung — durch Stellschrauben genau eingestellt werden können. Der Anschlag ist durch den Drahtzug o vom Zündstrahlhebel p am Spritzbrett innerhalb der beiden Grenzen beliebig einstellbar und ermöglicht damit nicht nur einen vollkommen stetigen Übergang vom Anlaßbetrieb des Motors mit Dieselkraftstoff allein zum Zündstrahl-Gasbetrieb, sondern auch jederzeit den Übergang zurück auf den Dieselnotbetrieb. Durch den Hebel f wird die Regelstange der Einspritzpumpe vom Regler beeinflußt. Steht der Anschlag n auf „Zündstrahlbetrieb", so ist die Regelstange und damit die — kleiner als die Leerlaufmenge eingestellte — Zündölmenge dem Eingriff des Reglers so lange entzogen, bis die Gasklappe i vollständig geschlossen ist. Erst dann bewirkt die durch das nachgiebige Verbindungsgestänge ermöglichte Weiterbewegung der Reglermuffe und des Hebels f auch noch die Abschaltung der Zündölmenge durch den Regler. Steht der Anschlag n auf Anlaß-, bzw. Dieselnotbetriebsstellung, so kommt die Pumpenregelstange entsprechend früher unter den Einflußbereich des Reglers.

Durch diese Anordnung ist erreicht, daß im gesamten Last- und Drehzahlbereich von Leerlauf bis Vollast im Zündstrahlbetrieb, beim Anlassen und im Dieselnotbetrieb sowohl der gasförmige wie auch der flüssige Kraftstoff unter dem Einfluß des Reglers stehen. Dabei ist dafür gesorgt, daß niemals Gas vom Motor angesaugt werden kann, ohne daß gleichzeitig Zündöl eingespritzt wird. Umgekehrt stellt bei plötzlichem „Gaswegnehmen" der Regler wegen der plötzlichen Entspannung der Reglerfedern auch vorübergehend die Zündölmenge ab, nachdem er zuerst die Gasklappe geschlossen hat, so daß die Motordrehzahl genügend rasch abnimmt. Durch den von einem Drahtzug betätigten Abstellhebel *q* kann unabhängig vom Regler die Gasdrosselklappe geschlossen und die Pumpenregelstange auf Nullfüllung geschoben, das heißt der Motor abgestellt werden.

In der Luftzuführung zur Mischstelle befindet sich das oben beschriebene Luftregelventil *r*, dessen Feder *s* so abgestimmt werden kann, daß bei unveränderter Stellung der handbetätigten Luftdrosselklappe *t* im ganzen Drehzahlbereich annähernd das günstigste Luftverhältnis eingehalten wird. Die Betätigung der Luftdrosselklappe beschränkt sich daher auf gelegentliche Anpassung an den Verschmutzungsgrad des Gasreinigers. Die ganze Einrichtung ist in der Reglerhaube gelagert, so daß diese beim Umbau nur ausgetauscht zu werden braucht.

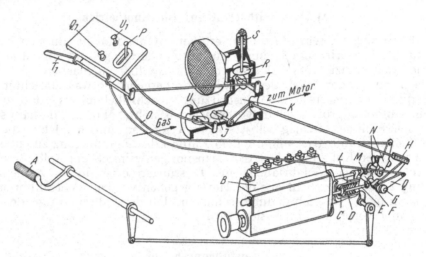

Abb. 204. Schema der Regeleinrichtung eines Zündstrahl-Generatorgasfahrzeugmotors. Bauart Deutz

A Fußgashebel	K Gas-Luftmischstelle	R Luftregelventil
B Einspritzpumpe	L Regelstange der Einspritzpumpe	S Belastungsfeder zu R
C Regler	M Rückholfeder zur Regelstange	T Luftdrosselklappe mit
D Reglerfedern	N Einstellbarer Anschlag zur	Gestänge T₁
E Reglermuffe	Regelstange	U Handbetätigte Gasdrossel-
F Übertragungshebel	O Drahtzug zu N	klappe zum Starten mit Draht
G Welle dazu	P „Zündstrahlhebel" am Spritz-	zug U₁
H nachgiebiges Gestänge zur Gas-	brett	
drosselklappe J	Q Abstellhebel mit Drahtzug Q₁	(PRETTENHOFER [52])

Die Kupplung der Gasdrosselklappe mit dem Regler bewirkt, daß diese bei Stillstand des Motors ganz geöffnet ist. Bei Ingangsetzung der Gasanlage spielt dies zunächst keine Rolle. Der Motor wird als Dieselmotor gestartet und saugt sich seine Verbrennungsluft teils über das Luftregelventil *r*, teils, da dieses selbsttätig für einen gewissen Unterdruck sorgt, über Gaserzeuger und Gasreiniger an. Er dient so gleichzeitig als Anfachgebläse für die Gasanlage, so daß ein besonderes elektrisches Anfachgebläse mit seinen unangenehmen Ansprüchen an die Leistungsfähigkeit der Batterie nicht gebraucht wird. In dem Maße, wie der Gaserzeuger zündfähiges Gas liefert, kann durch den Zündstrahlhebel *p* die Füllung der Einspritzpumpe langsam verkleinert werden und ein ganz gleichmäßiger Übergang zum Zündstrahlbetrieb erreicht werden.

Anders liegt der Fall beim Wiederstarten des Motors nach einer kürzeren Betriebspause. Dann ist die ganze Gaszuleitung mit zündfähigem Gas gefüllt, das durch das Nachgasen des Generators sogar unter Überdruck stehen kann. Hier würde die vom Regler offengehaltene Gasdrosselklappe bewirken, daß der Motor beim Anlassen ein überreiches Gasgemisch ansaugt und nicht zum Zünden kommt. Um dies zu vermeiden, wurde vor die reglerbetätigte Gasdrosselklappe *i* noch eine handbetätigte Klappe *u* geschaltet, die beim Starten vom Fahrer geschlossen und ähnlich der Starterklappe eines Benzinvergasers erst kurze Zeit nach dem Anspringen des Motors geöffnet wird.

II. Druckregler

Wird das Gas für den Motorbetrieb unter höherem Druck aus Fernleitungen oder wie beim Fahrzeugbetrieb aus Flaschen entnommen, dann muß zur Entspannung auf den Betriebsdruck ein Druckminderer, bzw. Druckregler zwischengeschaltet werden. Die zur Verdampfung und Entspannung des Gases erforderliche Wärme, muß diesem von außen zugeführt werden. Zu diesem Zweck können das Kühlwasser, die Auspuffgase oder die Strahlung der Auspuffleitung verwendet werden. Das Kühlwasser kann entweder in Rohrschlangen durch das Reglergehäuse fließen oder durch an dem Gehäuse angebrachte Rippen. Bei Hochdruckgasanlagen wird die Gasleitung in einigen Windungen um das Auspuffrohr geführt. Die für Butan erforderliche Verdampfungswärme beträgt 87 kcal/kg für Propan 85 kcal/kg.

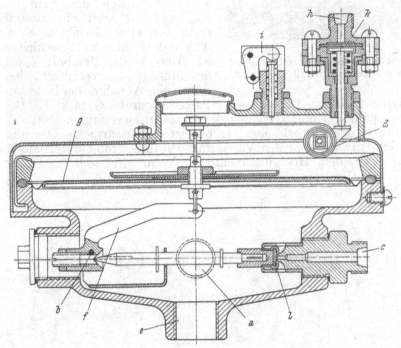

Abb. 205. Druckregler für Flüssiggas, Bauart Benzolverband

a Gasaustritt zum Motor	d Spiralfeder	f Hebel	i Tipper
b Hebeldrehpunkt	e Anschluß für den Ver-	g Membran	k Hilfsmembran
c Flüssiggaseintritt	gasungsstutzen	h Anschluß	l Ventil

Für Regler, die durch den Unterdruck in der Ansaugleitung betätigt werden, muß das Regelventil bei sehr kleinem Unterdruck öffnen. Bei stillstehendem Motor muß das Regelventil gegen den hohen Druck dicht schließen, damit kein Gas in die Ansaugleitung und von da unter die Motorhaube gelangen kann. Das wird dadurch erreicht, daß die Membranfläche, auf die der Unterdruck wirkt, sehr groß und der Ventildurchmesser sehr klein gehalten wird. Damit auch bei kleinem Ventildurchmesser noch eine ausreichende Flüssiggasmenge durchtritt, muß dafür gesorgt werden, daß das Gas in flüssigem Zustand in die Ventilbohrung strömt.

Eine Erhöhung des auf die Reglermembran wirkenden Unterdruckes kann beim Anlassen des Motors dadurch erreicht werden, daß zunächst die vor der Drosselklappe an die Saugleitung angeschlossene Hauptgasmündung verschlossen bleibt und der hinter der Drosselklappe in der Ansaugleitung herrschende Unterdruck durch die Leerlaufbohrung auf den Regler wirkt. Die Hauptgasmündung wird erst bei höherer Motordrehzahl geöffnet.

Den Aufbau eines einstufigen Druckreglers für Flüssiggas des Deutschen Benzolverbandes zeigt Abb 205. Durch die Bohrung c gelangt das flüssige Gas zum Ventil l. Die Gasleitung a führt zur Ansaugleitung des Motors. Bei laufendem Motor entsteht in dem Raum unter der Membran g ein Unterdruck, die Membran biegt sich dadurch nach unten und öffnet vermittels des Hebels f, dessen Drehpunkt bei b liegt, das Gasventil l. Durch die Entspannung im Ventil verdampft das Flüssiggas. Schwer zu ver-

gasende Bestandteile fließen in ein unten verschlossenes, an den Stutzen e angeschraubtes Rohr, das, wie aus Abb. 206 ersichtlich, in die Auspuffleitung gesteckt ist. Durch den Tipper i auf Abb. 205 besteht die Möglichkeit, die Membran vor dem Anlassen des Motors niederzudrücken, so daß Gas in den Regler und die Ansaugleitung strömen kann. Bei Motorstillstand bewirkt die Feder d das Schließen des Ventils l. Auf dem Reglergehäuse sitzt ein zusätzlicher Druckregler mit einer Membran k, der durch den Anschluß h mit der Druckleitung verbunden ist. Der auf die Membran k wirkende Druck des Flüssiggases verursacht bei seinem Absinken eine Abnahme der Federkraft der Feder d.

Abb. 206. Einbau eines Reglers für Flüssiggas. Bauart Benzolverband

In dem Druckregler für Flüssiggas der Pallas-Apparate, G. m. b. H., Berlin, Abb. 207, findet die Entspannung und Regelung des Gases in zwei Stufen statt. Der Regler besitzt einen durch das Motorkühlwasser beheizten Vorwärmer. Das aus der Flasche kommende Gas tritt bei a in den Vorwärmer ein und strömt durch die Rohrschlange b in den Raum   vor dem Hochdruckventil d. Vermindert sich der Druck im Raum h,

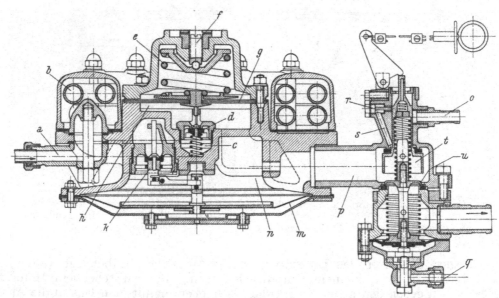

Abb. 207. Druckregler für Flüssiggas. Bauart Pallas-Apparate GMBH

a Flüssiggaseintritt	f Federnachstellung	n Raum nach der zweiten	r Düse
b Rohrschlange	g Membran	Stufe	s Leitung
c Hochdruckraum	h Raum nach der ersten Stufe	o Startleitung	t Kolben
d Hochdruckventil	k Niederdruckventil	p Stutzen	u Ventil
e Feder	m Membran	q Stutzen	

so drückt der auf der Membran g sitzende Stift durch die Kraft der Feder e das Ventil d auf. Bei der Strömung des Gases durch dieses Ventil tritt die erste Druckminderung ein. Die zweite Druckminderung erfolgt im Niederdruckventil k. Saugt der Motor durch den Stutzen p aus dem Raum n Gas an, so öffnet die unter dem Druck der Feder stehende Membran m durch einen Hebel das Ventil k der Niederdruckstufe. Hinter dem Druckregler befindet sich noch ein Abschlußventil u, das die Gasleitung bei stillstehendem Motor schließt, wenn das Gas auf Überdruck entspannt wird. Bei laufendem Motor wird dieses Ventil durch den Druck in der Schmierölleitung geöffnet, die zu diesem Zweck mit dem Stutzen *q* verbunden ist.

Zum Ingangsetzen des Motors ist eine Starteinrichtung vorhanden. Durch den Startzug wird der Kolben *t* auf den Ventilsitz des Ventils *u* gedrückt. Dabei strömt das Gas durch die Leitung *s* über die Düse *r* in die Startleitung *o*, die mit dem Ansaugrohr verbunden ist.

Bei Druckreglern für Hochdruckgase, wie Motorenmethan und Leuchtgas, bei denen die Entspannung stets in zwei Stufen erfolgt, wird der Druck in der ersten Stufe von 200 at auf 3 at und in der zweiten Stufe auf 20 bis 30 mm WS herabgesetzt.

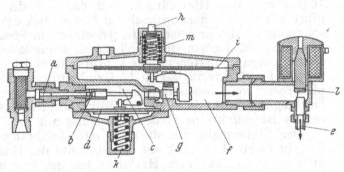

Abb. 208. Druckregler. Bauart Hessenwerk

a Bohrung	*g* Ventil
b Ventil	*h* Tipper
c Raum	*i* Membran
d Membran	*k* Einstellfeder der ersten Stufe
e Leitung	*l* Absperrventil
f Reglerraum	*m* Einstellfeder der zweiten Stufe

Einen zweistufigen Druckregler mit Reinigungsfilter und elektromagnetischem Absperrventil der Firma Hessenwerk Rudolf Majert Komm.-Ges., Kassel, zeigt Abb. 208. Dieser Regler kann sowohl für Flüssiggas als auch für Hochdruckgas verwendet werden. Nach Durchströmen des Filters tritt das Gas durch die Bohrung *a* zum Ventil *b*. Sobald der Druck im Raum *c* sinkt, biegt sich die Membran *d* nach oben durch und öffnet das Ventil *b*. Im Ventil *b* erfährt das Gas seine erste Druckminderung. Gibt das elektromagnetische Absperrventil *l* die Austrittsöffnung des Gases frei, so sinkt der Druck im Raum *f* und die Membran *i* öffnet das Ventil *g*. Im Ventil *g* erfährt das Gas die zweite Druckminderung. Der Führungskolben des Stillstandsventils *l* ist gleichzeitig Magnetkern. Beim Anlassen des Motors wird der Magnetkern in die Spule gezogen und öffnet das Ventil. Das Gas strömt dem Motor mit einem Überdruck von 100 bis 1000 mm WS zu.

Einen Hessenwerk-Regler zur Entspannung größerer Gasmengen, wie sie beim Betrieb stärkerer stationärer

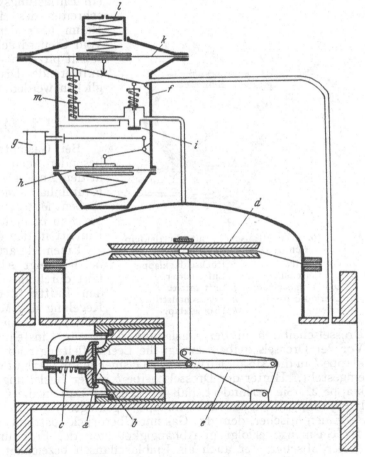

Abb. 209. Druckregler, Bauart Hessenwerk für größere stationäre Motoren

a Ventilplatte	*e* Hebelübertragung	*i* Membransteuerventil
b Düse	*f* Steuerregler	*k* Steuerventilmembran
c Druckfeder	*g* Filter	*l* Regeldruckfeder
d Membran	*h* Druckminderer	*m* Entlastungsventil

Motoren im Anschluß an Ferngasleitungen in Frage kommen, zeigt Abb. 209. Die Type umfaßt einen Regelbereich von 0,05 bis 12 atü Vordruck und 50 bis 10 000 mm WS Hinterdruck. Soll das Gas dem Motor mit Saugunterdruck zugeführt werden, dann kann noch ein Unterdruckregler nachgeschaltet werden. Die Entspannung erfolgt in einer Stufe, jedoch ist ein Steuerregler vorgesehen, der den Hinterdruck unabhängig von der Durchgangsleistung konstant hält. Der Regler besitzt Ventilabschlußorgane, bestehend aus Ventilplatte und Düse, die entsprechend den Vordrücken in zwei Größen verfügbar sind. Der Ventileinsatz ist leicht austauschbar. Die Ventilplatte wird vom Gas und außerdem von einer Druckfeder auf ihren Düsensitz gedrückt. Der Regler schließt dadurch bei Membranbruch selbsttätig ab. Die Membran des Hauptreglers ist durch eine Hebelübertragung mit dem Ventileinsatz verbunden.

Der Steuerregler ist oben auf das Membrangehäuse des Hauptreglers aufgesetzt. Er gibt einen Hilfsdruck auf die Oberseite der Hauptmembran. Der Steuerregler wird über ein Filter aus dem Hochdruckteil des Hauptreglers gespeist. In seiner unteren Hälfte enthält er einen Druckminderer, der den Vordruck für die Steuerung auf einen konstanten Mindestdruck herunterregelt. In seinem Oberteil befindet sich ein Membran-Steuerventil, das außerdem durch eine Druckfeder belastet ist, die es gestattet, durch Veränderung der Vorspannung den Hinterdruck des Hauptreglers einzustellen. Eine kleine Ausgleichsbohrung stellt die Verbindung zwischen Ober- und Unterseite der Membran des Hauptreglers her, damit sich keine Druckstauungen bilden können. Mit der Membran des Steuerventils ist außerdem ein Entlastungsventil gekoppelt, das bei Überschreiten des eingestellten Hinterdrucks den Raum über der Membran des Hauptreglers vom Steuerdruck entlastet, so daß z. B. Einschaltspitzen oder bei einer sonstigen Störung auftretende Druckerhöhungen sofort ausgeglichen werden können.

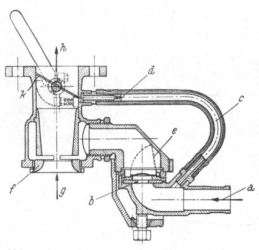

Abb. 210. Gasluftmischer mit Leerlaufeinrichtung. Bauart Pallas

a Gaseintritt
b Drosselscheibe
c Leerlaufgasleitung
d Leerlaufdrossel-
   scheibe
e Rückschlagklappe
f Lufttrichter
g Lufteintritt
h Gemischaustritt
k Drosselklappe

III. Gas-Luft-Mischer

Bei Gasmotoren kleinerer Leistung, insbesondere auch im Fahrzeugbetrieb, wo Knaller in den Ansaugleitungen wegen deren geringen Rauminhalts nicht so gefährlich sind wie bei großen Motoren, mischt man Gas und Luft meist in besonderen Organen schon vor dem Eintritt in den Motor (s. auch D. I).

Einen derartigen Mischer für Fahrzeugbetrieb zeigt Abb. 210. Das angesaugte Gas tritt durch das Rohr a und die Luft durch den Lufttrichter f in den Mischer ein. Die Regelung des Motors erfolgt durch die Drosselklappe k in der Gemischleitung. Die Drosselscheibe b in der Gasleitung dient zur Einstellung des Gemischverhältnisses. Vor der Drosselscheibe b zweigt die Leerlaufleitung c ab. Sie führt hinter der Drosselklappe k in die Ansaugleitung. Die Gasmenge für Leerlauf wird durch die Drosselscheibe d eingestellt. Hinter der Drosselscheibe b in der Gasleitung befindet sich die Rückschlagklappe e. Sie verhindert, daß bei Leerlauf Luft in die Gasleitung und durch die Leerlaufleitung hinter die Drosselklappe k gelangt.

Einen Mischer, dem das Gas mit Überdruck zuströmt, zeigt Abb. 211. Die Regelung der Gasmenge erfolgt in Abhängigkeit von der Belastung durch ein Nadelventil a. Dieser Mischer, der auch als Einblaseflansch bezeichnet wird, ist hinter der Drosselklappe des Benzinvergasers eingebaut. Das Nadelventil ist mit der Drosselklappe gekuppelt und wird gemeinsam mit ihr durch einen Bowdenzug bewegt. Dadurch, daß das Gas unter Überdruck steht, tritt schon bei geringer Ventilöffnung eine größere Gasmenge aus, und der Motor erhält bereits beim Anfahren und bei geringer Drehzahl ein gasreiches Gemisch. Dadurch hat der Motor ein großes Anzugsvermögen.

Neben den auf Gasbetrieb umstellbaren Benzinmotoren werden auch besondere Gasmotoren gebaut, die wegen der hohen Klopffestigkeit der Gase höher verdichtet werden können (bis zu $\varepsilon = 10$). Bei diesen Verdichtungsverhältnissen ist die Verwendung der üblichen Benzinsorten nicht mehr möglich. Ein Vergaser ist deshalb nicht vorhanden. Dadurch, daß der Vergaser, der den Strömungswiderstand erhöht, fortfällt, und das Verdichtungsverhältnis erhöht ist, besteht die Möglichkeit, den Gasmotor auf die gleiche oder eine höhere Leistung zu bringen als den entsprechenden Benzinmotor.

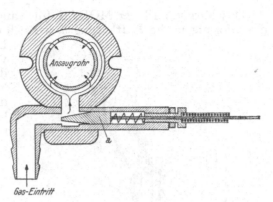

Abb. 211. Einblaseflansch. Bauart Hessenwerk
a Nadelventil

Ein Mischventil für kleinere stationäre Motoren, das von der Firma Körting gebaut wird, zeigt Abb. 212. Bei diesem Mischer strömen Gas und Luft durch das Ventil *c*. Die Gasleitung ist mit *a* und die Luftleitung mit *b* bezeichnet. Die Hubhöhe dieses Ventils hängt vom Unterdruck im Mischraum *f* ab, der von der Stellung der Drosselklappe *d* beeinflußt wird. Mit der Hubhöhe des Ventils ändern sich gleichzeitig und im gleichen Maße der Gas- und Luftquerschnitt. Das Mischungsverhältnis bleibt dabei gleich. Die Drosselklappe ändert demnach nur die Füllung. Durch die Dämpfungsplatte *g* bleibt das Ventil während des Betriebes in einer bestimmten Höhe stehen.

Die Güldner Motorenwerke, Aschaffenburg, verwenden für ihre Sauggasmotoren mit Leistungen von 25 bis 30 PS die aus Abb. 213 ersichtliche Einrichtung zur Regelung des Mischungsverhältnisses von Gas und Luft. Auf dem zentral gelegenen Rohr für das Gemisch befindet sich der Schieber *a* für Luft und der Schieber *b* für Gas, durch die sich das Mischungsverhältnis von Hand einstellen läßt. Die Regelung für verschiedene Belastungen erfolgt durch den Drehzahlregler.

Die Motorenfabrik Darmstadt AG. (MODAG) verwendet für ihre kleinen liegenden Motoren bei Betrieb mit Leuchtgas das in Abb. 214 dargestellte Regel- und Mischorgan. Zur Einstellung des Mischungsverhältnisses dient die von Hand fest einstellbare Drosselklappe *a* in der Luftleitung und der Hahn *h* in der Gasleitung. Das Zusammentreffen von Gas und Luft findet in dem düsenförmig ausgebildeten Rohrstück *b* statt. Die Bohrungen für das Gas sind an der engsten Stelle tangential angeordnet, um eine gute Verwirbelung und Durchmischung zu erzielen. Dicht hinter dem Hahn *h* liegt das Plattenventil *d*, dessen Hub vom Unterdruck in der Gemischleitung abhängt. Während der Luftquerschnitt bei fest eingestellter Drosselklappe *e* gleichbleibt, nimmt der Gasquerschnitt mit der Belastung zu. Bei voller Leistung wird demnach ein gasreicheres Gemisch angesaugt als bei niedriger Leistung. Es werden also Füllung und Gemisch geregelt.

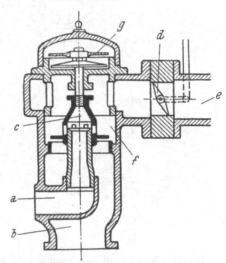

Abb. 212. Mischventil von Körting
a Gaseintritt
b Lufteintritt
c Ventil für Gas und Luft
d vom Regler verstellbare Gemischdrosselklappe
e Anschluß zum Zylinder
f Mischraum
g Dämpfungsplatte

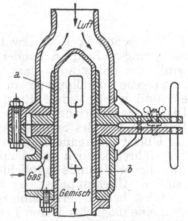

Abb. 213. Mischeinrichtung für Gas und Luft. Bauart Güldner-Motoren-Werk, Aschaffenburg
a Luftschieber   *b* Gasschieber

Das Mischventil der MODAG für Sauggas zeigt Abb. 215. Die Gasleitung a mündet düsenförmig in die Luftleitung b, wo sich das Gas mit der durch das Filter e gesaugten Luft mischt. Zur Einstellung des Mischungsverhältnisses dient die Drosselklappe c in der Luftleitung und der Hahn d in der Gasleitung. Die Regelung der Belastung geschieht durch die Drosselklappe f in der Gemischleitung. Der Motor hat demnach reine Füllungsregelung.

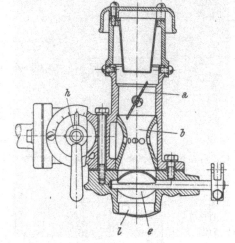

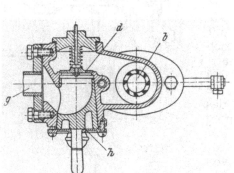

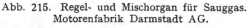

Abb. 214. Regel- und Mischorgan für Leuchtgasbetrieb. Bauart Motorenfabrik Darmstadt AG

a Drosselklappe	g Gasleitung
b düsenförmiges Rohrstück	h Hahn in der Gas-
d Plattenventil	leitung
e Drosselklappe	l Gemischleitung

Abb. 215. Regel- und Mischorgan für Sauggas. Motorenfabrik Darmstadt AG.

a Gasleitung	d Hahn in der Gasleitung
b Luftleitung	e Filter
c Drosselklappe	f Drosselklappe in der
	Gemischleitung

IV. Zündölpumpen

Wie schon in B. I. erwähnt, erfordert das Zündstrahlverfahren für den Gasbetrieb die geringste Zahl an Sonderteilen gegenüber dem Dieselbetrieb. Bei kleinen Motoren wird man daher auch davon absehen, einen Austausch der Einspritzpumpe oder gar eine eigene Zündölpumpe vorzusehen. Man baut lediglich kleinere Stempel in die Pumpe ein und wählt andere Einspritzdüsen, wenn kein vollkommener Wechselbetrieb mit Dieselvollast verlangt wird. Ferner ist besonders bei saugventillosen Pumpen auf gute Durchspülung des Saugraumes zu achten, da beim Zündstrahlbetrieb die großen, durch die Überströmorgane abgeleiteten Kraftstoffmengen zur Schaumbildung auf der Saugseite führen können und damit eine unregelmäßige Füllung des Pumpenraumes ergeben. Aus diesem Grunde empfiehlt sich in jedem Falle der Anbau einer Kraftstoff-Förderpumpe. Überhaupt ist das Einspritzsystem sehr sorgfältig abzustimmen.

Wird bei größeren Motoren eine besondere Zündölpumpe vorgesehen, dann wählt man eine möglichst kleine Type, um die elastischen Ölvolumina im Pumpen- und Druckventilraum klein zu halten, da dies das regelmäßige Abspritzen der kleinen Mengen begünstigt. Deshalb eignen sich besonders Einspritzpumpen mit Saugbohrung; es sind aber alle anderen üblichen Bauarten brauchbar.

Um das schwierige Problem der Einspritzung der kleinen Zündölmengen bei Wechselmotoren zu lösen, sind aber auch Sonderbauarten entwickelt worden. So zeigt Abb. 216
eine Einspritzpumpe der Worthington Pump and Machinery Corp. Über den normalen
Pumpenelementen mit Schrägkantensteuerung für die Einspritzung der Dieselbrenn-
stoffmengen sind eigene Elemente von kleinerem Durchmesser mit gerader Überström-
kante für die Einspritzung der konstanten Zündölmenge angeordnet. Die beiden
Plunger sind durch ein Gelenk verbunden, das seitliche Verschiebungen zuläßt, um
Schwierigkeiten mit dem gleichachsigen Einbau zu vermeiden. Sie werden auf die übliche
Weise über Nocken und Stößel von der Steuerwelle angetrieben. Beim Zündölbetrieb
stellt der Regler den Hauptplunger auf Nullförderung und der Zündölplunger liefert
eine gleichbleibende Menge, die durch den Abstand zwischen Oberkante und Über-
strömringnut i bestimmt ist, die durch axiale und radiale Bohrungen mit der
Plungeroberseite verbunden ist. Tritt nun beispielsweise Gasmangel ein, so daß zusätzlich flüssiger Kraftstoff eingespritzt werden muß, dann wird der Hauptplunger vom
Regler in die entsprechende Stellung gedreht und fördert nun über die Bohrung h und
das Druckventil c Kraftstoff in die Einspritzleitung. Der Zündölplunger liefert dabei
zusätzlich eine, jetzt infolge der behinderten Überströmung etwas größere, Kraftstoffmenge ständig weiter. Sowohl für Zündstrahl als auch für Zweistoff-, bzw. Dieselbetrieb dient dasselbe Einspritzventil.

V. Elektrische Zündeinrichtungen

Die elektrische Zündung des Gemisches erfolgt durch Niederspannungsabreißzündung
oder durch Hochspannungszündung mit Zündkerze. (Ausführliches siehe [88]).

1. Niederspannungszündung

Die elektrische Niederspannungszündung wird stets als Abreißzündung ausgeführt.
Zur Zündung wird der Öffnungsfunken verwendet, der beim Auseinanderreißen eines
stromdurchflossenen Kontaktes auftritt. Der Zündstrom wird von einem Magnetapparat oder einer Batterie geliefert. Der erste Niederspannungsmagnetzünder wurde
1884 von Otto erfunden. Die Anregung erhielt er durch einen von den Deutzer Pionieren
gebrauchten elektrischen Magnetapparat für Sprengladungen.

Eine Niederspannungszündanlage besteht, wie aus Abb. 217 ersichtlich, aus einem
Magnetapparat und einem Zündflansch. Der zugehörige Zündflansch ist in Abb. 218
dargestellt. Der Magnetapparat (Abb. 217) besteht aus hufeisenförmigen Stahl-
magneten a mit Polschuhen, zwischen denen ein Doppel-T-Anker b mit einer Draht-
wicklung drehbar gelagert ist. Der Anker mit dem Abschnapphebel c wird durch den
Daumen d, der auf der Steuerwelle sitzt, so weit aus seiner Ruhelage abgelenkt, bis
der Hebel c abschnappt. Durch die Kraft der Federn i schnellt dann der Anker in seine
Ruhelage zurück. Bei der Bewegung des Ankers im Magnetfeld wird in seiner Wicklung
ein Strom induziert, der durch das Kabel n zu dem isolierten Zündstift h und dem beweglichen Zündhebel g des Zündflansches fließt, um dann über die Eisenmasse der
Maschine zum Anker zurückzugelangen. Der Abschnapphebel c ist mit einer Stoßstange e
verbunden, die nach dem Abschnappen gegen den Schlaghebel f des beweglichen Zünd-
hebels stößt und den Kontakt zwischen Zündhebel g und Zündstift h im Innern des
Zylinders auseinanderreißt. Dabei entsteht ein starker Funken, der das Gemisch entzündet.

Die Abreißzündung liefert einen sehr heißen Funken. Wegen der Trägheit des Ab-
reißgestänges wird sie an schnellaufenden Gasmaschinen nicht verwendet. Auch für
stehende Maschinen ist sie nicht brauchbar, weil der Abstand zwischen der den Magnetapparat antreibenden Steuerwelle und dem Zündflansch im Zylinderdeckel zu groß ist.
Die Abreißzündung ist gegen Verschmutzung wenig empfindlich, da einer der Kontakte
beweglich ist. Sie wird ausschließlich bei langsamlaufenden, liegenden Gasmaschinen
verwendet, besonders bei Betrieb mit heizwertarmen Gasen.

Die Anordnung der Abreißzündung an einer größeren liegenden Zweizylindergasmaschine, Bauart Deutz, von 700 PS Leistung zeigt Abb. 219. An jedem Zylinderkopf sitzen ein Magnetapparat *a* und ein Zündflansch *b*. Die Ablenkung der Abschnapphebel *c* an den Magnetapparaten erfolgt durch Nocken *d*, die auf der Zündwelle *e* befestigt sind. Der Antrieb der Zündwelle erfolgt über zwei Schraubenräder durch die seitliche Steuerwelle des Motors. Der Zündzeitpunkt wird durch Drehen eines Handrades *h*, mit dem das Schraubenrad auf der Zündwelle in der Achsrichtung verschoben wird, verstellt. Dadurch verdreht sich die Zündwelle gegenüber der Steuerwelle. Beim Anlassen muß das Handrad für die Zündpunktverstellung stets in die Stellung für Spätzündung gedreht werden, während in jeder anderen Stellung die Anlaßdruckluft abgesperrt ist.

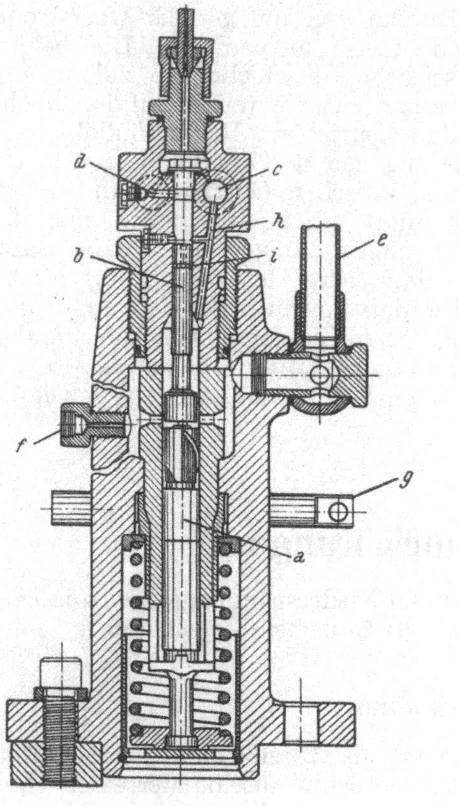

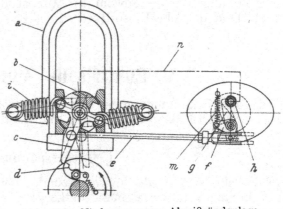

Abb. 216. Zündölpumpe von Worthington

a Hauptplunger
b Zündölplunger
c Druckventil für Hauptkraftstoff
   (waagerecht liegend)
d Druckventil für Zündkraftstoff
e Kraftstoffzuleitung *h* Bohrung für
f Entlüftung   Hauptkraftstoff
g Regelstange   *i* Ringnut

Abb. 217. Niederspannungs-Abreißzündanlage.
Bauart Bosch

a Magnet   *g* Zündhebel
b Anker   *h* Zündstift
c Abschnapphebel   *i* Rückschnellfeder
d Daumen   *m* Zündhebelfeder
e Stoßstange   *n* Kabel
f Schlaghebel

Eine andere Vorrichtung zum Verstellen des Zündzeitpunktes bei einer Abreißzündung mit Abschnappgestänge ist in Abb. 220 dargestellt.

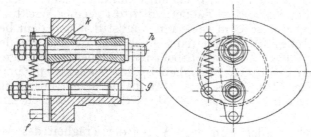

Abb. 218. Zündflansch. Bauart Bosch
f Schlaghebel   *h* Zündstift
g Zündhebel   *k* Steatitisolation

Die Bewegung des Ablenkdaumens *c* erfolgt hier durch einen Exzenter *i* auf der Steuerwelle *h* des Motors. Die Exzenterstange *g* bewegt den Ablenkhebel *f*, der durch Verdrehen um seine exzentrische Achse *e* gehoben oder gesenkt werden kann. Der Daumen *c* kommt dadurch mit dem Abschnapphebel *a* mehr oder weniger weit in Eingriff und ändert so den Zeitpunkt des Abschnappens.

Da die Anbringung des Gestänges für die Abreißzündung an großen Gasmaschinen auf Schwierigkeiten stößt, werden für diese Maschinen elektromagnetisch betätigte Schlagapparate verwendet. Die Wicklung des im Schlagapparat angeordneten Elektromagneten ist in den Zündstromkreis gelegt, dessen Anker im Zündzeitpunkt den beweglichen Zündhebel vom Zündstift abhebt. Abb. 221 zeigt einen solchen elektromagnetisch betätigten Zündflansch für Großgasmaschinen der DEMAG. Der Zündhebel *a*

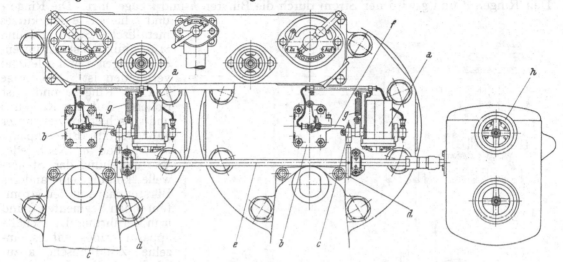

Abb. 219. Abreißzündung an einer größeren liegenden Zweizylinder-Gasmaschine von 700 PS. Bauart Deutz

a Magnetapparat	*c* Abschnapphebel	*e* Zündwelle	*g* Rückschnellfeder
b Zündflansch	*d* Nocken	*f* Schlaghebel	*h* Handrad zur Zündpunktverstellung

wird durch den außerhalb des Zylinders liegenden Schlaghebel *b* bewegt und durch die Feder *c* gegen den Zündstift *d* gedrückt. Gegenüber dem Schlaghebel *b* ist der elektromagnetische Schlagapparat *e* angeordnet, dessen Anker *f* im Augenblick der Zündung vorschnellt und den Schlaghebel *b* nach rechts stößt, so daß der Zündhebel vom Zündstift abgehoben wird.

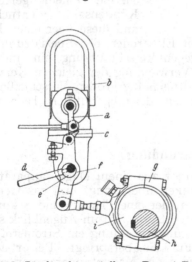

Abb. 220. Zündpunktverstellung. Bauart Deutz

a Abschnapphebel	*f* Ablenkhebel
b Magnetapparat	*g* Exzenterstange
c Daumen	*h* Steuerwelle
d Handgriff	*i* Exzenter
e Exzenter	

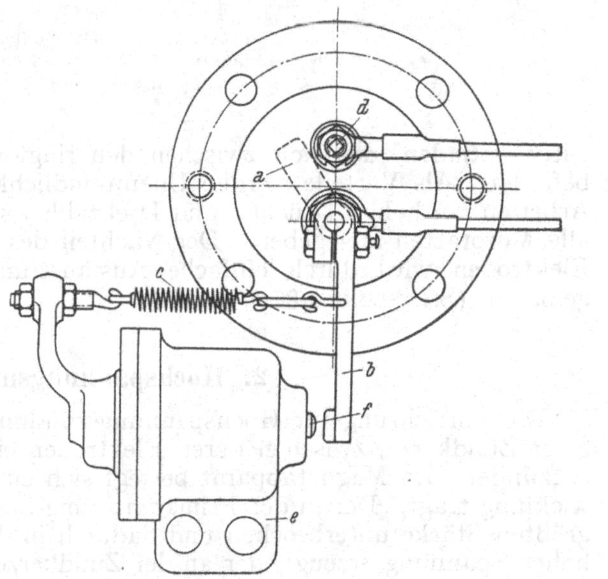

Abb. 221. Elektromagnetischer Zündflansch. Bauart Demag

a Zündhebel	*c* Feder	*e* Schlagapparat
b Schlaghebel	*d* Zündstift	*f* Anker

Das Schema einer Abreißzündung für eine doppeltwirkende Tandemmaschine der MAN ist aus Abb. 222 zu ersehen. Für jede Zylinderseite sind zwei Zündflanschen *a* vorgesehen, deren Zündhebel durch die im Zündstromkreis liegenden Schlagapparate *b*

11*

betätigt werden. Der Zündstrom, der einer Batterie mit 70 V Spannung entnommen wird, fließt den einzelnen Zündflanschen und Schlagapparaten über einen Verteiler zu. Der Verteiler besteht aus vier auf der Steuerwelle sitzenden Schleifringen d, e, f und g. Den Ringen d und g wird der Strom durch die Bürsten h und i zugeführt. Die Ringe e und f haben je ein kurzes metallisches Segment k und m, das mit den stromführenden Ringen d und g leitend verbunden ist. Der übrige Teil der Ringe e und f ist isoliert. Auf den Ringen e und f schleifen vier unter 90° versetzte Bürstenpaare n, o, p und q. Nach jeder Vierteldrehung der Steuerwelle kommt ein anderes Bürstenpaar mit den stromführenden Segmenten k und m in Berührung. Der Schaltapparat ermöglicht es, einzelne Zündflansche abzuschalten. Die Verstellung des Zündzeitpunktes erfolgt durch Verdrehen eines Ringes, an dem die Bürstenpaare n, o, p und q befestigt sind.

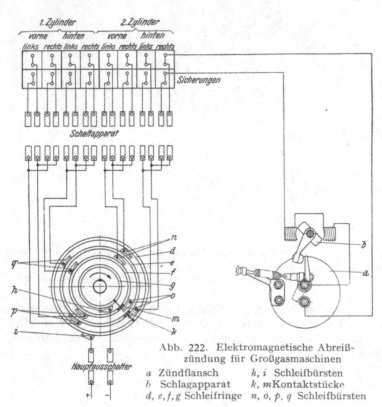

Abb. 222. Elektromagnetische Abreißzündung für Großgasmaschinen

a Zündflansch h, i Schleifbürsten
b Schlagapparat k, m Kontaktstücke
d, e, f, g Schleifringe n, o, p, q Schleifbürsten

In neuerer Zeit werden auch Versuche mit Niederspannungs-Zündanlagen gemacht, welche die Zündenergie einem geladenen Kondensator entnehmen und diese über einen Halbleiter entladen, der sich zwischen den ringförmigen Elektroden der Spezialzündkerze befindet. Als Vorteile werden Unempfindlichkeit gegen Verschmutzung, einwandfreies Arbeiten bei hohen Drücken und Drehzahlen sowie Verwendung der gleichen Kerze für alle Motorarten angegeben. Der Nachteil des verhältnismäßig großen Verschleißes der Elektroden wird durch einfache Austauschmöglichkeit der abgenutzten Teile wettgemacht (SMITSVONK [87]).

2. Hochspannungsmagnetzündung

Die Vorrichtung für Hochspannungszündung besteht aus einem Magnetapparat und einer Zündkerze, zwischen deren Elektroden ein Funken überspringt und das Gemisch entzündet. Im Magnetapparat bewegt sich ein Anker, der eine Primär- und Sekundärwicklung trägt. Der in der Primärwicklung induzierte Strom wird im Augenblick seiner größten Stärke unterbrochen und dadurch in der Sekundärwicklung ein Stromstoß von hoher Spannung erzeugt, der an der Zündkerze als Funken überspringt. Bei ortsfesten Gasmaschinen mit Drehzahlen bis zu 500 U/min wird ein Magnetapparat verwendet, dessen Anker eine pendelnde Bewegung ausführt, die durch Ablenkdaumen auf der Steuerwelle hervorgerufen wird. Dabei hat jeder Zylinder einen eigenen Zündapparat.

Schnellaufende Gasmaschinen haben Magnetapparate mit umlaufendem Anker. Einen solchen Apparat zeigt Abb. 223. Bei der Umdrehung des Ankers a im Feld des permanenten Magneten b wird in der Primärwicklung des Ankers ein Strom erzeugt, der im Augenblick seiner größten Stärke durch den umlaufenden Unterbrecher c unterbrochen wird. Der dabei in der Sekundärwicklung erzeugte Hochspannungsstrom wird einem Schleifring d zugeführt und gelangt von dort über eine Schleifkohle und ein Kabel

zur Zündkerze. Der Unterbrecher ist durch die mit einem Hebel *e* verbundene drehbare
Kappe *f* überdeckt. Die Nockenbahn *g* für den Unterbrecherhebel ist mit der Kappe *f*
fest verbunden und kann dadurch zur Verstellung des Zündzeitpunktes mit dem Hebel *e*

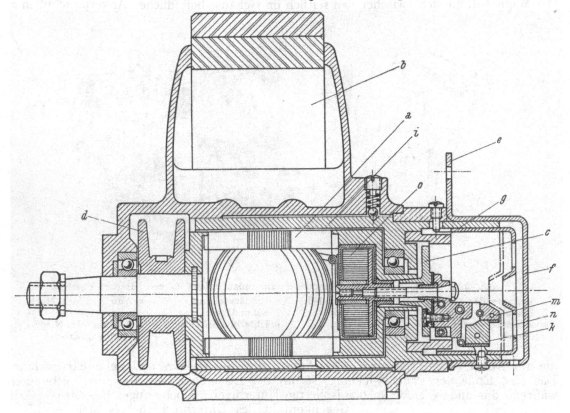

Abb. 223. Hochspannungsmagnetapparat mit umlaufendem Anker. Bauart Noris

a Anker	*d* Schleifring	*g* Nockenbahn	*m* Schleifkohle
b Magnet	*e* Hebel für Zündpunktverstellung	*i* Polhülse	*n* Kontaktring
c Unterbrecherscheibe	*f* Schutzkappe	*k* Fliehgewicht	*o* Kondensator

verdreht werden. Um bei Spätzündung einen ebenso starken Funken wie bei Frühzündung zu erhalten, sind die Polschuhe des Magneten in einer Polhülse *i* angeordnet,
die den Anker umgibt und die samt der Kappe *f* durch den
Hebel *e* verdreht werden kann. Das zwischen den Polschuhen vorhandene Magnetfeld wird demnach um denselben Betrag verdreht wie die Nockenbahn *g*. Parallel zum
Unterbrecher ist der Kondensator *o* geschaltet, der beim
Öffnen des Unterbrechers einen Teil des Primärstromes auf-
nimmt. Dadurch wird die Funkenbildung an den Unter-
brecherkontakten vermindert und ein schnelles Unter-
brechen des Primärstromes bewirkt. An dem Unterbrecher
in Abb. 224 ist eine Einrichtung vorgesehen, die Frühzündungen beim Anlassen verhindert. Sie besteht aus dem mit
dem Unterbrecher umlaufenden Fliehgewicht *k*, das eine
Schleifkohle *m* trägt, und einem verschiebbaren Kontaktring *n*, den die Abb. 223 zeigt. Die Schleifkohle *m* schließt
den Magnetapparat kurz, sobald sie den Kontaktring *n*
berührt. Der Kontaktring wird durch die Kappe *f* beim Ver-

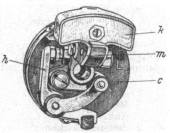

Abb. 224. Unterbrecher mit
Schutz gegen Frühzündung.
Bauart Noris

c Unterbrecherscheibe
h Unterbrecherhebel
k Fliehgewicht
m Schleifkohle

stellen des Zündzeitpunktes in axialer Richtung verschoben.
Er befindet sich bei Frühzündung in der strichpunktierten Stellung (Abb. 223), in
der die Schleifkohle den Kontaktring berührt. Demnach ist ein Anlassen der Gasmaschine bei eingestellter Frühzündung unmöglich.

Abb. 225 zeigt einen Hochspannungsmagnetapparat mit umlaufendem Magnet und feststehenden Induktionsspulen. Abb. 226 die dazugehörige Schaltung. Der Läufer in Abb. 225 besteht aus einem permanenten Magneten *a* und den Magnetpolschuhen *b*. Der Magnet dreht sich zwischen den seitlich im Gehäuse befindlichen Ankerpolschuhen *c*,

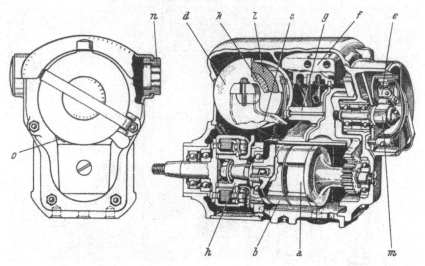

Abb. 225. Hochspannungsmagnetapparat mit umlaufendem Magnet. Bauart Bosch

a umlaufender Magnet	*e* Unterbrecherhebel	*k* Primärwicklung	*n* Anschluß des Hoch-
b Magnetpolschuhe	*f* Verteilerbogen	*l* Sekundärwicklung	spannungskabels
c Ankerpolschuhe	*g* Verteilerläufer	*m* Unterbrechernocken	*o* Anschluß des Nieder-
d Anker	*h* Abschnapper		spannungskabels

die am Anker *d* befestigt sind. Der Anker trägt die Primär- und Sekundärwicklung. Das eine Ende der Primärwicklung ist mit der Eisenmasse der Maschine verbunden, während das andere Ende an den isolierten Unterbrecherhebel *e* angeschlossen ist. Der

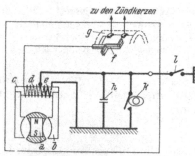

Abb. 226. Schaltschema des Hochspannungsmagnetapparates mit umlaufendem Magnet

a umlaufender Magnet
b Polschuhe
c Anker
d Sekundärwicklung
e Primärwicklung
f umlaufendes Verteilersegment
g ruhendes Verteilersegment
h Kondensator
k Unterbrecher
l Kurzschlußschalter

Gegenkontakt des Unterbrecherhebels steht ebenfalls mit der Masse der Maschine in Verbindung. Der Primärstrom ist demnach so lange geschlossen, wie der Unterbrecherhebel den Gegenkontakt berührt. Die Sekundärwicklung ist mit einem Ende an die Primärwicklung und mit dem anderen an die Elektrode des Verteilerläufers *g* angeschlossen. Der Verteilerläufer wird über ein Zahnräderpaar von der Welle des Magnetläufers angetrieben. Der Unterbrechernocken *m*, der den Unterbrecherhebel steuert, sitzt ebenfalls auf der Verteilerwelle.

Bei jeder Umdrehung des Läufers ändert der von ihm ausgehende Kraftlinienfluß zweimal seine Richtung. Die in der Primärwicklung des Ankers erzeugten Niederspannungsströme werden jeweils im Augenblick ihrer größten Stärke durch Öffnen des Unterbrechers unterbrochen. Bei jeder Umdrehung des Läufers entstehen also in der Sekundärwicklung des Ankers zwei Stromstöße, die über den Verteiler den Zündkerzen zufließen. Der Verteiler ist als Überschlagverteiler ausgebildet. Der hochgespannte Strom springt von der Verteilerelektrode zum Verteilerbogen als Funken über.

Zur Erzeugung von zündfähigen Funken dient wegen der geringen Drehzahl beim Anlassen der Abschnapper *h*. Beim Anlassen wird die Läuferwelle unter Anspannung einer Feder zunächst zurückgehalten. Sobald die Feder freigegeben ist, wird der Läufer mit großer Geschwindigkeit durch das Ankerfeld geschnellt. Bei einer bestimmten Drehzahl schaltet sich der Abschnapper selbsttätig aus.

3. Hochspannungszündung mit Zündspule

An stehenden Gasmotoren mit großen Zylinderabmessungen und hoher Verdichtung, vor allem bei Verwendung heizwertarmer Kraftgase, werden Zündkerzen verwendet, die den hochgespannten Strom von einer Induktionsspule erhalten.

Die Zündspule nach Abb. 227 besteht aus einem Weicheisenkern m, der die aus wenigen Windungen von dickem Draht bestehende Primärwicklung a trägt. Um die Primärwicklung ist die aus zahlreichen Windungen von dünnem Draht bestehende Sekundär-

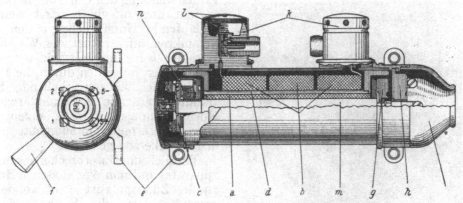

Abb. 227. Zündspule. Bauart Bosch

a Primärwicklung	e Spulengehäuse	g Schaltplatte	l Elektrode
b Sekundärwicklung	f Schalthebel zum Um-	h Anschlußplatte	m Eisenkern
c Summer	stellen von Magnet- auf	i Schutzkappe	n Kondensator
d Isolierrohr	Batteriezündung	k Stromabnehmer	

wicklung b gewickelt, deren Enden zu den Stromabnehmern k führen. An die Sekundärwicklung ist außerdem eine Elektrode l angeschlossen, die mit dem metallischen Spulengehäuse e eine Sicherheitsfunkenstrecke zum Schutze der Isolation bei Überspannung bildet. Der Primärwicklung werden Stromstöße von niedriger Spannung zugeführt, die durch einen von der Gasmaschine angetriebenen Niederspannungsmagnetapparat mit Unterbrecher oder durch eine Akkumulatorenbatterie mit WAGNERschem Hammer erzeugt werden.

Im allgemeinen werden beide Stromquellen für die Niederspannung nebeneinander verwendet. Zum Anlassen dient die Batterie, weil der Magnetapparat einen zu schwachen Strom liefert, und im normalen Betrieb der Magnetapparat, um die Batterie zu schonen. Das Schaltbild einer solchen Hochspannungszündanlage mit Niederspannungsmagnet, Batterie und Zündspule für eine Vierzylindermaschine zeigt Abb 228. Bei Magnetbetrieb wird in der Wicklung b des Magnetapparates, die mit dem Anker a umläuft, ein Strom mit niedriger Spannung erzeugt. Dieser Strom fließt bei geschlossenem Unterbrecher c über die Eisenmasse der Maschine zur Ankerwicklung zurück. Bei geöffnetem Unterbrecher fließt der Strom dagegen durch die Primärwick-

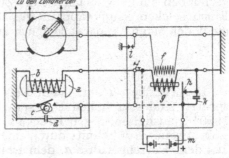

Abb. 228. Schaltung der Hochspannungszündung wahlweise für Magnet- oder Batteriebetrieb

a Magnetanker	g Primärwicklung
b Magnetwicklung	der Zündspule
c Unterbrecher	h WAGNERscher
d Kondensator	Hammer
e umlaufender Ver-	k Kondensator
teilerarm	l Elektrode
f Sekundärwicklung	m Batterie
der Zündspule	

lung g der Zündspule und von dort über die Masse der Maschine zur Ankerwicklung zurück. Der Unterbrecher öffnet den Primärstromkreis jeweils im Zündzeitpunkt eines der vier Zylinder. Dadurch wird in der Sekundärwicklung f der Zündspule ein Strom von hoher Spannung induziert, der über den Verteilerarm e zu den Zündkerzen gelangt. Die Verstellung des Zündzeitpunktes erfolgt durch Verdrehen der Nockenscheibe des Unterbrechers.

Die Umstellung von Magnet- auf Batteriebetrieb wird durch den in Abb. 227 darge-stellten Schalter *f* vorgenommen. Für Batteriezündung ist die Schaltungsänderung in Abb. 228 gestrichelt angedeutet. Vom Pluspol der Batterie fließt der Strom zunächst über den geschlossenen Unterbrecher *c* des Magnetapparates zur Eisenmasse der Maschine und von dort durch die Primärwicklung *g* der Zündspule zurück zur Batterie. Der zweite Stromkreis, der von der Batterie über den WAGNERschen Hammer *h* zur Primärwicklung fließt, ist während dieses Vorganges unterbrochen, da der magnetische

Eisenkern in der unter Strom stehenden Primärwicklung den Unterbrecherkontakt anzieht und offenhält. Erst wenn der umlaufende Unterbrecher *c* den ersten Stromkreis öffnet, tritt der WAGNERsche Hammer *h* in Tätigkeit und unterbricht in schneller Folge den durch die Primär-wicklung der Zündspule fließenden Strom. Dadurch werden in der Sekundärwicklung Hochspannungsstromstöße erzeugt, die über den Verteiler am Magnetapparat zu den Zündkerzen gelangen.

Parallel zum Unterbrecher des Magnet-apparates und zum WAGNERschen Hammer an der Zündspule ist je ein Kondensator geschaltet, der die Funkenbildung in den Kontakten vermindert. Während des Stillstandes der Maschine muß auf Magnetbetrieb umgestellt werden, weil sonst die Batterie entladen wird. Bei Gasmaschinen mit großen Zylinder-

Abb. 229. Zündapparat mit Zündspule. Bauart Noris

abmessungen werden mindestens zwei Zündkerzen in jedem Zylinder angebracht. In diesem Fall sind zwei hintereinanderliegende Verteiler am Magnetapparat vorgesehen, die mit den beiden Enden der Sekundärwicklung der Zündspule verbunden sind. Vielfach ist die Zündspule mit dem Magnetapparat zusammengebaut. Einen solchen Magnetapparat der Bauart Noris zeigt Abb. 229. Bei Batteriebetrieb dient der Magnetapparat lediglich zur Unterbrechung des Primärstromes.

4. Zündkerzen

Die Zündkerzen, an deren Elektroden der hochgespannte Strom als Funken über-springt, sind sehr hohen Beanspruchungen ausgesetzt. Sie müssen Temperaturen von 2000⁰ C aushalten, gegen Drücke von 40 at dicht und gegen Spannungen von 10 000 V isoliert sein. Ein Schnitt durch eine Zündkerze ist aus Abb. 230 ersichtlich. Sie besteht aus dem Kerzengehäuse *a*, dem Isolierkörper *b* und der Mittelelektrode *c*. Das Kerzen-gehäuse aus Stahl trägt das Einschraubgewinde und die in den Verbrennungsraum der Gasmaschine hineinragenden Masseelektroden *d*, die aus Nickel oder anderen abbrand-festen Metallen bestehen. Der aus einem keramischen Stoff oder Glimmer hergestellte Isolierkörper trennt die Mittelelektrode vom Kerzengehäuse und ist mittels eines Ge-windenippels *e* druckdicht im Kerzengehäuse befestigt. Die Mittelelektrode steht mit ihrem unteren Ende zwischen den Masseelektroden.

Der Abstand der Elektroden hängt in der Hauptsache von dem Grad der Verdichtung des Gemisches im Zylinder und von der Form der Elektroden ab. Der größtmögliche Abstand ist durch die Spannung des Zündstromes, der kleinste Abstand durch die Sicher-heit der Zündung und die Empfindlichkeit gegen Verschmutzung gegeben. Da der Widerstand, den das Gemisch dem an den Elektroden überspringenden Funken entgegen-setzt, mit steigendem Verdichtungsdruck zunimmt, so erfordern hochverdichtende Motoren einen kleineren Elektrodenabstand als niedrig verdichtende. Im Mittel beträgt der Elektrodenabstand für Gasmotoren 0,5 mm.

Für einen störungslosen Betrieb ist der Wärmewert der Zündkerze von wesentlicher Bedeutung. Dadurch wird das Verhalten der Kerze bei hohen Temperaturen gekennzeichnet. Von einer einwandfrei arbeitenden Zündkerze wird verlangt, daß ihre Elektroden gerade so heiß werden, daß Ruß und Öl auf ihnen verbrennen. Die Elektroden dürfen aber keinesfalls glühend werden und dadurch Frühzündungen des Gemisches verursachen. Da jedoch die Arbeitsbedingungen der Zündkerze bei den einzelnen Motoren in bezug auf Anordnung, Temperatur und Kühlung verschieden sind, so müssen unter den Zündkerzen mit verschiedenem Wärmewert die geeignetsten ausgesucht werden.

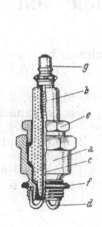 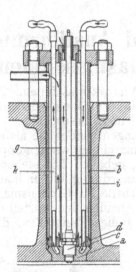 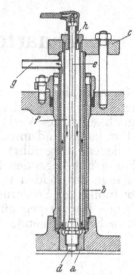

Abb. 230. Zündkerze. Bauart Bosch	Abb. 231. Wasserkühlung für die Zündkerze einer Gasmaschine	Abb. 232. Luftgekühlte Zündkerze
a Kerzengehäuse *e* Gewinde- *b* Isolierkörper nippel *c* Mittelelektrode *f* Dichtungsring *d* Masseelek- *g* Anschluß- trode mutter	*a* Kerzensitz *g* Rohr *b* Rohr *i* Zuflußrohr für *c* Flansch Wasser *d* Zündkerze *k* Abflußrohr für *e* Kabel Wasser	*a* Kerzensitz *f* Luftleitung zur *b* Rohr Zündkerze *c* Flansch *g* Rohr für *d* Zündkerze Luftabfuhr *e* Kabel *h* Lufteinlaß

Der Wärmewert der Zündkerze läßt sich auch durch eine eigene Kühlung beeinflussen und den Betriebsverhältnissen anpassen. In Abb. 231 ist eine Wasserkühlung für die Zündkerze einer Gasmaschine dargestellt. Der Kerzensitz *a* ist mit dem Flansch *c* und dem Rohr *b* verschweißt. Die Zündkerze *d* erhält den Strom durch das Kabel *e*. Das Kühlwasser wird dem Kerzensitz durch das Rohr *i* zu- und durch das Rohr *k* abgeführt. Durch das Rohr *g* wird zusätzlich Luft an der Zündkerze vorbeigesaugt. Dadurch werden Feuchtigkeitsniederschläge verhindert, die einen Kurzschluß des Zündstromes herbeiführen könnten. In vielen Fällen genügt die Kühlung der Kerze mit Luft allein. Eine solche Ausführung zeigt Abb. 232.

In kleinen und mittleren Gasmaschinen werden Zündkerzen mit 18 mm Einschraubgewinde verwendet. Bei großen Gasmaschinen sind die Großgaskerzen mit 3/4″ Gasgewinde gebräuchlich.

VI. Anlaßeinrichtungen

Gasmaschinen geringerer Leistung, insbesondere auch Fahrzeugmotoren, werden entweder von Hand oder elektrisch angelassen. Die dazu vorgesehenen Einrichtungen gleichen völlig den beim Betrieb mit Benzin oder bei Dieselmotoren üblichen und sollen daher nicht näher beschrieben werden.

Das gleiche gilt praktisch für das Anlassen mit Druckluft, das bei größeren Maschineneinheiten vorgezogen wird. Die Betätigung der Anlaßventile geschieht, ebenso wie bei Dieselmaschinen, durch Stoßstangen und Kipphebel von der Nockenwelle aus oder durch Druckluft, die von einem Verteiler auf der Kurbel- oder Nockenwelle gesteuert wird. Die Anlaßluft wird unter 20 bis 30 atm Druck in Stahlflaschen gespeichert. Eine Besonderheit ergibt sich nur insofern, als es nicht ohne weiteres möglich ist, die

Flaschen durch die Maschine selbst aufladen zu lassen, in dem man einen Zylinder mittels eines besonderen Ladeventils als Kompressor arbeiten läßt. Im Gegensatz zur Dieselmaschine würde nämlich dann brennbares Gemisch in die Anlaßluftflaschen gedrückt werden. Es muß also durch geeignete Schaltung und durch Verblockung der Bedienungsgriffe insbesondere bei Zweistoffmaschinen sichergestellt werden, daß auch im Gasbetrieb nur reine Luft gefördert wird (s. auch unter den Ausführungsbeispielen E. II 3).

E. Bauarten und Ausführungsbeispiele von Gasmaschinen

Gasmaschinen sind meistens Viertaktmaschinen. Zweitaktmaschinen haben erst in neuerer Zeit — besonders auch in USA. — einige Bedeutung erlangt. Die grundsätzlichen Möglichkeiten des Verfahrens sind in C. besprochen.

Für kleine und mittlere Leistungen werden sie als einfachwirkende Motoren stehend oder liegend ausgeführt. Großgasmaschinen werden doppeltwirkend, meist in Tandemanordnung mit liegenden Zylindern, gebaut. Die stehende Bauart ist wegen der großen Baulänge der beiden in Tandemanordnung hintereinanderliegenden Zylinder und der Anordnung der Steuerung und Ventile für Großgasmaschinen ungünstig. Während die stehende Bauart gegenüber der liegenden den Vorteil des geringeren Platzbedarfes hat, läßt sich die liegende Maschine billiger herstellen, da Zylinderrahmen und Kurbel-

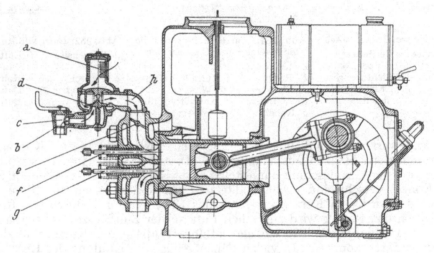

Abb. 233. Liegender Gasmotor. Bauart Deutz

a Luftregelung	*e* vom Regler verstellbare Gemischdrosselklappe
b Drosselscheibe für Gas	*f* Einlaßventil
c Gashahn	*g* Auslaßventil
d Mischventilplatte für Gas und Luft	*h* Gemischleitung

gehäuse im allgemeinen in einem Gußstück ausgeführt werden. Bei liegender Bauart läßt sich durch das nach oben offene Kurbelgehäuse der Kolben leicht nach hinten ausbauen, und die Zylinderköpfe und Regelorgane sind leicht zugänglich. Für die Einstellung des Mischungsverhältnisses und der Zündung ist letzteres besonders vorteilhaft. Bei den stehenden Maschinen dagegen kann der Ausbau der Kolben im allgemeinen nur nach Abnahme des Zylinderkopfes nach oben erfolgen. Dadurch ist ein höherer Maschinenraum erforderlich. Da der Bedienende bei liegenden Maschinen unmittelbar neben den Zylindern oder vor den Zylinderköpfen steht, ist die Überwachung sehr leicht durch Abhören des Zündgeräusches möglich.

Bei stehenden Maschinen treten die freien Massenkräfte hauptsächlich in lotrechter Richtung auf. Für ihre Aufnahme genügt ein kleineres Fundament als bei der liegenden Bauart.

Die Ventile kleiner Maschinen sind bei liegender Bauart meist parallel zur Zylinderachse, das heißt waagrecht liegend angeordnet, und der Antrieb erfolgt durch Stoßstangen parallel zur Zylinderachse. Der Verbrennungsraum erhält eine für die Verbrennung günstige zylindrische Form. Die Kühlung kann als einfache Verdampfungskühlung ausgeführt werden.

Bei größeren liegenden Maschinen können die Ventile nicht waagrecht liegend angeordnet werden, da die Ventilführungen wegen des hohen Ventilgewichtes einseitig abgenützt werden. Man ordnet die Ventile dann senkrecht übereinanderliegend an, erhält dadurch jedoch einen zerklüfteten Verbrennungsraum. Die Steuerwelle befindet sich dann seitlich neben dem Zylinder. Sie wird durch Schrauben- oder Kegelräder von der Maschinenwelle angetrieben.

Die liegenden Maschinen haben den Nachteil, daß das Schmieröl nach der tiefsten Stelle des Zylinders fließt und vom Kolben zum Verbrennungsraum hingeschoben wird. Das sich unten im Verbrennungsraum ansammelnde Öl verkokt und kann Glühzündungen hervorrufen. Bei stehenden Maschinen besteht die Gefahr weniger, da das Öl an den Wänden gleichmäßiger verteilt wird. Liegende Gasmaschinen werden kaum noch gebaut, abgesehen von Kleinmotoren mit Verdampfungskühlung (s. Abb. 233).

I. Stationäre Motoren

1. Liegende Gasmaschinen

Klöckner-Humboldt-Deutz AG. Einen kleinen Viertaktmotor liegender Bauart mit Verdampfungskühlung für Leucht- oder Sauggas, Type GMA, der Klöckner-Humboldt Deutz AG. zeigt Abb. 233. Der Motor hat einfache Kastenbauart mit eingesetzter Zylinderbüchse und Verdampfungskühlung. Der Antrieb der liegenden Ventile erfolgt durch Stoßstangen, die parallel zur Zylinderachse angeordnet sind. Diese Maschine wird in verschiedenen Größen mit einer Zylinderbohrung von 80 bis 150 mm und einer Leistung von 5 bis 24 PS ausgeführt. Die Regelung erfolgt durch die Drosselklappe e, die vom Drehzahlregler betätigt wird und die Menge des angesaugten Gemisches und damit die Füllung des Zylinders ändert. Die Einstellung des Mischungsverhältnisses von Luft zu Gas geschieht bei geöffnetem Gashahn c durch Verdrehen eines Schiebers, der die Schlitzquerschnitte am Eintrittsstutzen für Luft mittels einer Vorrichtung a ändert. Die Gasmenge ist durch die Bohrung der Drosselscheibe b, die vom Heizwert des Gases abhängt, festgelegt. Gas und Luft strömen gemeinsam durch ein federbelastetes Ventil d in die Gemischleitung h. Die Hubhöhe dieses Ventils richtet sich nach dem Unterdruck in der Gemischleitung, der von der Stellung der mit dem Drehzahlregler verbundenen Drosselklappe abhängt. Die Wirkungsweise des Mischventils geht aus der schematischen Abb. 234 hervor. Bei angehobener Ventilplatte c treffen Gas und Luft am Ende der Luftleitung bei o zusammen und strömen durch den gemeinsamen Querschnitt n in die Ansaugleitung. Die Einstellung des Mischungsverhältnisses erfolgt durch Veränderung des Hubes der Ventilplatte. Dabei ist der Luftquerschnitt zum Mischraum unabhängig von der Hubhöhe des Ventils. Der Gasquerschnitt am Ende der Gasleitung ändert sich mit dem Hub des Ventils. Demnach wird mit wachsender Maschinenleistung der Gasanteil des Gemisches größer. Wird bei größtem Hub der Ventilplatte und geöffneter Drosselklappe das Gemisch auf höchste Leistung eingestellt, so nimmt bei sinkender Belastung der Gasanteil im Gemisch ab.

Für die in Abb. 233 dargestellte Maschine wird bei größeren Ausführungen die aus Abb. 235 ersichtliche Misch- und Regeleinrichtung verwendet. Der Gasquerschnitt wird durch die Drosselscheibe e festgelegt. Die Einstellung des Mischungsverhältnisses erfolgt durch den Schieber c in der Luftleitung. Die Gemischbildung geht in dem federbelasteten Ventil g vor sich. Um beim Anlassen des Motors ein gasreiches, das heißt gut zündwilliges Gemisch ansaugen zu können, ist in der Luftleitung ein weiteres federbelastetes Ventil d vorgesehen, mit dem der Luftquerschnitt vermindert wird. Mit steigender Drehzahl wächst der Unterdruck in der Luftleitung und das Ventil gibt den vollen Luftquerschnitt frei.

Die Füllungsregelung erfolgt durch die vom Drehzahlregler betätigte Drosselklappe k.

Die Ansaugluft muß sorgfältig gereinigt werden. Zu diesem Zweck wird sie beim Eintritt in den Filterkörper b durch die Schaufeln a in kreisende Bewegung versetzt. Grobe Staubkörner werden durch die Fliehkraft an die Wandungen geschleudert, während der feine Staub beim Durchgang durch den ölbenetzten Kupferwolle-Einsatz b gebunden wird.

Größere liegende Gasmaschinen werden — wie schon erwähnt — kaum mehr gebaut. Als Ausführungsbeispiel sei auf die in A. V. beschriebene Versuchsmaschine der K.-H.D. AG. verwiesen.

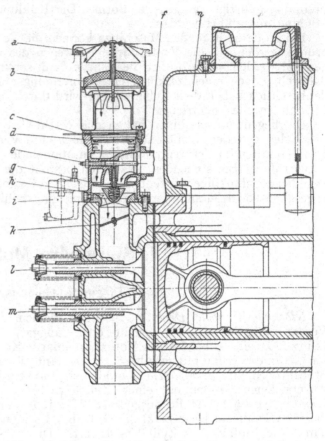

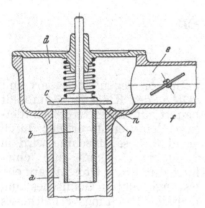

Abb. 234. Regel- und Mischeinrichtung. Bauart Deutz

a Luftleitung
b Gasleitung
c Ventilplatte
d Mischraum
e Gemischleitung
f Gemischdrosselklappe
o Ende der Luftleitung
n gemeinsamer Ventilquerschnitt für Gas und Luft

Abb. 235. Selbsttätiges Mischventil für Leucht- und Sauggas. Bauart Deutz

a Filterdeckel(Lufteintritt)
b Filtereinsatz
c Luftschieber
d Ventilplatte für Luft
e Gaseinstellscheibe
f Gasanschluß (versetzt gezeichnet)
g Mischventilplatte für Gas und Luft

h Gemischdüse
i Vergaser
k Gemischdrosselklappe
l Einlaßventil
m Auslaßventil
n Verdampferkasten

2. Stehende Gasmaschinen

a) Viertaktmaschinen

Stehende Gasmaschinen werden meistens als Mehrzylindermaschinen ausgeführt. Gas und Luft werden entweder als Gemisch in einer für alle Zylinder gemeinsamen Leitung oder durch getrennte Leitungen zugeführt. Die Gemischbildung erfolgt bei getrennten Leitungen vor dem Einlaßventil. Die Zuführung von Gas und Luft in einer gemeinsamen Leitung ist bei größeren Gasmaschinen nicht ratsam, weil wegen des großen Inhaltes der Gemischleitung eine Explosion besonders gefährlich ist. Die getrennte Zuführung von Gas und Luft erfordert zwar einen größeren baulichen Aufwand, bietet jedoch höhere Sicherheit gegen Explosionen.

Klöckner-Humboldt-Deutz AG. Die Klöckner-Humboldt-Deutz AG. baut stehende Viertaktgasmotoren für Leistungen bis zu 1000 PS für stationäre und Schiffsanlagen. Bis zu Leistungen von 25 PS je Zylinder werden die Motoren mit einer für alle Zylinder gemeinsamen Misch- und Regeleinrichtung und einer gemeinsamen Gemischleitung gebaut. Das Gestell und der Zylinderblock bilden ein gemeinsames Gußstück, in das die Zylinderlaufbüchsen eingesetzt sind. Die abnehmbaren Zylinderköpfe werden durch Zuganker mit der Grundplatte verbunden, um das Gestell vom Verbrennungsdruck zu entlasten. Da die Ein- und Auslaßventile hängend angeordnet sind, ergibt sich eine einfache Form des Verbrennungsraumes. Bei größeren Motoren befindet sich jedes Ventil in einem Ventilkorb, der leicht ausgebaut werden kann. Bei mehr als 400 mm Zylinderbohrung sind die Auspuffventile wassergekühlt. Die Zündung erfolgt durch Zündkerzen, die den Strom über eine Zündspule von einem Niederspannungsmagneten erhalten. Zum Anlassen wird eine Batterie verwendet.

Abb. 236. Stehende Sechszylinder-Gasmaschine. Bauart Deutz
Leistung der Maschine 270 PS, 375 U/min, Zylinderdurchmesser 280 mm, Hub 450 mm

Abb. 236 und 237 zeigen eine stehende Sechszylindergasmaschine, Bauart GVM 345, mit einer Leistung von 270 PS in Ansicht und Schnitt. Gas und Luft werden den Einlaßventilen in getrennten Leitungen a und b zugeführt. Von diesen Leitungen führen Verbindungsleitungen zu den Einlaßventilen der einzelnen Zylinder. In den Leitungen a und b sind Drosselklappen c und d für Gas und Luft vorgesehen, die gemeinsam vom Bedienungsstand verstellt werden können. Um die Gas- und Luftmenge für jeden Zylinder einzeln einstellen zu können, sind die Drosselklappen mit dem gemeinsamen Gestänge durch eine Klemmvorrichtung verbunden.

Bei manchen Maschinen erfolgt die Einstellung von Gas und Luft durch eine für alle Zylinder gemeinsame Drosselklappe in der Eintrittsöffnung der Gasleitung a und der Eintrittsöffnung der Luftleitung b. Dabei ist für jeden Zylinder entweder in der Luft-

oder in der Gasverbindungsleitung eine zusätzliche Drosselklappe vorhanden, mit de
das Gemisch für den betreffenden Zylinder von Hand nachgestellt werden kann. Di
Mischung von Luft und Gas erfolgt im Einlaßventil, die Regelung der Belastung durcl
Verändern des Ventilhubes. Auf der Spindel des Einlaßventils *f* befindet sich das al
Schleppventil ausgebildete Gasventil *g*. Die Betätigung des Einlaßventils erfolgt von de

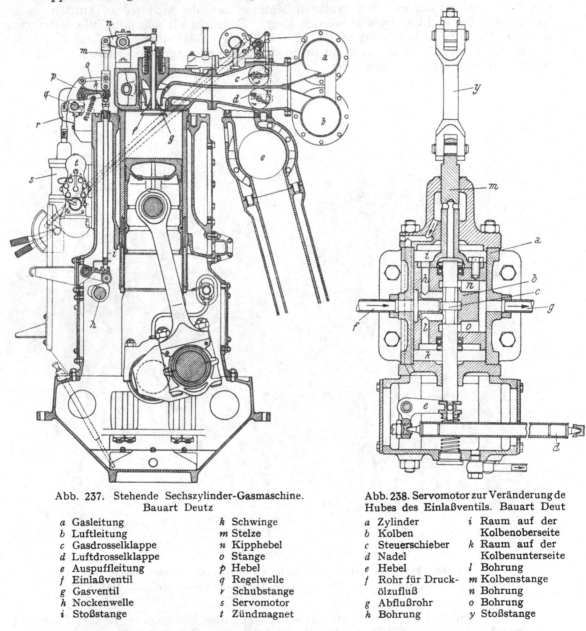

Abb. 237. Stehende Sechszylinder-Gasmaschine.
Bauart Deutz

a	Gasleitung	*k*	Schwinge
b	Luftleitung	*m*	Stelze
c	Gasdrosselklappe	*n*	Kipphebel
d	Luftdrosselklappe	*o*	Stange
e	Auspuffleitung	*p*	Hebel
f	Einlaßventil	*q*	Regelwelle
g	Gasventil	*r*	Schubstange
h	Nockenwelle	*s*	Servomotor
i	Stoßstange	*t*	Zündmagnet

Abb. 238. Servomotor zur Veränderung de
Hubes des Einlaßventils. Bauart Deut

a	Zylinder	*i*	Raum auf der
b	Kolben		Kolbenoberseite
c	Steuerschieber	*k*	Raum auf der
d	Nadel		Kolbenunterseite
e	Hebel	*l*	Bohrung
f	Rohr für Druck-	*m*	Kolbenstange
	ölzufluß	*n*	Bohrung
g	Abflußrohr	*o*	Bohrung
h	Bohrung	*y*	Stoßstange

Nockenwelle *h* über die Stoßstange *i*, die Schwinge *k*, die Stelze *m* und den Kipphebel *n*
Die Veränderung des Einlaßventilhubes geschieht durch Aus- und Einschwingen de
Stelze *m* auf der Schwinge *k* mittels der Stange *o* und des Hebels *p*. Die Hebel *p* de
einzelnen Zylinder sind auf einer gemeinsamen Regelwelle *q* befestigt, die mit Hilfe de
Servomotors *s* und der Schubstange *r* verdreht wird.

Einen Schnitt durch den zur Veränderung des Ventilhubes dienenden Servomoto
zeigt Abb. 238. Der Motor wird mit Drucköl betrieben. Im Zylinder *a* bewegt sich de
Kolben *b*, der mit der Kolbenstange *m* verschraubt ist. Im Innern des Kolbens befinde
sich der Steuerschieber *c*, der durch die Nadel *d* und den Hebel *e* vom Drehzahlregle

verstellt wird. Der Zufluß des Drucköles zum Steuerschieber erfolgt durch das Rohr *f*. Bewegt sich der Steuerschieber *c* nach unten, so tritt das Drucköl durch die Bohrung *h* in den Raum *i* auf der Kolbenoberseite. Gleichzeitig kann das Öl aus dem Raum *k* auf der Kolbenunterseite durch die Bohrungen *l* und *o* in das Abflußrohr *g* gelangen. Durch den Öldruck im Raum *i* bewegt sich der Kolben *b* abwärts und folgt der Bewegung des Steuerschiebers, bis er ihm gegenüber wieder die Mittellage einnimmt. Dabei sperrt der Kolben selbst den Zu- und Abfluß des Drucköles wieder ab. Bei der Aufwärtsbewegung des Steuerschiebers *c* erfolgt der Vorgang in umgekehrter Richtung. Der Servomotor ist stark genug, die Stoßstange *y* auch bei angehobenem Einlaßventil zu bewegen.

Abb. 239. Anlage stehender Gasmaschinen. Bauart Deutz

Neben Gasmaschinen mit Regelung durch Verändern des Ventilhubes baut Deutz größere stehende Gasmaschinen, bei denen die Regelung durch einen für alle Zylinder gemeinsamen Luftschieber und einen für alle Zylinder gemeinsamen Gasschieber erfolgt. Gas und Luft werden den Zylindern ebenfalls in getrennten Leitungen zugeführt (DRP 438 648 Erf. Dipl.-Ing. K. SCHMIDT, Köln — Deutz).

Die Regelung nach diesem System ist sehr einfach und besonders für Wechselmotoren geeignet, die schnell von Gas- auf Dieselbetrieb umgestellt werden müssen. Durch Auswechseln der beiden Regelventile läßt sich die Maschine leicht mit einem Gas von anderem Heizwert betreiben. Um ein Verschmutzen und Hängenbleiben der Regelventile zu verhindern, muß das Gas gut gereinigt werden. Die Regelung durch Verändern des Einlaßventilhubes, die in der Herstellung teurer ist, hat jedoch den Vorteil, daß sich an dem warmen Einlaßventil weniger Teer ansetzt und daß das Gasventil mit dem Einlaßventil durch die Steuerung zwangsläufig geöffnet wird. In Abb. 239 ist eine Ansicht und in Abb. 240 ein Schnitt durch eine Maschine der Type GVM 245 mit der geschilderten Regeleinrichtung dargestellt. Abb. 241 zeigt einen Schnitt durch die gleiche Regelvorrichtung für Betrieb mit Generatorgas.

Das Gasventil und das Luftventil sind in getrennten Kammern des Gehäuses untergebracht. Um eine Entlastung der Ventile vom Gas- und Luftdruck zu erzielen, sind die Ventile als Doppelsitzventile ausgebildet. Die Luft wird durch einen doppelten zylindrischen Schieber gesteuert, der beim Verschieben in axialer Richtung Schlitze im Schiebergehäuse freigibt. Die Ventilspindeln sind gasdicht nach außen geführt. Sie werden durch verdrehbare Nocken und Hebel vom Regler aus verschoben. Durch entsprechende Formgebung der Nocken ist jede Einstellung des Gas- und Luftventils mög-

lich, und die Maschine kann so geregelt werden, daß bei allen Belastungen der Gasverbrauch am niedrigsten ist. Um das Mischungsverhältnis auf einfache Weise von Hand
ändern zu können, ist der Luftschieber verdrehbar ausgebildet und es sind Lappen daran
angebracht, die beim Verdrehen mehr
oder weniger mit den Schlitzen im
Schiebergehäuse zur Deckung kommen.
Die Verdrehung des Luftschiebers geschieht von Hand durch eine Kurbel
und ein Räderpaar. Beim Betrieb der
Maschine mit einem Gas von hohem
Heizwert hat das Gasventil einen
kleineren Durchmesser und wird mit
einem besonderen Einsatz in das Gehäuse eingesetzt. Bei größeren Maschinen werden die Nocken, durch
die das Gasventil und der Luftschieber
betätigt werden, durch einen Servomotor gedreht. Wie aus Abb. 240 zu
ersehen ist, strömt das Gas vom Gasventil in die Gasleitung, während die
Luft vom Luftschieber in die Luftleitung gelangt. Von den Luft- und
Gasleitungen führen Stutzen zu den
Einlaßventilen der einzelnen Zylinder.
In den Gasstutzen sind von Hand
einstellbare Klappen vorgesehen, durch
welche das den einzelnen Zylindern
zuströmende Gas nachgeregelt werden
kann. Das Einlaßventil, das ständig
den gleichen Hub ausführt, trägt auf
seiner Spindel das Schleppventil für
das Gas, das bei geschlossenem Einlaßventil Gas und Luft voneinander
abschließt.

*Deutsche Werke DWK — jetzt Ma-
schinenbau AG., Kiel (MAK).* Die
stehenden Gasmaschinen der DWK
haben bis zu einer Zylinderleistung
von 50 PS ein für mehrere Zylinder
gemeinsames Misch- und Regelventil
und eine ebenfalls für mehrere Zylinder gemeinsame Gemischleitung. Das
Misch- und Regelventil kann durch
Auswechseln weniger Teile verschiedenen Gasen angepaßt werden.

Eine Sechszylindergasmaschine der
DWK mit einem gemeinsamen Misch-
und Regelventil und einer gemein-

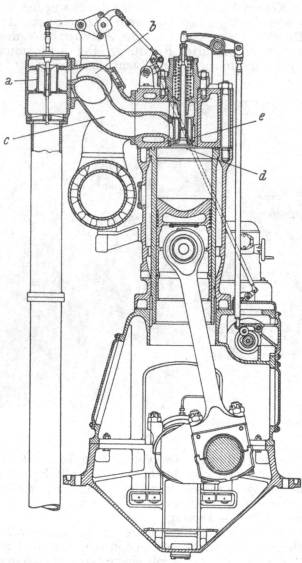

Abb. 240. Vierzylinder-Viertakt-Gasmaschine. Bauart
Deutz. Leistung 280 PS, 375 U/min, Bohrung 340 mm,
Hub 450 mm

a Gasventil   c Luftleitung   d Einlaßventil
b Gasleitung   e Schleppventil

samen Gemischleitung für je drei Zylinder zeigt Abb. 242, das dazugehörige Misch- und
Regelventil für Sauggas Abb. 243.

Die Luftleitung ist mit *a*, die Gasleitung mit *b* bezeichnet. Von dem Raum *c*, in dem
sich Gas und Luft treffen, führt die Gemischleitung *d* zu den Einlaßventilen der einzelnen Zylinder. Das Luftventil *e* und das Gasventil *f* sitzen auf der gemeinsamen
Ventilspindel *g*, die vom Drehzahlregler verschoben wird. Da die durch den Unterdruck
im Mischraum auf die Ventile *e* und *f* wirkenden Kräfte sich gegeneinander aufheben, ist
die Einschaltung eines Servomotors zwischen dem Regler und der Ventilspindel über-
flüssig.

In der Luftleitung *a* ist eine Drosselklappe *h* angeordnet, die während des Betriebes geöffnet ist und nur beim Anfahren zum Teil geschlossen wird, um das Gas stärker anzusaugen.

Um ein Verschmutzen der Spindelführung durch unreine Gase und ein Hängenbleiben des Misch- und Regelventils zu vermeiden, ist die Ventilspindel *g* in der Gaskammer durch die weit übergreifende Spindelführung *i*, die gleichzeitig den Anschlag bildet, geschützt.

Abb. 244 zeigt die Ergebnisse des Abnahmeversuchs einer Maschine der DWK. Über der Leistung und dem Nutzdruck sind der spezifische Wärmeverbrauch, das Luftverhältnis und die Auspufftemperatur aufgetragen.

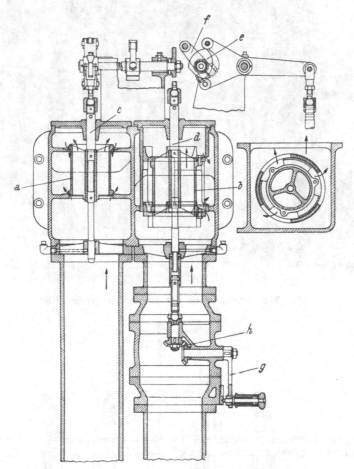

Abb. 241. Regelvorrichtung für Generatorgas. Bauart Deutz

a Gasventil	*c* Ventilspindel	*e* Nocken	*g* Kurbel
b Luftventil	*d* Ventilspindel	*f* Hebel	*h* Kegelradpaar

Bei den größeren Gasmaschinen der DWK mit Zylinderleistungen von mehr als 50 PS werden Gas und Luft den Einlaßventilen in getrennten Leitungen zugeführt. Die Mischung erfolgt in den Einlaßventilen. In Abb. 245 ist ein solches Einlaßventil dargestellt. Unter dem Gasraum *a* liegt der Mischraum *b*. Beide werden durch das auf der Spindel des Einlaßventils sitzende Gasventil *d* bei geschlossenem Einlaßventil voneinander getrennt. Das Gasventil *d* ist als Schleppventil ausgebildet und öffnet sich erst, nachdem das Einlaßventil schon etwas geöffnet ist. In der Zuleitung zum Gasraum befindet sich zur Regelung der Gasmenge die Drosselklappe *e*. Die in den Mischraum strömende Luftmenge wird durch die Drosselklappe *g* eingestellt.

Die beiden Drosselklappen für Gas und Luft sind durch Gestänge mit zwei Reglerwellen verbunden, die durch einen Servomotor vom Drehzahlregler bewegt werden.

Durch Veränderung der Länge des Gestänges zwischen dem Servomotor und den Regler wellen ist das Mischungsverhältnis einstellbar.

Abb. 242. Gasmaschine der Deutschen Werke, Kiel

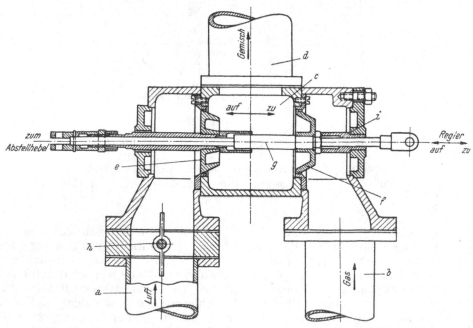

Abb. 243. Regel- und Mischventil für Sauggas. Bauart Deutsche Werke, Kiel

a Luftleitung	d Gemischleitung	g Ventilspindel
b Gasleitung	e Luftventil	h Luftdrosselklappe
c Mischraum	f Gasventil	i Spindelführung

Um eine gute Mischung von Gas und Luft in der Mischkammer zu erreichen, sind die Drosselklappen für Luft und die seitlichen Begrenzungsflächen der Öffnungen so ausgebildet, daß die Luft tangential in die Mischkammer eintritt und dort eine kreisende Bewegung ausführt. Das von oben kommende Gas soll senkrecht auf die kreisende Luft auftreffen, dadurch soll sich eine gute Mischung ergeben.

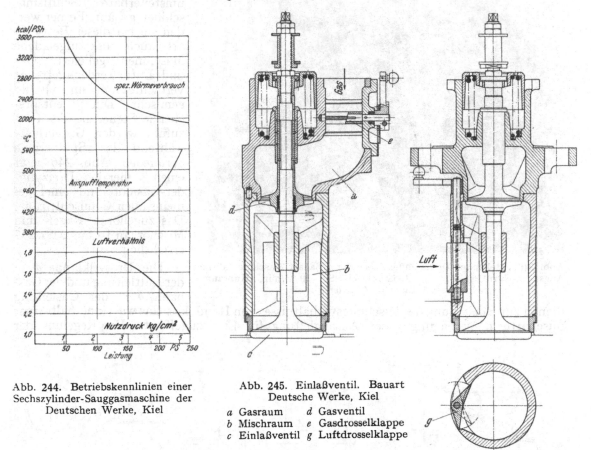

Abb. 244. Betriebskennlinien einer Sechszylinder-Sauggasmaschine der Deutschen Werke, Kiel

Abb. 245. Einlaßventil. Bauart Deutsche Werke, Kiel

a Gasraum   d Gasventil
b Mischraum   e Gasdrosselklappe
c Einlaßventil   g Luftdrosselklappe

Maschinenfabrik Augsburg-Nürnberg (MAN). Die stehenden Maschinen der MAN weisen ebenfalls entweder eine für alle Zylinder gemeinsame Gemischleitung oder getrennte Leitungen für Luft und Gas auf. In ihrem Gesamtaufbau gleichen sie den entsprechenden Dieselmotorentypen (es handelt sich hauptsächlich um die Reihen GV und WV) vollständig, aus denen sie durch entsprechenden Umbau entstehen. Es handelt sich also um echte Wechselmotoren. Der Umbau und Anbau der Teile für Gasbetrieb ist bei guter Vorbereitung in wenigen Stunden durchführbar.

Die Motoren werden für den normalen Ottobetrieb zur Verwendung aller Arten von Arm- und Reichgasen gebaut. Dabei beträgt der Verdichtungsenddruck 13 bis 15 kg/cm², der spezifische Wärmeverbrauch bei Vollast 2400 bis 2450 kcal/PSeh. Die Leistungseinbuße gegenüber dem Dieselbetrieb ist bei einem $p_e = 4 - 4{,}2$ kg/cm² etwa 20 bis 25%. Das Verdichtungsverhältnis wird durch Herausnehmen von Beilagen unter dem Pleuelfuß herabgesetzt.

Als hochverdichtete Ottomotoren laufen die Maschinen nur mit Methan oder Armgasen. Der Verdichtungsenddruck liegt bei 28 kg/cm², der Wärmeverbrauch bei Vollast bei 2050 bis 2150 kcal/PSeh. Es wird ein Nutzdruck von 4,6 bis 4,9 kg/cm² erreicht, also ein Leistungsverlust von 12% gegenüber dem Dieselmotor. Im Zündstrahl-(Dieselgas-)Betrieb können alle Arten von Arm- und Reichgasen verwendet werden. Der Verdichtungsenddruck beträgt hier 32 kg/cm², bei Vollastbetrieb werden spezifische Wärmeverbräuche von 2000 bis 2100 kcal/PSeh erreicht, davon entfallen 170 bis 250 kcal/PSeh (10 bis 15% vom Dieselvollastverbrauch) auf das Zündöl. Bei einem

Nutzdruck von 5,0 kg/cm² tritt ein Leistungsabfall von 10% gegenüber dem Dieselbetrieb ein.

Abb. 246. Stehender Dreizylinder-Gasmotor. Bauart Maschinenfabrik Augsburg-Nürnberg (MAN). Leistung 60 PS, 750 U/min, Hubraum 5,3 Liter je Zylinder

Die Motortypen GV 33, 42 und 52 werden im Zündölbetrieb auch als direkt umsteuerbare Schiffsmaschinen gebaut. Ferner werden sie bei dieser Betriebsart auch als aufgeladene Maschinen geliefert. Gas und Luft werden getrennt verdichtet und im Zylinder gemischt Durch entsprechende Steuerung der Gaszufuhr werden Gasverluste während der Spülperiode vermieden. Abb. 246 zeigt einen stehenden Dreizylinder-Gasmotor mit einer gemeinsamen Gemischleitung. Das zugehörige Regel- und Mischorgan ist aus Abb. 247 ersichtlich.

Die Drosselklappe *a* in der Luftleitung und der Gashahn *b* in der Gasleitung dienen zur Einstellung des Mischungsverhältnisses von Hand. Das Gas wird innerhalb einer düsenartigen Verengung *f* der Ansaugleitung für Luft zugeführt. Die Regelung der

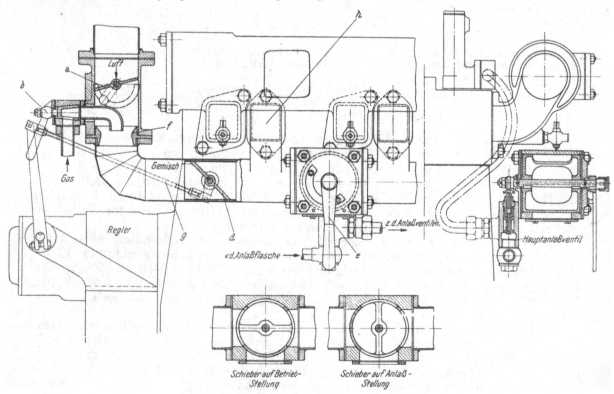

Abb 247. Regler- und Mischorgan. Bauart MAN

a Luftdrosselklappe   *d* Gemischdrosselklappe   *f* düsenartige Verengung
b Gashahn   *e* Umschalthahn   *g* Gestänge

Maschine erfolgt durch die Drosselklappe d, die durch das Gestänge g mit dem Drehzahlregler verbunden ist. Bei hoher Belastung ist der Unterdruck in der Düse f groß. Es wird also auch mehr Gas angesaugt. Das Verhältnis von Luft zu Gas bleibt annähernd gleich. Die Maschine arbeitet also mit Füllungsregelung.

An der Gemischleitung ist zum Schutz gegen Explosionen ein Sicherheitsventil nach Abb. 248 angeordnet. Es besteht aus einer Ventilplatte a, die durch die Feder b belastet wird. Das Anlassen der Maschine geschieht mit Druckluft. Zu diesem Zweck ist nach Abb. 247 ein Umschalthahn e vorgesehen, durch den die beiden rechts liegenden

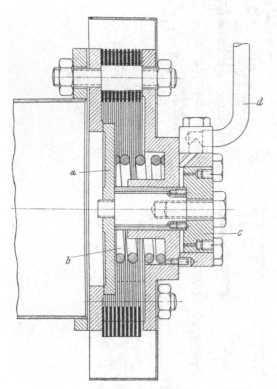

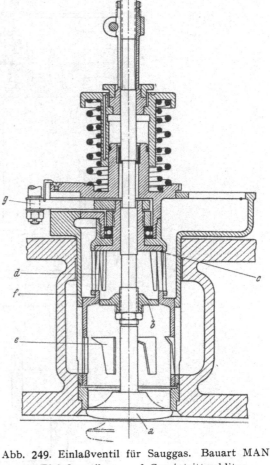

Abb. 248. Sicherheitsventil. Bauart MAN

a Ventilplatte c Kolben
b Ventilfeder d Anlaßdruckluftleitung

Abb. 249. Einlaßventil für Sauggas. Bauart MAN

a Einlaßventil d Gaseintrittsschlitze
b Gasventil e Lufteintrittsschlitze
c Gas- und Luft- f Ventilkorb
    schieber g Hebel

Zylinder gegen die Gemischleitung abgeschlossen und das Anlaßluftventil für diese Zylinder geöffnet wird. Der dritte, auf der linken Seite liegende Zylinder saugt das Gemisch durch den Stutzen h während des Anlaßvorganges an. Da der Umschalthahn e für die beiden rechts liegenden Zylinder die Gemischleitung absperrt, wird die Luft für diese Zylinder durch das Sicherheitsventil angesaugt. Zu diesem Zweck ist die Ventilplatte a des Sicherheitsventils mit einem kleinen Kolben c verbunden, der beim Anlassen durch Druckluft, die durch die Rohrleitung d zuströmt, nach außen bewegt wird und die Ventilplatte anhebt.

Bei den größeren Gasmaschinen der MAN werden Gas und Luft in getrennten Rohrleitungen zum Einlaßventil geführt.

Das Einlaßventil einer solchen größeren Maschine ist in Abb. 249 dargestellt. Auf der Spindel des Einlaßventils a sitzt der Gasschieber b, der die Gasleitung erst freigibt, wenn das Einlaßventil einen bestimmten Hub ausgeführt hat. Die Regelung von Füllung und Gemisch geschieht durch Veränderung der Querschnitte der Gas- und Lufteintritts-schlitze *d* und *e* im Ventilkorb *f*. Dazu dient der Gasschieber *c*, der durch den Hebel *g* vom Drehzahlregler verdreht wird. Die Änderung der Füllung und des Mischungsver-hältnisses in Abhängigkeit von der Belastung der Maschine wird durch die Form der Schlitze erreicht.

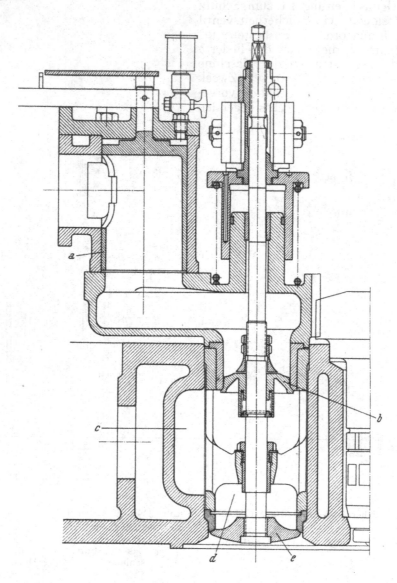

Abb. 250. Gas-Luft-Einsaugventil und Gasregelschieber für Zündstrahlmaschinen, Bauart MAN

a Gaszutritt und Regulierschieber	*c* Lufteintritt	*d* Mischraum
b Gasventil		*e* Gemischventil

Bei der Umstellung auf das Zündstrahl-(Dieselgas-)Verfahren ist die MAN von der konzentrischen Anordnung der Gas- und Luftschieber abgegangen, da der sonst sehr geringe Umbauaufwand die Verwendung dafür erforderlicher besonderer Zylinder-köpfe nicht rechtfertigt. Eine dafür geeignete Konstruktion, die an Stelle des normalen Ventilkorbes eingebaut werden kann, zeigt Abb. 250.

Eine andere Ausführung der Regelung für größere Gasmaschinen der MAN ist aus Abb. 251 ersichtlich. Auch in diesem Fall werden die Gasleitung *a* und die Luftleitung *b* getrennt bis dicht vor das Einlaßventil geführt. Am Ende der Gasleitung *a* befindet sich das Gasventil *c*, das zusammen mit dem Einlaßventil *d* durch einen gemeinsamen

Schwinghebel geöffnet wird. Der Hub beider Ventile bleibt gleich. Das Gasventil gibt jedoch die Gasleitung erst frei, nachdem das Einlaßventil einen bestimmten Hub ausgeführt hat, so daß wieder zuerst Luft angesaugt wird. Die Regelung der Füllung und des Mischungsverhältnisses in Abhängigkeit von der Belastung geschieht durch den Drehschieber *f* in der Gasleitung und die Drosselklappe *g* in der Luftleitung. Der Gasschieber wird vom Drehzahlregler durch den Hebel *i* verdreht, die Luft durch den vom Hebel *i* mitgenommenen Hebel *h*, der die Luftdrosselklappe bewegt. Der Hahn *e* dient zur Einstellung der Gaszufuhr von Hand.

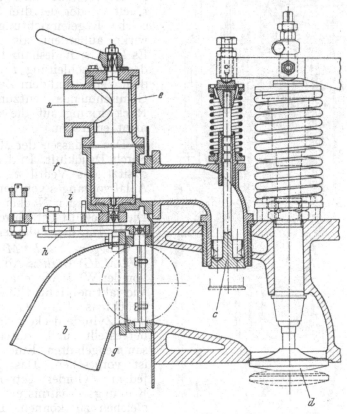

Abb. 251. Einlaßventil mit Gas- und Luftschieber. Bauart MAN

a Gasleitung	*c* Gasventil	*e* Gashahn	*g* Luftdrosselklappe	*i* Gashebel
b Luftleitung	*d* Einlaßventil	*f* Gasschieber	*h* Lufthebel	

Ehrhardt & Sehmer, Saarbrücken. Einen Querschnitt durch eine stehende Gasmaschine von Ehrhardt & Sehmer, Saarbrücken, stellt Abb. 252 dar. Bei einer Drehzahl von 375 U/min hat sie eine Leistung von 500 PS. Seitlich am Zylinderkopf sind die Gasleitung *a*, die Luftleitung *b* und die gekühlte Auspuffleitung *c* angebracht. Von der gemeinsamen Gasleitung *a* führen die Leitungen *e* und von der gemeinsamen Luftleitung *b* die Leitungen *f* zu den Einlaßventilen *g*. Bei geschlossenem Einlaßventil werden Gas und Luft durch den Schieber *h* auf der Ventilspindel voneinander getrennt. Bei beginnendem Hub des Einlaßventils wird wieder zuerst Luft und dann Gemisch angesaugt. Die Regelung der Maschine erfolgt durch das Verdrehen der Drosselklappen *i* und *k* in der Gas-, bzw. Luftleitung mittels der Hebel *o* und *p* an den zwei am Zylinderblock entlang laufenden Regelwellen *m* und *n*. Durch Veränderung der Länge der Stangen kann die Maschine für verschiedene Gase eingestellt werden.

Fahrzeug- und Maschinenwerke G. m. b. H., Breslau (FAMO). Abb. 253 zeigt einen Schnitt durch eine stehende Dreizylindergasmaschine der FAMO. Bei einer Bohrung von 225 mm, einem Hub von 330 mm und einer Drehzahl von $n = 475$ U/min hat die Maschine eine Leistung von 85 PS.

Die Regel- und Mischorgane für Gas und Luft sind seitlich am Zylinderblock angeordnet. In der Luftleitung a und der Gasleitung b sitzt der gemeinsame Doppelhahn c,
durch den das Mischungsverhältnis von Hand eingestellt werden kann. Das Zusammentreffen von Gas und Luft erfolgt in dem selbsttätigen Mischventil d, das als Doppel-
sitzventil ausgebildet ist.

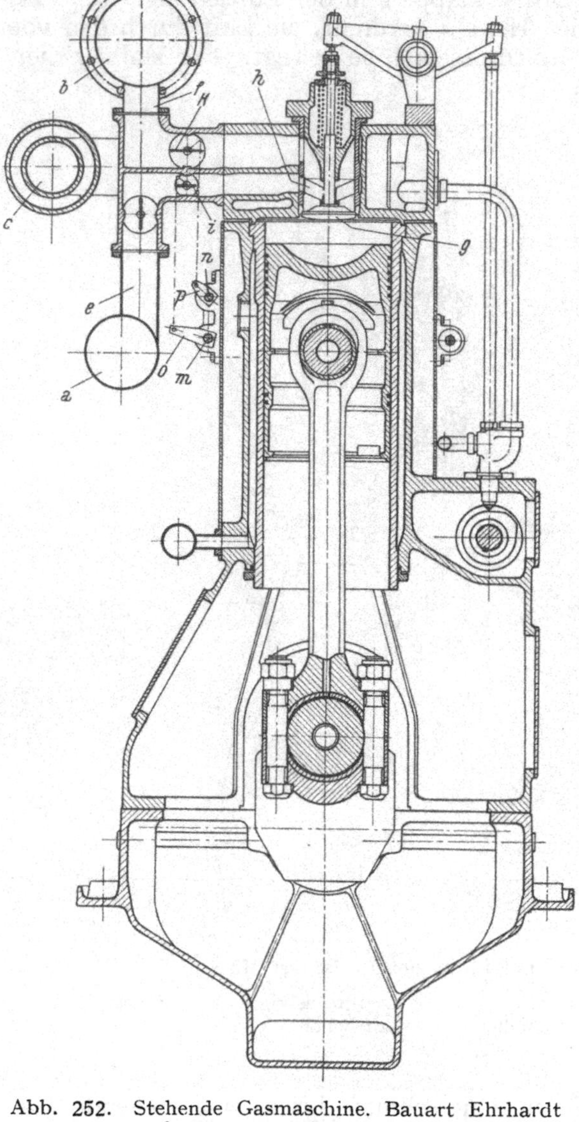

In der Gemischleitung f befindet sich die Drosselklappe e, die vom Drehzahl-
regler verstellt wird und die Füllung regelt. Jeder der drei Zylinder hat eine solche
Regeleinrichtung. Das Ventil d wirkt außerdem als Rückschlagventil. Es kann sich
deshalb bei Zündungen in der Gemischleitung f nur die zwischen dem Ventil und dem
Zylinder befindliche Gemischmenge entzünden und eine Rückwirkung auf die anderen
Zylinder nicht eintreten.

Das Anlassen der Maschine geschieht durch Druckluft. In der Anlaßluftleitung
g sitzt das Ventil k, das während des Anlaßvorganges von dem auf der Steuerwelle sitzenden Nocken angehoben wird. Die Druckluft tritt durch das selbsttätige
Ventil h in den Zylinder ein.

Waggon- und Maschinenbau AG., (WUMAG) Görlitz. Abb. 254 zeigt einen
von der WUMAG gebauten Sechszylinder-Viertaktmotor für Zündstrahlbetrieb mit
Leuchtgas [38]. Grundplatte, Gestell und Zylinderdeckel sind aus Grauguß
hergestellt und durch Zuganker zu-sammengehalten. Eine nasse Laufbüchse
ist vorgesehen. Das Kühlwasser läuft jedem Zylinder getrennt zu, um die
Kühlungsverhältnisse im Betrieb ab-gleichen zu können. Ein- und Auslaßventile sind in eigenen Ventilgehäusen untergebracht. Bei dem Auslaßventil
wird der Hohlraum des Gehäuses vom Kühlwasser durchströmt Das Einspritzventil mit Bosch-Düse, eine eigene Konstruktion der WUMAG, ist das
gleiche wie bei der Dieselausführung. Es ist mit Wasser gekühlt und hat sich
deshalb besonders bei der Einspritzung der kleinen Zündölmengen gut bewährt.
Es hat niemals zu Störungen durch Ver-koken oder Festbrennen der Nadel ge-

Abb. 252. Stehende Gasmaschine. Bauart Ehrhardt
& Sehmer, Saarbrücken

a Gasleitung	g Einlaßventil	m Reglerwelle
b Luftleitung	h Schieber	n Reglerwelle
c Auspuffleitung	i Drosselklappe	o Hebel
e Leitung	k Drosselklappe	p Hebel
f Leitung		

führt. Jeder Zylinder ist mit einer eigenen Bosch-Einspritzpumpe PF1D ausgestattet.
Die Nockenwelle ist in ungeteilten Lagerringen seitlich am Gestell gelagert. Die Kraft-
stoffnocken sind mit Hilfe einer Klemmvorrichtung verdrehbar.

Das Verdichtungsverhältnis ist gegenüber dem Dieselbetrieb ($\varepsilon = 13,2$) auf $\varepsilon = 12$
herabgesetzt, da dies durch Ausbauen der Treibstangen-Zwischenstücke einfach zu be-
werkstelligen war.

Dabei ergab sich gleichzeitig auch ein günstiger Kompromiß hinsichtlich der Klopfgefahr bei der hohen Verdichtung einerseits und den Anlaßschwierigkeiten und der

Verschlechterung des Wirkungsgrades bei zu niedrigem Verdichtungsverhältnis andererseits

Einen Schnitt durch den Zylinderkopf zeigt Abb. 255. Zur Vermeidung von Selbstzündungen sind alle scharfen Kanten an Kolbenboden und Zylinderdeckel beseitigt und auch die Gewindebohrungen im Kolbenboden für das Ziehen der Kolben sind glatt

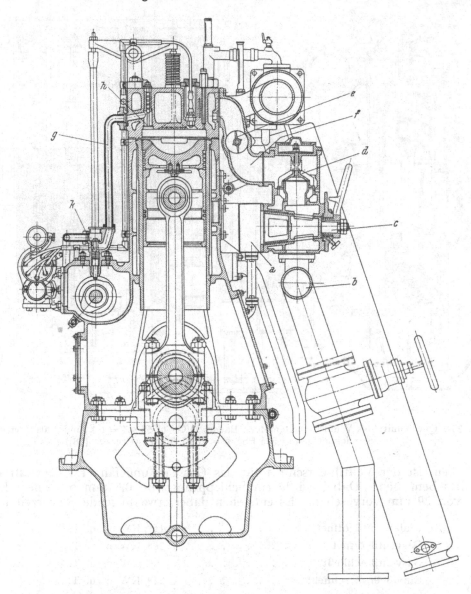

Abb. 253. Stehende Dreizylindergasmaschine. Bauart Fahrzeug- und Maschinenwerke G. m. b. H., Breslau

a Luftleitung	d Mischventil	g Anlaßluftleitung
b Gasleitung	e Gemischdrosselklappe	h Anlaßventil
c Doppelhahn	f Gemischleitung	k Ventil

verschlossen. Der Zylinderkopf ist gegenüber der Dieselausführung nicht geändert, nur wird ein anderes Einlaßventilgehäuse mit Anschluß für die Gasleitung eingesetzt, bei dem jene Räume, welche beim Auslaßventil zur Wasserkühlung dienen, für die Zuführung des Gases herangezogen werden. Außerdem sind in diesen Einsätzen auch die Gasschleppventile eingebaut, die einer gemeinsamen Gasmischvorrichtung für alle Zylinder vorgezogen wurden, da es sich um eine größere, langsamlaufende Maschine handelt.

Die äußeren Abmessungen der für den Dieselbetrieb konstruierten Ventilkörbe reichen für diese Anordnung ohne weiteres aus, da die Leuchtgasmenge beim theoretischen Mischungsverhältnis nur höchstens 1/5 des Luftvolumens beträgt. Um alle Strömungswiderstände möglichst gering zu halten und auch einen gewissen Spielraum

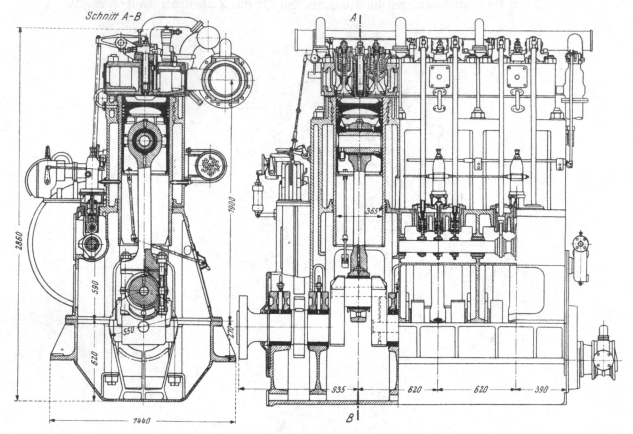

Abb. 254. Querschnitt des Wumag-Dieselmotors, Bauart D/G—6V55 ($Z = 6$ Zylinder als Dreizylindermotor gezeichnet. $N_e = 525$ PS; $n = 250$ U/min) (Pflaum [38])

zu haben, ist der Ventilquerschnitt für das Gas mit ungefähr 1/4 des Luftventilquerschnitts bemessen. Dabei wurde ein Schleppgang von 0,5 mm bei einem Luftventilhub von 29 mm vorgesehen. Es entstehen dabei etwa folgende Steuerzeiten:

Einlaßventil öffnet . . . . 16° KW v. o. T.

Gasventil öffnet . . . . 20° KW n. o. T.

Gasventil schließt . . . . 5° KW v. u. T.

Einlaßventil schließt . . . . 31° KW n. u. T.

Die Ventilüberschneidung beträgt also jeweils etwa 36°. Diese Maßnahme, zusammen mit der ausgezeichneten Kühlung des Kopfes (Abb. 256), der Auslaß- und Brennstoffventile bewirkt, daß Rückzündungen trotz dem empfindlichen Leuchtgas vollständig vermieden sind. Obwohl bei der Gaszumessung durch Schleppventile ein gemeinsames Gasdrosselorgan für alle Zylinder ausreichend gewesen wäre, sind für jeden Zylinder eigene Drosselklappen vorgesehen. Dies hat sich als zweckmäßig erwiesen, um auch bei kleinen Teillasten und im Leerlauf, wo das Gasvolumen bis auf ungefähr 1/33 des Luftvolumens absinkt, Unregelmäßigkeiten in den Strömungswiderständen und die durch das Arbeiten des Motors verursachten Gasdruckschwankungen auszugleichen, weil sonst keine einwandfrei gleichmäßige Lastverteilung auf die Zylinder zu erreichen gewesen wäre. Um den nur für Dieselbetrieb ausgelegten Regler dabei nicht übermäßig zu belasten, sind alle Reibungswiderstände so klein wie möglich gehalten (sorgfältige Ausbildung von Kugelköpfen und Zapfen) und unter anderem für die Drosselklappenwelle Kugellager vorgesehen. Für die Regelung der Luft genügt allerdings eine für alle Zylinder gemeinsame handbetätigte Drosselklappe in der Ansaugleitung.

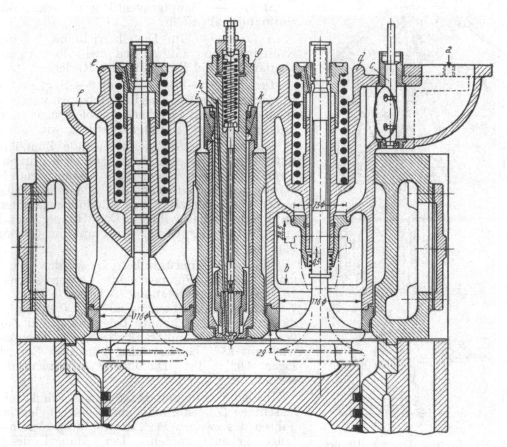

Abb. 255. Zylinderdeckel des Motors D/G—6V55 mit eingebauten Ventilen nach der Umstellung von
Diesel- auf Gasbetrieb (PFLAUM [38])

a Gaseintritt	*e* Auslaßventil	*i* Kühlwasserzulauf zum Kraft-
b Luftzutritt	*f* Kühlwasserzulauf für Auslaßventil	stoffventil
c Gasdrosselklappe	*g* Kraftstoff-Ventil	*k* Kühlwasserablauf vom Kraft-
d Gas-Misch- und Einlaßventil	*h* Kraftstoffzufluß	stoffventil

Das Zusammenarbeiten der einzelnen Teile der Regelung kann man aus der perspektivischen Abb. 257 ohne weiteres ableiten. Man unterscheidet drei Baugruppen:

Das *Regelgestänge a, b, c, d* für die Gasdrosselklappen, das unmittelbar vom Regler bewegt wird. Um die Gasfüllung jedes einzelnen Zylinders sorgfältig abstimmen zu können, ist die an jeder Gasdrosselklappe erkennbare Verstellvorrichtung angebracht.

Das mit dem Schalthebel *e* der Maschine gekuppelte *Schließgestänge f, g, h* für das Hauptgasventil. Das Hauptgasventil öffnet sich erst, wenn der Schalthebel aus der Anlaßstellung (das Anlassen geschieht nur mit flüssigem Kraftstoff) in die Betriebsstellung für Gasbetrieb gebracht wird.

Das *Regelgestänge i, k* für die Einspritzpumpe, das je nach Stellung des Schalthebels *e* im Falle des Gasbetriebes auf die festgelegte Zündölmenge starr eingestellt oder im Falle des Dieselbetriebes wieder unter die Einwirkung des Reglers gebracht wird.

Aus der Abb. 257 sieht man auch, wie durch Bewegung des Schalthebels *e* über die Nocken *u* und *w* die Hebel *x* und *y* betätigt werden und zwangsläufig die Füllung der Einspritzpumpen für das Anlassen und den Zündstrahlbetrieb auf den bestimmten Höchstwert festlegen. Der Regler wird dabei an seiner Bewegung für die anderen Aufgaben (Gasregelung oder Verminderung der Einspritzpumpenfüllung auf den Leerlaufbedarf nach dem Anlaßvorgang) durch die dazwischen geschaltete Feder *s* nicht behindert.

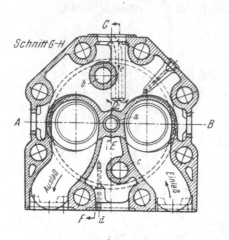

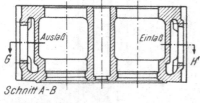

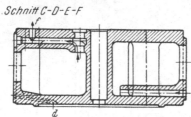

Abb. 256. Einzelne Querschnitte des Zylinderdeckels für den Motor D/G—6V55 zur Darstellung der Kühlwasserführung

a für Kraftstoff-   *c* für Anlaßventil
   ventil   *d* Indikatorbohrung
b für Sicherheits-   *e* Kühlwasserzufluß
   ventil   *f* Kühlwasserabfluß
(PFLAUM [38])

Die einzelnen Stellungen des Schalthebels entsprechen folgenden Betriebszuständen:

Stopp. — Hauptgasventil geschlossen, Brennstoffpumpe abgestellt.

Anlassen. — Im Dieselbetrieb mit bestimmter Kraftstoffüllung (50%) und bei Übersteigen der Leerlaufdrehzahl Eingreifen des Reglers.

Dieselbetrieb. — Mit Einfluß des Reglers auf die Einspritzpumpe. Die Gasdrosselklappen werden zwar ebenfalls vom Regler betätigt, bleiben aber wegen des geschlossenen Hauptgasventils unwirksam.

Gasbetrieb. — Auf gleichbleibende Zündölmenge festgelegtes Reglergestänge zur Einspritzpumpe, weshalb zwischen Regler und Gestänge eine Feder als elastisches Glied eingebaut sein muß. Dabei ist ferner vorausgesetzt, daß die Zündölmenge unterhalb des Leerlaufbedarfes liegt. Das Hauptgasventil ist geöffnet und der Regler wirkt auf die Gasdrosselklappen.

Für den Zündstrahlbetrieb wurden die normalen 18 mm-Pumpenstempel gegen solche mit 14 mm $\varnothing$ ausgetauscht. Ebenso die Düsen 7 × 0,35 mm gegen solche mit 8 × 0,25 mm. Mit diesen Elementen konnte bei günstigstem Zündölverbrauch im Zündstrahlbetrieb ein Dieselnotbetrieb mit 83% bei besonders günstiger Einstellung sogar 90% der Dieselvollast aufrechterhalten werden.

In den Vereinigten Staaten sind Zündstrahlgasmaschinen (Zweistoffmaschinen) erst in den letzten Jahren des zweiten Weltkrieges in größerem Umfange gebaut worden. Der Mangel des sehr schlechten Teillast-Wirkungsgrades, konnte in letzter Zeit durch entsprechende Maßnahmen überwunden werden. Seither finden die Zweistoffmaschinen trotz der reichen Ölquellen des Landes immer weitere Verbreitung. Es wird in erster Linie Erdgas, aber auch Faulgas verwendet.

Auch von amerikanischer Seite wird der gute Wirkungsgrad bei dem hohen Verdichtungsverhältnis betont, der zusammen mit dem billigen Kraftstoff den Energiepreis äußerst günstig gestaltet; außerdem gegenüber dem Otto-Verfahren der Vorteil des Wegfalls der störempfindlichen elektrischen Zündeinrichtung, der Vermeidung von Betriebsunterbrechungen bei Ausfall der Gasversorgung und bei Faulgasanlagen, wo das Umpumpen und Erwärmen des Faulschlamms für das Einsetzen der Gasentwicklung notwendig ist, insbesondere das Anfahren der Anlage mit eigener Kraft. Dabei wird die Abgaswärme ausgenutzt und durch Heißkühlung die notwendigen Wärmemengen bereitgestellt. Man denkt aber neben der Verwendung von natürlichen Gasen auch stark an die technische Weiterentwicklung der Vergasung fester Kraftstoffe, ein Problem, das in Deutschland während des zweiten Weltkrieges schon weitgehend gelöst worden ist.

Neben einer Reihe anderer sind vor allem die Firmen Cooper-Bessemer, Worthington, Lima-Hamilton und Nordberg, als Hersteller zu erkennen. Es handelt sich meist um große langsamlaufende Maschinen.

Cooper Bessemer Corp. Mount Vernon, Ohio. Cooper Bessemer liefert fast alle Dieselmaschinen, auch in einer Ausführung für Zweistoffbetrieb, und zwar sowohl die normal ansaugenden als auch die entsprechenden aufgeladenen Typen [54] Diese unterscheiden sich praktisch, abgesehen von den Aufladeeinrichtungen nur durch die Zylinder-

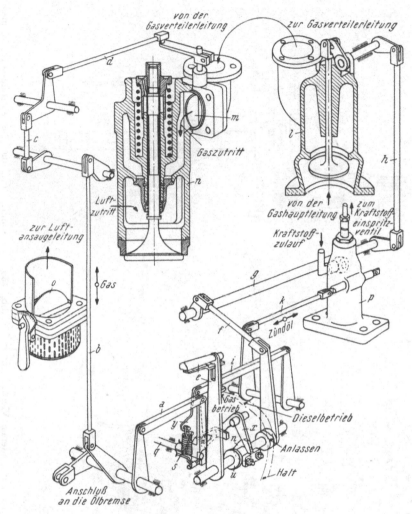

Abb. 257. Regelschema für die verschiedenen Betriebszustände des Motors D/G—6V55: Halt, Anlassen, Dieselbetrieb, Zündstrahlgasbetrieb

a, b, c, d	= Regelgestänge für die Gasdrosselklappen	*q*	= Reglerwelle
e	= Schalthebel	*s*	= Schraubenfeder zwischen Regler und Ge-
f, g, h	= Schließgestänge für das Hauptgasventil		stänge *i, k*
i, k	= Regelgestänge für die Einspritzpumpen	*u, x, y*	= Regelnocke und Gestänge für unver-
l	= Gashauptventil		änderliche Kraftstoffüllung im Zünd-
m	= Gasdrosselklappe		strahlbetrieb
n	= Gasmischventil	*w, x, y*	= Regelnocke und Gestänge für Kraftstoff-
o	= Luftdrosselklappe		füllung beim Anlassen
p	= Bosch-Einspritzpumpe		(PFLAUM [38])

kopfkonstruktion und die Ventilanordnung. Die unaufgeladenen Maschinen haben zwei Ventile in der Maschinenlängsachse, die aufgeladenen vier Ventile in Doppelreihe. Diese Anordnung mit den Einlaßventilen auf der einen, den Auslaßventilen auf der anderen Seite gewährleistet einen glatten Spülluftstrom während der Ventilüberschneidungszeit.

Abb. 258 zeigt einen Querschnitt durch eine Maschine der Reihe *LS*. Diese Maschinen werden mit 6, 7 oder 8 Zylindern von 395 mm ⌀ und 560 mm Hub gebaut. Die Zylinderleistung ist 140 PS bei 333 U/min.

    Das Gas wird in besonders einfacher Weise in die Luftleitung der einzelnen Zylinder kurz vor dem Zylinderkopf mit Hilfe eines Sondenrohres eingeführt. Bei den aufgeladenen Maschinen muß allerdings noch ein gesteuertes Ventil vorgesehen werden, das Gasverluste während der Spülperiode verhindert (Abb. 259). Das Ventil wird durch

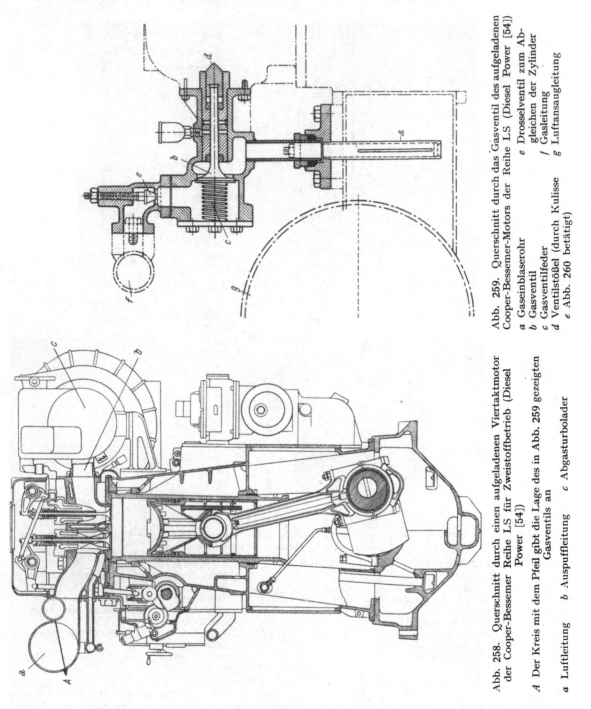

Abb. 259. Querschnitt durch das Gasventil des aufgeladenen Cooper-Bessemer-Motors der Reihe LS (Diesel Power [54])

a Gaseinblaserohr   e Drosselventil zum Ab-
b Gasventil   gleichen der Zylinder
c Gasventilfeder   f Gasleitung
d Ventilstößel (durch Kulisse   g Luftansaugleitung
   e Abb. 260 betätigt)

Abb. 258. Querschnitt durch einen aufgeladenen Viertaktmotor der Cooper-Bessemer Reihe LS für Zweistoffbetrieb (Diesel Power [54])

A Der Kreis mit dem Pfeil gibt die Lage des in Abb. 259 gezeigten Gasventils an

a Luftleitung   b Auspuffleitung   c Abgasturbolader

eine Kulisse betätigt, die an dem für die beiden Einlaßventile gemeinsamen Kipphebel angebracht ist (Abb. 260). Die Regelung für verschiedene Lasten erfolgt durch Änderung des Druckes in der Gasleitung. Dazu dient ein für alle Zylinder gemeinsames Ventil, das in der Gasleitung, in der Mitte der Maschine in unmittelbarer Nähe des Reglers angebracht ist. Außerdem ist noch für jeden einzelnen Zylinder ein einfaches Kegelventil vorgesehen, das die Abgleichung der angesaugten Gasmengen ermöglicht.

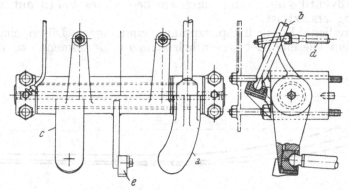

Abb. 260. Kipphebelmechanismus des aufgeladenen Cooper-Bessemer-Motors der Reihe LS mit Antriebs-
kulisse für das Gasventil nach Abb. 259 (auf Abb. 258 in Kreis *A*) (Diesel Power [54])

 a Kipphebel für Auslaßventile *c* Kipphebel für Einlaßventile *e* Kulisse für Gasventilbetätigung
 b Übertragungsstoßstange   *d* Einlaßventilschaft

Wenn nicht jederzeit Dieselbetrieb möglich sein muß, dann werden die Kraftstoffdüsen für Dieselbetrieb gegen kleinere ausgetauscht, um auch bei Teillast im Zweistoffbetrieb einen günstigen Gesamtwärmeverbrauch zu erzielen. Gas- und Ölzufuhr werden von ein und demselben Regler gesteuert (Abb. 261). Die Reglerwelle der Kraftstoffpumpe wird von einer Feder auf Vollast gedrückt und betätigt mittels eines Hebels *h* gleichzeitig das Gasdrosselventil. Der Regler greift über eine Schleppkupplung an und dreht die Welle gegen den Widerstand der Feder entsprechend der jeweiligen Last zurück. Fällt die Gaszufuhr aus, dann gibt der Regler mit sinkender Drehzahl solange nach, bis genug Öl eingespritzt wird oder der Hebel *g* an der Stellschraube des Lastbegrenzungshebels anschlägt, der mittels Zahnsegment und Rast feststellbar ist. Die Stellschraube dient gleichzeitig in der Leerlaufstellung zur Einregulierung der kleinstmöglichen Zündölmenge. Soll die Maschine stillgesetzt werden, dann ist der Lastbegrenzungshebel nach Zurückklappen des Anschlages *f* in *O*-Stellung zu bewegen. Verbrauchskurven in Abhängigkeit vom Nutzdruck nach den Original-Angaben zeigt Abb. 262.

Worthington Pump and Machinery Corp., Harrison N. Y. Abb. 263 zeigt eine aufgeladene Achtzylinder-Viertakt-Gasmaschine der Firma Worthington mit 406 mm Zylinderdurchmesser und 508 mm Hub (16 × 20″) [55]. Diese

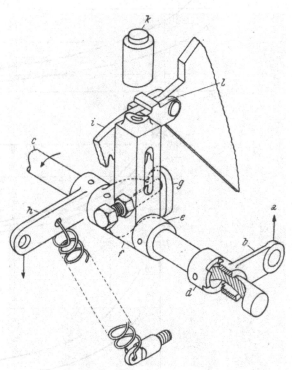

Abb. 261. Regelschema für den Zweistoffbetrieb des
Cooper-Bessemer-Motors der Reihe LS (Diesel
Power [54])

a Verbindung zum Regler
b Hebel (lose auf der Reglerwelle *c*)
c Reglerwelle
d Klauenschleppkupplung
e Stellring
f Steuerhebel (zur Einstellung des Ölanteils)
g Anschlag (fest auf Reglerwelle *c*)
h Übertragungshebel zur Einspritzpumpenregelstange
 (fest auf Reglerwelle)
i Zahnsegment
k Feststellknopf
l Anschlag zur Zündölbegrenzung (wird zum Abstellen
 der Maschine weggeklappt)

leistet bei 360 U/min 1760 PS. Sie ist aus der entsprechenden aufgeladenen Dieselmaschine dadurch entstanden, daß

    1. das Einlaßventil samt Käfig durch ein besonderes Ventil mit Schleppventil für die Gaszuführung ersetzt ist,

    2. eine zusätzliche Bosch-Einspritzpumpe und eigene Düsen eingebaut sind, um die gegenüber dem Dieselbetrieb wesentlich kleinei» Zündölmenge zu liefern und sicher zu zerstäuben,

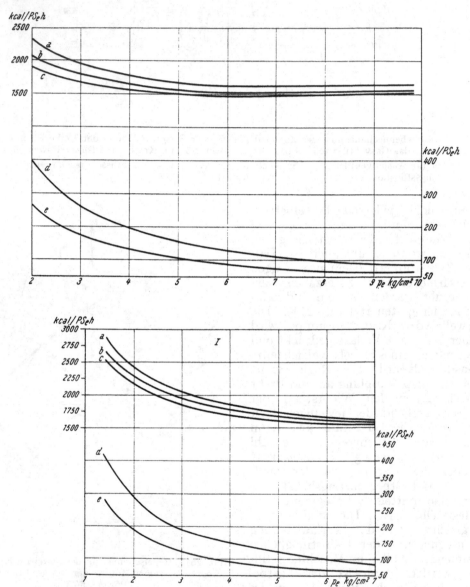

Abb. 262. Spezifische Wärmeverbräuche des Cooper-Bessemer-Motors der Reihe *LS* bei Zweistoff-Betrieb mit verschiedenen Zündölmengen

        I. unaufgeladener Motor   II. aufgeladener Motor

a Gesamtwärmeverbrauch q_e *c* Gasverbrauch q_{eg} beim Zündölverbrauch

b Gasverbrauch q_{eg} beim Zündölverbrauch $q_{eö}$ nach *e* $q_{eö}$ nach *d*   (Diesel Power [55])

    3. ein entsprechendes Reglergestänge eingebaut ist, welches gestattet, die Gasmenge einzustellen, die von der Maschine verbraucht werden soll, ohne den Regler zu hindern, durch Änderungen der Ölmenge die Maschinendrehzahl unabhängig von der Belastung konstant zu halten.

Der Zylinderkopf, der einen konischen Brennraum hat, ist allseits bearbeitet und sitzt ohne Dichtung auf der Zylinderbüchse. Diese ist als Naßbüchse ausgeführt und ebenfalls allseits bearbeitet, am oberen Ende ohne Dichtung eingesetzt, am unteren Ende

Abb. 263. Der aufgeladene Worthington-Zweistoffmotor Type SEHGO (Diesel Power [55])

mittels dreier Gummiringe abgedichtet. Das Gestell aus stark verripptem Guß besitzt als besonderes Merkmal eingegossene Schmierölleitungen, wodurch Leitungsverbindungen im Gehäuse vermieden sind. Die Kolben sind durch Sprühöl gekühlt, das einer besonderen Düse am oberen Treibstangenende durch deren Längsbohrung zugeführt wird. Die Kolbenringe sind unter die Zone der höchsten Temperatur verlegt, je

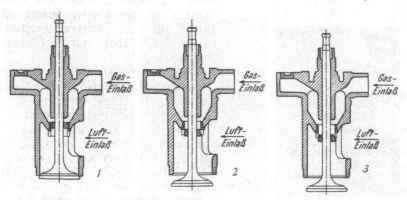

Abb. 264. Schematische Darstellung des Einlaßventils des Worthington-Motors nach Abb. 263
1 Gasventil und Luftventil geschlossen   2 Gasventil geschlossen, Luftventil offen
3 beide Ventile offen   (Diesel Power [55])

ein Ölabstreifring sitzt über und unter dem Kolbenbolzen. Der Auspuffsammler ist gekühlt. Er liegt am höchsten Punkt des Kühlwasserumlaufes, um Dampfsackbildung zu vermeiden. Die Kühlung bietet der Abgasturbine gesteigerte Sicherheit gegen Überhitzung und erhöht die Lebensdauer der Kolbenringe und Zylinderbüchsen.

⟨꙳⟩ Eine Schemazeichnung des Einlaßventils zeigt Abb. 264. Der Einlaßventilnocken ist so geformt, daß das Gasschleppventil erst nach dem Ende der Spülperiode und dem Schließen der Auslaßventile Gas in den Zylinder eintreten läßt, um Verluste an Gas zu vermeiden. Das Schleppventil ist als Kolbenschieber ausgebildet, wobei der einzige Kolbenring beim Öffnen durch Fortsätze der Führung gespannt gehalten wird. Ein

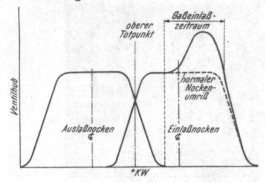

Abb. 265. Ventilerhebungsdiagramme des Motors nach Abb. 263 (Diesel Power [55])

Ventilerhebungsdiagramm zeigt Abb. 265. Die Leistungsregelung erfolgt durch Drosselventile in der Gaszuleitung jedes einzelnen Zylinders. Mit Hilfe dieser Ventile können die Zylinder auch auf gleiche Last eingeregelt werden.

Das Zündöl-Einspritzsystem ist völlig unabhängig von der Öleinspritzung beim Dieselbetrieb. Die Zündölmengen werden auch nicht geregelt, sondern auf dem Leerlaufwert festgehalten. Nur wenn das Bedienungs-Handrad auf Stopp-Stellung gedreht ist, wird neben der Gaszufuhr auch die Zündöleinspritzung abgestellt.

Zur Bedienung und Regelung dient das Gestänge nach Abb. 266. Mit Hilfe des Bedienungshandrades wird der Anteil an Gas eingestellt, der verbraucht werden soll. Dadurch liegt das Verbindungsglied *g* fest. Das Verbindungsglied *h* wird von der Feder über Hebel *d* bis an das obere Ende des Schlitzes im Verbindungsglied gezogen. Bei Lastschwankungen bewegt nun der Regler über Hebel *c* und Hebel *b*, der um Punkt *x* schwenkt, die Pumpenregelstange *f*. Sinkt die Belastung so stark, daß nur mehr die Zündölmenge gebraucht wird, dann drückt der Regler die Hauptbrennstoffpumpe in Stopp-Stellung. Sinkt die Last noch weiter, dann schwenkt der Hebel *b* jetzt um Punkt *y* und über Verbindungsglied *h* und Hebel *d* wird die Gaszufuhr gedrosselt. Fällt die Gaszufuhr aus, dann wirkt der Regler sofort über Hebel *b* und *f* auf die Pumpenregelstange und die ganze Last wird durch Öleinspritzung getragen.

National Supply-Company, Superior Engine Division, Springfield Ohio. Die National Supply-Comp. baut ausgehend von ihren Viertakt-Dieseltypen Zweistoffmaschinen in allen Größen [56]. Bei den kleinen Typen, die vor allem für den Betrieb von Bohrgeräten auf Ölfeldern zur Verwendung kommen, wird das Gas einfach in die Maschinen-Ansaugleitung eingeführt. Bei den größeren nicht aufgeladenen Maschinen ist eine eigene Gasleitung

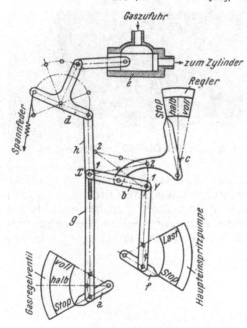

Abb. 266. Regeleinrichtung des Motors nach Abb. 263 (Diesel Power [55])

a Hebel für Gasanteil
b Übertragungshebel
c Reglerhebel
d Winkelhebel zum Gasventil
e Gasventilschieber
f Stellhebel der Einspritzpumpe
g, h Zugstangen

vorgesehen, um das mit brennbarem Gemisch gefüllte Leitungsvolumen und die damit verbundenen Gefahren herabzumindern. Das Gas wird jedem einzelnen Zylinder durch besondere Rückschlagklappen zugeführt, die unmittelbar in den Ansaugkrümmer hineinragen und ein Rückdrücken von Luft in die Gasleitung verhindert (Abb. 267). Eine Steuerung des Gasstromes erfolgt nicht, jedoch sind in jeder einzelnen Zuleitung Drosselschrauben angeordnet, die es gestatten, die Belastung der einzelnen Zylinder abzugleichen.

Bei den aufgeladenen Maschinen wird die Steuerung der Gaszufuhr durch das Anlaß-Luftventil bewirkt. So wird einerseits eine genaue und sehr empfindliche Regelung gesichert, da sich keinerlei Gemischmengen zwischen dem Ventil, das als Steuer- und

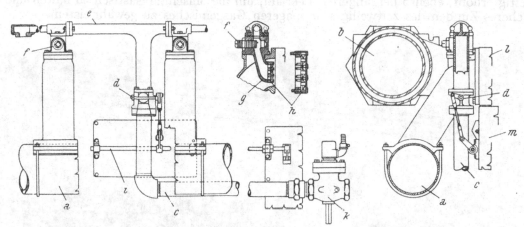

Abb. 267. Gaszuführung beim nichtaufgeladenen Zweistoff-Superior-Motor (Diesel Power [56])

a Ansaugleitung	*f* Regelschraube zum Abgleichen der Zylinder	*k* Gasdruckregel- und Absperrventil (mit Schnellschlußeinrichtung)
b Auspuffsammler	*g* Gaseinführungshutze	
c Gasleitung	*h* Rückschlagklappen an der Gashutze	*l* Zylinderkopf
d Drosselklappe (vom Regler betätigt)		*m* Zylinderblock
e Gasverteilerleitung	*i* Regelwelle	

Regelorgan dient, und dem Verbrennungsraum befinden, andererseits wird dadurch vermieden, den Zylinderkopf übermäßig zu komplizieren, da kein besonderes Ventil benötigt wird. Ein Steuerschema zeigt Abb. 268. Sämtliche Typen werden — wie allgemein üblich — im Dieselbetrieb angelassen. Bei den großen Maschinen erfolgt die Umschaltung auf Zweistoffbetrieb durch eine Druckknopfsteuerung. Der Betriebszustand wird durch Signallichter angezeigt. Die Maschine hat einen hydraulischen Regler, dessen Regelweg in etwa zwei gleich große Hälften geteilt ist. Während der ersten Hälfte des Reglerhubes wird das Gasdrosselventil betätigt, das zur Anpassung der Last im Zündstrahlbetrieb dient. Die Kraftstoffpumpenregelstange wird während dieser Zeit von einem federbelasteten Schleppmechanismus auf der Stellung für die Zündölmengenförderung festgehalten. Auf halbem Reglerweg ist das Gasventil voll geöffnet. Steigt die Belastung nun noch weiter, dann kommt der erwähnte Schleppmechanismus zum

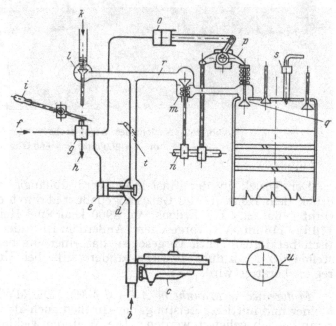

Abb. 268. Schema der Gaseinführung und Regelung des aufgeladenen (Turbo-)Zweistoff-Superior-Motors (Diesel Power [56])

b Gasleitung	*m* Luftsteuerventil	
c Gasregler	*n* Nockenwelle	
d Gaszuführungsventil	*o* Steuerzylinder	
e Steuerzylinder	*p* Exzentrische Kipphebellagerung	
f Drucköl	*q* Anlaßluft- und Gaseinlaßventil	
g Steuerventil	*r* Anlaßluft- und Gasleitung	
h Druckölablauf	*s* Einspritzventil	
i Steuerhebel	*t* Gasdrossel (vom Regler betätigt)	
k Anlaßluft	*u* Ansaugleitung	
l Hauptanlaßluftventil		

Anliegen, und der weitere Lastanteil wird durch Steigern der eingespritzten Ölmenge aufgenommen. Durch einen besonderen, vom Regler beeinflußten Nockenmechanismus wird außerdem die Zündölmenge bei plötzlichen Belastungsschwankungen kurzzeitig erhöht, ebenso bei längerem Leerlauf, um die Maschine elastisch zu halten und ein sicheres Zünden des zeitweilig sehr mageren Gasgemisches zu gewährleisten.

Abb. 269. Ansicht des MWM-Sechszylinder-Gasmotors RHg 326 S
($d = 175$ mm, $s = 260$ mm, $n = 600$ U/min, $N_e = 20$ PS/Zyl.)

Der Druck in der Gasleitung wird abhängig von der Last geregelt, der Vordruck dem Heizwert des Gases angepaßt und durch ein federbelastetes Regelventil konstant gehalten. Bei Erdgas von 8900 kcal/Nm³ Heizwert ist ein Druck von ungefähr 110 bis 115 mm WS vorgesehen. Außerdem ist in der Gasleitung noch ein elektromagnetisch betätigtes Ventil vorgesehen, das einerseits beim Stoppen der Maschine das Abstellen der Gaszufuhr bewirkt, andererseits bei Überdrehzahlen vom Schnellschlußregler betätigt wird.

Motorenwerke Mannheim AG. (MWM). Die MWM bauen Viertakt-Dieselmaschinen kleiner und mittlerer Leistung, die sämtlich auch als Gasmaschinen für Otto- oder Zündstrahlbetrieb geliefert werden. Die Weiterentwicklung zum Gasmotor mit vergrößertem Zylinderdurchmesser, nicht umstellbar auf Dieselbetrieb, wurde nicht verfolgt.

Die Vergrößerung des Verdichtungsraumes wird bei den kleineren Typen in der üblichen Weise durch Einbau niedrigerer Kolben erreicht. Bei den größeren Maschinen für Ottobetrieb werden die Zylinderdeckel gegen besondere Gasdeckel ausgewechselt, die neben dem vergrößerten Verbrennungsraum auch die Gas- und Luftkanäle für die Versorgung der Einlaß-Mischventile enthalten, die bei Zylinderleistungen über 40 PS dem gemeinsamen Mischventil für mehrere Zylinder vorgezogen werden. Bei den Maschinen für Zündstrahlbetrieb kommt meist ein Zwischenring zur Verwendung, jeder Zylinder erhält eine eigene Gasregelklappe und Luft und Gas werden unmittelbar vor dem Einlaßventil gemischt.

Abb. 269 zeigt eine Sechszylindermaschine mit 175 mm Bohrung und 260 mm Hub, die bei 600 U/min 120 PS leistet. Man sieht den Anbau des Zündmagneten und die zwei Gas-Luftmischventile, die eine Gruppe von je drei Zylindern versorgen. Die Luft wird durch die Leitung in der Mitte zugeführt, Gas getrennt von den beiden Außenseiten. Einen Schnitt durch das Misch- und Regelventil (für Sauggasbetrieb) zeigt Abb. 270. Bei dieser Anordnung wird die Luft allerdings unmittelbar aus dem Maschinenraum durch den geschlitzten Blechmantel a angesaugt. Die Drosselklappe c in der Luftleitung und der Hahn d in der Gasleitung werden von Hand eingestellt. Gas und Luft treffen in einer düsenartigen Verengung der Luftleitung bei e zusammen. In der Gemischleitung sitzt die Drosselklappe f, die über ein Gestänge mit dem Drehzahlregler in Verbindung steht. Da auch hier das Gas durch eine Düse angesaugt wird, und die Regelung nur durch die Drosselklappe in der Gemischleitung geschieht, wird nur die Füllung geregelt. Bei hochwertigen Gasen wird ein Hahnküken mit kleinerem Austrittsdurchmesser verwendet. Ein Mischventil kann bis zu vier Zylinder versorgen. Die Zündkerze ist in bekannter Weise mit Hilfe eines Einsatzstückes an die Stelle der Ausblaseöffnung der ausgebauten Vorkammer gesetzt.

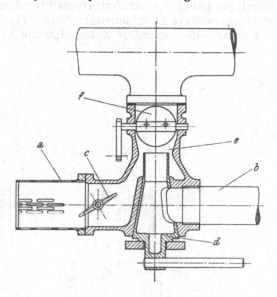

Abb. 270. Regel- und Mischeinrichtung. Bauart Motorenwerke Mannheim

a Luftleitung   d Gashahn
b Gasleitung   e Mischraum
c Luftdrosselklappe   f Gemischdrosselklappe

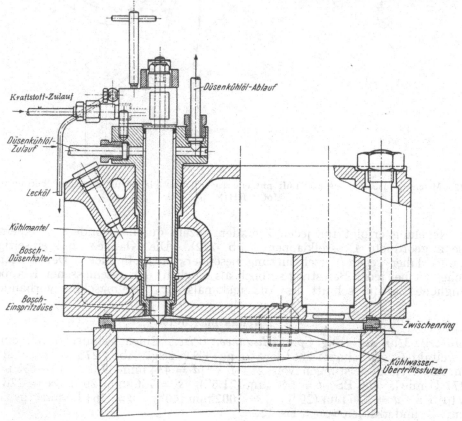

Abb. 271. Zylinderdeckel mit gekühltem Einspritzventil für Zündstrahlbetrieb am MWM Motor RHDG 342 SU

Bei der Umstellung auf Zündstrahlbetrieb, die vor allem während der Kriegsjahre erfolgte, sind Zylinderdeckel und Kraftstoffpumpen aus Ersparnisgründen unverändert beibehalten. Bemerkenswert ist der Austausch des Einspritzventils in der Vorkammer durch ein gekühltes Kraftstoffventil für direkte Einspritzung, das drei nach der Zylindermitte gerichtete Strahlen hat (Abb. 271). Als Kühlmittel dient ein dünnflüssiges Öl, das durch eine besondere Zahnradpumpe in Umlauf versetzt wird.

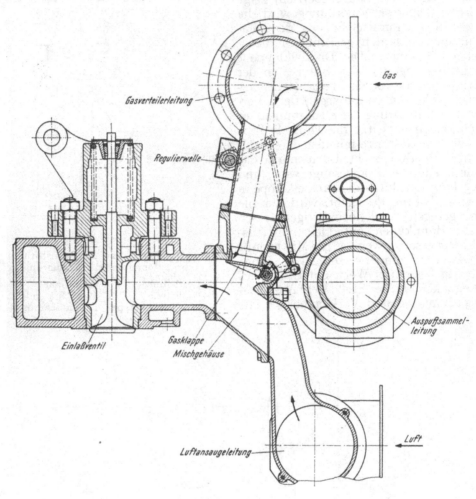

Abb. 272. Mischgehäuse für Gas und Luft mit einseitiger Drosselklappe für Zündstrahlbetrieb am MWM
Motor RHDG 342 SU

Die Regelung erfolgt für jeden Zylinder einzeln durch besondere in einem Misch gehäuse angeordnete Drosselklappen (Abb. 272). Die Klappen sind einseitig ausge bildet und daher gegen Verschmutzung besonders unempfindlich. Der Luftanteil de Gemisches ist bei jeder Belastung so hoch als möglich; bei geschlossener Klappe ist de ursprüngliche Luftquerschnitt des Ansaugekanals der Dieselmaschine vorhanden.

b) Zweitaktmaschinen

Nordberg Manufacturing Cp. Milwaukee, Wisc. Einen Schnitt durch eine Nord berg-Zweitakt-Gasdieselmaschine der Reihe TS 9 zeigt Abb. 273. Diese Maschinei werden mit Zylinderleistungen von 270 PS [$d = 434$ mm (17,5''), $s = 633$ mm (25'') $n = 277$ U/min], 400 PS [$d = 546$ mm (21,5''), $s = 736$ mm (29''), $n = 225$ U/min] und 710 PS [$d = 736$ mm (29''), $s = 1002$ mm (40'') $n = 164$ U/min] gebaut, uni zwar mit Zylinderzahlen von 5 bis 12.

Der Nutzdruck ist **4,3** kg/cm². Die ursprüngliche Maschine war eine normale Zweitakt-Diesel-Maschine mit Lufteinblasung. Sie kann in kurzer Zeit von Gasölbetrieb auf Gasbetrieb umgeschaltet werden. Das Verdichtungsverhältnis ist 16, der Verbrennungshöchstdruck beträgt 48 kg/cm². Bei Erdgas mit einem Heizwert von 8500 kcal/Nm³ beträgt der Nutzwirkungsgrad 32%.

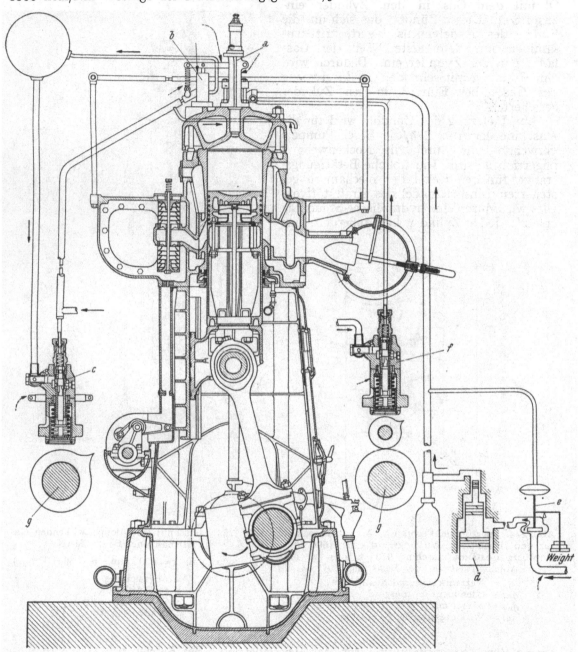

Abb. 273. Querschnitt der Achtzylinder-Zweitakt-Gasdieselmaschine, Bauart Nordberg

a Einblaseventil   c Öldruckpumpe   e Druckregler   g Steuerwelle
b Druckkolben   d Gasverdichter   f Zündölpumpe

Das einzublasende Gas wird in dem dreistufigen Verdichter d auf 75 atü Druck gebracht. Ein Gasrohr ist zum Sauganschluß des Verdichters geführt. Dieser Verdichter dient beim Diesel-Motor zur Lieferung der Einspritzluft für das Gasöl. Wird die Ventilnadel in den Einspritzventilen angehoben, so wird das Gas in den Zylinder eingeblasen.

Bei Versuchen, ohne Zündöl zu arbeiten, hat es sich — wie schon erwähnt — gezeigt,
daß das Gas besonders bei geringen Belastungen nicht rechtzeitig zündet. Der Zündverzug ist dann so groß, daß die Zündung nicht eher erfolgt, als bis die gesamte Gas-
ladung im Zylinder ist. Dann zündet das Gemisch sehr plötzlich mit heftigen Stößen.
Deshalb ist es zweckmäßig, zur Sicherung einer störungsfreien Zündung eine kleine Menge
Öl mit dem Gas in den Zylinder ein-
zuspritzen. Dieses Zündöl, das sich um die
Spitze des Nadelventils lagert, tritt zusammen mit dem ersten Teil der Gas-
ladung in den Zylinder ein. Dadurch wird
eine Zündung mit sehr kleinem Zündverzug
des Gases bei Eintritt in den Zylinder
gesichert.

Zur Lieferung des Zündöls wird für die
Maschine der Abb. 273 die Bosch-Pumpe *f*
verwendet, die durch die Nockenwelle *g*
angetrieben wird. Die übliche Betätigungs-
stange für den Hebel der mechanisch ge-
steuerten Einspritznadel des Kraftstoffven-
tiles wird durch eine hydraulische Steuerung
ersetzt. Jeder Zylinder hat außerdem eine

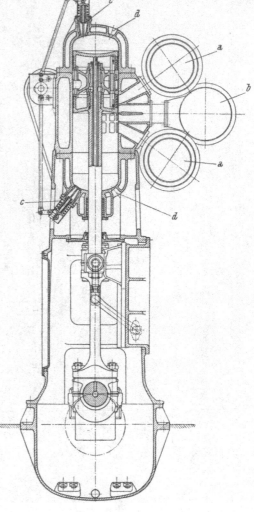

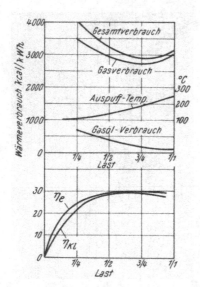

Abb. 274. Spezifischer Verbrauch, Auspufftempera-
tur und thermischer Wirkungsgrad einer 1500 PS
Nordberg Gas-Dieselmaschine 970 m über M. in
Abhängigkeit von der Belastung [59]

η_e = Nutzwirkungsgrad des Motors
η_{Kl} = Klemmenwirkungsgrad
$\eta_{Kl} = \eta_e \cdot \eta_{el}$ mit
η_{el} = Wirkungsgrad des Generators

Abb. 275. Querschnitt einer doppeltwirkenden Gas-
einblasemaschine, Bauart MAN

($D = 400$ mm, $s = 600$ mm, $n = 300$ U/min)

a Abgasleitung
b Spülluftleitung
c Gaseinblaseventil
d Zündkerzensitz

eigene Bosch-Einspritzpumpe für den Dieselbetrieb. Bei Betrieb mit Gas wird diese
zur Lieferung des Drucköles für die hydraulische Nadelbetätigung verwendet. Die
Regelung erfolgt durch einen Drehzahlregler, der durch eine Steuerzahnstange den Nutz-
hub der schlitzgesteuerten Öldruckpumpe *c* und dadurch den Hub und die Öffnungs-
dauer des Druckkolbens *b* für das Einblaseventil *a* ändert.

Das Gas strömt solange in den Zylinder, als das Einspritzventil in der geöffneten
Stellung gehalten wird. Der Gasverdichter *d*, der für die bei Höchstlast notwendige Gasmenge bemessen ist, besitzt ein Druckminderventil *e*, durch das Gas von der Druck-

leitung in die Saugleitung zurückgeführt wird, sobald bei geringer Belastung der Druck höher als 75 atü steigt. Das Spülluftgebläse ist ein mit dem Motor zusammengebautes Rotationsgebläse.

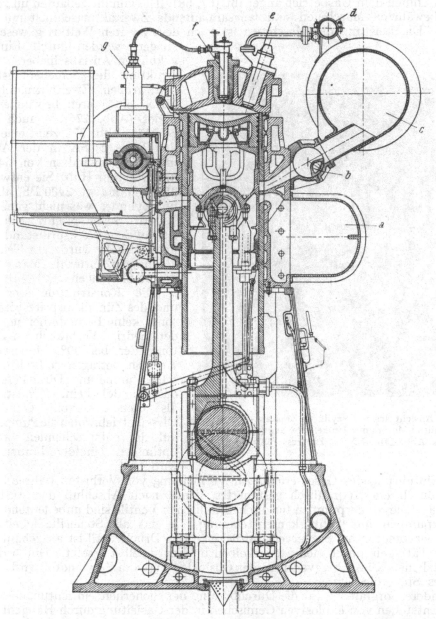

Abb. 276. Querschnitt eines Zweitakt-Zweistoff-Motors von Lima-Hamilton (Diesel Progress [58])

a Spülluftaufnehmer	*c* Auspuffsammler	*e* Gaseinblaseventil *g* Einspritzpumpe
b Auslaßschieber	*d* Gasleitung	*f* Einspritzventil

Die Firma baut auch ortsfeste Zweitakt-Sternmotoren von 355 mm Bohrung und 406 mm Hub, die bei einer Drehzahl von 400 U/min eine Zylinderleistung von 145 PS haben. Diese können als Diesel-, Otto- und Zündstrahlmaschinen geliefert werden [84].

Abb. 274 zeigt Meßergebnisse einer 1500 PS Nordberg-Maschine. Der Zündölverbrauch beträgt etwa 5% des Gesamtwärmeverbrauches bei Vollast [59].

Maschinenfabrik Augsburg-Nürnberg. Eine doppelt wirkende Zweitaktmaschine mit Gaseinblasung der MAN ist in Abb. 275 dargestellt. Die Spülung erfolgt mit Luft, und zwar als Umkehrspülung mit übereinander liegenden Spül- und Auslaßschlitzen. Das Gas wird durch das Gasventil *c* nach Abschluß der Auslaßschlitze in den Zylinder geblasen. Die Zündung erfolgt elektrisch.

Lima-Hamilton Corp. Hamilton, Ohio. Auch die Firma Lima-Hamilton hat ihre Dieselmaschinen dem Gasbetrieb angepaßt [57, 58]. Die von ihr gebauten und im Diesel- betrieb bewährten Maschinen sind langsamlaufende Zweitaktmaschinen mit Umkehr- spülung. Die Leistung der Maschinen ist nach dem zweiten Weltkrieg wesentlich ge-steigert worden durch Einbau eines gekühlten Auslaßschiebers. Die Kon-struktion des Schiebers ist der bei den großen Zweitaktmaschinen der MAN seit Jahren bewährten nachge-bildet (Abb. 276, s. auch Band 12, S. 217). Abb. 277 zeigt eine Maschine der Type 21 SA in der Ausführung mit sechs Zylindern von 545 mm $\emptyset$ und 700 mm Hub. Sie entwickelt bei 257 U/min etwa 2900 PS, also 485 PS pro Zylinder, was nicht ganz 5 kg/cm² Nutzdruck entspricht. Die Maschine ist auf dem Werksprüfstand aufgebaut und deshalb wurde ein Teil der Ver-kleidungen entfernt. Man sieht auch die Meßleitungen.

Abb. 277. Ansicht des Sechszylinder-Zweitakt-Zweistoff-Lima-Hamilton-Motors mit Umkehrspülung (Querschnitt s. Abb. 276) (Diesel Progress [58])

Die Konstruktion der Maschine und des Zündöleinspritzsystems bietet sonst keine Besonderheiten, doch wird der niedrige Verbrauch an Zündöl be-tont, der bei 90% Belastung etwa 7 g/PSh betragen soll. Ein und die-selbe Pumpe und Düse liefern sowohl das Zündöl beim Zündstrahlbetrieb als auch die volle Ölmenge beim Dieselbetrieb, wobei die Pumpe bei jenem auf der entsprechenden Stellung für optimalen Zündölverbrauch blockiert wird.

Die Einführung des Gases erfolgt zur Vermeidung von Verlusten während der Spül-periode durch ein hydraulisch gesteuertes Ventil nach Abschluß der Auslaßschlitze (Abb. 278). Die Steuerpumpen für die hydraulischen Ventile sind unbedeutend geänderte Einspritzpumpen mit Schrägkantensteuerung, die das als Steuerflüssigkeit dienende Öl zum Servomotor im Steuerventil drücken. Das Druckventil ist ausgebaut und wird in seiner Tätigkeit durch den Steuerkolben im Ventil selbst ersetzt. Durch diesen und ein zusätzliches Rückschlagventil in der Ölrückleitung vom Servomotor wird eine Zirku-lation des Steueröles erzielt.

Besondere Sorgfalt ist auf die Durchbildung der Sicherheitseinrichtungen verwendet, die das Entstehen von explosiven Gemischen in der Gasleitung durch Hängenbleiben der Gaseinblaseventile verhindern sollen. Der Ausgleichkolben im Gasventil, der zugleich mit mehreren Ringen absolut sicher gegen Leckverluste dichtet, ist so bemessen, daß beim Bruch der Ventilfeder das Ventil geschlossen wird. Sollte das Einblaseventil hängenbleiben, dann wird das Plattenventil *a* durch den ansteigenden Kompressions-druck geschlossen. Bleibt auch dieses Ventil hängen, dann drückt der steigende Zylinder-druck durch die Leitung *b* in den Zylinder *c* zur Betätigung des für jeden Zylinder vor-gesehenen Schnellschlußventils und löst dieses aus.

Wenn der natürliche Druck des Gases nicht ausreicht, dann ist jede Art von Nieder-druck-Kompressor zur Erzeugung des notwendigen Druckes in der Gasleitung verwend-bar. Der Gasdruck in der Leitung selbst wird abhängig vom Heizwert des verarbeiteten Gases eingestellt und vom Regler noch zusätzlich zu dem Öffnungswinkel des Einblaseventils direkt proportional der Belastung geregelt. Dadurch kann der Steuerpumpen-Regelweg besser ausgenützt werden.

Als zusätzliche Sicherheitseinrichtungen sind ein Unter- und ein Überdrehzahlregler eingebaut, die beide auf ein und dasselbe Drosselventil in der Hauptgasleitung wirken. Der Überdrehzahlregler verhindert in jedem Falle das Durchgehen der Maschine. Der Unterdrehzahlregler soll ver-
hindern, daß die Maschine bei geringer Last und sinkender Drehzahl mit Kraftgas überschwemmt wird. Die Spül- und Ladeluft wird so gekühlt, daß sie auch bei extremen Außentemperaturen immer mit der gleichen Temperatur in den Zylinder tritt. Ihr Druck wird bei abnehmender Last herabgeregelt, so daß die Maschine im Teillastgebiet nicht übermäßig ausgekühlt wird. Die Maschine zeigt außerordentlich ruhigen Gang auch im Zweistoffbetrieb und saubere Verbrennung bei allen Belastungen.

Clark Bros. Inc. Olean, NY. In Amerika gewinnt in den letzten Jahren eine Sonder-Bauart von Gasmaschinen immer mehr an Bedeutung, bei der für den Betrieb von Gasfernleitungen (Pipelines) Kraftzylinder und Kompressorzylinder wie bei einer V-Maschine auf eine Kurbelkröpfung arbeiten. Dabei stehen die Zylinder der Kraftmaschine lotrecht in Reihe, der Verdichter liegt bei 90° V-Winkel waagrecht. Besonders guter Massenausgleich und eine Einsparung an Gewicht und Raumbedarf bei ausgezeichneter Standfestigkeit wird für diese Bauart in Anspruch genommen.

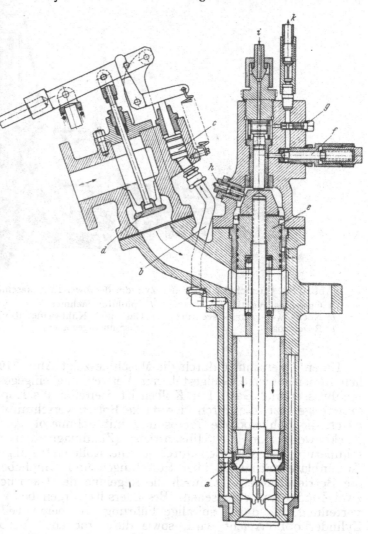

Abb. 278. Querschnitt durch das hydraulisch gesteuerte Gaseinblaseventil des Motors nach Abb. 276 mit Schnellschluß-Sicherheitsventil (Diesel Progress [58])

a	Rückschlagventil	*f*	Ventil zur Hubregelung
b	Schnellschlußleitung	*g*	Drossel zur Regelung der Ölzirkulation
c	Schnellschlußzylinder	*h*	Fühlstift
d	Schnellschlußventil	*i*	Druckölzuleitung
e	Ausgleichskolben	*k*	Druckölableitung

Als Beispiel können die Maschinen der Reihe R A und B A der Firma Clark Bros. Inc. Olean, NY, gelten. Es handelt sich um Zweitaktmaschinen mit Kolbenspülgebläse und Querstromspülung; das Gas wird durch ein mechanisch gesteuertes Ventil eingeblasen. Die Maschinen der Reihe R A haben bei Zylinderabmessungen von 356 mm Hub und 356 mm Bohrung und einer Drehzahl von 300 U/min eine Zylinderleistung von 100 PS. Je nach der Zahl der Kraftzylinder (2 bis 8) haben sie 1 bis 2 Spülluft- und 2 bis 4 Kompressorzylinder.

Die Maschinen der Reihe B A haben die Abmessungen 605 mm Hub und 605 mm Bohrung und liefern bei 300 U/min eine Zylinderleistung von 200 PS. Sie werden als

Fünf-, Sechs-, Acht- und Zehnzylinder gebaut. Die Zehnzylinder-Maschine hat drei Spül- und fünf Kompressorzylinder; die Acht- und die Sechszylinder-Maschinen haben zwei Spül- und vier Kompressorzylinder, die Fünfzylinder-Maschine zwei, bzw. drei.

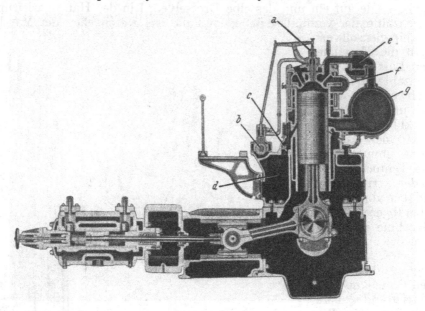

Abb. 279. Querschnitt durch den Zylinder der Zwei-Takt-Maschine, Type BA von CLARK BROS.

a Gaseinblaseventil	d Spülluftaufnehmer	f Kühlwasserübertritt
b Nockenwelle (für Gasventile)	e Gas- und Kühlwasserleitung	g Auspuffleitung (gekühlt)
c Regeldrossel	(zusammengegossen)	

Einen Querschnitt durch die Maschine zeigt Abb. 279. Man sieht das große, reichlich dimensionierte Gußgestell mit Verwendung eingegossener Leitungen für Spülluft, Kühlwasser und Gas. Der Kolben ist dreiteilig aus Kopf, Bolzenträger und Hemd zusammengesetzt, die durch vier starke Bolzen verschraubt sind. Der Kolbenboden wird durch die hohlgebohrte Treibstange mit Schmieröl gekühlt. Die halb hoch liegende Nockenwelle und die Hilfsantriebe (Zündmagnet, hydraulischer Regler, Zylinderschmierung usw.) werden durch je eine Rollenkette angetrieben. Das zentral liegende Gaseinblaseventil wird über Stoßstangen und Kipphebel betätigt; die Anpassung an die Betriebslast erfolgt durch die Regelung des Gasdruckes. Für jeden Zylinder sind zwei Zündkerzen vorgesehen. Besonders hervorgehoben wird die sorgfältige Kühlwasserverteilung, die durch spiralige Führung im oberen Teil der Zylinderbüchse und im Zylinderkopf erreicht wird, sowie die „trockene" Verbindung zwischen Gestell und Kopf. Außer der Umlaufschmierung wird jeder Zylinder an vier um 90⁰ versetzten Stellen der Kolbenlaufbahn mit Hochdruck-Schmieröl versorgt. Die Schmierung der Hauptlager und die Kühlung des Kolbenbodens ist aus Abb. 280 zu ersehen. Abb. 281 zeigt die Ansicht der Ausführung mit sechs Zylindern.

MAN. Die MAN liefert auch eine Reihe ihrer Zweitaktmaschinen als Wechselmotoren im Ottoverfahren und im Zündstrahl-(Dieselgas-)Verfahren. Der Motor erhält Gaseinlaßventile im Zylinderdeckel, durch die das Gas am Ende des Spülvorganges mit geringem Überdruck in den Zylinder geblasen wird. Der Gesamtaufbau des Motors kann dadurch ungeändert bleiben, daß die Ventile hydraulisch durch eine besondere Steuerpumpe (Abb. 282) betätigt werden. Die Steuerpumpe entspricht der üblichen Bauart mit Schrägkantensteuerung. Den Antriebskopf für das Ventil einer Maschine mit 520 mm Bohrung und 900 mm Hub (Abb. 283) zeigt Abb. 284. Wegen der niedrigen Drehzahl der Maschine, etwa 200 U/min, ist ein ständiger Umlauf des Steueröls nicht nötig; dieses pendelt ohne übermäßige Erwärmung in der Steuerleitung.

Motorenfabrik Darmstadt AG. (MODAG). Die Zweitakt-Dieselmotoren der Modag werden bei Bedarf auch als Gas-Otto- oder als Zündstrahlmaschinen geliefert. Die gängigste Type ist die RB 50 mit 160 mm Bohrung und 270 mm Hub, die mit einem bis fünf Zylindern gebaut wird und im Drehzahlbereich von 400 bis 700 U/min als Gasmaschine eine Zylinderleistung von 20 bis 35 PS ($p_e = 4{,}1$ kg/cm²) hat. Es handelt sich um eine sehr einfache, robuste Maschine der mittleren Leistungsklasse mit Umkehrspülung und Drehschiebergebläse, das mit Kurbelwellendrehzahl umläuft. Die Dieselausführung (Abb. 285) ist in [76] eingehend beschrieben.

Für den Ottobetrieb wird die Maschine mit Zylinderköpfen ausgestattet, in denen hydraulisch gesteuerte Gaseinblaseventile angeordnet sind. Dadurch gleichen sich Gas- und Dieselausführung in fast allen Hauptkonstruktionsteilen. Es wird nur noch die Einspritzpumpe durch eine einfache Steuerpumpe ersetzt, bei der die für das Verändern der Einspritzmenge erforderlichen Steuer-, bzw. Rückströmkanten fehlen, und der Regler mit einer Rückströmdrosselklappe verbunden, welche den Gasdruck vor den Einblaseventilen in Abhängigkeit von der Belastung und der Drehzahl regelt. Ferner muß eine Zündeinrichtung (Batterie, Unterbrecher, Zündverteiler) angebaut werden. Steht Gas mit einem Druck von mehr als 0,3 atü zur Verfügung, dann kann auf ein eigenes Gasgebläse verzichtet werden, anderenfalls muß das Gas von einer besonderen, vom Motor betriebenen Gaspumpe angesaugt werden. Ein Schemabild des Motors für Sauggasbetrieb zeigt Abb. 286 die Abb. 287 und 288 zeigen einen Querschnitt durch die Steuerpumpe und durch den Zylinderkopf mit dem hydraulisch betätigten Ventil.

Im Zündstrahlbetrieb arbeitet der Motor mit Gemischspülung. Der erhöhte Verbrauch wird der einfachen Umstellung wegen in Kauf genommen. Es wird lediglich an die Ansaugseite des Gebläses eine Mischkammer mit einer Luft- und einer Gasregeldrossel angebaut, und die Einspritzpumpe sorgfältig auf die kleinen Zündölmengen eingestellt. Der Regler beeinflußt nur die Gasdrossel, es handelt sich also um eine reine Güteregelung. Allerdings kann die Luftdrosselklappe im Bedarfsfalle von Hand nachgeregelt werden.

Klöckner-Humboldt-Deutz AG. (KHD). Einen Schnitt durch eine Dieselmaschine der Type TM der KHD zeigt Abb. 289 a, b. Der Motor ist eine Zweitaktmaschine mit Umkehrspülung nach den Patenten von SCHNÜRLE [53]. Das verwendete Rootsgebläse ist mit dem Motor organisch zusammengebaut. Die Maschine hat eine Bohrung von 150 mm und einen Hub von 250 mm. Im Dieselbetrieb wird bei $n = 620$ U/min dauernd ein $p_e = 4{,}5$ kg/cm² und kurzfristig 6 kg/cm² zugelassen. Der Motor wird in Zwei-, Drei- und Vierzylinder-Ausführung hauptsächlich als Antriebsmaschine für Boote, Lokomotiven und Bagger geliefert. Kurbelgehäuseunterteil und Gestell sind aus Grauguß gefertigt, stark verrippt und sehr stabil. Die Kanäle für die Spülluft sind im Gestell eingegossen. Die Zylinderbüchsen sind naß eingesetzt, die Zylinderköpfe ebenfalls aus Grauguß gefertigt. Durch das im Räderkasten an der Schwungradseite angebrachte Getriebe wird einerseits das Gebläse (etwa mit der dreifachen Kurbelwellendrehzahl), anderseits die Einspritzpumpenwelle angetrieben, an die ferner die Anlaßluft-Steuerventile und ein Bosch-Öler für die besondere Zylinderschmierung angeschlossen sind, die noch außer der Umlaufschmierung vorgesehen ist.

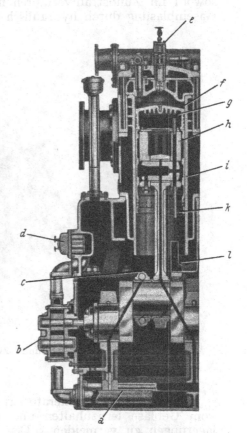

Abb. 280. Schmier- und Kühlölumlauf zu Abb. 281

a Ölsieb	g Ölsumpf
b Ölpumpe	h Kolbenbolzen-
c Kompressorpleuel	träger
d Ölfilter	i Kolbenhemd
e Gaseinblaseventil	k Ölrücklaufrohr
f Kolbenkrone	l Ölfänger

Die Einspritzpumpe ist von normaler Deutzer Bauart, ebenso die Kraftstoffventile. Die ganze Maschine zeichnet sich durch einfache und überaus widerstandsfähige Ausführung aus.

Während des Krieges wurde diese Maschine auf Gasbetrieb umgebaut. Sie wurde sowohl im Zündstrahlverfahren mit Gemischspülung als auch im Otto-Verfahren mit Gaseinblasung durch hydraulisch betätigte Ventile betrieben.

Abb. 281. Ansicht der Sechszylinder-Zweitaktmaschine mit angebautem Kompressor. Type B A von Clark Bros.

Bei Betrieb mit Generatorgas wurde ein Druckgaserzeuger verwendet, um das Gas vom Gebläse fernzuhalten und so von vornherein Betriebsstörungen durch Teerablagerungen zu vermeiden. Den Aufbau einer solchen Anlage mit Gemischspülung zeigt Abb. 290. Die vom Gebläse verdichtete reine Luft wird in die Vergasungs- und in die Spülluft, bzw. Verbrennungsluft geteilt. Deren Verhältnis wird durch die Lage der Regeldrossel RD bestimmt, die entsprechend der jeweiligen Belastung vom Regler eingestellt wird. Die Vergasungsluft wird dem Generator zugedrückt, während die Spülluft sich hinter der Regeldrossel mit dem vom Gaserzeuger kommenden Gas mischt und direkt zum Motor strömt. Die Überströmdrossel $ÜD$ hat den Zweck, durch Abströmenlassen von Luft den Spülmittelaufwand und dabei den Spülverlust des Motors zu verringern. Sie ist mit der Drossel RD in der Weise gekuppelt, daß sie bei Belastung mehr geschlossen, bei Entlastung geöffnet wird. Der Spülmittelaufwand nimmt dann von Vollast gegen Leerlauf ab. Durch diese Einrichtung kann der Teillast- und ganz besonders der Leerlaufverbrauch wesentlich verbessert werden. Ist die Belastung im Betrieb sehr stark schwankend, dann ist mitunter ein größerer Teillastverbrauch vorteilhaft, da der Generator dann bei Belastungsstößen besser mit der Gaserzeugung nachkommt. Man verringert dann den Spülmittelaufwand im Teillastgebiet nur wenig, umsomehr als er bei abnehmender Belastung auch ohne Überströmen kleiner wird, wie die folgende Überlegung zeigt:

Wenn L [m³/m³] die je m³ Hubraum in der Anlage verbrauchte Luftmenge vom Ansaugezustand und y [m³/m³] die hiervon in den Gaserzeuger abgezweigte Vergasungsluft ist, dann ist der Spülmittelaufwand L_s [m³/m³]

$$L_s = (L - y) + a\,y,$$

wenn a [m³/m³] die je m³ Vergasungsluft entstehende Gasmenge ist. Die Belastung ist verhältig dem Gasgehalt der Ladung und kann daher in diesem Falle durch das Mischungsverhältnis m_0 von Luft zu Gas gekennzeichnet werden.

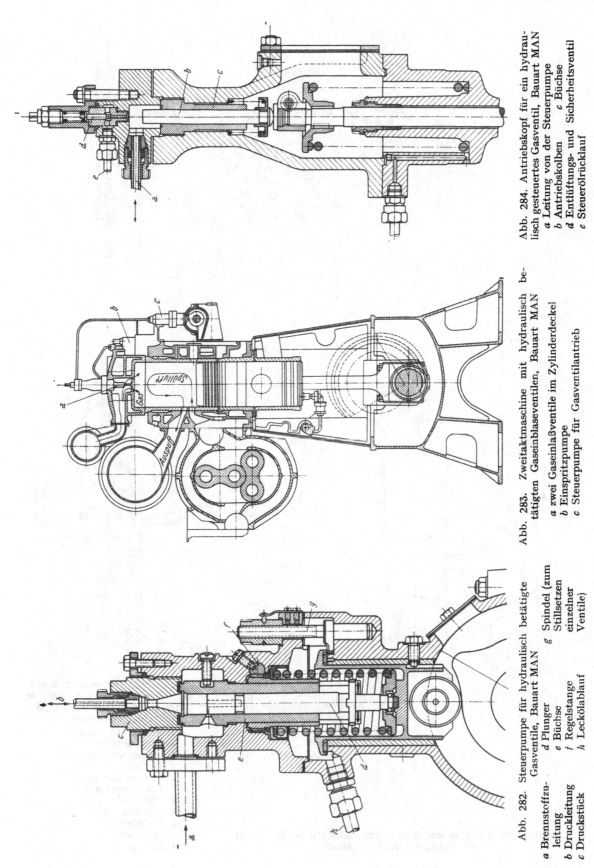

Abb. 284. Antriebskopf für ein hydraulisch gesteuertes Gasventil, Bauart MAN
a Leitung von der Steuerpumpe   c Büchse
b Antriebskolben   d Entlüftungs- und Sicherheitsventil
e Steueröhrücklauf

Abb. 283. Zweitaktmaschine mit hydraulisch betätigten Gaseinblaseventilen, Bauart MAN
a zwei Gaseinlaßventile im Zylinderdeckel
b Einspritzpumpe
c Steuerpumpe für Gasventilantrieb

Abb. 282. Steuerpumpe für hydraulisch betätigte Gasventile, Bauart MAN
a Brennstoffzu-   d Plunger   g Spindel (zum
  leitung   e Büchse   Stillsetzen
b Druckleitung   f Regelstange   einzelner
c Druckstück   h Lecköhlablauf   Ventile)

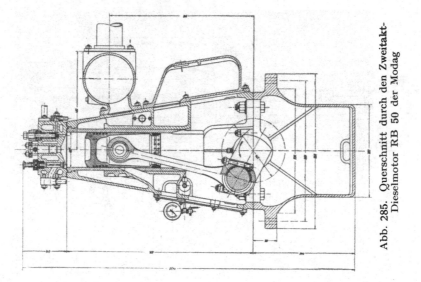

Abb. 285. Querschnitt durch den Zweitakt-Dieselmotor RB 50 der Modag

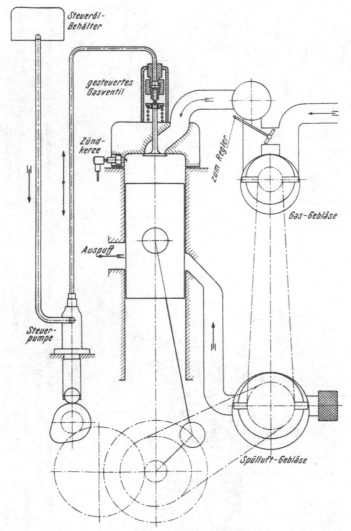

Abb. 286. Prinzipskizze der Zweitaktmaschine RB 50 der Modag
für Sauggasbetrieb umgestellt

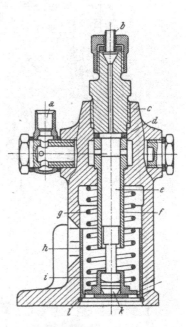

Abb. 287. Querschnitt durch
die Steuerpumpe für die Be
tätigung des hydraulischen Gas
einblaseventils

  a   Kraftstoffleitung
  b   Druckleitung
  c   Steuerpumpengehäuse
  d   Dichtung
  e   Pumpenplunger
  f   Plungerbüchse
  g   Stößelfeder
  h   Führungshülse
  i   Federteller
  k   Druckstück
  l   Sprengring

$$m_0 = \frac{L-y}{a \cdot y}.$$

Daraus der Teilstrom zum Gaserzeuger (Vergasungsluft):

$$y = \frac{L}{a\,m_0 + 1}.$$

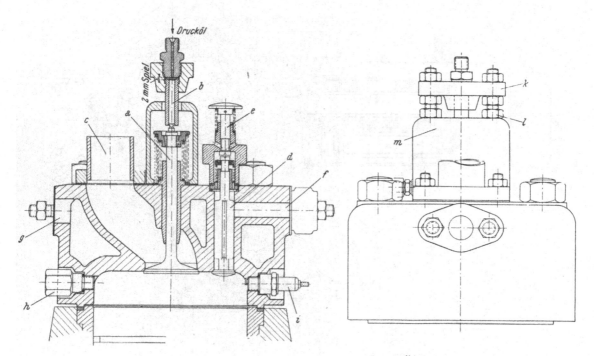

Abb. 288. Zylinderdeckel mit eingebautem Gaseinblaseventil und Ölservo RB 50

a Gaseinblaseventil   e Entlüftung und Fühlstift   i Zündkerze
b Ölservo   f Anlaßluftkanal   k Halter für den Ölservo
c Gaszuleitung   g Kühlwasserabfluß   l Distanzmutter (zum Einstellen des
d Preßluftanlaßventil   h Indizierstopfen   Spieles am Ölservo)
    m Ventilhaube

Aus der Gleichung für L_s ergibt sich durch Einsetzen von y

$$L_s = L\,\frac{a\,(m_0 + 1)}{a\,m_0 + 1} \quad \text{der Spülmittelaufwand,}$$

$$L = L_s\,\frac{a\,m_0 + 1}{a\,(m_0 + 1)} \quad \text{der Luftverbrauch.}$$

Für einen Luftverbrauch von $L = 1{,}4$ wurde y und L_s in Abhängigkeit von m_0 ausgerechnet und in Abb. 291 veranschaulicht. Weiter wurde unter Annahme eines konstanten Spülmittelaufwandes ($L_s = 1{,}4$) der erforderliche Luftverbrauch errechnet und in die gleiche Abbildung eingetragen. Man ersieht hieraus, daß z. B. bei einem Mischungsverhältnis von $m_0 = 1{,}6$ das Gebläse nur eine Luftmenge gleich dem 1,2-fachen Hubvolumen zu fördern braucht.

Für den Zündstrahlbetrieb wird das Verdichtungsverhältnis durch Unterlegen von Zwischenringen unter den Zylinderkopf von $\varepsilon = 14$ auf $\varepsilon = 12$ herabgesetzt. Das Einspritzsystem wird ungeändert gelassen. Die Zündölmenge wird nicht geregelt, sondern auf 36 g/PS$_e$h auf Dieselvollast bezogen blockiert. Bei Entlastung beginnt die Überströmdrossel bei $p_e = 3{,}5$ kg/cm² zu öffnen und bedingt an dieser Stelle den Knick in den Schaulinien. Wie Abb. 292 zeigt, verringert sich der Spülmittelaufwand L_s von 1,41 bei $p_e = 3{,}5$ kg/cm² gegen Leerlauf hin bis auf 1,02. Dabei fällt der Spüldruck von 139 auf 64 mm QS. Die erzielten Verbräuche zeigt ebenfalls Abb. 292.

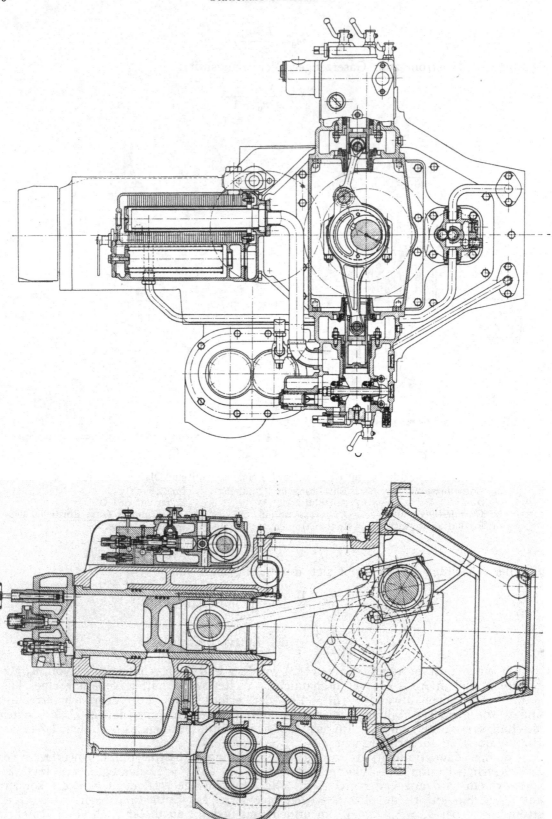

Abb. 289 a. Querschnitt durch einen Deutzer Dreizylinder-Zweitakt-Diesel-Motor, Type TM 325
(Ausführung für Bootsbetrieb)

Der gesamte spezifische Wärmeverbrauch (Zündöl und Gas) betrug bei Normallast ($p_e = 4.5$ kg/cm²) 3540 kcal/PS$_e$h. Davon wurden in Gasform 3180 kcal/PS$_e$h zugeführt. In Abb. 293 wurden zum Vergleich der Spüldruck p_s und der Luftdruck (unmittelbar hinter dem Gebläse) eingetragen. Der Unterschied beider ist der Gesamtwiderstand aller Rohrleitungen einschließlich des Gaserzeugers. Die Linien L_L und L zeigen wieviel von der vom Gebläse geförderten Luft in der Anlage verbraucht wird und welche Menge durch die Überströmdrossel ins Freie abströmt.

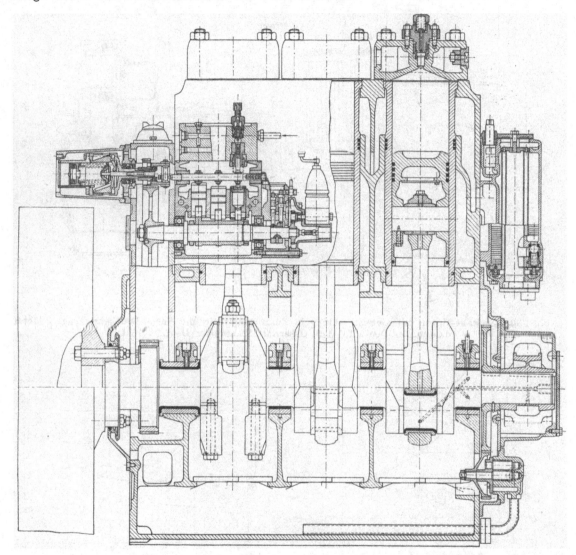

Abb. 289 b. Längsschnitt durch einen Deutzer Dreizylinder-Zweitakt-Diesel-Motor, Type TM 325 (Ausführung für Bootsbetrieb)

Die Anlage wird auf folgende Weise in Betrieb gesetzt:

Bei geschlossenem Luft- und Gashahn wird der Motor im Dieselverfahren mit Druckluft angelassen. Der Gaserzeuger wird durch die Zündvorrichtung mittels einer Lunte angezündet. Hierauf wird der Lufthahn etwas geöffnet und der Gaserzeuger vom Motor solange angeblasen, bis sich brennbares Gas zeigt. Dann wird die Kaminklappe geschlossen, Gas- und Lufthahn ganz geöffnet und die Kraftstoffpumpe des Motors auf Gasbetrieb gestellt. Die Vollast-Dieselleistung mit der 30%igen Belastungsspitze ist nur bei guten Gasverhältnissen zu erreichen. Das Laden der Anlaßluftflasche geschieht im Dieselbetrieb. Der Hauptmangel dieser Umstellungsart ist der hohe Gasverbrauch (Abb. 292). Deshalb wurde schon bei der Entwicklung dieser Anlage auf eine später mögliche Gaseinblasung durch Ventile Rücksicht genommen (s. Abb. 294).

Will man den bei schwankender Belastung nicht unerheblichen Zündölbedarf ebenfalls einsparen und ist eine schnelle Rückumstellung auf Dieselbetrieb nicht

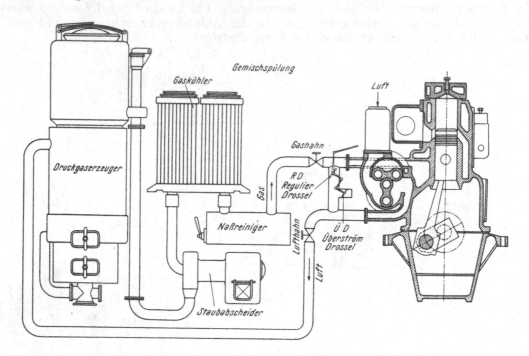

Abb. 290. Zweitakt-Motor mit Gemischspülung in Zusammenarbeit mit einem Druckgaserzeuger, Motorbaumuster Deutz TM 325, Gaserzeugerbaumuster Deutz A 15 D

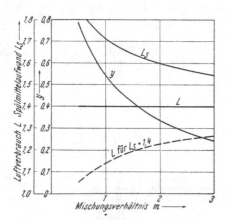

Abb. 291. Luftverbrauch, Spülmittelaufwand und Vergasungsluft in Abhängigkeit vom Mischungsverhältnis

L Luftverbrauch
L_s Spülmittelaufwand
y Vergasungsluft
m Mischungsverhältnis

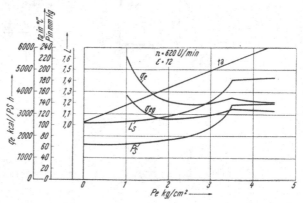

Abb. 292. Spezifischer Wärmeverbrauch, Spüldruck, Spülmittelaufwand und Auspufftemperatur in Abhängigkeit vom Nutzdruck bei Gemischspülung und Zündstrahlbetrieb (der Anlage Abb. 290)

$H_{ug} = 1380$ kcal/Nm³ $L_0 = 1,19$ m³/m³
q_e = spezifischer Gesamt- p_s = Spüldruck
     wärmeverbrauch t_a = Auspufftemperatur
q_{eg} = spezifischer Wärmeverbrauch aus Gas

notwendig, dann kann man die Maschine nach dem Otto-Verfahren betreiben. Die Diesel-Zylinderköpfe werden dann gegen entsprechend nachgearbeitete, mit Gaseinblaseventil und Zündkerze ausgetauscht. Das Verdichtungsverhältnis wird auf $\varepsilon = 10$ herabgesetzt. Die hydraulische Steuerung der Ventile ist in Abb. 172 gezeigt.

Das Gas wird über eine Verteilerleitung zu den Zylinderköpfen geführt. Die Spülung erfolgt mit reiner Luft. Die Gaseinblaseventile öffnen n. U. T. und schließen (bei Höchstlast) nach Abschluß der Auslaßschlitze. Auf diese Weise wird eine kleine Auf-

ladung erreicht, die gegenüber der Gemischspülung eine Leistungssteigerung
bewirkt. Die Drossel *RD* dient zur Abstimmung des erforderlichen Gaseinblase-
druckes vor den Ventilen und wird von
Hand eingestellt, so daß Heizwert-
schwankungen oder Schwankungen im
Widerstand des Gaserzeugers ausgeglichen werden können. Die Regelung
der Gasmenge geschieht durch Veränderung des Einblasequerschnittes. Bei
Entlastung wird der Zeitquerschnitt verkleinert, wobei der Gasdruck ansteigt.
Dadurch ergibt sich eine gewisse
Speicherung, die sich bei nachfolgenden
Belastungsspitzen günstig auswirkt.
Abb. 295 zeigt die Verbrauchswerte der
Maschine.

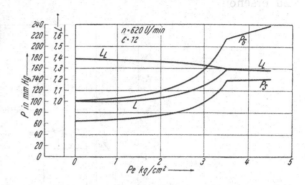

Abb. 293 Spüldruck, Druck hinter dem Gebläse und Luftaufwand in Abhängigkeit vom Nutzdruck (der Anlage Abb. 290)

p_s = Spüldruck p_G = Druck hinter dem Gebläse
L = Luftverbrauch L_L = getrennte Luftförderung

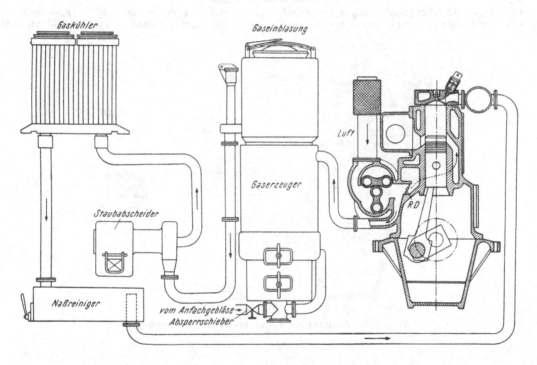

Abb. 294. Zweitakt-Motor mit Gaseinblasung in Zusammenarbeit mit einem Druckgaserzeuger. Motorbaumuster Deutz TM 325, Gaserzeugerbaumuster Deutz A 15 D

Die Anlage wird auf folgende Weise in Betrieb gesetzt:

Das Anblasen des Gaserzeugers erfolgt mit einem elektrisch angetriebenen Gebläse. Erst wenn sich gut brennbares Gas zeigt, wird das Gebläse abgestellt, der Schieber geschlossen und der Motor mit Druckluft angelassen. Nach kurzer Anblasezeit des Gaserzeugers (etwa 10 min) springt der Motor einwandfrei an. Das Laden der Anlaßluftflasche geschieht durch einen vom Motor angetriebenen Kompressor.

Bei Betrieb mit Leuchtgas muß zur Erzeugung des notwendigen Einblasedrucks ein Gebläse mit regelbarer Fördermenge vorgeschaltet werden, wenn nicht aus Ferngasleitungen Druckgas zur Verfügung steht. Das Gebläse kann auch bei Betrieb mit Erdgas fortfallen, da dieses in der Regel unter natürlichem Druck vorhanden ist. Den Aufbau einer Anlage mit Gasgebläse zeigt Abb. 296. Die Verbrauchswerte sind aus Abb. 77 zu ersehen.

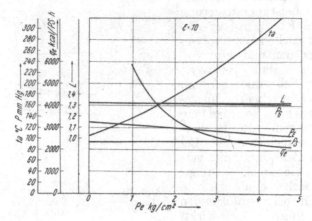

Abb. 295. Spezifischer Wärmeverbrauch, Spüldruck, Gaseinblasedruck, Druck hinter dem Gebläse, Luftaufwand und Auspufftemperatur in Abhängigkeit vom Nutzdruck bei Gaseinblasung und Otto-Betrieb (Anlage nach Abb. 294)

$\varepsilon = 10$ $H_{ug} = 1390$ kcal/Nm³ $L_{og} = 1,20$ m³/m³ $q_e =$ spezifischer Wärmeverbrauch $p_s =$ Spüldruck
$p_E =$ Gaseinblasedruck $p_G =$ Druck hinter dem Gebläse $L =$ Luftverbrauch $t_a =$ Auspufftemperatur

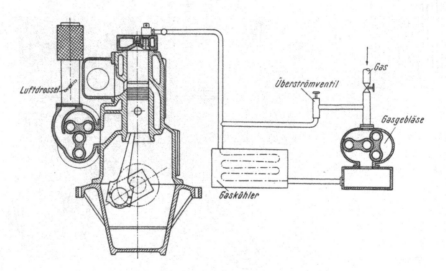

Abb. 296. Zweitaktmotor mit gesondertem Gasgebläse

II. Fahrzeuggasmotoren

1. Allgemeines

Gasmaschinen werden nicht nur für stationäre Anlagen verwendet, sondern auch in Lastkraftwagen und Omnibusse eingebaut. Ihre Verwendung als Fahrzeugmotoren wurde besonders im Krieg gefördert, da viele Länder sich von der Einfuhr flüssiger Kraftstoffe unabhängig machen wollten. Die Fahrzeuggasmotoren werden entweder mit in Druckflaschen gespeicherten Gasen, wie z. B. Flüssiggas, Leuchtgas und Methan betrieben oder mit Sauggas, das durch in das Fahrzeug eingebaute Generatoren aus festen Kraftstoffen erzeugt wird.

a) Betrieb mit Treibgas

Die unter der Handelsbezeichnung Treibgas bekannten Flüssiggase Propan und Butan sowie das im Gegensatz zu den Flüssiggasen unter die permanenten Gase einzuordnende Methan werden als heizwertreiche Gase vorwiegend für den Betrieb ortsbeweglicher Motoren verwendet.

Der hohe Heizwert ergibt ein günstiges Verhältnis der in den Stahlflaschen gespeicherten Energiemenge zu Flaschengewicht und Flaschengröße. Dieses Verhältnis liegt am günstigsten bei den unter geringem Druck verflüssigbaren Kohlenwasserstoffgasen Propan und Butan und deren Homologen, die in steigendem Umfang bei der Benzinherstellung durch Cracken, Hydrieren oder Synthese gewonnen werden. Treibgas ist ein Gemisch dieser Flüssiggase, das vorwiegend aus Propan und Butan besteht. Daneben kann es je nach Herstellungsverfahren bis zu 30% Propylen und Butylen enthalten.

Der Dampfdruck, bei dem das Gas flüssig wird, liegt bei einem Treibgas üblicher Zusammensetzung bei 15° C zwischen 4 und 5 atü. Es kann also in flüssiger Form in leichten Stahlflaschen gespeichert und transportiert werden. Treibgas hat einen Heizwert von rund 11 000 kcal/kg, bzw. rund 26 000 kcal/Nm³. Die Stahlflaschen mit 16,7 atü Betriebsdruck und 25 atü Prüfdruck haben bei 330 mm $\oslash$ und 1200 mm Länge einen Rauminhalt von 78 l. Das Leergewicht beträgt bei Flaschen neuerer Bauart 36 bis 38 kg. Die Flaschen werden mit 33 kg Treibgas gefüllt, die etwa 50 Liter Benzin entsprechen. Im allgemeinen werden die Fahrzeuge mit zwei Flaschen ausgerüstet.

Methan fällt bei der Tieftemperaturzerlegung des Koksofengases zur Gewinnung von Wasserstoff in größeren Mengen an und wird außerdem als Erdgas sowie als Klärgas gewonnen.

Reines Methan hat einen Heizwert von 8550 kcal/Nm³. Der Heizwert des Erd- und Klär-Methans, das geringe Anteile inerter Gase enthält, beträgt etwa 8000 kcal/Nm³, der Heizwert des aus Kokereigase gewonnenen Methans dagegen infolge seines Äthylengehaltes rund 9000, teils bis zu 10 000 kcal/Nm³.

Der Siedepunkt des Methans beträgt -- 162° C. Es läßt sich also bei normalen Temperaturen nicht verflüssigen und muß unter Hochdruck in druckfesten Stahlflaschen gespeichert werden. Die Flaschen mit einem Betriebsdruck von 200 atü und einem Prüfdruck von 300 atü haben bei einem $\oslash$ von 229 mm und einer Länge von 1700 mm einen Rauminhalt von 53 Liter und ein Leergewicht von zirka 70 kg. Bei 200 atü sind die Flaschen mit 11 bis 12 Nm³ Methan gefüllt, die je nach Heizwert 12 bis 14 Liter Benzin entsprechen.

Infolge des ungünstigeren Verhältnisses gespeicherter Energie zum Flaschengewicht kann Methan nur in einem begrenzten Umkreis um die Erzeugungsstätten eingesetzt werden, wobei die Schaffung wirtschaftlich arbeitender Transport- und Verteilungseinrichtungen ausschlaggebend für die gebietliche Einsatzmöglichkeit ist.

Der Schwerpunkt der Methan-Erzeugung und damit seiner Verwendung als Motorenkraftstoff liegt im Ruhrgebiet, in dem zur Zeit jährlich rund 25 Millionen Nm³ Methan vertankt werden.

Die Verwendung von Leuchtgas für ortsbewegliche Motoren ist infolge des im Vergleich zu Treibgas und Methan geringen Heizwertes nach dem Kriege laufend zurückgegangen und kann nur örtliche Bedeutung für besonders gelagerte betriebliche Verhältnisse haben.

Für die Beurteilung der Verwendbarkeit der Gase zum Antrieb von Kraftfahrzeugen ist das Gewicht der Kraftstoffbehälter mit Füllung von Bedeutung. Das Tankgewicht für je 10 000 kcal flüssiges Treibgas beträgt 1 kg, für je 10 000 kcal Leuchtgas dagegen 10 kg. Propan-Butan-Gemische sind demnach den nicht verflüssigbaren Gasen weit überlegen. Motorenmethan nimmt eine Zwischenstellung ein. Generatorgas kommt als Speichergas nicht zur Verwendung, da wegen seines geringen Heizwertes eine Speicherung in Flaschen unwirtschaftlich ist.

Die Kraftstoffkosten eines Kraftfahrzeuges sind gegenwärtig bei Betrieb mit Flüssiggas geringer als bei Benzinbetrieb. Die Ersparnis hängt von dem Preis des Flüssiggases und dem Verbrauchsverhältnis von Flüssiggas zu Benzin ab. Aus dem Vergleich der Heizwerte ergibt sich, daß ein Kilogramm Flüssiggas ungefähr 1,44 Liter Benzin entspricht. Im Fahrbetrieb liegen jedoch die Verhältnisse günstiger, da im Teillastgebiet der spezifische Kraftstoffverbrauch bei Benzin schneller ansteigt als bei Flüssiggas.

Das ist darauf zurückzuführen, daß sich Benzin oft an den Wandungen der Ansaug-leitung niederschlägt und die Zylinder dadurch ungleiches Gemisch erhalten. Bei Gas-betrieb ist die Vermischung stets gut und die gesamte angesaugte Gasmenge gelangt gleichmäßig verteilt in die Zylinder.

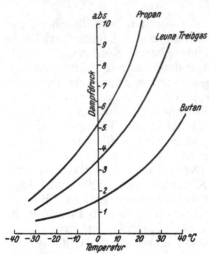

Abb. 297. Dampfdrucklinien

Abb. 297 zeigt die Dampfdrucklinien von Propan, Butan und einer Mischung beider Gase. Der Druck in der Flasche muß bei geringer Außentemperatur noch hoch genug sein, um das Gas herauszutreiben. Das Mischungsverhältnis muß jedoch so gewählt werden, daß bei erhöhter Außentemperatur der Druck in der ·Flasche nicht zu hoch wird. In der Flasche befindet sich über dem Flüssigkeitsspiegel ein kleiner Gasraum. Wird aus diesem Raum Gas entnommen, so ändert sich die Gemischzusammensetzung, da die Anteile mit hohem Gasdruck zuerst entweichen. Das Flüssiggas wird deshalb durch ein Tauchrohr als Flüssigkeit ent-nommen. Dadurch bleiben die Gemischzusammen-setzung und der Druck in der Flasche gleich.

Es bestehen zwei Möglichkeiten, den Treibstoff in den Brennraum einzubringen, entweder in flüssigem Zustand durch direkte Einspritzung in den Zylinder oder nach Entspannung des Kraftstoffes als Gas in einem fertigen Gemisch durch die Ansaugleitung. Da der Motor durch Einspritzpumpen und Einspritzventile verwickelt und teuer wird, wird allgemein Gas-Luft-Gemisch angesaugt. Um eine ein-fache Umstellung von Gas- auf Benzinbetrieb zu ermöglichen, ist meist am Ansaugrohr des Motors außer dem Gasmischer ein Benzinvergaser angebracht.

Die Entspannung von Flüssiggas erfolgt allgemein durch einen ein- oder mehrstufigen Druckminderer, in dem das Flüssiggas gleichzeitig vergast. Der Druck nach der Ent-spannung wird bei allen Belastungen gleichgehalten. Das Gas strömt nach der Ent-spannung mit normalem Luftdruck oder geringem Unterdruck dem Gas-Luft-Mischer zu. Bei Entspannung auf Atmosphären- oder Unterdruck saugt der Motor die erforderliche Gasmenge durch eine Düse in der Ansaugleitung an. Ansaugen und Gemischbildung er-folgt ähnlich wie in einem Benzinvergaser. Die Ausführung eines solchen Gas-Luft-Mischers ist sehr einfach, da der Kraftstoff im gasförmigen Zustand in die Ansaugleitung einströmt.

Bei einem Druckregler, der auf Überdruck entspannt, muß das Gas durch ein ge-steuertes Mischventil in einer von Belastung und Drehzahl abhängigen Menge in die Ansaugleitung eintreten. Für Flüssiggas genügt ein einstufiger Regler, da bis zur Ent-leerung kein Absinken des an sich niedrigen Druckes in der Flasche erfolgt. Bei Hoch-druckgasen, wie Leuchtgas und Motorenmethan, sinkt der Druck in der Flasche mit der Gasentnahme Deshalb ist es zweckmäßig, die Entspannung in zwei Stufen vorzunehmen.

Die erste Regelstufe hat die Aufgabe, einen gleichmäßigen Gasdruck vor der zweiten Regelstufe zu erhalten. Die zweite Stufe dient zur Feinregelung.

Eine Flüssiggasanlage des Benzolverbandes für Fahrzeuge stellt Abb. 298 schematisch dar. Sie besteht im wesentlichen aus den Gasflaschen a, dem Druckregler d sowie der Mischeinrichtung in der Ansaugleitung m des Motors. Die Flaschen werden seitlich längs der Träger oder zwischen Rahmen und Aufbau quer zur Längsachse des Fahrzeugs gelagert. Abb. 299 zeigt die Befestigung der Gasflaschen an einem Fahrgestell. Je nach Wagengröße und dem erforderlichen Aktionsradius werden bei Flüssiggasbetrieb zwei bis vier Flaschen mitgenommen, von denen je eine für etwa 100 km Fahrstrecke aus-reicht. Die leeren Flaschen werden gegen gefüllte Leihflaschen ausgetauscht. Die Gas-flaschen sollen so angebracht werden, daß der Kopf mit dem Entnahmeventil tief liegt, damit nur Flüssiggas in das nach unten gebogene Entnahmeröhrchen eintritt. Das Sieb b vor dem Hauptabsperrventil c der Abb. 298 dient zum Auffangen von Verunreinigungen, wie Zunder und Dichtungsfasern, die vom Zusammenbau im Rohrnetz zurück-geblieben sind.

Bei der Umstellung eines Benzinmotors auf Kraftgas sind keine weitgehenden Änderungen erforderlich. Der Vergaser bleibt an seiner Stelle, und das entspannte Gas wird durch eine seitliche Bohrung in dessen Lufttrichter eingeführt. Eine solche Ausführung zeigt Abb. 298. Eine andere Möglichkeit besteht darin, daß dem Benzinvergaser eine Mischeinrichtung für Gas und Luft vorgeschaltet wird. Diese Mischeinrichtung

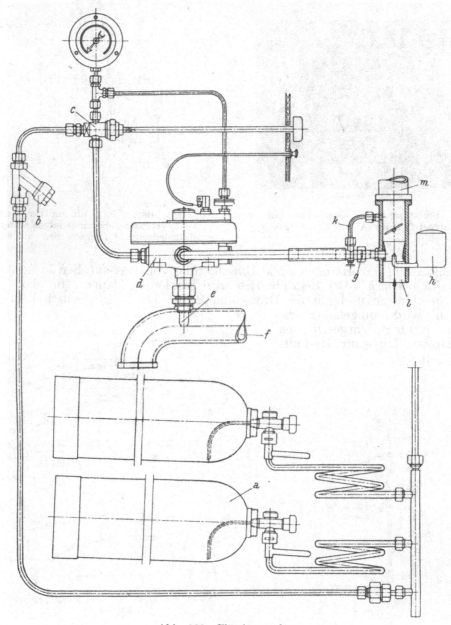

Abb. 298. Flüssiggasanlage

a	Gasflaschen	d	Druckregler	g	Blende	l	Lufteintritt
b	Sieb	e	Vergasungsrüssel	h	Benzinvergaser	m	Ansaugleitung
c	Absperrventil	f	Auspuffleitung	k	Leerlaufgasleitung		

besitzt ebenfalls eine Düse, an deren engster Stelle das Gas eintritt. Das Gemisch muß den Lufttrichter des Benzinvergasers durchströmen, ehe es zu den Zylindern gelangt. Die Regelung des Motors erfolgt wie im Benzinbetrieb durch Drosselklappen, also durch Füllungsregelung. Nachteilig ist jedoch die starke Drosselung des Gas-Luft-Gemisches im Benzinvergaser. Konstruktions- und Ausführungsbeispiele von Druckreglern und Gas-Luft-Mischern sind in D. II. und III. beschrieben.

Bei einem Motor für wechselnden Gas- und Benzinbetrieb können aber auch Mischer und Vergaser nebeneinander- oder hintereinandergeschaltet werden. In Abb. 300 sind Vergaser und Mischer nebeneinander angeordnet. Beide sind durch ein Hosenrohr mit

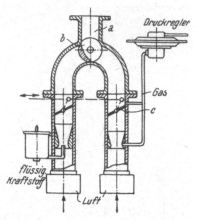

Abb. 299. Befestigung der Gasflaschen an dem Fahrgestell eines Krupp-Lastwagens

Abb. 300. Mischer für Luft und Gas und Benzinvergaser nebeneinandergeschaltet
a Ansaugleitung   *b* Drehschieber   *c* Drosselklappe

der Ansaugleitung *a* verbunden. Die Umschaltung von Gas auf Benzin erfolgt durch einen Drehschieber *b*. Bei Benzinbetrieb wird die Drosselklappe *c* für das Gas-Luft-Gemisch geschlossen und nur die Drosselklappe für das Benzingemisch betätigt. Bei Gasbetrieb wird umgekehrt die Drosselklappe für Benzin geschlossen und die Drosselklappe für Gas-Luft-Gemisch betätigt.

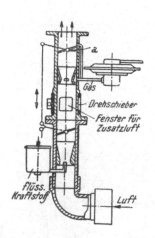

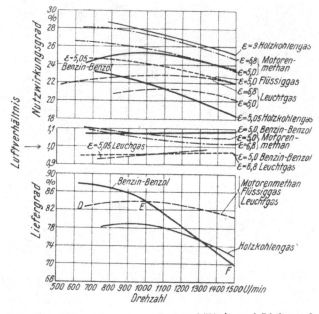

Abb. 301. Mischer für Luft und Gas und
Benzinvergaser hintereinandergeschaltet
a Drosselklappe

Abb. 302. Nutzwirkungsgrad, Luftverhältnis und Liefergrad
für verschiedene Kraftstoffe in Abhängigkeit von der
Motordrehzahl

Abb. 301 zeigt die Hintereinanderschaltung von Benzinvergaser und Mischer für Luft und Gas. Der Mischer liegt zwischen dem Vergaser und den Zylindern. Er ist nach RIXMANN mit mehreren, durch einen Drehschieber verschließbaren Fenstern versehen, die bei Gasbetrieb geöffnet sind und Zusatzluft in die Ansaugleitung eintreten lassen. Die Enge des Lufttrichters im Vergaser verliert dadurch ihren schädlichen Einfluß. Bei Gasbetrieb arbeiten beide Drosselklappen gemeinsam. Bei Benzinbetrieb wird die Drosselklappe *a* im Mischer in geöffneter Stellung festgehalten und der Drehschieber für die Zusatzluft geschlossen. Mit diesem Mischer für Gas und Luft wurden die aus Abb. 302 ersichtlichen Liefergrade festgestellt. Bei niedriger Drehzahl ist der Liefergrad bei Benzin auf Grund der geringeren Gemischtemperatur höher als bei Gas, bei hoher Drehzahl fällt er jedoch wegen der Drosselung im Vergaser bei Benzinbetrieb sehr stark und bei Gasbetrieb nur wenig. Bei Verwendung von Sauggas aus festen Kraftstoffen ist der Liefergrad in hohem Maße vom Saugwiderstand des Generators und der Reinigeranlage abhängig. Über Verbrauch und Leistungswerte s. auch A IV. 3.

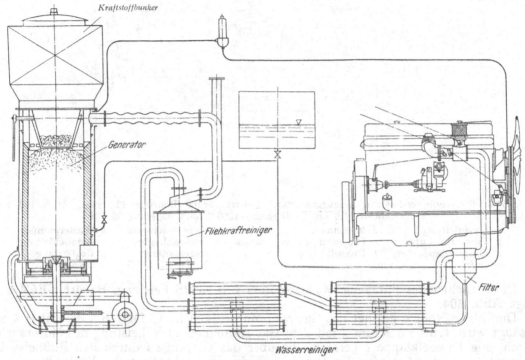

Abb. 303. Sauggasanlage für Lastwagen. Bauart Deutz

b) Betrieb mit Sauggas

Eine Sauggasanlage für Fahrzeuge besteht aus dem Generator, den Gasreinigern und Kühlern, dem Gebläse zum Anblasen des Generators und dem Motor mit der Mischvorrichtung für Luft und Gas. Der Vorteil des Sauggasbetriebes liegt darin, daß an Stelle von Benzin oder Gasöl billige feste Kraftstoffe, wie Holz und Kohle, verwendet werden können. Länder mit Holz- und Kohlenreichtum werden dadurch unabhängig von der Einfuhr flüssiger Kraftstoffe. Nachteilig ist jedoch die Verringerung der Ladefläche und der Nutzlast des Fahrzeuges durch den großen Platzbedarf der Sauggasanlage, außerdem ist der Betrieb der Anlage nicht einfach. Vor dem Anfahren braucht der Generator eine Anheizzeit von 3 bis 10 Minuten. Das Gebläse zum Anfahren des Generators wird entweder von Hand oder elektrisch angetrieben. Nach längerem Bergabfahren, während dessen der Motor leer läuft und kein Gas ansaugt, hat das Gas beim Einsetzen der Belastung nicht mehr genügend Heizwert um den Motor sofort auf volle Leistung zu bringen.

Klöckner-Humboldt-Deutz AG. Abb. 303 stellt eine Sauggasanlage für Lastwagen, Bauart A 14 dar. Der Gaserzeuger ist für die Vergasung von Anthrazit und Schwelkoks gebaut und arbeitet mit aufsteigender Vergasung. Über dem Vergasungsschacht befindet sich der Kraftstoffbunker, der Schwelkoks für 150 km oder Anthrazit für 200 km Fahrstrecke aufnehmen kann. Nach Austritt aus dem Generator strömt das Gas zur Grobreinigung in einen Fliehkraftreiniger, durch den 90% des im Gas enthaltenen

Staubes ausgeschleudert werden. Die Feinreinigung des Gases und seine Kühlung erfolgen in zwei Wasserreinigern, in die das Gas durch kleine Öffnungen fein verteilt durch
das Wasser hindurch eintritt. Hinter dem Wasserabscheider gelangt das Gas in ein
Filter zur Teerabscheidung und strömt dann zum Motor.

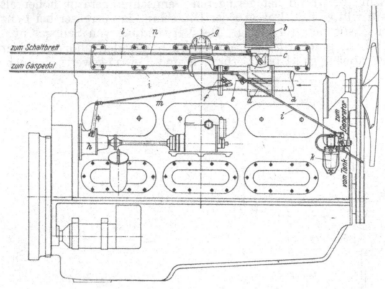

Abb. 304. Sechszylinder-Lastwagen-Sauggasmotor. Bauart Deutz Bohrung 120 mm, Hub 170 mm
Hubvolumen 11,5 Liter, Drehzahl 1500 U/min, Leistung 95 PS

a Gaszuleitung	d Mischraum	g Sicherheitsventil	k Wasserpumpe
b Filter für Luft	e Drosselklappe für Gemisch	h Drehzahlregler	l Gemischleitung
c Drosselklappe für Luft	f Drosselklappe	i Regelgestänge	m Reglerstange
			n Stange

Die Ansicht eines Fahrzeug-Sauggasmotors von 95 PS Leistung, Bauart GF6M 517,
zeigt Abb. 304.

Durch das Rohr a gelangt das Gas zum Motor. Die Luft, die durch das Filter b angesaugt wird, trifft im Raum d mit dem Gas zusammen. Die Leistung des Motors wird
durch eine Drosselklappe e geregelt, die über das Gestänge i durch den Fußhebel im
Führerhaus verdreht wird. Zur Begrenzung der Drehzahl dient der Drehzahlregler h,
der durch das Gestänge m die Drosselklappe f in der Gemischleitung bewegt. Das
Mischungsverhältnis wird durch die Drosselklappe c in der Luftleitung geregelt, die
durch eine Stange n vom Führersitz aus verstellt werden kann. Das Gas-Luft-Gemisch
gelangt durch die Leitung l zu den einzelnen Zylindern. Auf der Leitung l ist das federbelastete Sicherheitsventil g angebracht, das bei Zündungen in der Ansaugleitung die
Gase nach außen abblasen läßt.

Für die Vergasung von Anthrazit und Schwelkoks ist ein Zusatz von Wasser im
Generator nötig. Am Motor ist zu diesem Zweck eine Wasserpumpe k angebracht, die,
abhängig von der Belastung, eine bestimmte Wassermenge in den Generator fördert.
Die Regelung dieser Pumpe geschieht durch einen Dreiwegehahn, der mit der Drossel-
klappe e verbunden ist. Der Dreiwegehahn ist so eingestellt, daß in Anpassung an die
jeweilige Drosselklappenstellung eine bestimmte Wassermenge in die Leitung zum
Generator strömt, während der Rest durch die Überströmleitung in das Saugrohr der
Pumpe zurückfließt.

Zum Anlassen des Motors kann auch ein Benzinvergaser verwendet werden. Der
Motor saugt dann Benzingemisch an, dessen Menge mit der Drosselklappe des Vergasers
geregelt wird. Läuft der Motor, so wird eine Drosselklappe in der Gasleitung langsam
geöffnet, so daß zusätzlich Gas aus dem Generator angesaugt wird. Wenn der Generator
genügend Gas liefert, so wird der Benzinvergaser abgeschaltet.

An einer Gasanlage für Lastkraftwagen wurden von WOHLSCHLÄGER bei Deutz
Versuche mit Braunkohlenschwelkoks durchgeführt. Der Versuchsmotor hatte sechs
Zylinder mit 130 mm Bohrung und 170 mm Hub, also ein Hubvolumen von 13,5 Liter.

Die Körnung des Schwelkokses betrug 5 bis 15 mm. Der Gaserzeuger wurde mit Holz und Holzkohle angeheizt und gleich nach dem Anlassen mit Schwelkoks beschickt. Nach einer Anblasezeit von drei Minuten konnte der Motor angelassen werden.

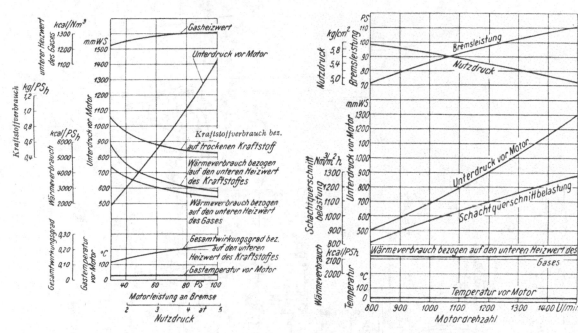

Abb. 305. Versuchsergebnisse bei Betrieb mit Braunkohlen-Schwelkoks

Abb. 306. Versuchsergebnisse bei Betrieb mit Braunkohlen-Schwelkoks

Die Versuchsergebnisse sind in den Abb. 305 und 306 dargestellt. Der Verbrauch für die Lichtmaschine und den Windflügel für den Kühler wurde in den angegebenen Werten berücksichtigt. Aus Abb. 305 ist unter anderem zu ersehen, daß der Heizwert des erzeugten Gases mit fallender Belastung des Motors sinkt. Bei niedriger Belastung wird der Anstieg des spezifischen Kraftstoffverbrauches noch durch die Verschlechterung des Gases vergrößert. Bei einer Drehzahl von 800 U/min beträgt der Nutzdruck 5,8 kg/cm², bei 1500 U/min 4,9 kg/cm². Bei einer Leistung von 80 PS ist der Schwelkoksverbrauch 0,5 kg/PSh. Eine größere Zahl von ortsfesten und Fahrzeuganlagen arbeitet auch mit Sauggas aus Holz.

2. Schleppermotoren

Klöckner-Humboldt-Deutz AG. (*KHD*). Einen auf Sauggasbetrieb umgebauten Schlepper-Dieselmotor der KHD, Type F2M 315, zeigt Abb. 307. Die Maschine hat zwei Zylinder von 120 mm Bohrung und 150 mm Hub und leistet im Dieselbetrieb 28 PS bei 1350 U/min, im Gasbetrieb bei einem Verdichtungsverhältnis $\varepsilon = 8,5$ entsprechend weniger. Abb. 308 zeigt für einen Fahrzeugmotor den Verlauf des mittleren Nutzdruckes über der Drehzahl für verschiedene Gasarten. Der Leistungsverlust gegenüber Dieselbetrieb beträgt beispielsweise für Anthrazitgas (im Ottobetrieb) bei Vollast ungefähr 27%, jedoch gibt diese Zahl ein falsches Bild von dem tatsächlichen Betriebsverhalten, da bei Fahrzeugmotoren allgemein nur selten im Gebiet der höchsten Drehzahl gefahren wird. Dieselbe Abbildung zeigt, daß im Gebiet des höchsten Drehmoments ($n = 1000$ U/min) der Leistungsverlust nur 15% beträgt. Bei Zündstrahlbetrieb mit Anthrazitgas wird der Leistungsverlust in diesem Gebiet sogar vernachlässigbar klein, während im unteren Drehzahlbereich der erzielbare Nutzdruck sogar etwas höher liegt als der im Dieselbetrieb übliche.

Wenn alle Umbauteile zur Verfügung stehen, dann wird das Verdichtungsverhältnis dadurch herabgesetzt, daß man eigene Gaskolben einbaut, die niedriger sind als die Dieselkolben. Soll der Umbau ohne Austausch des Kolbens erfolgen, dann hat sich eine

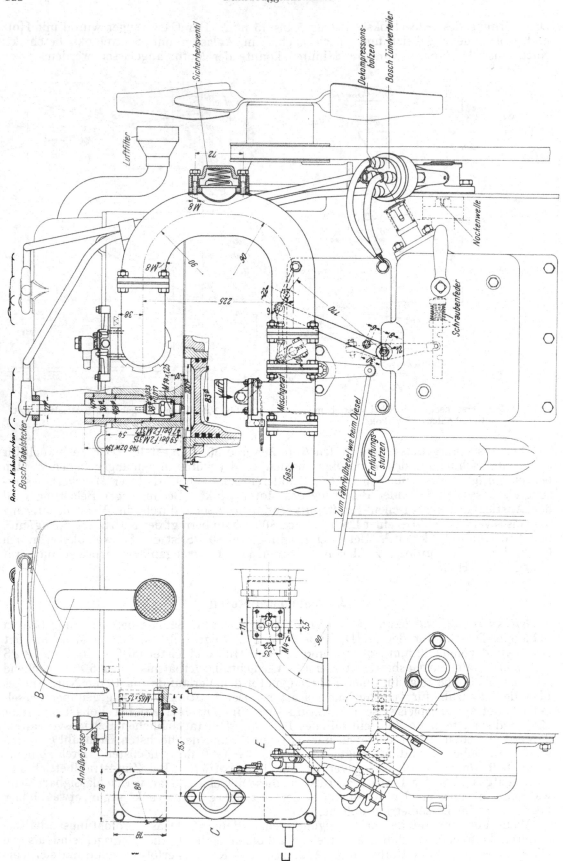

Abb. 307. Umbau eines Deutzer Schlepper-Diesel-Motors auf Sauggasbetrieb, Type F2M 315

Umgestaltung des Verbrennungsraumes nach Abb. 309 gut bewährt. Aus dieser Abbildung ist auch der gewählte Zündkerzeneinbau zu ersehen.

Bei Zweizylindermaschinen, die aus Gründen des Massenausgleichs 180° Kurbelversetzung haben, liegen beim Umbau auf Gasbetrieb insofern besondere Verhältnisse vor, als diese Maschinen eine ungleichmäßige Saugfolge haben. Es schließen sich dort an zwei aufeinanderfolgende Saughübe zwei Hübe an, während deren nicht gesaugt wird. In dieser Zeit tritt eine Bewegungsumkehr an der Mischstelle ein, da der Saugunterdruck in der Gasleitung wegen deren größeren Rauminhaltes wesentlich langsamer abklingt als in der Luftleitung. Dadurch wird Luft in die Gasleitung zurückgeholt, diese saugt der darauf zuerst ansaugende Zylinder mit an und erhält so ein wesentlich magereres Gemisch als der zweitansaugende.

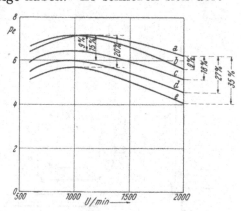

Zur Beseitigung dieser Störung kann man verschiedene Wege gehen. Man kann in die Luftleitung ein entsprechendes Ersatzvolumen einschalten (als solches kann auch teilweise das Luftfilter dienen) und die Luftdrosselklappe vor diesem Raum anbringen. Dann werden die Verhältnisse auf der Luftseite jenen auf der Gasseite teilweise angeglichen, und es tritt keine Bewegungsumkehr ein, oder man nützt die Verschiedenheit der kinetischen Energie des Gases und des Luftstromes dazu aus, nach Abschluß des zweitansaugenden Zylinders Gas in den Luftstutzen eintreten zu lassen. Dann tritt trotz der darauffolgenden Bewegungsumkehr keine Abmagerung des Gemisches für den erstansaugenden Zylinder ein.

Ein solches Mischventil wurde von Deutz für den Zweizylinder-Gasschleppermotor GF2M 115 (Abb. 311 und 312) entwickelt (Abb. 310) und arbeitet einwandfrei, erfordert jedoch eine Abstimmung auf die jeweilige Motortype und auf die zugehörige Gaserzeugungsanlage [63].

Abb. 308. Nutzdruck eines Deutzer Fahrzeugmotors in Abhängigkeit von der Drehzahl für verschiedene Arbeitsverfahren

a Dieselbetrieb mit Gasöl

b Zündstrahlbetrieb mit Generatorgas aus Anthrazit

c Zündstrahlbetrieb mit Generatorgas aus Holz

d normaler Ottobetrieb mit Generatorgas aus Anthrazit

e normaler Ottobetrieb mit Generatorgas aus Holz

Ist eine Abstimmung nicht möglich, dann muß zwischen die Mischstelle und das Saugventil eine Mischkammer eingeschaltet werden, die mindestens das Dreifache des Hubraumes haben muß. Auf Abb. 307 ist diese Lösung angewandt, die Mischkammer ist hier als Ansaugkrümmer ausgebildet. Auf der Abbildung sieht man ferner deutlich die Anbringung des Zündverteilers am Ende der Nockenwelle.

Der Reglerhebel ist von der Einspritzpumpe gelöst und betätigt sinngemäß die Gemischdrosselklappe, da das Arbeitsvermögen des Reglers auch im Leerlauf zur Betätigung der Klappe ausreicht.

Ändert sich im Bereich der Drosselregelung durch Unregelmäßigkeit im Gaserzeugerbetrieb der Heizwert des Gases oder der Ansaugunterdruck, dann ändert sich das Gemisch, und es kann zu Betriebsstörungen am Motor kommen (Ansaugknaller und ähnliches). Die Veränderungen des Heizwertes könnten nur durch einen Regler ausgeglichen werden, der auf chemischer Basis arbeitet. Solche Einrichtungen kommen natürlich nicht in Frage. Dagegen sind Mischventile entwickelt worden, die durch einen Membranregler die Drücke auf der Gas- und der Luftseite und damit das eingestellte Mischungsverhältnis bei allen Betriebsbedingungen angenähert gleichhalten. Man kann aber auch durch Kopplung der Luftklappe mit der Gemischklappe, wie es im Solex-Mischer geschieht, die Druckverlaufskurven auf der Gas- und der Luftseite ungefähr zur Deckung bringen. Wenn dies gelingt, dann hat das Mischventil an der Mehrzylindermaschine eine ganz untergeordnete Bedeutung und kann durch ein einfaches T-Stück mit Drosselklappe ersetzt werden, weil die Mischung von Gas und Luft bis zum Augenblick der Zündung im Motor noch reichlich geschieht.

Auf Abb. 307 sieht man ferner das Luftfilter und die Zuleitung für die Gehäuse-
durchlüftung. Diese ist bei Fahrzeuggasmotoren besonders wichtig. Die normale Be-
lüftung genügt nicht. Ein wesentlicher Teil des erhöhten Verschleißes der auf Gasbetrieb
umgestellten Motoren rührt nämlich nicht von den mechanischen Verunreinigungen,
sondern von dem chemischen Angriff durch die im Gas enthaltenen Schwefelverbindungen

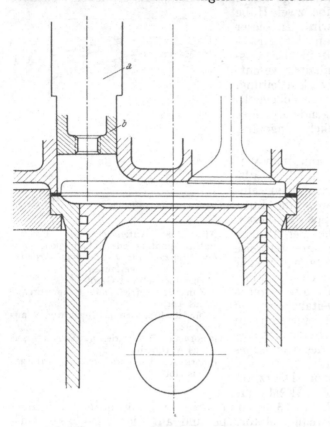

her. Die mechanischen Verunreinigungen hat man durch Verbesserung
der Reinigeranlagen weitgehend beseitigen können. Bei den aus dem
unvermeidlichen Schwefelgehalt des
Generatorkraftstoffes gebildeten,
insbesondere gasförmigen Schwefelverbindungen ist das nicht möglich.
Die Folge ist, daß sich schweflige
Säure überall dort bildet, wo die
Verbrennungsgase kondensieren
können. Daher kommen die schon
erwähnten Anfressungen im Triebwerk und besonders beim Stillstand des Motors auch auf der
Zylinderlauffläche. Verdünnt man
nun durch reichliche Durchlüftung
von Kipphebel- und Kurbelraum
dort die wasserdampfgesättigten
Verbrennungsgase, so daß auch bei
kaltem Motor der Taupunkt nicht
unterschritten wird, dann sind diese
Schwierigkeiten weitgehend beseitigt und man hat außerdem einen
praktisch vollkommenen Schutz
gegen die bei Betrieb mit Anthrazitgas und Reichgas so gefürchteten
Kurbelwannenexplosionen. Die Lebensdauer des Motors, gemessen an
der Fahrstrecke bis zur ersten Über-
holung erhöht sich bis zum Dreifachen. Führt man dann noch
während des Auslaufens des Motors
aus einem besonderen kleinen Behälter Schmieröl als Oberschmier-

Abb. 309. Verbrennungsraum eines Deutzer Fahrzeugmotors
nach der Umstellung auf normalen Otto-Gasbetrieb
a Sitz der ausgebauten Vorkammer
b Einsatz für Zündkerze
c Kolben (Boden abgedreht)

mittel in den Zylinder, so daß die Zylinderwandungen beim Stillstand reichlich mit
Öl bedeckt bleiben, dann kommt nach Deutzer Erfahrungen die Lebensdauer der
umgestellten Motoren bis zu 70% an die Dieselausführung heran. Für die Umstellung auf Gas eignen sich luftgekühlte Typen ganz besonders, da ein solcher Motor
nach dem Anlassen schneller auf Temperatur kommt und auch im Betrieb wesentlich
höhere mittlere Zylinderwandtemperaturen aufweist. Dadurch ist die Gefahr der
Kondensatbildung weitgehend eingeschränkt [63].

Faulgasschlepper GF2L 514. Schlepper können auch mit Faulgas, das aus landwirt-
schaftlichen Abfällen und Stallmist gewonnen ist („BIHU"-Gas), betrieben werden.
Dieses Verfahren gewinnt in neuerer Zeit an Bedeutung. Bei der KHD wurde ein Ver-
suchsschlepper mit GF2L 514-Motor, einer luftgekühlten Zweizylinder-Wirbelkammer-
maschine mit 110 mm Bohrung und 140 mm Hub, die als Dieselmotor eine Zylinderleistung von 14 bis 15 PS bei 1550 U/min erreicht, auf Bihu-Gas umgestellt. Einen
Schnitt durch die Dieselmaschine zeigt Abb. 313 a, b. Selbstverständlich müssen bei Motoren
mit unterteiltem Brennraum Änderungen am Zylinderkopf vorgenommen werden.
Abb. 314 zeigt die Umgestaltung des Verbrennungsraums an dem genannten Motor.
Da dabei der Inhalt des Verbrennungsraums verringert wird, mußten niedrigere Kolben
eingebaut werden. Als günstigstes Verdichtungsverhältnis ergab sich $\varepsilon = 9{,}6$. Kurz-

versuche haben gezeigt, daß keine Leistungsverminderung gegenüber dem Dieselbetrieb eintritt und spezifische Verbräuche von 2200 bis 2400 kcal/PS$_e$h und weniger ohne weiteres erreicht werden können. Vergleichsweise beträgt der Verbrauch des Dieselmotors im selben Bereich 2100 kcal/PS$_e$h.

Abb. 315 zeigt den Anbau des Druckminderers (Hessenwerk) und des Solex-Mischers. Die Anordnung entspricht der beim Methanbetrieb üblichen (s. auch D. II. und III). Im Vordergrund des Bildes sieht man eine der beiden seitlich auf den Kotflügeln angebrachten Druckflaschen, die bei 60 Liter Inhalt und 200 atü Fülldruck eine Gasmenge enthalten, die etwa 12 Liter Dieselöl entspricht.

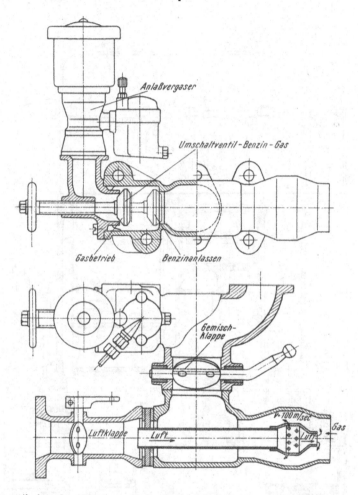

Abb. 310. Mischventil für den Deutzer Zweizylinder-Gasschleppermotor GF2M 115 (Ausgleich der ungleichmäßigen Saugfolge)

Die meisten Fahrzeuggasmotoren sind — wie schon erwähnt — umgebaute Benzin- oder Dieselmotoren, bei denen außerdem noch stets die Möglichkeit gegeben bleiben sollte, jederzeit wieder auf den Betrieb mit flüssigen Kraftstoffen rückumzustellen. Die motorischen Nachteile, welche mit der Umstellung verbunden sind, können praktisch vermieden werden, wenn man die Motoren unmittelbar für Gasbetrieb konstruiert.

Güldner Motoren-Werke, Aschaffenburg. Einen solchen Zweizylinder-Viertakt-Holzgasmotor von 25 PS bei 1500 U/min für Einbau in Ackerschlepper zeigen die Abb. 316 a, b. Der Motor hat eine Zylinderbohrung von 130 mm und einen Kolbenhub von 150 mm.

Die kräftig bemessene Kurbelwelle ist zweifach gelagert, und zwar auf der Schwungradseite in einem Pendelrollenlager und auf der Ventilatorseite in einem leicht auswechselbaren Gleitlager. Dieses Lager dient gleichzeitig für die Zuführung des Schmieröles zu den Kurbelzapfenlagern. Bemerkenswert ist die Befestigung des Schwungrades auf der

Kurbelwelle mittels Klemmhülse, welche in die Kurbelwelle eingezogen wird, wodurch die Welle aufgedornt wird und einen festen Schwungradsitz gewährleistet. Von der Kurbelwelle aus werden mittels schrägverzahnten Zahnrädern die in Kugellagern gelagerte Steuerwelle, der Zündapparat, die Zahnradölpumpe und ein Präzisions-Schneiden-regler angetrieben. Die Zylinderbüchsen aus hochwertigem Schleuderguß sind aus-

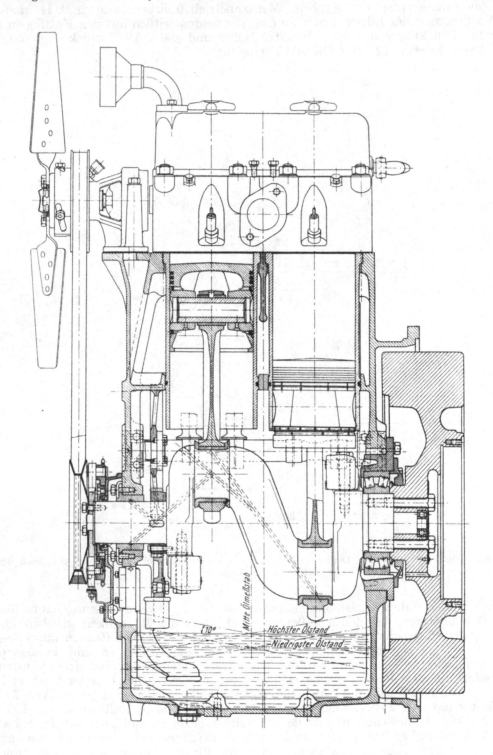

Abb. 311. Längsschnitt durch den Deutzer Gasschleppermotor GF2M 115.

tauschbar. Im Zylinderkopf aus Spezialguß sind die Ein- und Auslaßventile hängend angeordnet und werden von der Steuerwelle über Stößel, Stoßstangen und Hebel betätigt. Am Zylinderkopf angebaut ist der Gas-Luftmischer, dessen Drosselklappe vom Regler beeinflußt wird. Im Gas-Luftmischer ist ein einfacher Benzin-Anlaßvergaser eingebaut.

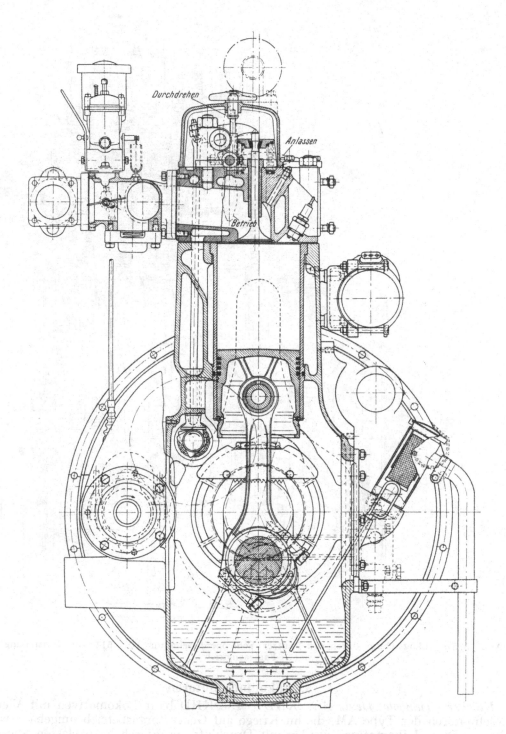

Abb. 312. Querschnitt durch den Deutzer Gasschleppermotor GF2M 115   ($D = 120$ mm, $s = 150$ mm, $N_e = 28$ PS bei $n = 1350$ U/min)

Das Andrehen des Motors wird über die Zündapparat-Antriebswelle vorgenommen. Eine von Hand ein- und ausrückbare Dekompressions-Einrichtung (Einschiebezungen unter dem Auslaßventilstößel) ermöglicht die Verminderung der Verdichtung für das Anwerfen mit Benzin. Kühlwasserpumpe, Ventilator und Lichtmaschine werden mittels Keilriemen von der Kurbelwelle aus angetrieben.

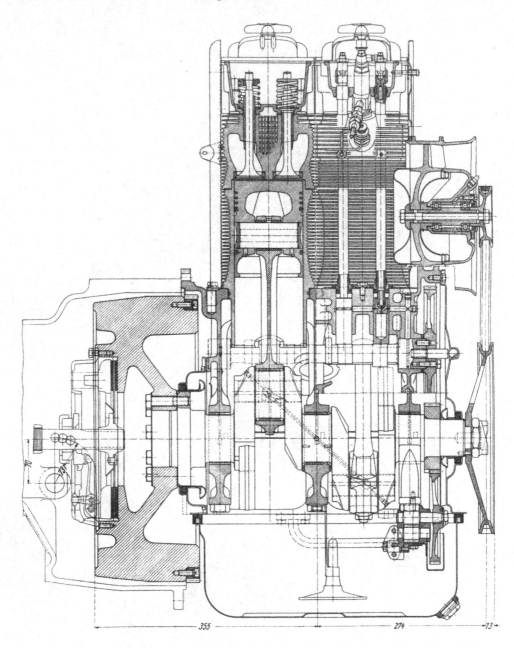

Abb. 313 a. Längsschnitt durch den Deutzer Schlepperdieselmotor F2L 514 vor Umstellung auf Faulgasbetrieb

3. Lokomotivmotoren

Klöckner-Humboldt-Deutz AG. (*KHD*). Die KHD baut Lokomotiven mit Viertakt-Dieselmotoren der Type AM, die im Kriege auf Generatorgasbetrieb umgebaut werden sollten. Diese Lokomotiven werden mit Druckluft aus Flaschen angelassen, die durch Abzapfen aus dem Kompressionsraum eines Zylinders gefüllt werden. Bei der Umstellung wäre es sehr erwünscht gewesen, das Verdichtungsverhältnis wie üblich auf $\varepsilon = 9$ herabzusetzen, schon um die elektrische Zündeinrichtung zu schonen. Dann aber hätte man die notwendige Druckluft für das Anlassen nicht mehr erzeugen können. Ein elektrischer Anlasser kam wegen der Materialbeschaffungsschwierigkeiten ebensowenig in Frage wie der Einbau eines besonderen Luftkompressors. Man entschloß sich

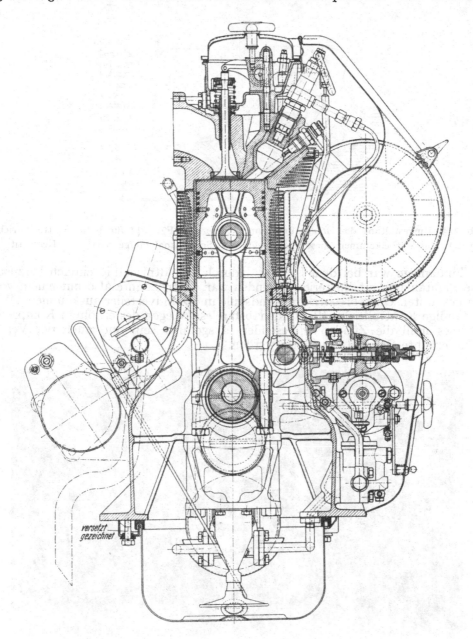

Abb. 313 *b*. Querschnitt durch den Deutzer Schlepperdieselmotor F2L 514 vor Umstellung auf Faulgasbetrieb.

daher zum Ottobetrieb mit hoher Verdichtung ($\varepsilon = 1 : 12$), die ein Aufladen der Luftflaschen auf ungefähr 24 atü möglich macht. Die Diesel-Zylinderköpfe konnten bleiben, nur die Vorkammer wurde ausgebaut, und der Motor konnte unter Beibehaltung der Einspritzventile im Dieselnotbetrieb mit direkter Einspritzung angelassen und nach dem Anfachen des Generators auf Gasbetrieb umgeschaltet werden. Die Bedenken,

daß durch den Gasbetrieb die Einspritzventile leiden würden, stellten sich als unbe-
gründet heraus. Auch verschmutzen die Zündkerzen nicht nennenswert bei kurzzeitigem
Dieselbetrieb ohne Belastung. Dieselbetrieb unter Last ist allerdings nicht möglich,
dazu müssen die Vorkammern wieder eingebaut werden.

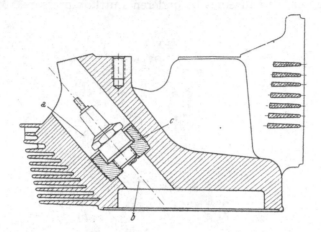

Abb. 314. Umgestaltung des Brennraumes am Zylinderkopf F2L 514 für Faulgas-Otto-Betrieb
a Sitz der Wirbelkammer (diese ausgedreht)   b Schußkanal (aufgebohrt)   c Kerzensitz

Die Zündanlage war bei dem Umbau dadurch verhältnismäßig einfach herzustellen,
daß eine Lichtanlage mit Batterie vorhanden war. Man konnte also mit einem von der
Batterie gespeisten Unterbrecher mit Zündspule und Zündverteiler auskommen. Wichtig
ist die ständige Kontrolle des Elektrodenabstandes. Wegen des erhöhten Kompressions-
verhältnisses muß die Zündspule besonders ausgeführt sein und auch der Verlegung
der Kabel erhöhte Sorgfalt gewidmet werden.

Abb. 315. Ansicht des Faul-(„BIHU"-)Gasschleppers F2L 514

Bei gut in Glut befindlichem Generator und kurzen Betriebspausen springt der Motor
auch im reinen Gasbetrieb sicher an. Um auch im Gasbetrieb Druckluft pumpen zu
können, ist an dem als Kompressor arbeitenden Zylinder ein Aufladeventil und ein
Sicherheitshahn angebaut, die es gestatten, diesen Zylinder so zu schalten, daß er auch
im Gasbetrieb nur reine Luft ansaugt. Mit dem Hahn ist ein Rückschlagventil in der
Druckluft-Ladeleitung verbunden, das ein Aufladen beim geöffneten Sicherheitshahn

verhindert, so daß es unmöglich ist, Gas in die Druckluftflaschen zu pumpen oder das Aufladeventil im Gasbetrieb zu verbrennen. Abb. 317 zeigt eine umgestellte Lokomotive mit der aufgebauten Gaserzeugeranlage.

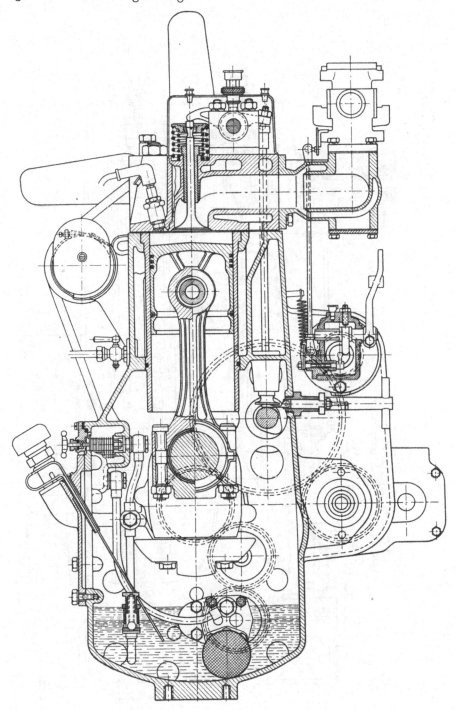

Abb. 316 a. Querschnitt durch den Güldner Zwei-Zvlinder-Holzgasschlepper-Motor, Bauart 2 Z

Die Motorleistung, die mit Generatorgas bei der hohen Verdichtung erzielt werden kann, beträgt ungefähr 70% der Diesel-Höchstleistung. Mit gutem Gas und bei günstiger Einstellung des Gasluftverhältnisses kann ein p_e von 4,0 bis 4,5 kg/cm² (gegen-

über 5,5 im Dieselbetrieb) gefahren werden.   Die Leistung hängt stark von der Gas-
qualität und dem Unterdruck in der Gasanlage ab; die Zuverlässigkeit im Gasbetrieb
von der Gasreinigung und der Wartung der Anlage.

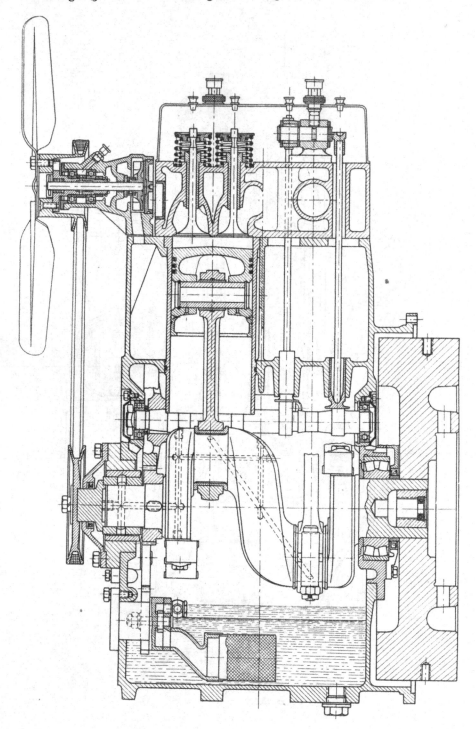

Abb. 316 *b*. Längsschnitt durch den Güldner Zwei-Zylinder-Holzgasschlepper-Motor, Bauart 2 Z

Etwas komplizierter war die Umstellung der mit Zweitaktmotoren der Type OM
ausgerüsteten Feldbahn- und Rangierlokomotiven. Einen Schnitt dieser Motortype
nach der Umstellung auf Ottobetrieb zeigt Abb. 318. Wie man sieht, hat jeder

Zylinder seine eigene Spülpumpe. Um Gasverluste während der Spülperiode und damit einen übermäßigen Kraftstoffverbrauch zu vermeiden, wird Gas und Luft getrennt angesaugt und verdichtet. Dadurch ist eine Schichtung der beiden Medien in der Weise

Abb. 317. Rangierlokomotive nach der Umstellung auf Betrieb mit Generatorgas, Bauart Deutz

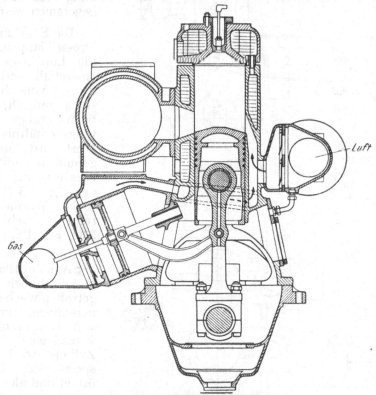

Abb. 318. Querschnitt durch einen Deutzer Zweitaktmotor der Type OM nach der Umstellung auf Betrieb mit Generatorgas

möglich, daß zunächst mit Luft gespült und erst gegen Schluß Gas in den Zylinder eingeführt wird. Auf diese Weise werden außerdem Rückzündungen in den Spülmittelaufnehmer verhindert.

Die ursprüngliche Absicht, auf diese Weise wegen der Gefahr der Verunreinigung der Spülpumpe überhaupt den Eintritt von Gas in diese zu vermeiden (Schema Abb. 319), konnte nicht durchgeführt werden. Die Versuche haben ergeben, daß der Motor leistungsmäßig und im Verbrauch dann am günstigsten arbeitet, wenn das Gas durch die Pumpe und die Luft durch das Zusatzventil angesaugt wird, wie Abb. 319 zeigt. Der Grund liegt wohl darin, daß das Zusatzventil aus baulichen Gründen in unmittelbarer Nähe der Spülschlitze angebracht werden mußte, so daß sich bei der ersten Anordnung vor Beginn der Spülung nicht Luft, sondern Gas vor den Spülschlitzen befindet. Die Befürchtung, daß die Kolbenringe der Spülpumpe festkleben könnten, hat sich nicht bewahrheitet, weil vermutlich die auftretenden teerigen Verunreinigungen unter dem Einfluß des Schmieröles ihre Klebrigkeit verlieren. Eine öftere Reinigung muß allerdings in Kauf genommen werden.

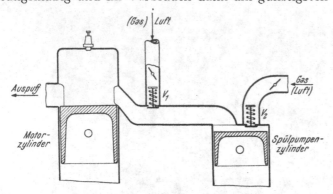

Abb. 319. Schema der Gas- und Luftzuführung des auf Generatorgas umgebauten Motors OM

Die Regelung erfolgt durch Drosselklappen, und zwar wird die Luftdrossel von Hand eingestellt und nur die Gasdrossel vom Regler betätigt. Auch im Ottobetrieb kann beim herabgesetzten Verdichtungsverhältnis (als günstigster Wert wurde ungefähr $\varepsilon = 9,5$ gefunden) mit der vollen Dieselleistung gerechnet werden ($p_e = 3,75$). Der spezifische Wärmeverbrauch beträgt im Gebiet der Vollast 3300 kcal/PS$_e$h.

Zum Zwecke des Ladens der Anlaßluftflaschen sind am Motor ähnliche Einrichtungen getroffen wie bei den Viertaktmaschinen, um den Eintritt von Gas in die Flaschen zu vermeiden. Dem ladenden Zylinder wird das Gas abgesperrt, der Luftzutritt geöffnet und gleichzeitig der Zugang zur Anlaßluftflasche freigegeben. Außerdem muß der Auspuff durch eine besondere Klappe gedrosselt werden, da sonst bei dem herab-

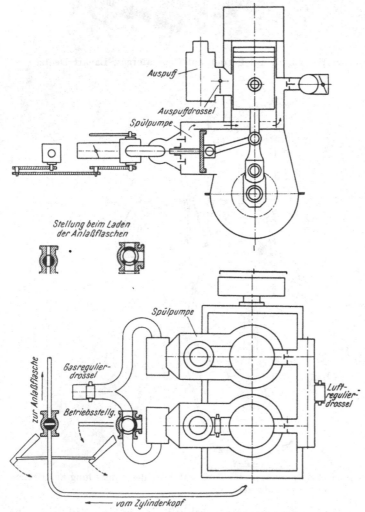

Abb. 320. Schema für das Laden der Anlaßluftflaschen des OM-Motors bei Betrieb mit Generatorgas

gesetzten Verdichtungsverhältnis der notwendige Druck für das Anlassen nicht erreicht werden würde (Abb. 320).

Abb. 321. Gmeinder-Motorlokomotive mit MWM Flüssiggasmotor, Type RHg 235 S von 350 PS

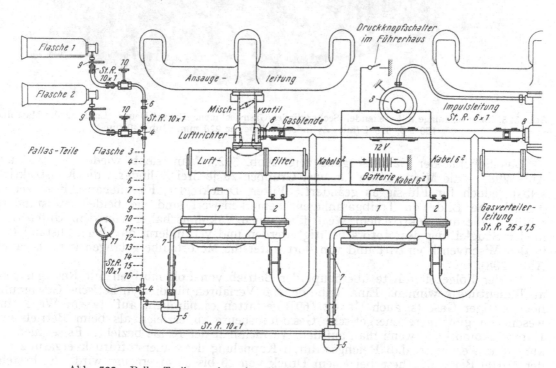

Abb. 322. Pallas-Treibgasanlage für die Motor-Lokomotive nach Abb. 321

1. Druckregler RT16	4. T-Stück	7. Stahlrohr 12 × 1	10. Absperrventil
2. Elektr. Stillstandsabschluß	5. Gasfilter	8. Schlauchanschluß	11. Druckmanometer
3. Vakuumschalter	6. Verbinder	9. Flaschenanschluß	

Motorenwerke Mannheim AG. (MWM). Eine mit einem MWM-6-Zylinder-Gasmotor von 250 mm Bohrung und 350 mm Hub ausgestattete Lokomotive zeigt Abb. 321. Der Motor leistet bei 600 U/min 350 PS, als Betriebsstoff dient Flüssiggas, das aus

16 Flaschen entnommen wird, welche in vier Reihen hinter dem Führerhaus untergebracht sind. Die Lokomotive ist von der Firma Gmeinder & Co. in Mosbach/Baden
erbaut. Der Antrieb erfolgt über ein Krupp-Strömungsgetriebe GA 1,3 mit zwei Ge-
schwindigkeitsbereichen von 0 bis 20 und 0 bis 40 km/h, Blindwelle und Schubstangen.
Das Dienstgewicht beträgt 42 Tonnen, die maximale Zugkraft 18,4 Tonnen.

Abb. 323. Sauggasanlage mit stehenden Sechszylinder-Gasmaschinen. Bauart Deutz. Leistung der Maschine
150 PS, 375 U/min, Zylinderdurchmesser 220 mm, Hub 240 mm

Das Schema der Gasversorgung zeigt Abb. 322. Man sieht wieder — wie auf
Abb. 298 — die Mischventile für zwei Gruppen zu je drei Zylindern, die Konstruktion
selbst jedoch für Flüssiggas geändert. Filter, Druckregler, Flaschenanschlüsse zeigen
das übliche Bild von Treibgasanlagen, bemerkenswert sind die beiden Stillstandab-
schlüsse, die auf elektrischem Wege über einen Vakuumschalter von dem Unterdruck
in der Saugleitung des Motors betätigt werden und verhindern, daß bei Stillstand Gas
in das Mischventil eintritt und von dort unter die Motorhaube gelangen kann (s. auch
Abb. 208).

    In der Folgezeit dürfte überhaupt der Betrieb von Lokomotiven mit Reichgas sehr
an Bedeutung gewinnen. Eine Reihe neuerer Verfahren für die synthetische Gewinnung
hochwertiger Gase (s. auch DRAWE [69]) gestatten es nämlich, auf diesem Wege eine
wesentlich günstigere energetische Gesamtausbeute zu erzielen als beim Betrieb mit
Dampflokomotiven, wenn man auf den Wärmeinhalt der Kohle bezieht. Es sei hier nur
kurz daran erinnert, daß Reichgas durch Koppelung der Sauerstoffdruckvergasung mit
der Mittel-Benzinsynthese bei einem Druck von 20 bis 25 at erzeugt wird. Es besteht
zu 84% aus Methan, das als Ballast nur rund 10% Stickstoff und Kohlensäure, im übrigen
aber brennbare Gase, wie Wasserstoff, Kohlenoxyd und schwere Kohlenwasserstoffe
enthält. Der Heizwert beträgt etwa $H_u = 7500$ kcal/Nm³. Bei der Verwendung von
Reichgas hat man praktisch alle betrieblichen Vorteile der Diesellokomotive. Das Gewicht der Speicherflaschen, das nicht unerheblich ist, stört im Eisenbahnbetrieb nicht.
Eine umfassende Darstellung mit Vorschlägen für Motor- und Lokomotivtypen findet
man bei MEINEKE [72].

III. Schiffsmotoren

Klöckner-Humboldt-Deutz AG. (KHD). Zwei stehende Sechszylinder-Viertakt-maschinen, Bauart GA6M 324, von 150 PS Leistung für Schiffsantrieb, die mit Generatorgas betrieben werden, zeigt Abb. 323. Abb. 324 veranschaulicht einen Schnitt durch die für sämtliche Zylinder gemeinsame Regel- und Mischeinrichtung. Die Luft wird durch das Filter *a* und das Gas durch den Stutzen *b* angesaugt. In der Gasleitung befindet sich die Gasdrosselklappe *c*. In der Gemischleitung *h* ist die Drosselklappe *f* angebracht, die vom Drehzahlregler betätigt wird und die Füllung regelt. Die Drosselklappe *f* in der

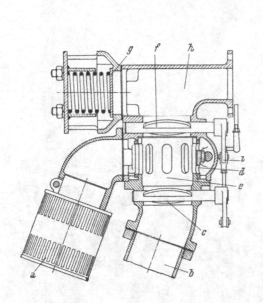

Abb. 324. Regel- und Mischvorrichtung für Generatorgas		Abb. 325. Regel- und Mischvorrichtung für Leucht- oder Erdgas	
a Luftfilter	*f* Gemischdrossel-klappe	*a* Luftleitung	*e* Gemischdrossel-klappe
b Gasleitung		*b* Gasleitung	
c Gasdrosselklappe	*g* Sicherheitsventil	*c* Ventilklappe	*f* Gemischleitung
d Ringschieber	*h* Gemischleitung	*d* Gasventil	*i* Gestänge
e Mischraum	*i* Gelenk		

Gemischleitung ist durch ein Gelenk *i* mit der Gasdrosselklappe *c* verbunden. Dadurch wird neben der Füllungsregelung auch eine Gemischregelung erreicht. Gas und Luft treffen im Raum *e* zusammen, wo sie sich mischen. Der Querschnitt für die angesaugte Luft bleibt für alle Belastungen gleich, während der Querschnitt für das angesaugte Gas verändert wird. Da bei Verringerung der Belastung der Luftquerschnitt zum Mischraum gleichbleibt, während der Gasquerschnitt kleiner wird, ergibt sich eine Zunahme des Luftanteils am Gemisch. Die Regellinie hat einen ähnlichen Verlauf wie die der Versuchsmaschine in Abb. 113. Zur Änderung der angesaugten Luftmenge ist ein Ringschieber *d* vorgesehen, mit dem das Mischungsverhältnis von Hand eingestellt werden kann, um die Maschine auf Höchstleistung zu bringen. Hinter der Gemischdrosselklappe *f* befindet sich in der Gemischleitung das Sicherheitsventil *g*, das bei Zündung in der Gemischleitung die Gase abblasen läßt und einen gefährlichen Druckanstieg verhindert.

Die Regel- und Mischvorrichtung der auf Abb. 323 dargestellten Maschine zeigt für Betrieb mit Leucht- oder Erdgas Abb. 325. Die Luft wird durch die Leitung *a* angesaugt, das Gas durch die in der Mitte der Luftleitung einmündende Leitung *b*. An den Mündungen dieser Leitungen befindet sich eine gemeinsame federbelastete leichte Ventilplatte *c*. Die in der Gasleitung angeordnete Drossel *d* mit Kegelsitz wird über das Gestänge *i* gemeinsam mit der Gemischdrosselklappe *e* vom Drehzahlregler betätigt. Dadurch wird sowohl Füllungs- als auch Gemischregelung erreicht.

Die Maschinenanlage des Gasschleppers Harpen I, Bauart SGV8M 345, zeigt Abb. 326 auf dem Prüfstand. Diese Anlage besteht aus einem Drehrostgaserzeuger für feinkörnigen Koks und zwei Achtzylindergasmotoren von je 375 PS. Die Drehzahl ist je nach der gewünschten Schleppleistung zwischen 160 und 400 U/min einstellbar. Die Regelung erfolgt durch Veränderung des Ventilhubes. Der Kraftstoffverbrauch beträgt bei Vollast etwa 400 g/PS$_e$h feinkörnigen Koks mit einem unteren Heizwert

Abb. 326. Generatorgasanlage für Schleppschiffe mit Wendegetriebe. Bauart Deutz. Leistung 750 PS

von etwa 6900 kcal/kg. Das Gas wird durch ein Gebläse aus dem Gaserzeuger angesaugt und dem Motor zugeführt. Durch einen selbsttätigen Gasdruckregler wird der Gasdruck vor dem Motor auf Atmosphärendruck gehalten. Das Gebläse ist gleichzeitig so eingerichtet, daß es als Schlußreiniger, gegebenenfalls als Teerwäscher dient. Der Gaserzeuger selbst paßt sich den durch die Motorbelastung gegebenen Entnahmeschwankungen ohne weiteres an.

Abb. 327 zeigt eine neuere Ausführung der bewährten Deutzer VM-Motoren als Schiffsmaschine für Zündstrahlbetrieb.

Gegenüber dem Otto-Motor ist neben konstruktiven Verbesserungen vor allem das Verdichtungsverhältnis von etwa $\varepsilon = 8$ auf $\varepsilon = 13$ geändert worden. Damit kommt die Maschine der entsprechenden Dieselausführung sehr nahe, von der sie sich im wesentlichen nur durch die Zylinderköpfe unterscheidet, die getrennte Zuströmkanäle für Luft und Gas haben. Die Köpfe können aber auch für Dieselmotoren Verwendung finden. Für den Gasmotor sind die Einlaßventile mit Doppelsitz ausgeführt, damit die Gemischbildung erst während des Einströmens erfolgt und kein Gemischraum vor dem Motor bestehen bleibt. Der Drehzahlregler wirkt über einen Ölservomotor auf die gemeinsame Hubverstellung aller Einlaßventile (Stelzensteuerung). Neben der für das Anlassen und Umsteuern dienenden normalen Dieselkraftstoffpumpe ist eine kleine Zündölpumpe angeordnet, die es gestattet, die kleinen Zündölmengen exakt einzuspritzen. Im übrigen entspricht der konstruktive Aufbau der Maschine der Abb. 237. Es wird im

Dieselbetrieb angelassen und umgesteuert. Der Verbrauch im Zündstrahlbetrieb beträgt bei Vollast etwa 1900 kcal/PSeh. Davon entfallen etwa 120 kcal/PSeh auf das Zündöl. Der Verbrauch einer solchen Schiffs-Gasanlage stellt sich infolgedessen auf etwa 320 g/PSeh feinkörnigen Kokses (unterer Heizwert 6900 kcal/kg).

In Einzelfällen ist dieser Motor auch mit hoher Verdichtung ($\varepsilon = 12$) und elektrischer Zündanlage gebaut worden. Dieses Arbeitsverfahren kann mit dem Zündstrahlbetrieb verbunden werden, bzw. es kann leicht die Ölzündung durch elektrische Funkenzündung ersetzt werden. Der Motor hat dann eine Kraftstoffpumpe und einen Zündapparat (Abb. 328 und Abb. 329).

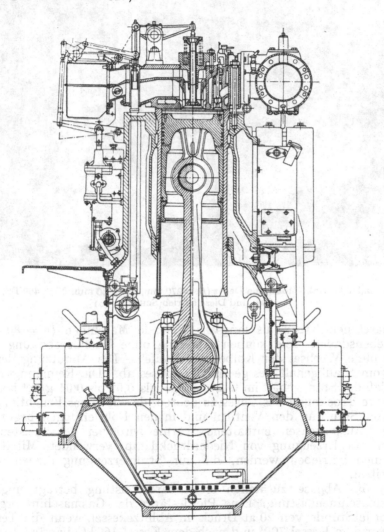

Abb. 327. Querschnitt durch einen stehenden Viertakt-Schiffsgasmotor von Deutz
($D = 270$ mm, $s = 360$ mm, $N_e = 50$ PS/Zyl., $n = 450$ U/min) (Schmidt [61])

IV. Großgasmaschinen

In den Hüttenwerken fällt Gicht- und Koksofengas in großen Mengen an. Diese Gase werden in Großgasmaschinen ausgenützt. Es wird elektrische Energie erzeugt und zum Betrieb von Walzenstraßen, Elektroöfen und anderen großen Stromverbrauchern verwendet, oder die Maschinen treiben unmittelbar Gebläse für Hochofen und Konverter.

Gegenüber der konkurrierenden Dampfturbine haben sie den Vorteil des einfachen Betriebes ohne viele Hilfseinrichtungen, der raschen Betriebsbereitschaft und der Vermeidung von Wärmeverlusten im Stillstand. Durch ihre schnelle Betriebsbereitschaft, selbst bei den größten Leistungseinheiten (bis zu 10 000 PS), haben sie auch in anderen Großbetrieben Eingang gefunden und dienen unter anderem als Spitzenmaschinen zur Stromerzeugung in Stadt- und Überlandzentralen.

Abb. 328. Achtzylinder-Viertakt-Motor von Deutz ($D =270$ mm, $s = 360$ mm, $N_e= 450$ PS, $n = 500$ U/min) für Gas- und Dieselbetrieb(SCHMIDT [61])

Großgasmaschinen haben als langsam laufende Maschinen ($n = 80 - 130$ U/min) eine lange Lebensdauer. Sie können jahrelang ohne Nachbearbeitung der Zylinderbohrung und ohne Wechsel der Kolbenringe laufen. Die Abnützung der Kolbenlaufbahn hängt vom Staubgehalt des gereinigten Gases ab. Die Reinigungsanlage muß so gebaut sein, daß der Staubgehalt im Gas weniger als 0,02 bis 0,03 g/m³ beträgt. Außerdem ist auf gute Trocknung des Gases zu achten, da ein hoher Feuchtigkeitsgehalt die Ablagerung von Staub an den Ventilen und in den Rohrleitungen begünstigt.

Die in den Auspuffgasen enthaltene Wärme wird bei den meisten Großgasmaschinenanlagen zur Erzeugung von Niederdruckdampf verwendet. Mit diesem Dampf können Turbinen betrieben werden, die zur Stromerzeugung dienen oder Hilfsmaschinen antreiben.

Die durch die Abgase zusätzlich erreichbare Leistung beträgt ungefähr 20 bis 25% der Gasmaschinenleistung. Eine Pferdestärke der Gasmaschine ergibt ein Kilogramm Dampf je Stunde von 20 at Druck im Abhitzekessel, wenn die Temperatur der Auspuffgase vor dem Kessel 700⁰ und nach dem Kessel 160⁰ C beträgt.

Die Kurven der Abb. 330 stellen den Nutzwirkungsgrad einer Großgasmaschine mit und ohne Dampferzeugung durch die Auspuffgase dar, und zwar sowohl ohne als auch mit Spülung und Aufladung. Die Kurve a zeigt den Wirkungsgrad einer Viertaktmaschine ohne Spülung und Aufladung, b mit Spülung und Aufladung, c mit Abwärmeverwertung und d mit Spülung und Aufladung und Abwärmeverwertung.

Um die Betriebssicherheit zu erhöhen und keine zu hohen Verbrennungsdrücke zu erhalten, wird das Verdichtungsverhältnis nicht höher als $\varepsilon = 5$ gewählt. Zur Steigerung der Maschinenleistung werden die Maschinen fast immer gespült und aufgeladen. Bei den niedrigen Verdichtungsverhältnissen ist schon das Ausspülen der Restgase allein sehr wirksam. Diese nehmen ja z. B. bei $\varepsilon = 5$ allein 25% des Hubvolumens ein. Das Grundsätzliche über die verschiedenen Möglichkeiten des Spülens und Aufladens ist in A. IV, 4. beschrieben.

Die Großgasmaschinen werden heute allgemein als doppeltwirkende Viertaktmaschinen in Tandemanordnung ausgeführt. Die Zylinder liegen hintereinander, die Kolben werden von einer gemeinsamen Kolbenstange getragen. Das Triebwerk wird dadurch gut ausgenützt, weil bei jedem Hub eine Zündung erfolgt. Große Maschinen mit 10 000 PS Leistung werden als doppeltwirkende Tandemmaschinen in Zwillingsbauart ausgeführt, die gegenüber Einzelreihenmaschinen einen geringen Raumbedarf haben. Je zwei hintereinander liegende Zylinder arbeiten auf eine gemeinsame Kurbel. Das zwischen den beiden Zylinderreihen liegende Schwungrad dient bei elektrischer Stromerzeugung gleichzeitig als Polrad des Generators. Bei Gebläsemaschinen sitzt der Gebläsekolben auf der durchlaufenden Kolbenstange des Gasmaschinenzylinders. Die Anordnung der Zylinder, Ventile, Kolben, Kolbenstangenkupplungen sowie Kreuzköpfe und Kurbelwellenlager ist bei allen Großgasmaschinen annähernd gleich. Der Rahmen der Maschine sitzt fest auf dem Fundament und überträgt die freien Massenkräfte des Triebwerkes auf dieses. Um den elastischen Formänderungen und Wärmedehnungen folgen zu können, sind die der Kurbelwelle abgelegenen Zylinder und die Zwischenstücke gegen das Fundament verschiebbar gelagert. Die beiden Kurbelwellenlager und die Gleitbahn für den Kreuzkopf befinden sich im Rahmen der Maschine. Die Kreuzköpfe werden nur auf einer unteren Gleitbahn geführt. Die Gleitbahnen der Kreuzköpfe liegen so tief, daß die Zylinderdeckel und Kolben samt den Kolbenstangen beim Ausbau darüber hinweggezogen werden können. Das Zwischenstück zwischen den Zylindern ist nach oben offen, so daß die Zylinderdeckel und Stopfbüchsen zugänglich sind. Der in der Öffnung liegende Versteifungsanker kann zum Ausbau der Kolbenstangenkupplung entfernt werden. Auf dem Boden des Zwischenstückes liegt die Gleitbahn für den Tragschuh der Kolbenstangenkupplung. Die Kolbenstange ist an ihren Enden in Tragschuhen gelagert.

Bei Gebläsemaschinen schließt sich dem der Kurbelwelle abgelegenen Zylinder ein Zwischenstück an, das die Gebläsezylinder mit den Maschinenzylindern verbindet.

Kolben und Kolbenstange sind bei allen Großgasmaschinen wassergekühlt. Die Zu- und Ableitung des Kühlwassers erfolgt am Kreuzkopf, bzw. am Kolbenstangentragschuh

Abb. 329. Ölhydraulischer Regler mit elektrischer Drehzahlverstellung, Gas- und Luftzuleitung, Gemischeinstellung und Fahrhebel zum Deutz-Motor nach Abb. 328 (Schmidt [61])

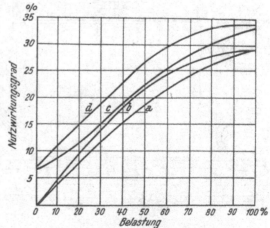

Abb. 330. Nutzwirkungsgrad von Großgasmaschinen
a Viertaktmaschine ohne Spülung und Aufladung
b Viertaktmaschine mit Spülung und Aufladung
c Viertaktmaschine ohne Spülung und Aufladung mit Abwärmeverwertung
d Viertaktmaschine mit Spülung und Aufladung mit Abwärmeverwertung

durch Gelenkrohre. Die Kolbenstange ist ausgebohrt und trägt in der Bohrung ein
Rohr, um den Zu- und Abfluß des Kühlwassers zu ermöglichen.

Die Schmierung der Triebwerksteile erfolgt durch Ölumlaufschmierung. Das Öl
wird durch Zahnradpumpen gefördert, die von der Steuerwelle angetrieben werden.
Die Stopfbüchsen und Zylinderschmierstellen werden von Kolbenölpumpen versorgt,
die jeder Schmierstelle abgemessene Ölmengen zuführen.

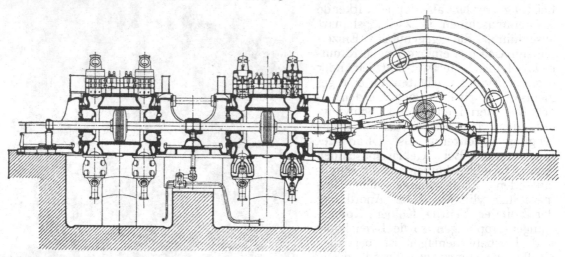

Abb. 331. Großgasmaschine. Bauart Demag. 4000 PS, 107 U/min

Die Rohrleitungen für Gas, Misch- und Spülluft sind geschweißte oder genietete
Blechrohre. Als Auspuffleitungen dienen gußeiserne Rohre, die mit einer Wärme-
schutzmasse umkleidet sind. Zwischen die Rohrflansche der Auspuffleitungen werden
zur Dichtung dünne Weicheisenringe gepreßt. Längenänderungen der Auspuffleitung

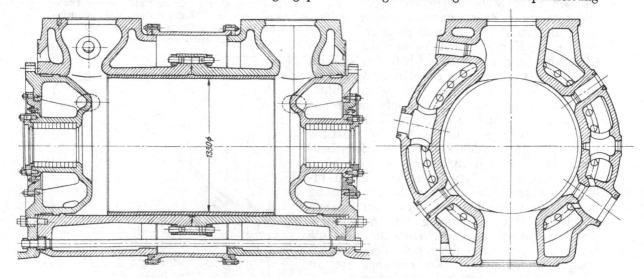

Abb. 332. Zylinder einer Großgasmaschine. Bauart Demag

durch Temperaturschwankungen werden von Wellenkompensatoren aufgenommen.
Um eine Erwärmung der Gas- und Luftleitungen durch die Abgase zu vermeiden, liegen
die Auspuffleitungen in einem getrennten Kanal.

Deutsche Maschinenfabrik AG., Duisburg (DEMAG). Der Gesamtaufbau einer von
der Demag gebauten Großgasmaschine in Tandemanordnung ist aus Abb. 331 ersichtlich. Der Zylinder (Abb. 332) ist mehrteilig ausgeführt. Die beiden Zylinderhälften,

die mit den Zylinderköpfen zusammengegossen sind, werden in der Mitte durch Flansche und Schrauben zusammengehalten. Zur Entlastung dieser Verbindung sind lange Anker durch die Kühlwasserräume gezogen, deren Köpfe zugleich zur Verschraubung der Zylinder mit dem Rahmen und den Zwischenstücken dienen. Zur Aufnahme von Wärmespannungen sind die Schraubenlöcher an den Zylinderflanschen aufgeschlitzt. Die eingezogene Laufbüchse ist durch einen Bund in der Mitte gehalten. Kleine Zylinder werden auch ohne eingesetzte Laufbüchse ausgeführt. Die Möglichkeit des späteren Einbaues wird jedoch stets vorgesehen. Der Kühlwasserraum wird durch einen mehrteiligen Mantel abgedeckt, der durch Gummischnüre abgedichtet wird. Zur Reinigung der Kühlwasserräume sind besondere Öffnungen vorgesehen. In den Zylinderkopf sind Stutzen für die Zündung, die Zufuhr der Anlaßdruckluft und den Indikatoranschluß eingegossen. An großen Zylindern sind bis zu vierzehn Schmierstellen für die Lauffläche angebracht, die im mittleren Drittel der Laufbahn liegen.

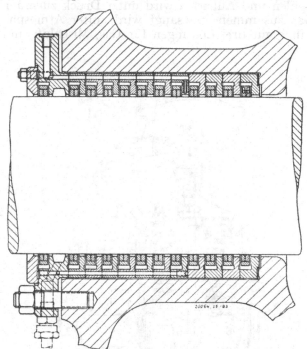

Abb. 333. Kolbenstangenstopfbüchse

Die Zylinderdeckel werden, um einen spannungsfreien Guß zu erreichen und Wärmespannungen im Betrieb zu verhindern, als offene Gußstücke ausgeführt, die durch Deckel verschlossen werden.

Eine Stopfbüchse ist in Abb. 333 dargestellt. Sie besteht aus dreiteiligen gußeisernen Dichtungsringen, die an die Kolbenstange durch hinterlegte selbstspannende Ringe angepreßt werden. Die einzelnen Teile werden durch Längsschrauben zusammengehalten und können als Ganzes ein- und ausgebaut werden.

Im Rahmen der Maschine befinden sich die beiden Kurbelwellenlager, deren Aufbau aus Abb. 334 ersichtlich ist. Sie sind mit vierteiligen Lagerschalen ausgerüstet. Die Lager erhalten einseitige, bei sehr großen Maschinen auch zweiseitige Nachstellungen durch Keile.

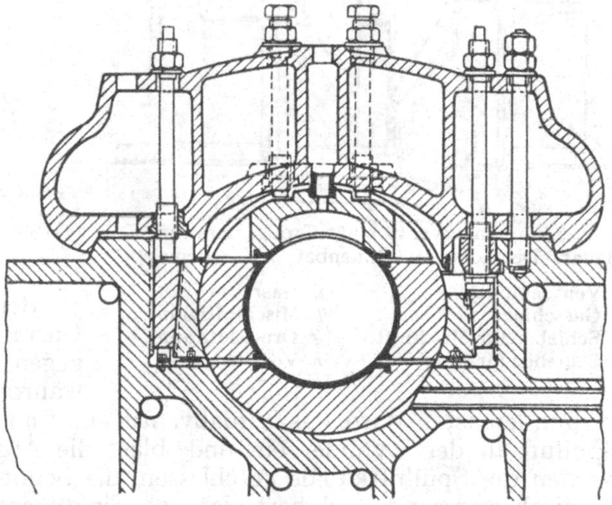

Abb. 334. Kurbelwellenlager einer Großgasmaschine

Die gußeisernen Lagerschalen werden für die Befestigung der Weißmetallausgüsse mit verzinnten Lochblechen versehen, die durch Schrauben in der Schale befestigt sind

Die Ölzufuhr erfolgt an jedem Kurbelwellenlager von oben und unten. Breite Kanäle verteilen das zufließende Öl über die ganze Länge des Lagers. Dem Triebwerksöl kommt eine vierfache Aufgabe zu: Schmierung der Lager, Kühlung, Ausspülung von Unreinigkeiten und Abdämpfen von Stößen. Bei dem ständigen Kreislauf wird das Öl fortgesetzt gefiltert, so daß es den Lagerstellen in gereinigtem Zustand zufließt.

Abb. 335 zeigt den Querschnitt durch das Einlaßventil. Der Antrieb erfolgt hier über Exzenter und Wälzhebel. Auf der Spindel *a* des Einlaßventils sitzen der Schieber *b* für Gas, der Schieber *c* für Mischluft und der Schieber *d* für Spülluft. Die Luft zum Spülen und Aufladen wird unter Druck zugeführt, während die Mischluft, die mit dem Gas zusammen angesaugt wird, unter Atmosphärendruck steht. Das Einlaßventil ist daher mit drei Leitungen für Gas, Mischluft und Spül- und Aufladeluft verbunden.

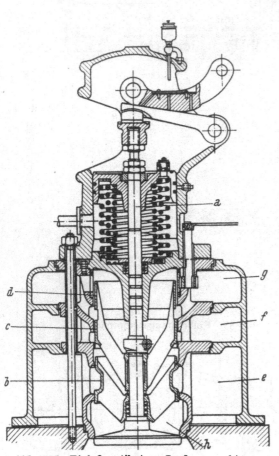

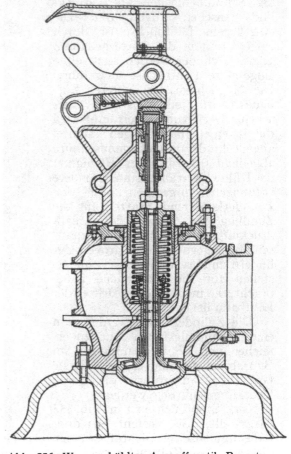

Abb. 335. Einlaßventil einer Großgasmaschine. Bauart Deutsche Maschinenbau AG (Demag)

Abb. 336. Wassergekühltes Auspuffventil. Bauart Demag

a Ventilspindel	*e* Gasraum
b Gasschieber	*f* Mischluftraum
c Schieber für Mischluft	*g* Druckluftraum
d Schieber für Spülluft	*h* Ventilraum

Bei geschlossenem Einlaßventil sind der Gasraum *e* und der Raum für Mischluft *f* gegen den Ventilraum *h* abgeschlossen, während der Spülluftraum *g* mit dem Raum *h* verbunden ist. Wird das Einlaßventil am Ende des Ausschubhubes geöffnet, so tritt Spülluft in den Zylinder ein und bläst die Abgase aus. Mit wachsendem Ventilhub werden die Spülluftkanäle geschlossen, die Schlitze für Mischluft und Gas geöffnet und Gemisch angesaugt. Nähert sich das Einlaßventil beim Schließen wieder seinem Sitz, so werden die Schlitze für Mischluft und Gas wieder geschlossen, und durch die geöffneten Spülluftschlitze tritt Druckluft zum Aufladen in den Zylinder ein. Da durch das Spülen und Aufladen große Luftmengen in den Zylinder gelangen, muß während des Ansaughubes ein an Gas überreiches Gemisch angesaugt werden, denn die gesamten in den Zylinder eintretenden Luft- und Gasmengen müssen das der Belastung entsprechende Mischungsverhältnis haben.

Der Hub des Einlaßventils bleibt für alle Belastungen gleich. Regelung und Gemischeinstellung erfolgen durch Drosselklappen in den Gas- und Luftleitungen.

Das zugehörige Auslaßventil zeigt Abb. 336. Auslaßventile werden wegen der hohen Temperaturen allgemein wassergekühlt. Der Ventilkegel ist aus Stahl hohl geschmiedet.

Um die Ventilführung vor den heißen Abgasen zu schützen, greift eine am Ventilkegel sitzende Manschette über die Spindelführung.

Die Rückführung der Ventile erfolgt bei manchen Konstruktionen nicht mit Hilfe von Ventilfedern, sondern durch preßluftbelastete Kolben. Auch kann die Regelung statt mit Drosselklappen durch Verändern des Hubes des Einlaßventils bewirkt werden, wobei meist der Drehpunkt des unteren Wälzhebels verstellt wird. Sämtliche Regeleingriffe erfolgen nicht unmittelbar sondern wegen der großen notwendigen Kräfte durch Servomotoren.

Die Maschinen werden mit Druckluft von 20 bis 25 atü angelassen. Die Verteilung der Druckluft auf die Zylinder geschieht durch Ventile, die von der Steuerwelle betätigt werden. Die Zündung wird als Niederspannungszündung mit Abreißfunken ausgeführt. Der Stromverteiler sitzt am Ende der Steuerwelle. Um eine rasche und gleichmäßige Verbrennung zu erzielen, sind meist mehrere Zündstellen vorhanden. Der Zündstrom wird einer Batterie von 70 bis 100 V Spannung entnommen.

Für den Betrieb benötigen die Maschinen außerdem Sicherheitseinrichtungen für den Fall des Wegbleibens der Spülluft und für unerwartetes Stehenbleiben. Beim Ausbleiben der Spülluft besteht nämlich die Gefahr, daß bei Beginn des Verdichtungshubes durch das zum Aufladen geöffnete Einlaßventil brennbares Gemisch in die Spülluftleitung zurückgedrückt wird. Dringen dann am Ende des folgenden Arbeitshubes

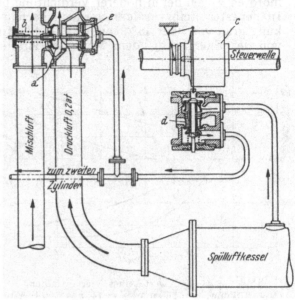

Abb. 337. Selbsttätige Sicherheitsvorrichtung einer Großgasmaschine. Bauart Demag

a Ventilkegel   d Steuerschieber
b Ventilfeder   e Kolben
c Fliehkraftregler

heiße Abgase durch das geöffnete Einlaßventil in die Spülluftleitung ein, so können Explosionen auftreten. Bei unerwartetem Stehenbleiben der Maschine besteht die Gefahr, daß die unter Druck stehende Spülluft in die Gasleitung dringt und dort entzündbares Gemisch bildet.

Eine solche Sicherheitsvorrichtung zeigt Abb. 337. Beim Ausbleiben der Spülluft wird der Ventilkegel a durch die Ventilfeder b auf den rechts befindlichen Ventilsitz gepreßt und damit die Spülluftleitung abgeschaltet. Bei unerwartetem Stehenbleiben der Maschine bewirkt der durch den Fliehkraftregler c betätigte Steuerschieber d die Abschaltung des Spülluftdruckes vom Kolben e, der mit dem Ventilkegel a verbunden ist. Dadurch drückt die Feder b den Ventilkegel a auf seinen Sitz und sperrt die Druckluftleitung ab.

Bei geringer Belastung der Maschine bewirkt der Fliehkraftregler ein selbsttätiges Abschalten des Spülluftgebläses, so daß die Maschine ohne Spülung und Nachladung arbeitet.

Andere Hersteller von Großgasmaschinen sind die MAN und EHRHARDT & SEHMER. Zweitaktmaschinen baut die Siegener Maschinenbau AG.

F. Abwärmeverwertung

I. Allgemeines

Der Nutzwirkungsgrad der heutigen Verbrennungskraftmaschinen liegt in den Grenzen zwischen 30 und 40%. Die Wärmeumwandlung ist in Diesel- und Zweistoffmotoren wegen deren höherer Verdichtung im allgemeinen günstiger als in Ottomotoren. In neuester Zeit wurde mit einem hochaufgeladenen Dieselmotor schon ein Nutzwirkungsgrad von über 45% erzielt [92]. Sieht man aber von diesem Einzelfall ab, so gehen von der Energie, die dem Motor im Kraftstoff zugeführt wird, 60 bis 70% in Form fühlbarer Wärme verloren, wenn nicht nutzbringende Verwertungen gefunden werden. Den Hauptanteil dieser Abwärme findet man in den Abgasen und im Kühlmittel, der Rest wird durch Leitung und Strahlung an die Umgebung abgegeben. Dazu kommt bei unvollständiger Verbrennung noch die Verlustwärmemenge, die dem unverbrannten Teil des Kraftstoffes entspricht.

Die Reibungswärme ist nicht besonders zu berücksichtigen. Der von der Kolbenreibung herrührende Anteil erscheint im Kühlwasser, der Anteil der Lagerreibung bei Vorhandensein eines Ölkühlers ebenfalls zum größten Teil im Kühlwasser, andernfalls im Strahlungs- und Leitungsrest.

Am einfachsten und rationellsten kann die Abwärme unmittelbar oder mittelbar durch geeignete Wärmetauscher verwendet werden, wenn in einem Betrieb Wärme zum Kochen, Heizen oder Trocknen oder für die Dampferzeugung benötigt wird [93, 96]. Will man zusätzlich Kraft gewinnen, dann wird meist der Umweg über Abgaskessel und Dampfturbine gewählt. Ein Verfahren mit einer Heißluftmaschine gibt MANGOLD an [94, 95].

Einen Überblick über den Wärmehaushalt einer Viertaktmaschine beim Otto-, Diesel- und Zündstrahlbetrieb geben die Abb. 338, 339 und 340. Die Kühlwasserzuflußtemperatur betrug dabei stets etwa 50° C, die Abflußtemperatur etwa 70° C. Abgassammelrohr und Auslaßventile waren ungekühlt, ein Schmierölkühler war angebaut.

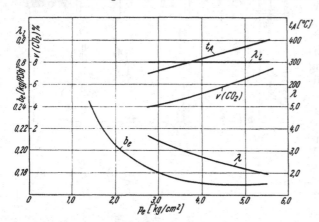

Abb. 338 *a*. Kennwerte eines Viertaktmotors ($D = 270$ mm; $s = 360$ mm; $\varepsilon = 14$; $n = 500$ U/min) im Dieselbetrieb mit Gasöl $H_u = 10\ 000$ kcal/kg (s. auch Zahlentafel 1, S. 4)

p_e [kg/cm²]   Nutzdruck
b_e [kg/PSh]   spezifischer Kraftstoffverbrauch
λ_l Liefergrad
λ Luftverhältnis
t_A [°C]   Abgastemperatur
v (CO₂) %   Kohlendioxydgehalt der feuchten Abgase

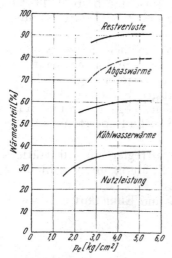

Abb. 338 *b*. Wärmebilanz zu Abb. 338 *a*

II. Anfallende Wärmemengen

1. Kühlwasser

Die vom Motor an das Kühlmittel abgegebene Wärmemenge hängt außer vom Arbeitsverfahren im wesentlichen von der Motorkonstruktion ab (Kühlungsarten s. [83]). Sie wird größer, wenn außer Zylindern und Zylinderköpfen auch die Auslaßventile und das Auspuff-Sammelrohr gekühlt sind. Mit zunehmender Drehzahl nimmt sie im allgemeinen ab; den gleichen Einfluß hat die Erhöhung der Temperatur des Kühlmittels. Die Abhängigkeit vom Luftverhältnis bei einer Gasmaschine zeigt Abb. 114.

Soll die vom Motor an das Kühlmittel abgegebene Wärme verwertet werden, so ist dies umso besser möglich, je höher dessen Temperatur ist. Motoren, welche schwefelhaltige Kraftstoffe verarbeiten, müssen wegen der korrosiven Wirkung der Verbrennungsprodukte ohnehin mit hohen Kühlwassertemperaturen gefahren werden.

Diesen Forderungen wird im allgemeinen entsprochen, wenn die Temperatur des Kühlmittels beim Austritt aus dem Motor 70 bis 80° C beträgt. Die umgewälzte Wassermenge soll so gewählt werden, daß die Temperaturdifferenz zwischen Ein- und Austritt aus dem Motor möglichst gering ist. Sie soll zwischen 10° und 20° C liegen. Bei Vollast beträgt die an das Kühlwasser abgeführte Wärmemenge etwa 20 bis 30% der dem Motor im Kraftstoff zugeführten Wärmemenge [83]. Für den vom Verfasser untersuchten Motor findet man sie für Diesel-, Zündstrahl- und Gas-Ottobetrieb in den Abb. 338 bis 340. Bei einer Kühlwassertemperaturdifferenz von etwa 20° C beträgt die bei Vollast umzuwälzende Wassermenge bei Dieselmotoren und Zündstrahl-Gasmotoren 20 bis 25 l/PSeh und für Gas-Ottomotoren 25 bis 30 l/PSeh.

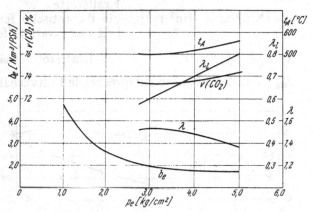

Zwecks besserer Ausnützung der Kühlwasserwärme wird auch sogenannte Heißkühlung angewandt. In solchen Fällen beträgt die Kühlwasser-Abflußtemperatur 100 bis 120° C. Dabei muß, um die Dampfbildung im Motor zu verhindern der Kühlmantel unter einen Druck von 2 bis 3 atü gesetzt werden. Das heiße Wasser kann dann unmittelbar rückgekühlt werden, oder man entspannt es außerhalb der Maschine, wobei ein Teil verdampft. Der Rest wird unter Frischwasserzusatz der Maschine wieder zugeführt.

Bei Gasmaschinen kann die Steigerung der Kühlwassertemperatur durch die Klopfneigung des Gases begrenzt werden. Näheres, insbesondere über den Einfluß der Kühlwassertemperatur auf den spezifischen Wärmeverbrauch, den Liefergrad und die Höchstleistung, zeigen die in F. IV. 1 beschriebenen Versuche.

Abb. 339 a. Kennwerte eines Viertaktmotors ($D = 270$ mm; $s = 360$ mm; $\varepsilon = 7$; $n = 500$ U/min) im Gas-Ottobetrieb mit Sauggas I $H_u =$ 1200 kcal/Nm³ (s. auch Zahlentafel 1, S. 4)

b_e [Nm³/PSh] spezifischer Gasverbrauch
Die übrigen Bezeichnungen s. Abb. 338 a

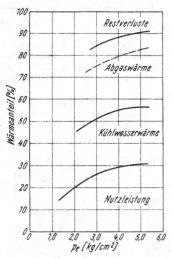

Abb. 339 b. Wärmebilanz zu Abb. 339 a

2. Abgase

Die Temperatur der Abgase[1] hängt außer von der Belastung des Motors auch von der Bauart ab. Beim Gasmotor kann sie auch noch durch Änderung des Luftverhältnisses beeinflußt werden (s. auch Abb. 116). Bei unaufgeladenen Viertakt-Dieselmotoren mittlerer Größe liegt die Abgastemperatur bei Vollast meist zwischen 400 und 500° C, bei Gas-Ottomotoren zwischen 500 und 600° C. Die Abgastemperaturen beim Zündstrahlbetrieb liegen im allgemeinen dazwischen. Beim Zweitaktmotor ist wegen des Spülluftüberschusses die Abgastemperatur merklich niedriger als beim Viertaktmotor. Sie beträgt im Dieselbetrieb bei Vollast etwa 250 bis 350° C. Im Betrieb gemessene Abgastemperaturen in Abhängigkeit vom Nutzdruck findet man für verschiedene Maschinentypen in den Abb. 75; 77; 292; 295; 338 a; 339 a; 340 a.

Die Abgasmenge v_{abg} [Nm³/PSeh] kann man nach der folgenden allgemein für Zwei- und Viertaktmotoren mit und ohne Aufladung bzw. Spülung geltenden Formel berechnen:

---

[1] Näheres über die Messung der Abgastemperatur s. [91].

$$v_{abg} = [V_{owg} + x V_{ow\ddot{o}} + (\lambda_{abg} - 1)(L_{og} + x L_{o\ddot{o}})]\, b_{eg}.$$

Darin bedeuten:

b_e [kg/PSh]; [Nm³/PSh] den spezifischen Kraftstoffverbrauch,

L_o [Nm³/kg]; [m³/m³] den theoretischen Luftbedarf ($\lambda = 1$) je Mengeneinheit des Kraftstoffes,

V_{ow} [Nm³/kg]; [m³/m³] die theoretische feuchte Abgasmenge ($\lambda = 1$) je Mengeneinheit des Kraftstoffes,

$x = \dfrac{b_{e\ddot{o}}}{b_{eg}}$ [kg/Nm³] das Kraftstoffverhältnis (s. auch S. 31),

λ_{abg} das den Abgasen entsprechende Luftverhältnis (bei ungespülten Motoren ist $\lambda_{abg} = \lambda$).

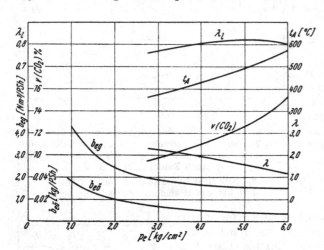

Werte für L_o und V_{ow} s. Zahlentafel 1, S. 4. Zur Unterscheidung des flüssigen und gasförmigen Kraftstoffes beim Zweistoffbetrieb dienen die Zeiger $\ddot{o}$ bzw. g.

Wie man aus der Formel ersieht, muß man für die Rechnung außer der Kraftstoffzusammensetzung auch das Luftverhältnis der Abgase und den spezifischen Kraftstoffverbrauch kennen. Das Luftverhältnis λ_{abg} kann man aus der Abgasanalyse bestimmen. Wenn der Luftaufwand Λ_0 (s. auch S. 50) gemessen wurde, dann kann λ_{abg} aus folgender Formel berechnet werden:

$$\lambda_{abg} = 27\, \frac{\Lambda_0}{p_e\, b_{eg}\,(L_{og} + x L_{o\ddot{o}})}\, \frac{b_a}{760}\, \frac{273}{T_a},$$

b_a [mm QS], T_a [°K] kennzeichnen den Außenzustand,

p_e [kg/cm²] den Nutzdruck.

Bei ungespülten, unaufgeladenen Motoren ist bei bekanntem Liefergrad λ_l:

Abb. 340 a. Kennwerte eines Viertaktmotors ($D = 270$ mm; $s = 360$ mm; $\varepsilon = 14$; $n = 500$ U/min) im Zweistoffbetrieb mit Generatorgas $H_u = 1230$ kcal/Nm³ und Gasöl $H_u = 10\,000$ kcal/kg (s. auch Zahlentafel 4, S. 24).

b_{eg} [Nm³/PSh] spezifischer Gasverbrauch
$b_{e\ddot{o}}$ [kg/PSh] spezifischer Gasölverbrauch
Die übrigen Bezeichnungen s. Abb. 338 a

$$\lambda_{abg} = \lambda = 27\, \frac{\lambda_l}{p_e\, b_{eg}\,(L_{og} + x L_{o\ddot{o}})}\, \frac{b_a}{760}\, \frac{273}{T_a} - \frac{1}{L_{og} + x L_{o\ddot{o}}}.$$

Diese Formeln gelten für Zweistoffbetrieb. Aus ihnen erhält man für den Ottobetrieb ($x = 0$) und für den Dieselbetrieb ($x = \infty$), wenn man beachtet, daß $b_{eg} = b_{e\ddot{o}}/x$ ist:

$$v_{abg} = [V_{ow} + (\lambda_{abg} - 1) L_o]\, b_e,$$

$$\lambda_{abg} = 27\, \frac{\Lambda_0}{p_e\, b_e\, L_o}\, \frac{b_a}{760}\, \frac{273}{T_a}.$$

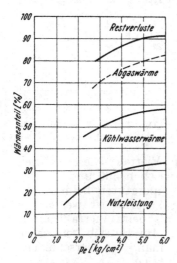

Abb. 340 b. Wärmebilanz zu Abb. 340 a

Ferner für Ottobetrieb:

$$\lambda_{abg} = \lambda = 27\, \frac{\lambda_l}{p_e\, b_e\, L_o}\, \frac{b_a}{760}\, \frac{273}{T_a} - \frac{1}{L_o},$$

bzw. für Dieselbetrieb:

$$\lambda_{abg} = \lambda = 27\, \frac{\lambda_l}{p_e\, b_e\, L_o}\, \frac{b_a}{760}\, \frac{273}{T_a}.$$

Für Dieselmotoren beträgt der Liefergrad bei Vollast etwa 0,8 und nimmt gegen Leerlauf im allgemeinen etwas zu. Bei Gas-Ottomotoren und Zündstrahl-Gasmotoren gelten im Vollastbereich ähnliche Werte. Im Teillastgebiet hängt der Liefergrad stark von der Regelungsart ab. Anhaltswerte findet man in den Abb. 113, 338, 339 und 340.

Die Formeln, welche den Luftaufwand Λ_0 enthalten, sind unter Voraussetzung der Spülung mit reiner Luft abgeleitet. Für ungespülte Motoren mit Gasnachladung errechnet sich das Luftverhältnis bei Zweistoffbetrieb nach der Formel:

$$\lambda = 27 \frac{\lambda_l}{p_e\, b_{eg}\, (L_{og} + x\, L_{o\ddot{o}})} \frac{b_a}{760} \frac{273}{T_a}.$$

Für den Ottobetrieb ist wieder $x = 0$.

Bei den in den Abb. 338 bis 340 ausgewerteten Versuchen wurden bei Vollast folgende Abgasmengen festgestellt:

Dieselmotor	($p_e = 5{,}5$ kg/cm²)	3,8 Nm³/PSeh,
Zündstrahlgasmotor	($p_e = 5{,}0$ kg/cm²)	4,0 Nm³/PSeh,
Ottomotor	($p_e = 4{,}5$ kg/cm²)	3,9 Nm³/PSeh.

Auch die in den Abgasen enthaltene Abwärmemenge in % von der im Kraftstoff zugeführten Wärmeenergie kann für die untersuchten Arbeitsverfahren den Abb. 338 bis 340 entnommen werden. In der Literatur findet man Werte von 30 bis 40% [83].

Der in der Wärmebilanz im allgemeinen als Restverlust bezeichnete Anteil liegt bei Vollast zwischen 5 und 10%.

III. Verwertbare Abwärme

Tritt das Kühlwasser mit 70 bis 80° C aus dem Motor, so kann z. B. für Heizungszwecke die Kühlwasserwärme restlos verwertet werden. Werden die Abgase bei der Abgasverwertung von der Temperatur t_1 auf t_2 abgekühlt, so ist die freiwerdende Abgaswärme in kcal/PSeh

$$q_{abg} = v_{abg}\, (i_1 - i_2).$$

i_1 und i_2 [kcal/Nm³] sind die Wärmeinhalte des Abgases vor und nach dem Wärmetauscher. Sie können einer i-t-Tafel für Verbrennungsgase entnommen werden, wenn der Luftgehalt v_l der Abgase bekannt ist.

Man kann auch die verwertbare Abgaswärme mit Hilfe eines Mittelwertes der spezifischen Wärme C_p [kcal/Nm³grd] berechnen. Es ist:

$$q_{abg} = v_{abg} \cdot C_p\, (t_1 - t_2).$$

In dem hier in Frage kommenden Temperaturbereich von 100 bis 600° C kann in guter Näherung

$$C_p = 0{,}356 - v_l \cdot 0{,}028$$

gesetzt werden.

Der Luftgehalt der Abgase ist bei Zweistoffmotoren

$$v_l = \frac{(\lambda_{abg} - 1)\,(L_{og} + x\, L_{o\ddot{o}})}{V_{owg} + x\, V_{ow\ddot{o}} + (\lambda_{abg} - 1)\,(L_{og} + x\, L_{o\ddot{o}})}$$

bei Gas-Ottomotoren und Dieselmotoren ist

$$v_l = \frac{(\lambda_{abg} - 1)\, L_o}{V_{ow} + (\lambda_{abg} - 1)\, L_o}.$$

Die Temperatur t_1 °C der Abgase liegt fest. Die unterste Temperatur t_2 nach dem Wärmetauscher wird dadurch begrenzt, daß der Taupunkt der Abgase mit Rücksicht auf deren korrosive Wirkung nicht unterschritten werden darf. Aus diesem Grunde soll die untere Temperatur 150° C nicht unterschreiten. Außerdem ist zwischen den wärmetauschenden Medien eine gewisse Temperaturdifferenz erforderlich, damit der Wärmetauscher nicht unwirtschaftlich groß wird. Diese Temperaturdifferenz liegt bei 40 bis 50° C.

Die in den Abb. 338 bis 340 gestrichelt eingezeichneten Linien zeigen die verwertbare Abgaswärme, wenn die Abgase bis auf 150° C abgekühlt werden. Der gesamte Kraftstoffnutzungsgrad ist dann bei Vollast:

Im Dieselbetrieb	($p_e = 5{,}5$ kg/cm²)	79%.
Im Zweistoffbetrieb	($p_e = 5{,}0$ kg/cm²)	80%.
Im Gas-Ottobetrieb	($p_e = 4{,}5$ kg/cm²)	81%.

Die Abkühlung der Abgase auf 150° C ist nicht mehr möglich, wenn z. B. Sattdampf von 2 atü erzeugt werden soll. In diesem Falle dürfen die Abgase mit Rücksicht auf die Größe des Wärmetauschers nur mehr bis etwa 180° C abgekühlt werden.

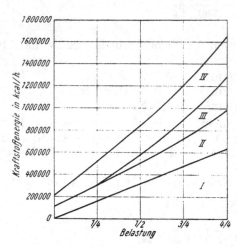

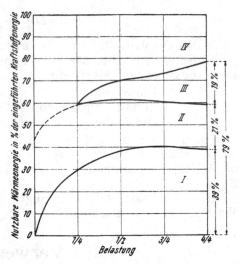

Abb. 341. Wärmeverbrauch eines Viertakt-Diesel-motors mit Aufladung von 1000 PSe in Abhängig-keit von der Belastung und Aufteilung der einge-führten Wärmeenergie in mechanische Energie (*I*), nutzbare Abwärme des Kühlwassers (*II*), nutzbare Abwärme der Abgase (*III*) sowie Wärmeverlust durch Abgas, Strahlung usw. (*IV*)

Abb. 342. Prozentuale Umsetzung der einem Vier-takt-Dieselmotor mit Aufladung von 1000 PSe bei verschiedenen Lasten zugeführten Kraftstoffenergie in mechanische Energie (*I*), nutzbare Kühlwasser-wärme (*II*), nutzbare Abgaswärme (*III*) und Ver-lustwärme (*IV*)

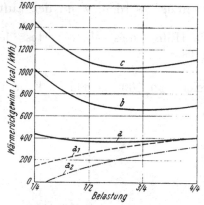

Abb. 343. Wärmerückgewinn aus den Abgasen und dem Kühlwasser einer unaufgeladenen Viertakt-Diesel-maschine in kcal/kWh [97]

a, a_1, a_2	Wärmerückgewinn aus den Abgasen
a	bei Warmwasserbereitung
a_1	bei Erzeugung von Sattdampf von 2,1 atü
a_2	bei Erzeugung von Sattdampf von 7 atü
b	Wärmerückgewinn aus dem Kühlwasser
c	Gesamtwärmerückgewinn bei Warmwasserbereitung

Im Durchschnitt können bei Motorenanlagen mit Abwärmeverwertung 70 bis 80% der in den Motor eingeführten Wärmeenergie ausgenützt werden, wie auch die folgenden der Literatur [93] und [97] entnommenen Beispiele erkennen lassen.

Die Abb. 341 und 342 zeigen die Wärmebilanz eines Viertakt-Dieselmotors mit Abgasturbolader von 1000 PSe Nennleistung bei Verwertung der Abwärme. Der Vollastverbrauch dieses Motors ist 162 g/PSeh ($H_{uö} \cong 10\,000$ kcal/kg). Aus Abb. 342 geht unter anderem hervor, daß die Kühlwasser-wärme auch bei geringen Motorbelastungen weit-gehend verwertet werden kann, während die Ab-gase erst bei stärkerer Belastung des Motors einen größeren Anteil nutzbarer Wärme abzugeben ver-mögen.

Zum Vergleich wird in den Abb. 343 bis 346 die Wärmebilanz eines Viertakt-Dieselmotors ($D = 254$ mm, $s = 305$ mm, $n = 600$ U/min) mit und ohne Aufladung bei Abwärmeverwertung gezeigt. In Abb. 347 findet man die entsprechenden Abgas-mengen und die Abgastemperaturen. Die Leistung des unaufgeladenen Motors ist 440 PSe ($p_e = 5,4$ kg/cm²), die des aufgeladenen 660 PSe ($p_e = 8,1$ kg/cm²). Der Motor ist direkt mit einem elektrischen Generator gekuppelt. Die Abb. 343 und 344 zeigen vergleichsweise die bei Warmwasserbereitung rück-gewinnbare Abwärme in kcal/kWh, wenn die Abgase im Wärmetauscher bis auf 177° C (350° F) abgekühlt werden. Die gestrichelt und strichpunktiert eingezeichneten Linien zeigen den Wärmerückgewinn aus den Abgasen bei Dampferzeugung von 2,1 und 7 atü. Mit wachsendem Dampfdruck nimmt der Wärmerückgewinn **ab**, da die Abgase den Wärmetauscher auch mit höherer Temperatur verlassen müssen. Da beim aufgeladenen Motor die Temperatur der Abgase höher ist (Abb. 347), sind die Verhältnisse für die Dampferzeugung günstiger.

Die oberste Linie stellt die insgesamt aus den Abgasen und dem Kühlwasser rückge-

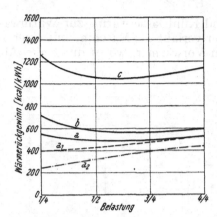

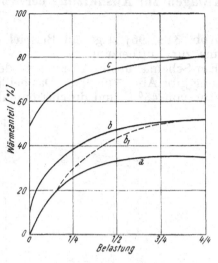

Abb. 344. Wärmerückgewinn aus den Abgasen und dem Kühlwasser einer aufgeladenen Viertakt-Dieselmaschine in kcal/kWh [97] Bezeichnungen wie in Abb. 343

winnbare Wärme dar, wenn sie zur Warmwassererzeugung verwendet wird. Die nutzbare Wärmeenergie in % der eingeführten Kraftstoffenergie zeigen für den unaufgeladenen Motor Abb. 345 und für den aufgeladenen Abb. 346, wenn die Abgase bei Vollast den Wärmetauscher mit 177° C verlassen und die Kühlwasserwärme restlos ver-

Abb. 345. Nutzbare Wärmeenergie eines unaufgeladenen Viertakt-Dieselmotors in % der eingeführten Kraftstoffenergie [97]
a der Kraftanlage
b—a der Abgase bei Warmwasserbereitung
b_1—a der Abgase bei Dampferzeugung von 2,1 atü
c—b des Kühlwassers
c Gesamtwirkungsgrad bei Warmwasserbereitung

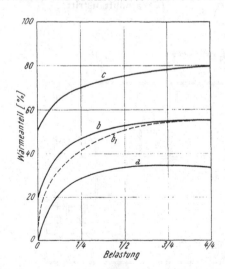

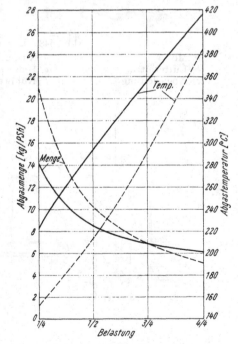

Abb. 346. Nutzbare Wärmeenergie eines aufgeladenen Viertakt-Dieselmotors in % der eingeführten Kraftstoffenergie [97] Bezeichnungen wie in Abb. 345

Abb. 347. Abgastemperatur und Abgasmenge eines Viertakt-Dieselmotors mit und ohne Aufladung [97]
——— aufgeladen
- - - - - unaufgeladen

wertet wird. Der Gesamtwirkungsgrad ist bei Vollast bei beiden Maschinen etwa 80%. Die aufgeladene Maschine ist im unteren Belastungsbereich bis Halblast etwas günstiger.

IV. Ausführungsbeispiele von Abwärmeverwertungsanlagen

1. Anlagen zur Ausnützung der Abwärme für die Erzeugung von Warmluft oder Warmwasser

Abb. 348 [96] zeigt ein Beispiel für die Ausnützung der Abgas- und Kühlwasserwärme zur Luftheizung.

Ein Schema für die Ausnützung der Abgas- und Kühlwasserwärme zur Warmwasserheizung gibt Abb. 349 [96]. Das heiße Kühlwasser verläßt die Maschine mit einer Temperatur von 45° C und durchströmt danach einen Vorwärmer, wo es durch die Abgase

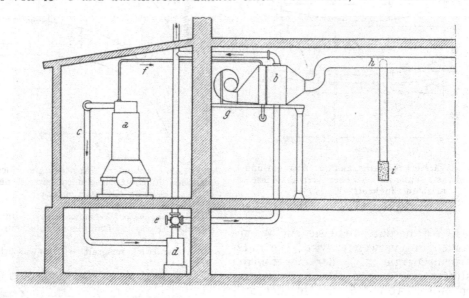

Abb. 348. Luftheizung mit Abwärme [96]

a Motor	d Auspufftopf	g Ventilator
b Lufterhitzer	e Umstellventil	h Warmluftverteilleitung
c Abgasleitung	f Kühlwasserleitung	i Warmluftaustritt

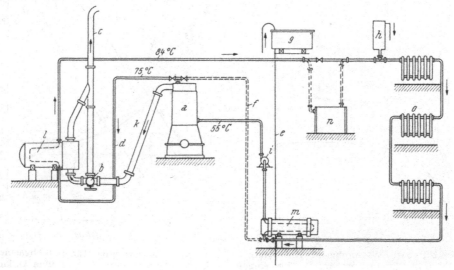

Abb. 349. Warmwasserheizung mit Abwärme [96]

a Motor	d Heißwasservorlauf	g Wasserbehälter	l Wasseranwärmer
b Umstellventil	e Frischwasserzulauf	h Ausdehnungsgefäß	m Rückkühler
c Abgasleitung ins Freie (bei abgeschalteter Heizung)	f Kühlwasserrücklauf (bei abgeschalteter Heizung)	i Umwälzpumpe	n Hilfskessel
		k Abgasleitung	o Heizkörper

der Maschine auf 84⁰ C erwärmt wird. Ist keine Heizung notwendig, so wird der Wasservorwärmer abgeschaltet und das Motorkühlwasser durch eine besondere Leitung dem Rückkühler zugeführt; die Abgase des Motors gehen dann unmittelbar ins Freie. Beim Stillstand der Maschine, oder wenn die Abwärme bei kleinerer Belastung nicht ausreicht, kann die Raumheizung durch einen Hilfskessel mit Warmwasser versorgt werden.

Abb. 350 [93] zeigt das Schema einer etwas umfangreicheren Abwärmeverwertungsanlage zur Fernheizung der Gebäude einer Textilfabrik. Das Motorkühlwasser wird dem Rücklaufspeicher 1 mit einer Temperatur zwischen 30 und 50⁰ C entnommen, durch Beimischung abgezweigten warmen Kühlwassers automatisch auf 50⁰ C erwärmt und durch die Kühlwasserpumpe 2 in die Zylinder und Deckel des Dieselmotors 3 gefördert. Von hier aus gelangt das übrige Kühlwasser mit etwa 70⁰ C in zwei hintereinander geschaltete Abgasverwerter 4, wo es auf 85⁰ C aufgeheizt wird, und anschließend in den Vorlaufspeicher 5. Die Temperatur von 85⁰ C am Austritt des Abgaskessels wird mit Hilfe eines Thermostaten konstant gehalten in der Weise, daß die durchfließende Wassermenge durch ein Drosselventil geregelt wird. Infolgedessen arbeitet der Motor bei allen Belastungen im günstigsten Temperaturbereich. Die Heizungspumpe 6 fördert das Warmwasser vom Vorlaufspeicher 5 in das Verbrauchernetz 7. Vor Eintritt in das Verbrauchernetz wird die Temperatur des Heizwassers vom Thermostaten 8 mit Hilfe des Mischventils 9 und der Pumpe 10 durch Beimischung von Rücklaufwasser in Abhängigkeit von der Außentemperatur im Bereich zwischen 40 und 85⁰ C geregelt. Aus dem Verbrauchernetz fließt das Heizwasser in den Rücklaufspeicher 1 zurück. Im Sommer wird der Dieselmotor nur in Notfällen in Betrieb genommen. Die überschüssige

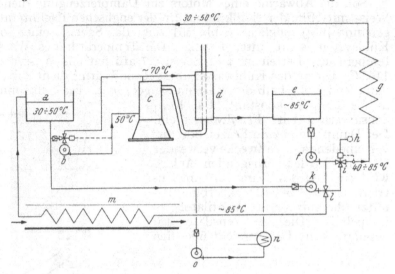

Abb. 350 Warmwasserheizung mit Abwärme [93]

a Rücklauf-Wasserspeicher
b Kühlwasserpumpe
c Motor
d Abgasverwerter
e Vorlauf-Wasserspeicher
f Heizungspumpe
g Heizung
h Außentemperatur-Thermostat
i Mischventil
k Mischpumpe
l Rückkühlventil
m Rückkühler für Sommerbetrieb
n Warmwassererzeuger
o Ladepumpe

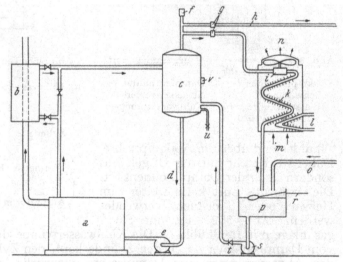

Abb. 351. Heißkühlung (Vapor-Phase-Cooling [98])

a Motor
b Abgaswärmetauscher
c Verdampfer
d Kühlwasserrücklauf
e Kühlwasserpumpe
f Sicherheitsventil
g automatische Ventile
h Dampfleitung
i Dampfturbine mit Ventilator
k Kühlschlangen
l Ölkühlkreislauf
m Kaltlufteintritt
n Warmluftaustritt
o Kondensatleitung
p Aufbereitungstank
r Zusatzwasser
s Speisewasserpumpe
t Rückschlagventil
u Ablaß
v Wasserstandskontrolle

Abwärme wird dann durch den Rückkühler 12 in einen nahen Wasserlauf abgegeben. Zusätzlich ist noch eine Warmwasserbereitungsanlage angeschlossen.

2. Anlagen zur Ausnutzung der Abwärme für die Erzeugung von Dampf

Soll die Abwärme eines Motors zur Dampferzeugung dienen, so ist dies in einfacher Weise mit Hilfe der Heißkühlung (in der englischen Fachliteratur „Vapor Phase Cooling" genannt [98]) möglich. Abb. 351 zeigt das Schema einer solchen Anlage. Das ganze Kühlsystem steht unter Druck. Die Temperatur des Wassers entspricht der Siedetemperatur. Bei einem Druck von 0,7 atü hat das Wasser z. B. eine Temperatur von 116° C. Die an das Kühlwasser abgegebene Wärme dient zur Dampferzeugung. Der Verdampfer ist oberhalb der Maschine angeordnet. Ein Schwimmer hält den Wasserspiegel im Verdampfer konstant. Bei Kondensatverlust tritt Frischwasser ein. Der Dampf kann zum Heizen oder für verschiedene andere Zwecke verwendet werden. In der vorliegenden Anlage wird ein Teil des Dampfes zum Antrieb einer Niederdruckturbine benützt, die mit einem Ventilator gekuppelt ist. Die vom Ventilator angesaugte kalte Luft streicht über den

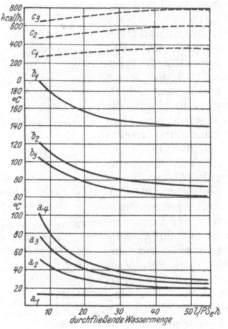

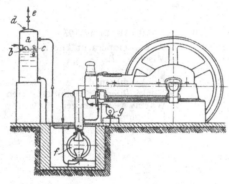

Abb. 352. Schema einer Sauggasanlage mit Heißkühlung

a Dampfsammler   e Dampfentnahme
b Schwimmer   f Abgasverwerter
c Wasserstandzeiger   g Kühlwasserpumpe
d Sicherheitsventil

Abb. 353. Temperaturmessungen bei üblicher Durchflußkühlung, Belastung 80 PS

a_1 Kühlwassertemperatur hinter Zuflußleitung
a_2 „   „   Zylinderkopf
a_3 „   „   Zylinder,
a_4 „   „   Auspuffrohr
b_1 Zylinderwandtemperatur an Meßstelle *IV* (Abb. 110)
b_2 „   „   *V*
b_3 „   „   *VI*
c_1 Wärme im Kühlwasser am Zylinderkopf
c_2 „   „   „   „   und Zylinder
c_3 „   „   „   „   Zylinder und Auspuffkrümmer

Ölkühler und über die Abdampfrohre. Dabei wird nicht nur das Öl gekühlt, sondern auch der Dampf kondensiert. Die erwärmte Luft kann weiter zum Heizen oder Trocknen verwendet werden. Abb. 352 zeigt eine Sauggasanlage mit Heißkühlung. Die Kühlwasserpumpe drückt das Kühlwasser im Kreislauf vom Dampfsammler durch den Zylinderkopf, den Zylindermantel, die Abgasleitung und den Abgasverwerter zum Dampfsammler zurück. Der entstehende Dampf wird durch die Leitung *l* abgeführt. Er kann unmittelbar zur Krafterzeugung oder in einem Wärmetauscher für Heizzwecke ausgenutzt werden. Der Schwimmer hält bei Kondensatverlust, bzw. Dampfverbrauch durch Zusatz von Frischwasser den Wasserstand im Dampfsammler auf gleicher Höhe. Die von der Kühlwasserpumpe umgewälzte Wassermenge ist unabhängig vom zugesetzten Frischwasser und kann beliebig groß eingestellt werden.

Abb. 353 zeigt Ergebnisse von Messungen der Kühlwasser- und Zylinderwandtemperaturen und der Wärmemenge im Kühlwasser bei üblicher Durchflußkühlung und einer

Belastung von 80 PSe. Die Temperatur des zufließenden Wassers betrug 14⁰ C. Mit zunehmender Wassermenge nehmen die Kühlwasser- und Wandtemperaturen ab. Die dabei an das Kühlwasser übergehende Wärmemenge nimmt auf Grund des größeren Temperaturgefälles zwischen Gas und Wasser zu. Praktisch liegt der Kühlwasseraufwand zwischen 10 und 20 l/PSeh.

Die Versuchsergebnisse bei Umlaufkühlung sind aus Abb. 354 ersichtlich. Während des Versuches wurde ununterbrochen Frischwasser von 14⁰ C zugeführt, und zwar pro Pferdekraftstunde 10 Liter. Bei dieser Menge umlaufenden Wassers in der Maschine wird die Umlaufkühlung zur Durchflußkühlung. Mit zunehmender Umlaufmenge steigt die Wassertemperatur im Zylinderkopf und Zylindermantel. Dabei nehmen die Temperaturen der Zylinderwand etwa im gleichen Maße zu wie die mittlere Kühlwassertemperatur im Zylindermantel. Bei Umlaufkühlung kann ein gleichmäßiger Wärmezustand der Maschine erreicht werden. Auf Grund des abnehmenden Temperaturgefälles zwischen Gas und Wasser nimmt bei steigendem Wasserumlauf die insgesamt an das Kühlwasser übergehende Wärmemenge ab.

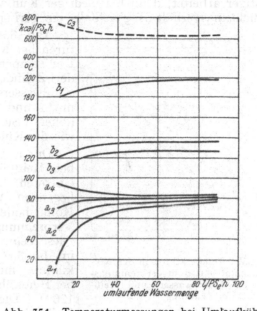

Abb. 354. Temperaturmessungen bei Umlaufkühlung
a_1 Kühlwassertemperatur hinter Zuflußleitung
a_2 ,,   ,,   Zylinderkopf
a_3 ,,   ,,   Zylinder
a_4 ,,   ,,   Auspuffrohr
b_1 Zylinderwandtemperatur an Meßstelle IV (Abb. 110)
b_2 ,,   ,,   ,, V
b_3 ,,   ,,   ,, VI
c_3 Wärme im Kühlwasser am Zylinderkopf, Zylinder und Auspuffkrümmer

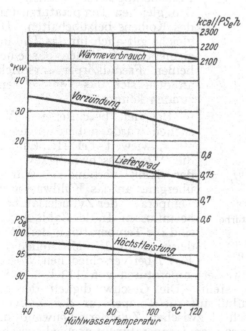

Abb. 355. Höchstleistung, Liefergrad, Wärmeverbrauch und Vorzündung in Abhängigkeit von Kühlwassertemperatur bei Umlaufkühlung

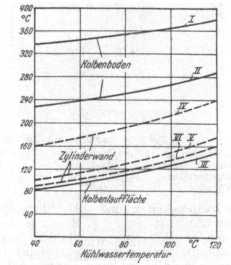

Abb. 356. Zylinder- und Kolbentemperaturen bei Kühlwassertemperaturen von 40 bis 120⁰ C
I bis VI Meßstellen nach Abb. 110

In Abb. 355. sind Höchstleistung, Liefergrad, Wärmeverbrauch und günstigste Vorzündung in Abhängigkeit von der Kühlwassertemperatur aufgetragen. Der Liefergrad nimmt mit steigender Kühlwassertemperatur wegen der stärkeren Erwärmung des an-

gesaugten Gemisches ab. Auf Grund der geringeren Wärmeabgabe der Verbrennungsgase an das Kühlwasser wird der Wärmeverbrauch der Maschine geringer. Deshalb darf
jedoch nicht angenommen werden, daß die Maschine bei hoher Kühlwassertemperatur
günstiger arbeitet, denn bei niedriger Kühlwassertemperatur könnte durch ein höheres
Verdichtungsverhältnis gleichfalls ein geringerer Wärmeverbrauch erreicht werden.

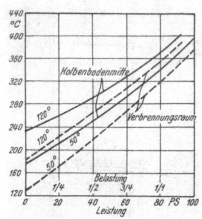

Abb. 357. Temperaturen in der Kolbenbodenmitte und im Verbrennungsraum bei Frischwasser- und Heißkühlung

Abb. 356 zeigt die Zylinder- und Kolbentemperaturen bei Kühlwassertemperaturen von 40 bis 120⁰ C.
Die Temperaturen an den Meßstellen *IV*, *V* und *VI*
der Zylinderwand nehmen nahezu gleich wie die des
Kühlwassers zu. Die Temperaturen in der Kolbenbodenmitte und am Kolbenbodenrand werden gleichfalls
höher. Sie wachsen jedoch nicht in demselben Maß
wie die Kühlwassertemperatur.

Durch die erhöhte Temperatur der Wandung ist
bei Heißkühlung die Gefahr, daß Selbstzündungen
eintreten, besonders groß. Zur Klarstellung der vorliegenden Verhältnisse wurden die Temperatur der
Kolbenbodenmitte und die mittlere Temperatur im
Verbrennungsraum durch ein Thermoelement gemessen.
Diese Temperaturen für verschiedene Belastungen sind
in Abb. 357 aufgezeichnet, und zwar bei Frischwasser-
kühlung mit einer Kühlwassertemperatur von 50⁰ C,
bei Heißkühlung mit einer Kühlwassertemperatur von
120⁰ C. Die Temperatur der Kolbenbodenmitte ist bei
Heißkühlung bedeutend höher als bei Durchflußkühlung.

Die Leistung der Maschine mußte
beim Übergang von Frischwasser-
auf Heißkühlung von 80 auf 67
PSe herabgesetzt werden, um
den gleichen Temperaturzustand
des Kolbens beizubehalten. Das
gleiche gilt auch für das Thermoelement im Zylinder, das einem
heißen Fremdkörper entspricht,
an dem sich das Gemisch entzünden könnte.

Bei den beschriebenen Versuchen wurde außerdem festgestellt, wieweit bei Heißkühlung
die Wassergeschwindigkeit und
der damit verbundene Wärmeübergang an das Kühlwasser die
Temperatur der Zylinderlaufbahn
beeinflussen. In der Zahlentafel 8
sind die Temperaturen der Zylinderwand an den Meßstellen *IV*,
V, *VI* bei verschiedenen Wasser-

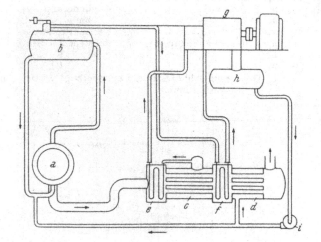

Abb. 358. Gasmaschine mit Abdampfturbine

a Gasmaschine   *e* Hochdruck-   *g* Zweidruckturbo-
b Dampfabscheider   überhitzer   dynamo
c Abwärmekessel   *f* Mitteldrucküber-   *h* Kondensator
d Vorwärmer   hitzer   *i* Speisepumpe

geschwindigkeiten und gleichbleibenden Kühlwassertemperaturen von 112 bis 115⁰ C
beim Austritt aus der Maschine zusammengestellt. Die Geschwindigkeit der umlaufenden Wassermenge übt hier keinen Einfluß auf die Temperatur der Zylinderwand aus, da sie nur den Temperaturunterschied zwischen Zylinderaußenwand und
Wasser beeinflussen kann, der gegenüber dem gesamten Temperaturunterschied zwischen
Gas und Wasser sehr gering ist.

Aus dem Gesagten ergibt sich, daß bei Sauggasanlagen die Heißkühlung wohl anwendbar ist, jedoch sind mit ihrer Verwendung eine Abnahme der Leistung, die Vergrößerung der Gefahr von Selbstzündungen und eine Abnahme der an das Kühlwasser
abgeführten Wärmemenge verbunden.

Da die Temperatur der Auspuffgase von Gasmaschinen im Mittel 500 bis 600° C beträgt, kann man die Abgaswärme bei Großgasmaschinen auch zur Erzeugung von Heißdampf verwenden. Dieser kann dann zur Krafterzeugung in Dampfturbinen verwertet werden. Nach PAUER können bei Vollast je kWh der Maschinenleistung etwa 1,3 bis 1,4 kg Dampf von 12 atü, 325° C erzeugt werden. In neuzeitlichen Dampfturbinen läßt sich damit je kW der Gasmaschine etwa 0,25 kW in der Abdampfturbine gewinnen. Über den Einfluß der Spülung und Aufladung bei Großgasmaschinen s. S. 240, Abb. 330. Ein von PAUER angegebenes Schema einer solchen Anlage mit Zweidruck-Dampfturbine zeigt Abb. 358. Im Kühlmantel der Maschine wird Dampf von etwa 2 atü erzeugt, der im Niederdruckteil einer Zweidruckturbine je kW der Gasmaschine zusätzlich 0,1 kW leistet.

Zahlentafel 8. Temperaturen an der Zylinderwand bei verschiedenen Kühlwassergeschwindigkeiten

Durchfließende Wassermenge, bez. auf Nutzarbeit l/PSh	Zylinderwandtemperaturen in °C Meßstelle			Wassertemperatur °C
	IV	V	VI	
24,2	210	153	148	114
35,8	212	155	148	115
48	215	157	150	114
53,5	215	153	150	115
64	205	153	148	112
72,5	212	158	150	113
83	210	157	150	113

Schrifttum

1. STRÖSSNER: Frühe Versuche mit dem Diesel-Gasverfahren. MTZ **1940**, Nr. 12, S. 385/94.
2. MEHLER: Der Betrieb von Dieselmaschinen nach einem gemischten Otto-Diesel-Verfahren. MTZ **1940**, Nr. 4, S. 101/15.
3. PFLAUM: Das Diesel-Gasverfahren bei ortsfesten Motoren. Z. VDI **1941**, Nr. 3, S. 57/68.
4. RIXMANN: Das Diesel-Gasverfahren bei Fahrzeugmotoren. Z. VDI **1941**, Nr. 5, S. 109/18; Nr. 6. S. 145/51.
5. WOHLSCHLÄGER: Der Zündstrahl-Gasmotor. Öl und Kohle **1941**, Nr. 18. S. 327/29.
6. WOHLSCHLÄGER: Der Zündstrahl-Gasmotor. Arch. f. Wärmewirtschaft **1941**, Nr. 3.
7. WOHLSCHLÄGER: Der Zündstrahl-Gasmotor. MTZ **1940**, Nr. 6, S. 214/15.
8. ERREN: Ein neues Einspritzverfahren für Gasmaschinen. MTZ **1939**, Nr. 5, S. 163/64.
9. DREYHAUPT: Verbrennungsmotoren für besondere einheimische Treibstoffe. MTZ **1940**, Nr. 2. S. 37/43.
10. OEHMICHEN: Wasserstoff als Motortreibmittel. D. Kraftf. Forschung, H. 68/1942.
11. OEHMICHEN: Wasserstoff als Motortreibstoff. ATZ **1943**, Nr. 23/24, S. 539/49.
12. VIELER: Hochdruck-Gasmaschinen. Borna: R. Noske 1936.
13. ZINNER: Erfahrungen mit der Hochverdichtung von Gasmotoren. MTZ **1948**, Nr. 4, S. 49/52; Nr. 5, S. 70/74.
14. BUSSELMEYER: Das elektrische Zubehör von Generator-Gasmotoren. MTZ **1942**, Nr. 8, S. 315/21.
15. RICARDO: Schnellaufende Verbrennungsmotoren. 2. Aufl. Berlin: Julius Springer, 1932.
16. PYE: Die Brennkraftmaschinen. Berlin: Julius Springer, 1931.
17. SCHMIDT, F. A. F.: Verbrennungskraftmaschinen. München: R. Oldenbourg, 1951.
18. JOST: Explosions- und Verbrennungsvorgänge in Gasen. Berlin: Julius Springer, 1939.
19. JANTSCH: Kraftstoff-Handbuch. 2. Aufl. Stuttgart: Franckhsche Verlagshandlung, 1942.
20. KAMM: Das Versuchs- und Meßwesen a. d. Gebiet des Kraftfahrzeugs. Berlin: Julius Springer, 1938.
21. MACHE: Die Physik der Verbrennungserscheinungen. Leipzig: Veit & Co., 1918.
22. BERTHELOT u. VIEILLARD: L'onde explosive, Ann. de chem. de phys. Serie 5, **28**, (1883) S. 289/332.
23. MALLARD u. LE CHATELIER: Sur la combustion de mélanges gazeux explosifs, Ann de mines, Paris. Serie 8, **4**, (1883) S. 274/568.
24. KÖCHLING: Dynamische Vorgänge bei klopfender Verbrennung. Forschung Ing.-Wesen **11**, (1940) S. 290/92.
25. DREYHAUPT: Der Stand der Forschung über das Klopfen der Ottomotoren. ATZ **1941**, Nr. 10, S. 521/33.
26. KÖCHLING: Versuche zur Aufklärung des Klopfvorganges. Z. VDI **1938**, Nr. 39, S. 1127/34.
27. EGERTON: Das Klopfen und die Kohlenwasserstoffverbrennung. Schriften der G. Akad. d. Luftfahrtf., H. 9. Physikalische und Chemische Vorgänge bei der Verbrennung im Motor. Berlin 1939. S. 173/83.
28. EGERTON, SMITH und UBBELOHDE: Phil. trans. roy. Soc. London, **234**, (1935), S. 433—521, daselbst weitere Literatur.
29. MÜHLNER: Untersuchungen über die Vorreaktionen im Ottomotor. MTZ **1943**, Nr. 6/7, S. 203/05.
30. BOERLAGE und BROEZE: Zündung und Verbrennung im Dieselmotor. VDI-Forschungsheft 366, Mai/Juni 1934, S. 6/13.
31. BROEZE, VAN DRIEL und PELETIER: Betrachtungen über den Klopfvorgang im Ottomotor. Schriften der D. Akad. d. Luftfahrtf., H. 9, Berlin 1939 S. 187/209.
32. LEIKER: Störungen im Verbrennungsablauf von Gasmotoren. MTZ **1950**, Nr. 1, S. 1/8, Nr. 2, S. 35/43.
33. FERRETTI: Die Klopffestigkeit einiger Gase. Kraftstoff **1941**, Nr. 3, S. 71/73; Nr. 4, S. 107/110.
34. DREYHAUPT: Die Vorgänge der Dieselzündung in systematisch-theoretischer Betrachtung. MTZ **1942**, Nr. 9, S. 333/39. **1943**, Nr. 2, S. 53/59; Nr. 11/12, S. 373/77.
35. DUMANOIS: Zusammenfassende Darstellung in The Science of Petroleum, Bd. IV, S. 3054 u. ff.
36. TAUS und SCHULTE: Über Zündpunkte und Verbrennungsvorgänge im Dieselmotor. Halle: W. Knapp, 1924: Auszug Z. VDI **1924**, S. 574/78.

37. WENTZEL: Der Zünd- und Verbrennungsvorgang im kompressorlosen Dieselmotor. VDI Forschungsheft 366, 1934, Mai/Juni, S. 14/26.
38. PFLAUM: Die Umstellung auf das Diesel-Gasverfahren bei Leuchtgasbetrieb. MTZ **1947**, Nr. 2, S. 17/22 und Nr. 3, S. 39/43.
39. GÜLDNER: Das Entwerfen und Berechnen der Verbrennungsmaschinen und Kraftgasanlagen. 3. Aufl. Berlin: Julius Springer, 1922.
40. VENEDIGER: Zweitaktspülung, insbesondere Umkehrspülung. Stuttgart: Franckhsche Verlagsbuchhandlung, 1947.
41. ZINNER: Viertakt und Zweitakt in der Motorenentwicklung der letzten Jahre. Z. VDI **1948**, Nr. 8, S. 239/48.
42. KÜNZEL: Entwicklung des Bulldog-Motors im Gasbetrieb. Generator-Jahrbuch 1942. Berlin: Kasper, S. 324/51.
43. LENTZ: Zweitakt-Generatorgasmotoren mit Kurbelkammerspülpumpe. ATZ **1944**, Nr. 9/10, S. 194/204.
44. PFLAUM: Die $I-S$ Diagramme für Verbrennungsgase. Berlin: Julius Springer, 1932.
45. LIST: Thermodynamik der Verbrennungskraftmaschine. Wien: Julius Springer, 1939.
46. KRESS: Untersuchungen über den Liefergrad bei Aufladung. MTZ **1942**, Nr. 5, S. 175/79.
47. PISCHINGER und CORDIER: Gemischbildung und Verbrennung im Dieselmotor. Wien: Julius Springer, 1939.
48. HAGENMÜLLER: Die Wege zur Erhöhung des Wirkdruckes an Viertakt-Gasmaschinen. MTZ **1942**, Nr. 8, S. 289/94.
49. RIXMANN: Druckgasaufladungen von Fahrzeug-Gasmotoren. ATZ **1940**, Nr. 1, S. 11/13.
50. KNÖRNSCHILD: Aufladung von Fahrzeugmotoren bei Betrieb mit Generatorgas. ATZ **1948**, Nr. 19/20, S. 454/67.
51. STAHEL: Die Leistungssteigerung von Diesel- und Gasmotoren mittels Abgasturboladern, insbesondere bei Schienen- und Kraftfahrzeugen. Bericht Nr. 12 der Schweiz. Ges. f. Studium d. Motorenbrennst. Bern: Büchler, 1948.
52. PRETTENHOFER: Die Regelung des Zündstrahlfahrzeugmotors bei Gen-Gasbetrieb. ATZ **1941**, Nr. 8, S. 209/12.
53. LEIKER: Die neuere Entwicklung der Gasmaschine. Z. VDI **1949**, Nr. 8, S. 165/72 und Nr. 15, S. 367/72.
54. Dual Fuel Engines by Cooper Bessemer. Diesel Power **1949**/Jan., S. 56/58 und S. 98/99.
55. Supercharged Dual Fuel Application. Diesel Power **1947**/Sept., S. 35/38.
56. The Superior Dual-Fuel Engines. Diesel Power **1949**/März, S. 52/55.
57. The Hamilton Dual-Fuel Diesel Engine. Diesel Progress **1948**/Dez., S. 30/32.
58. New Dual-Fuel Engine. Diesel Power **1948**/Dez., S. 44/46.
59. 3200 PS Nordberg-Gasdieselmotor. MTZ **1941**, Nr. 9, S. 301/02.
60. ROTHARDT: Der neue Deutzer Holzgas-Universalschlepper. Technik i. d. Landw. **1942**, Nr. 9, S. 157/62.
61. SCHMIDT: Die Vergasung fester Brennstoffe und ihre motorische Anwendung. MTZ **1942**, Nr. 8, S. 280/88.
62. LIST und REYL: Der Ladungswechsel der Verbrennungskraftmaschine. Teil I. Wien: Springer-Verlag, 1949.
63. KLOSS: Fahrzeuggasmotoren. MTZ **1953**, Nr. 2 S. 46/50.
64. ZINNER: Die Verbindung von Verbrennungsmotor und Gasturbine. Z. VDI **1944**, Nr. 19/20, S. 245/256.
65. PFLAUM: Das Zusammenwirken von Motor und Gebläse bei Auflade-Dieselmaschinen. Sonderheft 74. Hauptversammlung VDI 1936, VDI-Verlag.
66. ECK: Ventilatoren-Entwurf und Betrieb der Schleuder- und Schraubengebläse. Berlin: Julius Springer, 1937.
67. LIST: Der Ladungswechsel der Verbrennungskraftmaschine. Teil II. Wien: Springer-Verlag, 1950.
68. STIER: Die Berechnung des Gaswechsels eines Zweitaktmotors mit Kurbelkastenspülung. MTZ **1950**, Nr. 6, S. 146/50.
69. DRAWE: Über die Wertigkeit der Brennstoffe. Glasers Annalen **1949**, Nr. 5, S. 80/85.
70. PETERSEN: Die mechanischen Verluste der Mittel- und Großdieselmotoren. MTZ **1950**, Nr. 5, S. 118/22.
71. PETERSEN und STOLL: Bestimmung der mechanischen Verluste der Mittel- und Großdieselmotoren. MTZ **1950**, Nr. 5, S. 122/26.
72. MEINEKE: Die Reichgaslokomotive. Glasers Annalen **1950**, Nr. 3, S. 41/48.
73. ULLMANN: Die mechanischen Reibungsverluste der schnellaufenden Verbrennungsmotoren bei hohen pulsierenden Gasdrücken. MTZ **1940**, Nr. 7, S. 230/42.
74. RIXMANN: Leuchtgasbetrieb für Fahrzeugmotoren. Z. VDI **1936**, Nr. 21, S. 627/32.
75. RIXMANN: Leistung und Wirtschaftlichkeit gasgetriebener Fahrzeugmotoren. Deutsche Kraftf. Forschg. H. 3, VDI-Verlag 1938.
76. MÜLLER: Der Zweitakter und der Modag-Motor RB 50. MTZ **1950**, Nr. 5, S. 129/32.

77. ROTHMANN: Erfahrungen bei der Umstellung von MAN-Diesellastkraftwagen auf den Gasbetrieb. Mitt. a. d. Forschungsanst. d. GHH 1943, H. 3.

78. SCHNÜRLE: Versuche an der Gasmaschine. Z. VDI **1931,** Nr. 4, S. 101/05.

79. SCHNÜRLE: Einfluß des Verdichtungsverhältnisses und des Gasheizwertes auf Leistung und Verbrauch einer Gasmaschine. Ber. d. **74.** Hauptv. d. VDI, S. 249.

80. MÜLLER: Zündgeschwindigkeit am laufenden Motor. München: Hohenhaus, 1934.

81. SCHMIDT, E.: Einführung in die technische Thermodynamik, 4. Aufl. Berlin: Springer-Verlag, 1950.

82. PISCHINGER: Die Steuerung der Verbrennungskraftmaschine. Wien: Springer-Verlag, 1948.

83. ENGLISCH: Verschleiß, Betriebszahlen und Wirtschaftlichkeit von Verbrennungskraftmaschinen. Wien: Springer-Verlag, 1943.

84. ENGLISCH: Ortsfester 2-Takt-Sternmotor. MTZ **1950,** Nr. 2, S. 47/49.

85. LEIKER: Die Auspuffanlage des Zweitaktmotors. MTZ **1952,** Nr. 7, S. 171/84.

86. LYN und MOORE: Combustion of weak mixtures of methane and propane by pilot oil injection in a compression ignition engine. „Fuel" **1951,** Nr. 7, S. 158/166.

87. SMITS: The Smitsvonk low tension capacity ignition. De Ingenieur 1951 Nr. 3 Verkeer en Verkeerstechnik.

88. SEILER: Elektrische Zündung, Licht und Anlasser der Kraftfahrzeuge. 4—6. Aufl. Halle (Saale). Verlag. Wilh. Knapp, **1944.**

89. LEIKER: Zündungsvorgänge und Verbrennungsverlauf im Diesel- und Gasmotor. MTZ **1953.** Nr. 6. S. 161/174.

90. BRÜCKNER: Handbuch der Gasindustrie, Gastafeln. 2. Aufl. München: R. Oldenbourg, 1952.

91. LIST: Der Ladungswechsel der Verbrennungskraftmaschine, Teil III. Wien: Springer-Verlag, 1952.

92. PFLAUM: Steigerung von Leistung und Brennstoffausnutzung durch hochaufgeladene Dieselmotoren. MTZ **1952,** Nr. 2, S. 29/35.

93. RINGGENBERG: Die Verwertung der Abwärme von Dieselmotoren. Technische Rundschau „Sulzer", **1952,** Nr. 3, S. 1/11.

94. MANGOLD: Die Verbesserung des Wirkungsgrades der Verbrennungskraftmaschine durch Ausnützung der Abgaswärme. MTZ **1950,** Nr. 5, S. 114/117.

95. MANGOLD: Der aufgeladene Dieselmotor mit Ausnutzung der Abgase zur Krafterzeugung. MTZ **1952,** Nr. 2, S. 35/37.

96. NETZ: Wärmewirtschaft. B. G. Teubner Verlagsgesellschaft 1949, Leipzig.

97.   Utilization of Exhaust and Jacket-Water Heat Values. The Oil Engine and Gas Turbine. Vol. XVI, Nr. 192, April 1949, S.406/410.

98.   Vapor Phase in Britain. The Oil Engine and Gas Turbine. Vol. XX, Nr. 227, May 1952, S. 16/17.